희망의 밥상

Harvest *for* Hope: A Guide to Mindful Eating
by Jane Goodall with Gary McAvoy and Gail Hudson

Copyright © 2005 by Jane Goodall with Gary McAvoy and Gail Hudson
All rights reserved.

Korean Translation Copyright © 2006 by ScienceBooks Co., Ltd.

Korean Translation edition is published by arrangement with Warner Books, Inc., New York, New York, USA. through Imprima Korea Agency.

이 책의 한국어판 저작권은 Imprima Korea Agency를 통해 Warner Books, Inc.와 독점 계약한 (주)사이언스북스에 있습니다.

저작권법에 의해 한국 내에서 보호를 받는 저작물이므로 무단 전재와 무단 복제를 금합니다.

Harvest *for* Hope

희망의 밥상

제인 구달·게리 매커보이·게일 허드슨   김은영 옮김

생존을 위해 영웅적인 투쟁을 벌이고 있는 수많은 소규모 자영 농민들,

특히 유기농법을 실천하고 거대 농산업 기업들에 맞서 자신의 목소리를 내고 있는 분들,

그리고 패스트푸드 제국의 국민들에게 건강한 식품을 다시 소개하기 위해

지칠 줄 모르는 열정으로 노력하고 있는 분들께…….

그리고 세계 곳곳에서 고통스럽게 살아가고 있는 수많은 농장의 동물들에게

이 책을 바친다.

추천의 글

지난 12월 31일 밤 구달 선생님이 제게 전화를 주셨습니다. 선생님은 1년에 300일 이상 생명 사랑의 메시지를 전달하기 위해 전 세계를 도시지만 연말연시는 거의 어김없이 고향인 영국의 번머스에서 보내십니다. 그러면서 몇몇 가까운 지인들에게 손수 편지도 쓰시고 전화도 하십니다. 제가 그 몇몇 지인들 중의 하나라는 걸 은근히 자랑하고픈 마음이 없는 것은 아니지만 제가 진정으로 하고 싶은 얘기는 전화선을 타고 오는 선생님의 음성에 관한 것입니다. 고희를 넘기신 연세지만 여전히 희망에 부풀어 있는 그 밝은 음성에 제 마음이 얼마나 기뻤는지 모릅니다.

구달 선생님은 2003년부터 거의 정기적으로 우리 나라를 찾아 강연도 하고 여러 환경 보호 행사에도 참가하십니다. 2005년에는 처음으로 북한을 방문하시느라 우리 나라에는 오시지 못했지만 2006년부터는 또 우리를 찾아오실 겁니다. 선생님이 우리 나라에 오신다고 하면 우리는 그 며칠 되지 않는 시간 동안 어떻게 하면 선생님을 최대한 혹사시킬 수 있을까 기획 회의까지 합니다. 어떨 때에는 하루에 강연을 두 번씩 하셔야 될 때도 있습니다. 함께 이동하며 저는 늘 선생님께 제 강행군 계획에 대해 사과의 말씀을 드립니다. 선생님은 늘 제게 우리는 아주 양호한 편이라고 하십니다. 대부분의 다른 나라들에 가면 강연이 끝나기 무섭게 차에 태워 다음 강연장에 밀어 넣고, 또 그게 끝나면 또다시 다음 장소로 이동하고 하는 일을 끝도 없이 반복한답니다. 그래도 한국에서는 행사와 행사 사이에 숙소로 돌아오거나 어디든 조용한 곳에서 잠시 쉬실 수 있도록 배려하고 있다는 걸 잘 알고 계시다고 오히려 저를 다독거려 주십니다.

구달 선생님의 일정에 대해 걱정하는 제 마음이 정말 순수한 것인지 반성해 봅니다. 사실 저를 비롯하여 세계 여러 곳의 많은 사람들은 구달 선생님이 사라지면 스타를 잃은 기획사 꼴을 면하지 못합니다. 언젠가 우리 나라에 오셨을 때 어떤 학생이 선생님께 댁이 어디냐고 질문한 적이 있습니다. 선생님은 곧바로 "비행기 안입니다."라고 답하셨습니다. 선생님의 삶에서 가장 많은 시간을 비행기 기내에서 보낸다는 겁니다. 한번은 비행기에 올라탄 다음 승무원에게 그 비행기가 어디로 가는 비행기냐고 물으신 적도 있답니다. 선생님은 매년 워싱턴에 있는 제인 구달 연구소(Jane Goodall Institute)의 기획팀이 마련해 준 한 권의 두툼한 비행기표 묶음을 들고 세계를 돕니다. 주머니에는 거의 한 푼도 지니지 않은 채 다닙니다. 비행기에서 내리면

저 같은 사람이 공항에서 선생님을 마중한 다음 한류 스타 뺨치는 스케줄로 혹사시킨 후 다시 비행장으로 모십니다. 그 비행기가 내리는 곳에서 선생님은 또 똑같은 일을 반복당하고, 그렇게 1년을 사십니다. 그러나 선생님은 그 힘들고 어찌 보면 단조로운 일을 마다 않고 하십니다. 보다 나은 자연을 우리 다음 세대에게 남겨 주기 위해서 선생님은 오늘도 비행기에 오르십니다.

칠순을 넘긴 연세에도 선생님이 그 엄청난 스케줄을 어떻게 견뎌 내시느냐는 제 물음에 선생님은 아주 간단히 한 마디의 답변을 주셨습니다. 수십 년 동안 해 오신 채식 덕이라고. 이 책을 읽으면 보다 구체적인 내용을 알게 되시겠지만 선생님은 채식주의자입니다. 채식주의자 중에는 육식을 할 수 없어서 채식밖에 못하는 사람도 있지만 선생님은 선택에 의해 채식주의자가 되신 분입니다. 이 책을 통해 선생님은 여러분들도 선생님처럼 채식을 선택하시기를 권유하십니다. 선생님의 가족들도 자발적으로 채식주의자가 되었답니다.

구체적으로 선생님은 2020년까지 육류 섭취량을 적어도 15퍼센트 정도 줄일 것을 제안합니다. 이 책에는 우리가 육식을 고집하여 발생하는 수많은 환경 문제들에 대해 통계 자료까지 동원된 상세한 설명들이 풍부하게 소개되어 있습니다. 고기 한 덩어리를 우리 입에 넣기 위해 사라지고 있는 숲, 낭비되는 물, 그리고 그 고기를 신선하게 장거리로 유통시키기 위해 저질러지는 환경 오염 등등. 우리 인간은 잡식성 동물입니다. 육식과 채식 모두 할 수 있습니다. 어떤 이들은 채식만 고집하면 영양 결핍 현상을 초래할 것이라고 경고합니다.

특히 한창 자라나는 아이들에게는 육류를 통해 얻는 철분이 필수적이라고 말합니다. 하지만 콩을 비롯하여 각종 견과류와 비타민 C가 풍부한 식물성 식품으로도 충분한 양의 철분을 섭취할 수 있습니다.

사실 침팬지도 우리 인간 못지않게 육식을 좋아합니다. 침팬지는 완벽하게 초식성 동물인 줄 알고 있었던 우리의 통념을 깨신 분이 바로 구달 선생님입니다. 침팬지가 육식을 한다는 선생님의 최초 관찰은 그 당시 과학계에서 대단한 뉴스거리였습니다. 침팬지가 육식을 얼마나 좋아하는가는 고기에 관한 한 서열도 무색해지는 걸 보면 짐작하고도 남습니다. 서열이 낮은 수컷이 잡은 사냥감을 아무리 높은 수컷이라도 함부로 취하지 못합니다. 다른 상황에서는 꼼짝도 하지 못하는 낮은 서열의 수컷도 자기 손에 든 고기를 빼앗으려 하면 그야말로 사생결단을 내듯 덤벼들기 때문에 제아무리 으뜸수컷이라도 함부로 접근하지 못합니다. 으뜸수컷도 체면 불구하고 가까이 붙어 앉아 그저 하염없이 기다립니다. 가끔 손가락으로 고기를 살짝 찔러볼 뿐 절대로 덥석 쥐지 않습니다. 어쩌다 서열이 낮은 수컷이 고기 한 점이라도 던져 주면 황급히 받아먹곤 또 물끄러미 기다립니다.

침팬지들도 고기를 구하지 못해 자주 먹지 못할 뿐 육식을 매우 좋아합니다. 그렇다고 해서 육식을 하지 못하는 침팬지가 힘이 없거나 병에 걸려 신음하는 것은 결코 아니라는 사실에 주목할 필요가 있습니다. 우리 인간도 마찬가지입니다. 육식을 하지 않는다고 해서 기운을 쓰지 못하거나 어딘지 모르게 활력을 잃을 것 같다는 생각은 전혀 근거 없는 생각입니다. 구달 선생님이 산 증인입니다. 육식이 오히려 우리 건강을 해치는 예가 훨씬 더 상세히 알려져 있습니다.

구달 선생님과 음식점에 가면 반드시 벌어지는 일이 있습니다. 선생님은 무작정 다가와 물컵마다 물을 따르려는 종업원에게 물을 따르지 못하게 하십니다. 물이 필요하여 마시겠다고 하는 사람에게만 물을 따라 달라고 하십니다. 그리곤 언제나 설명을 해 주십니다. 이 세상에는 그 한 컵의 물조차 없어서 고생하는 사람들이 엄청나게 많다는 사실을 일깨워 주십니다. 이 책에 따르면 콩 1킬로그램을 경작하는 데에는 2,000리터의 물이 필요하고 닭고기 1킬로그램을 생산하는 데에는 3,500리터, 그리고 쇠고기 1킬로그램을 얻는 데는 무려 10만 리터의 물이 필요하답니다.

구달 선생님은 이 책에서 1999년 "금세기의 전쟁은 물 전쟁이 될 것이다"라고 예언한 세계은행 이스마일 세라겔딘 부총재의 말을 인용하셨지만, 저는 그보다도 여러 해 전부터 글과 강연을 통해 공공연히 물 전쟁을 경고해 왔습니다. 제가 더 먼저 말했다는 유치한 주장을 하려는 것은 아닙니다. 왜냐하면 이번 세기에 물 때문에 전쟁을 하리라는 것은 전혀 어려운 예측이 아니기 때문입니다. 구달 선생님의 표현대로 물 전쟁은 석유를 두고 다투는 전쟁과는 비교조차 할 수 없을 정도로 참혹할 것입니다. 석유는 사치품이지만 물은 필수품이기 때문입니다.

우리 나라는 무슨 까닭에서인지 언제부터인가 국제 연합이 물 부족 국가로 분류하고 있는 나라 중의 하나입니다. 우리 나라 산야로 뿌려지는 강수량이 부족해서 물이 부족한 것은 아닙니다. 물 관리를 제대로 하지 못해 일어나는 문제일 뿐입니다. 다뉴브 강이나 메콩 강처럼 여러 나라들이 강을 공유해야 하는 경우에는 분쟁의 전운이 이미 감돌기 시작했습니다. 우리 나라는 지정학적 관점에서 볼 때 행복한 나라입니다. 우리 국민은 우리 땅 안의 물을 서로 힘을 합하여 잘 관리만 하면 됩니다.

구달 선생님은 또 채식을 하더라도 어떤 채소와 과일을 먹어야 하는지에 대해서도 구체적이고 명확한 지침을 주십니다. 거대 다국적 기업에 의해 생산되어 거대 슈퍼마켓 체인에 의해 유통되는 현실의 이면을 들여다보라고 부르짖습니다. 채 익지도 않은 시퍼런 토마토들이 트럭이나 비행기 안에서 억지로 익은 다음 우리 동네 가게에 진열됩니다. 그러기 위해 얼마나 많은 화석 연료가 사용되어 공기를 오염시키고 급기야는 지구 온난화를 촉진하게 되었는가 이젠 정말 심각하게 고민해야 할 때가 되었습니다. 신선도를 유지하기 위해 또 얼마나 많은 화학 물질들이 뿌려졌는가 알아야 합니다. 그들이 우리 식수를 오염시키고 있습니다.

저는 여러 해 전 제 신문 칼럼에 '벌레 먹은 과일 주세요'라는 제목의 글을 쓴 적이 있습니다. 그 글의 일부를 여기 다시 적어 봅니다.

시장에 가서 과일 가게 앞을 가지런히 줄 맞춰 쌓아 놓은 탐스런 과일들을 보면 군침이 절로 돈다. 하지만 가게에 진열되어 있는 과일들은 어쩌면 그렇게 상처 하나 없이 매끈하기만 할까 생각해 본 적이 있는가. 어려서 집에 과일나무가 있어 본 사람들이라면 누구나 아무런 상처 없이 깨끗한 과일을 얻기가 얼마나 힘든지 잘 기억할 것이다.

식물들이 정상적으로 제작하는 '살충제' 중에도 치명적인 것들이 있다. 우리는 그보다 훨씬 엄청난 독으로 과일이나 채소들의 몸매를 예쁘게 가꿔 주고 있다. 벌레 먹은 과일이 더 아름답다는 걸 알아야 한다. 과학 문화 시대에 사는 국민으로서 이 정도의 지식은 습득하여 활용할 수 있어야 한다. 소비자들이 가게에 가서 "벌레 먹은 과일은 없나요."라고 말하기 시작하면 상인들이 알아서 농민들에게 살충제를 뿌리지 말라고 요구할 것이다. 대구에 미인이 많은 이유가 사과 속의 벌레 덕분이라 들었다. 못 생긴 모과만 맛있는 게 아니다. 과일과 채소의 한쪽 구석에서 먼저 얌전하게 시식해 준 벌레들에게 도리어 고마워할 일이다.

구달 선생님은 이 책에서 나 한 사람이 과연 무슨 힘이 있겠냐며 주저앉지 말라고 독려합니다. 그리고 실제로 우리가 할 수 있는 많은 일들을 아주 구체적으로 말씀하십니다. 그런 모든 지침들에 저도 한 마디 거듭니다. "소비자가 세상을 바꿉니다." 소비자가 원하면 바뀔 수밖에 없는 게 상업이고 그러면 제조업과 농업도 변할 수밖에 없습니다. 이 책을 읽고 모두 나름대로 작은 혁명을 일으키시기 바랍니다. 그 작은 혁명의 물결이 서로 모이기 시작하면 조만간 적지 않은 파도를 일으킬 겁니다. 그 파도에 이웃마을의 사람들이 동참하기 시작하면 해일이 일어날지도 모릅니다. '소비자가 왕'이라는 구호가 결코 헛되지 않다는 걸 실감하게 될 겁니다. 기왕에 불기 시작한 웰빙 바람이 나만의 건강과 행복을 위한 것이 아니라 내 주변 환경, 그리고 내 후손을 위한 보다 현명한 웰빙의 태풍이 되기를 기대해 봅니다.

구달 선생님은 상당히 절박한 심정으로 이 책을 쓰신 흔적이 역력합니다. 손자들의 얘기를 간간히 하시며 우리 세대가 떠난 뒤 우리가 남겨 놓은 추악한 환경 속에서 살아야 할 그들에게 진심으로 미안한 마음을 자주 표현하십니다. 너무나 자주 들어 더 이상 감동적이지도 않겠지만, 거듭 말하건대 환경이란 미래 세대로부터 우리가 잠시 빌려 쓰다 돌려줘야 하는 것입니다. 내가 남긴 흔적이 다른 생명의 무덤이 되기를 바라십니까? 하나밖에 없는 이 지구를 살리는 일에 우리 모두 구달 박사님과 동행하길 진심으로 기원합니다.

2006년의 봄을 기다리며
최재천(『개미 제국의 발견』 저자)

감사의 글

이런 책이 꼭 필요하다고, 그것도 꼭 내 목소리로 그 메시지를 전달해야 한다고 내게 역설했던 게리 매커보이가 아니었다면 이 책은 세상에 나오지 못했을 것이다. 끝도 없이 이어지는 자료 조사와 사람들과의 면담이 계속되었지만, 무엇보다도 중요한 것은 여러 가지 이슈에 대해 나 스스로 깊이 생각해 보는 것이었다. 그 과정에서 관대하게 도움을 베풀어 준 사람들이 없었다면 이런 모든 일들 중 어느 하나도 가능하지 못했을 것이다.

2005년 5월에서 6월까지 미국을 여행하는 동안 이 책의 원고를 완성했다. 메리 루이스와 롭 새소가 없었다면 이 일을 마무리 짓지 못했을 것이다. 메리는 세계 곳곳의 멀리 떨어진 곳까지 수천 통의 이메일을 보냈고, 종종 늦은 밤까지 일해야 했다. 롭은 메리와 함께 내 여행에 동행하면서 여러 가지 자료로 초안을 잡아 주고, 그 초안에 따라 원고를 쓰는 작업을 도와주었으며 마감 시간을 지킬 수 있도록 지칠 줄 모르고 일해 주었다.

특히 유전자 변형 작물에 대한 장을 쓸 때, 우리는 여러 전문가들로부터 조언을 구했다. 톰 그리피스존스, 피터 멜케트 경, 그리고 아르패드 푸츠타이 박사와 함께 일하는 스탠리 유완 박사는 쥐와 유전자 변형 감자, 토마토 등의 실험과 관련된 중요한 정보를 알려 주었다.

하워드 버펫은 내가 옥수수 재배에 대한 다양한 이슈들을 이해하는 데 도움을 주었으며, 프랑스 콩테샤탸레 포도원의 로버트 이든은 유기농 포도원에 대한 많은 사실들을 말해 주었다. 캐비지 힐 팜의 낸시와 제롬 콜버그에게도 감사하고 싶다. 두 사람은 유기농에 대한 자신들의 지식을 내게도 나누어 주었다. 아름다운 이야기를 들려 준 섀도호크와 그의 아들 와쇼에게도 고마움을 전한다.

케이트 포크너는 '세계 농업의 동정심'이라는 단체로부터 여러 장의 사진 자료를 얻는 데 도움을 주었고, 마가렛 포스터는 '동물의 보호자들'로부터 사진 자료들을 보내 주었다. 특히 내 친구 톰 멩겔슨은 많은 사진 자료들을 구해 주었을 뿐만 아니라 이 책의 이미지를 잡는 데 상당히 많은 시간을 할애해 주었다. 톰에게도 깊은 감사의 마음을 전하고 싶다.

많은 사람들이 놀라울 정도로 열심히, 때로는 늦은 밤까지 일하며 사진을 고르고 가장 좋은 체제를 정하고 허락을 구하기 위해 애썼다. 제프 올로베스키, 롭 새소, 메리 루이스, 브렌트 베너의 팀에게 마음으로부터 우러나오는 고마움을 전한다. 특히 독립 기념일에도 하루 종일 일해 준 마이클 아이스너와 노나 갠들맨에게도 고맙다고 말하고 싶다. 워너 북스의 에밀리 그리피스에게도 감사를 표한다. 그녀는 세계 각국으로부터 이 책을 위한 사진 자료들을 받아 주었다.

내 동생 주디 워터스는 영국의 버치스에 있는 우리 집에서 원고를 쓰는 동안, 훌륭한 (유기농) 음식으로 나의 육신과 영혼이 하나로 붙어 있게 해 주었다.

타임 워너의 나탈리 케이어가 초고를 읽고 보여 준 관심과 여러모로 도움이 되었던 조언에도 감사를 전한다. 마감을 맞추기 위해 나를 도와주러 왔던 게일 허드슨이 아니었다면, 이 책을 마감 기한에 맞출 수 없었을 것이다. 그녀는 누가 봐도 놀랄 정도로 열심히 일했으며, 이 책의 주제에 대해서 대단한 열정을 보여 주었다. 함께 일하는 것이 즐겁기 짝이 없는 사람으로, 그녀가 돌아왔다는 소식을 듣고 나는 전율을 느끼고 있다.

나의 멋진 친구이자 에이전트인 조너선 레이지어, 워너 북스의 편집자 제이미 리브에게도 변함없는 감사를 선한다. 그늘처럼 깊은 인내심과 이해심을 보여 줄 에이전트나 출판사는 결코 상상할 수 없다. 그들 두 사람 모두에게 너무나 고맙다.

2005년 7월

제인 구달

아이디어와 상상력을 우리에게 나누어 주고 이 책을 만드는 데 도움을 준 아래의 모든 친구들과 동료들에게 감사의 말을 전한다. 르네 벨, 멀린 블레싱, 존 버지스, 한스 콜, 조이 델프, 마이크와 버지니아 듀펜탈러, 찰스와 로즈 앤 핀켈, 데버러 쿤스 가르시아, 캐시 험프리, 로빈 코발리, 타라 콜든, 로라 크렙스바흐, 프랭키 라페, 데버러 메디슨, 데이브 밀러, 존 멀렌, 메리 앤 네이폴스, 보아나 오웬스, 브렌더 피터슨, 클라이스 스완슨, 더그 톰슨, 피터 바타베디언, 크레이그 윈터스, 그리고 카우걸 크리머리의 수 콘리와 페기 스미스.

2005년 7월
게리 매커보이
게일 허드슨

머리말

사람들이 내게 묻는다. 왜 음식에 관한 책을 쓰려고 하시죠? 나를 잘 모르는 사람들은 의아해 할지도 모른다. 나는 '침팬지를 연구하는 여류 학자'라고 알려져 있으니까. 아시아에서는 나를 '침팬지 엄마'라고 부르기까지 한다. 그런 내가 왜 먹을거리에 관심을 가지냐고? 지금부터 그걸 설명하겠다.

    1960년대 이후로 나는 수없이 많은 시간을 침팬지가 먹이를 먹는 모습을 관찰하는 데 보냈다. 침팬지가 먹는 먹이의 표본을 수집하고, 먹는 것과 관련된 행동들을 관찰했다. 침팬지는 모두가 충분히 먹을 만큼 먹이가 많다면 몰라도 그렇지 않으면 가능한 한 다른 침팬지들로부터 멀리 떨어져서 먹이를 먹는다. 다시 말하자면, 만약 내가 침팬지 무리의 우두머리라면, 정말로 맛있는 먹이로부터 다른 모든 침팬지들을 멀찍이 쫓아 버릴 수 있다는 뜻이다. 오랜 세월에 걸쳐

이들의 행동을 관찰한 결과, 나는 무리 내에서 서열이 높은 암컷들이 더 성공적으로 번식을 한다는 사실을 발견했다. 서열이 높은 암컷일수록 다른 암컷들보다 일찍부터 새끼를 낳기 시작하고 더 많은 수의 새끼를 낳는다. 서열이 높을수록 질 좋은 먹이를 더 많이 차지할 수 있으며 이것은 새끼에게, 특히 딸에게 도움이 된다. 그렇게 자란 딸들은 제 어미처럼 높은 서열을 차지할 가능성이 크다. 따라서 먹이는 매우 중요하다. 또한 나는 침팬지들이 먹이를 두고 싸운다는 사실도 발견했다. 특히 침팬지들이 좋아하는 먹이가 부족할 경우에 그랬다.

나는 숲에 있는 시간을 가장 좋아하지만 숲에 있지 않을 때면 많은 시간을 사람들을 관찰하며 보낸다. 특별한 이유가 있어서라기보다는 그저 재미있기 때문이다. 1960년대 말 침팬지에 대한 강의를 처음 시작했을 때, 나는 많은 사람들 앞에서 이야기하는 것이 정말 두려웠다.(다른 사람들은 그런 사실을 몰랐지만) 종종 강의가 시작되기 전에 만찬회에 참석해야 하는 경우가 있었다. 그러나 긴장감 때문에 속이 울렁거려서 아무것도 먹을 수가 없었고 그럴 때면 사람들을 관찰하곤 했다. 그러다보면 어느새 진정이 되었다. 21세기를 살아가는 문명화된 호모 사피엔스들에게서 내가 오랜 세월 동안 침팬지에게서 보아 온 행동들과 똑같은 행동들을 쉽게 볼 수 있었기 때문이다.

1986년에 '침팬지에 대한 이해'라는 제목의 시카고 과학 학회 회의에 참석했었는데, 이 회의가 나의 삶을 바꾸어 놓았다. 아프리카에서 침팬지의 행동을 연구하는 사람들, 동물원에서 침팬지를 연구하는 사람들이 모두 한 지붕 아래 모여 나흘 동안 회의를 열었다. 이 굉장한 유인원이 심각한 문제에 직면해 있음이 분명해졌다. 침팬지의 서식지는 점차 사라지고 있었고, 인간에게 포획된 침팬지는 잔인하게 학대당하는 경우가 많았다. 또 먹을거리로 이용되기도 했다. 곳곳에서 사냥꾼에게 잡혀 팔려 가기도 했다. 나는 그곳에서 밀렵이 매우 심각한 문제로 대두되고 있음을 깨달았다. 밀렵은 침팬지에게만 해당되는 문제가 아니라 숲에 사는 모든 동물들에게 심각한 문제였다. 아주 오랜 옛날부터 숲의 관대함에 기대어 사냥을 호구지책으로 삼아 살던 사냥꾼들뿐만 아니라 이제는 순전히 상업적인 이유로 동물을 사냥하는 사냥꾼까지 생겼다. 외국 목재 회사들이 이전에는 사람들이 접근할 수 없었던 숲 속 깊은 곳까지 길을 터놓았기 때문에 가능해진 일이었다. 사냥꾼들은 차를 타고 그 길을 달려와 길가에서 캠프를 치고, 코끼리부터 박쥐에 이르기까지 먹을 수 있는 모든 동물을 향해 총을 쏘고, 그 고기를 훈제로 만들어 도시에 내다 팔았다. 도시에는 더 많은 돈을 주면서까지 닭고기나 양고기 대신 이런 '부시미트'를 즐기려는 사람들이 있었다.

회의가 끝날 무렵 나는 침팬지들을 구하고, 그들이 처한 상황을 개선시킴으로써 그들이 내게 준 것을 되갚을 수 있는 방법을 찾아야겠다는 생각을 하게 되었다. 내가 사랑하는 숲에서 가만히 앉아 침팬지들을 관찰하는 것만으로는 부족했다. 대신 전 세계를 돌아다니며 침팬지가 처한 위험한 상황을 알리고 경각심을 일깨워야 했다. 그들은 이제 멸종 위기에 처해 있는 것이다.

침팬지가 직면한 문제는 아프리카가 직면해 있는 문제와 밀접하게 연관되어 있다는 것을 깨닫기까지 그리 오랜 시간이 걸리지 않았다. 여러 가지 경우에 있어서 이 문제들은 세계 곳곳의 엘리트 사회가 영위하고 있는, 자연환경을 파괴하지 않고는 유지할 수 없는 생활 방식과 직접적으로 연관되어 있었다. 그러한 생활 방식은 서구 세계에서 시작되어 그들의 가치(또는 무가치함) 및 그들의 기술과 함께 개발도상에 있는 여러 나라에 수출되었다. 그러므로 내 침팬지들을 돕기 위해서는 자신이 미처 알지도 못하는 사이에 자연 자원을 자연 세계로부터 점점 더 많이 빼앗아 가고 있는 사람들의 눈을 뜨게 할 방법을 찾아야 했다.

우리는 여러 가지 방법으로 지구를 파괴하는 데 일조하고 있다. 일단 그 사실을 깨닫고 관심을 갖기 시작했다면 이제는 뭔가 행동에 나서야 한다. 여기까지 깨달았을 때 나는 내가 독특한 시각을 갖고 있다는 생각을 하게 되었다. 나는 내핍의 시기(제2차 세계 대전)에 성장했고, 어떤 것도 그냥 얻어지지 않는다는 것을 배우면서 자랐다. 입을 것과 먹을 것을 충분히 마련하는 것이 중요하다는 것도 배웠다. 나는 행복했던 어린 시절을 뒤로 하고 침팬지를 연구하기 위해 아프리카의 숲으로 갔고, 그곳에서 내 꿈을 이루며 살았다. 탄자니아의 곰비 국립공원에 처음 도착했을 때 모든 것이 순수 그 자체인 세계를 발견했다. 곰비 강은 오염에 찌들지 않은 영양이 풍부한 샘으로부터 발원했다. 그 숲에는 인간이 만든 어떠한 화학 물질도 침투해 있지 않았다. 탕가니카 호수는 지구상에서 오염되지 않은 맑은 물을 담고 있는 가장 큰 호수였다.

그런데 모든 것이 차츰차츰 변해 갔다. 곰비 주변의 숲에 사는 사람들의 수가 부쩍 늘었다. 부룬디와 콩고에서 온 난민들이었다. 나무는 베어졌고, 한때는 푸르렀던 산비탈이 헐벗은 채 그대로 노출되었다. 사람들(소작농과 어부, 그들은 가난한 사람들 중에서도 가장 가난한 사람들이었다.)의 고통은 점점 더 커져 갔다. 그들은 먹고 살기 위해 나무를 찍어 쓰러뜨렸고, 땅은 빗물에 씻겨 쓸려 내려갔다. 많은 사람들이 굶주림에 시달렸다. 좋은 장비를 가진 외국인들이 나타나 어부들이 자연과 조화를 이뤄 살아갈 수 있게 해 주었던 구식 낚싯법을 방해하기 시작했고, 탕가니카 호수는 너무나 많은 물고기들을 잃었다. 사람들은 점점 더 가난해져 갔고, 점점 더 굶주림에 시달렸다.

탄자니아를 떠나 유럽과 미국에서 강의를 하게 된 나는 사람들이 먹는 것을 보았다. 거기에 사는 사람들은 항상 먹고 있었다. 점점 더 많은 먹을거리들을 사들이고, 또 점점 더 많은 먹을거리들을 내버렸다. 내가 방금 떠나온 땅, 아프리카의 사람들은 굶주려서 죽어 가는데 유럽과 미국에 사는 사람들은 너무 많이 먹은 탓에 죽어 갔다. 사람들이 살아남기 위해 필사적으로 발버둥치는데 나라고 해서 침팬지의 살 길만을 도울 수는 없었다. 한 가지는 분명했다. 침팬지를 돕기 위해서는 곰비 주변에서 살아가는 사람들과 꼭 함께 일해야만 했다.

조금씩, 나는 내가 속하지 않던 집단 속으로 들어가기 시작했다. 그리고 그곳에서 빈곤에 대해, 기아에 대해 더 많은 것을 배웠다. 세계 곳곳을 멀리까지 여행하면서 나는 희망을 잃은 젊은이들을 많이 만났다. 나는 절망과 무관심, 그리고 분노를 보았다. 그리하여 나는 현자(賢者)의 목소리에 귀를 기울이면서 인간들이 너무도 쉽게 지구상에서 생명의 종말을 가져올 수도 있는 파국을 향해 가고 있다는 것을 알게 되었다. 인간들은 합성 화학 물질로 대기와 물, 그리고 땅을 오염시키고 있다. 그 어마어마한 양의 오염은 우리가 먹을 식량에 뿌리는 비료와 살충제, 그리고 제초제에 쓰이는 농업용 화학 물질로부터 비롯되었다. 그 화학 물질들 중에서 일부는 인간이 인간을 적으로 삼는 전쟁에서 쓰기 위해 개발된 것들이었다. 나는 또 우리가 식량으로 기르는 동물들을 도저히 용인할 수 없을 정도로 잔인하게 대하는 죄를 저지르고 있다는 사실도 알게 되었다. 인간에게 잠재되어 있는 동정심과 이타심, 그리고 사랑을 실현하기 위해서는 가야 할 길이 너무 멀다.

먹을거리를 기르고, 수확하고, 팔고, 사고, 준비하고, 먹는 그 모든 행위들이 이 세계에서 중심적인 역할을 하고 있음은 점점 더 명백해지고 있다. 또 뭔가가 잘못되어 가고 있다는 점도 그에 못지않게 분명하다. 우리가 먹는 음식 중에 상당수가 건강에 해롭다. 요즘 사람들은 자신이 먹는 음식이 어디서 얻어졌는가에 대해 생각해 보지 않는다. 또 어떤 사람들은 자신이 무엇을 먹고 있는지조차 생각하지 않는다. 사실 지난 100년 동안(특히 제2차 세계 대전이 끝난 후 반세기 동안) 산업과 기술이 발달하면서 세상은 우리의 먹을거리에 대한 생각(내가 먹는 먹을거리가 어디서 얻어졌으며 어떻게 해서 내 식탁에 오르게 되었는지)들을 점차 파괴해 버렸다.

한때는 인간도 동물 및 지구와 훨씬 밀접한 관계를 맺고 있었다.

스스로 먹을거리를 채집하고, 원시적인 도구로 견과류의 딱딱한 껍질을 깨고, 사냥에 성공하면 잡은 짐승의 사체를 부분별로 해체하고, 동굴에 모여 서로 나누어 먹었다. 아마도 늑대나 하이에나는 밖으로 버려지는 찌꺼기를 주워 먹기 위해 동굴 밖을 서성거렸을 것이다. 그러다가 농경이 시작되면서 사람들은 들판에서 일을 하기 시작했다. 땅을 일구고, 씨를 뿌리고, 거두어 들였다. 낟알을 거둘 때도, 비가 오기 전에 풀을 벨 때도 모두 합심해서 일했다. 여인네들은 굽고, 끓이고, 볶아서 끼니를 준비했고, 고기를 말리기 위해 천장에 걸거나 젖소를 길러 젖을 짜 그 젖으로 버터와 치즈를 만들었다. 계절은 아주 중요한 요소였다. 날씨는 곡물의 성장과 수확에 큰 영향을 미쳤다.

오늘날 지구상에는 60억이 넘는 인구가 살고 있으며 그들 모두가 먹을 것을 필요로 한다. 우리는 거대한 다국적 기업들이 힘을 행사하며 세계 시장에서 막대한 이익을 쟁취할 기회를 호시탐탐 노리는 것을 보아 왔다. 굶주린 사람들의 배를 채워 주기 위해, 또는 오늘날의 물질주의적인 도시 엘리트들의 요구(수요가 아닌)를 만족시키기 위해 농사짓는 방법이 달라졌다. 그 어느 때보다도 큰 힘을 지닌 기업들(권력 쟁취 과정에서 이들의 지지와 후원을 받은 정부의 도움으로 더욱 그 힘은 커졌다.)의 목표는 가능한 한 많이, 가능한 한 값싸게 먹을거리를 생산해서 주주들에게 최대의 수익을 안겨 주는 것이다.

우리는 농업용 화학 물질로 오염된 땅과 물, 공기 때문에 사람과 동물, 그리고 환경이 병들고 있는, 심지어는 새로운 병이 생겨나는 시대에 살고 있다. 열대 우림은 소에게 먹일 옥수수를 기르기 위해 잘려 나간다. 우리의 식탁에 올려지는 동물들은 가장 짧은 시간 안에 동물 한 마리당 하루 수익을 최대로 끌어올리기 위해 몸을 움직일 공간도 없이, 생명으로서의 존엄성도 지키지 못한 채 사육된다. 몸무게를 최대한으로 불리기 위해, 최대한 많은 젖을 생산하기 위해, 가능한 한 많은 알을 낳도록 자연스럽지 못한 먹이를 먹으며 자라는 것이다.

대부분의 사람들은 이런 기업들이 세계 곳곳의 농토와 우리가 먹을 식량으로 자라게 될 씨앗을 지배하고 있다는 사실을 모른다. 그들은 씨앗이 자라는 방법까지 통제하고 있다. 오염된 광대한 논밭에서 단일 경작으로 농사를 짓게 하는 것이다. 대부분의 사람들은 이 기업들이 육류의 생산까지 거머쥐고 있다는 사실을 모른다. 또 전통적인 방식으로 농사를 짓는 소규모의 자작농들을 마지막 한 사람까지 완전히 몰아내려 하고 있다는 것도 모른다. 한때는 그 지역에서 나는 농산물을 주로 팔던 지역 식료품점까지 이러한 다국적 기업들이 매우 빠른 속도로 장악해 가고 있다는 사실을 대부분의 사람들은 알지 못한다. 각 지역에서 생산되는 많은 먹을거리들, 곡물의 풍부한 다양성 등이 우리의 먹을거리와 문화까지 지배하려는 기업들 때문에 점차 심각한 위기에 몰리고 있다.

이러한 상황들이 우리와 우리의 땅, 그리고 우리의 먹을거리 사이에 장벽을 만들었다. 장벽은 우리가 음식을 한 입 먹을 때마다 땅이 점점 더 황폐화되고 사람은 점점 더 고통에 시달리게 된다는 사실을 깨닫지 못하도록 방해한다. 오늘날 세계 곳곳의 도시에 살고 있는 사람들은 식료품점에서 반조리된 냉동식품을 사다 먹거나 식당에서 끼니를 해결한다. 그 먹을거리의 정체가 무엇인지, 어떻게 키워지거나 재배되었으며 어떻게 조리되었는지, 어디서 나는 재료로 만들어졌는지에 대해서는 아무런 정보도 없이 그 음식들을 먹는다. 대부분의 사람들은 자신이 먹는 음식이 그 동네의 식료품점에 진열되기 위해 얼마나 먼 거리를 이동해 왔는지, 그것이 그 자리에 오기까지 얼마나 많은 에너지와 자원이 투입되었는지 궁금해 하지도 않는다.

재정적 수익을 올리는 데 혈안이 되어 괴물같이 변해 버린 기업들의 탈취를 중단시키기 위해 우리는 무엇을 할 수 있을까? 우리의 건강과 우리의 후손들이 살아갈 이 지구의 건강이 주주총회에서의 결정(그것은 당연히 기업의 수익을 최우선으로 고려한 결정일 것이다.)에 좌우되는 이런 세상을 변화시키려면 우리는 어떻게 해야 할까? 거대 기업의 탐욕 앞에서 인간과 동물이 고통을 당하고 환경은 파괴되어 가는 이런 세상에서 우리는 한 사람의 개인으로서 무엇을 할 수 있을까? 이런 상황들은 우리의 통제권 밖에 있는 것일까? 많은 사람들이 그렇다고 생각하는 것 같다. 그들은 너무나 많은 복잡한 문제들 앞에서 그만 무기력증에 빠져 버린 것이다. 그렇기 때문에 문제를 인식하고서도 무관심한 태도를 보이는 것이다. 이 책은 그런 사람들에게 그저 현상을 되는 대로 인정해 버리려는 태도에서 벗어나라고 큰 소리로 말하고자 한다. "한 사람 한 사람이 차이를 만든다."는 말은 아무리 강조해도 지나치지 않다. 나는 여러분도 자신이 할 바를 깨닫게 되리라는 희망을 버리지 않는다. 그리고 자신이 할 바를 선택하게 되리라는 것도!

골리앗에게 맞섰던 다윗처럼 선두에 나서서 거대 기업과 맞서 싸운 아름다운 몇몇의 사람들을 소개하지 않을 수 없다. 그들은 불요불굴(不撓不屈)의 의지를 보여 주는 살아 있는 표본이다. 그들보다 덜 극적인 길을 택한 수천 명의 사람들도 각자의 할 일을 했다. 세계 곳곳에서 실망과 불안을 느낀 소비자들이 패스트푸드 체인점의 음식을 거부하고 유기농을 고집하고 있다. 매일의 생활 속에서 우리가 사들이고 먹는 음식에 대해, 누구로부터 먹을거리를 살 것인가에 대해 윤리적인 선택을 할 여유가 있는 사람들이 실제로 윤리적인 선택을 한다면 우리는 우리의 먹을거리가 길러지고 준비되는 과정을 총체적으로 변화시킬 수 있다.

나는 이 책이 결정적으로 중요한 이슈들에 대한 이해를 높이기를 희망한다. 내가 말하는 중요한 이슈란 지구의 자연 자원이 고갈되지 않고 유지되도록 하기 위해서, 동물들의 복지를 위해서, 그리고 우리 인간들의 건강을 위해서 중요한 문제들이다.

지금이라도 늦지 않았다. 예전처럼 다시 우리가 먹는 먹을거리와 가까운 관계를 맺고 먹을거리의 본질과 역사를 이해하며 자연에 가까운 식단을 꾸릴 수 있을 것이다. 아니, 그래야만 한다. 우리는 인류 역사에서 매우 중대한 시점에 서 있다. 기업들이 우리의 먹을거리의 공급을 좌우하도록 내버려 둔다면 우리는 앞으로 반세기 안에 우리를 먹여 살릴 모든 식량 자원을 다 먹어 치우거나 아니면 독성 물질에 오염되도록 만들고 말 것이다.

내게는 손자가 셋이 있다. 내가 손자들 또래의 나이였을 때부터 지금까지 이 지구에 얼마나 해를 끼쳐 왔는가를 생각하면 가슴 깊은 곳으로부터 아픔이 느껴진다. 우리 아이들을 위해서라도 파괴로만 치닫던 지금까지의 흐름을 바꾸어 놓는 것이 중요하다. 진정한 변화를 이룰 수 있는 방법 중의 하나가 바로 우리의 식습관에 대해 생각해 보는 것이다. 우리가 내리는 결정(무엇을 사고 무엇을 먹을 것인지) 하나하나가 지구의 환경과 동물들의 편안한 삶, 그리고 그보다 더욱 중요한 우리 인간의 건강에 영향을 미친다. 그러므로 이러한 점들을 생각할 때 나는 이 문제들에 대해 책을 쓰는 것이 중요하다는 결정을 내렸다. 바라건대 지금 벌어지고 있는 일들을 사람들이 제대로 이해할 수 있도록 돕고, 그리하여 이 세상을 좀 더 살기 좋은 곳으로 만들기 위해 우리 각자가 할 수 있는 중요한 일이 있다는 것을 모든 이들이 깨달을 수 있게 해 주는 책을 쓰고 싶었다. 각자가 할 일을 나누어서 하는 것도 쉬운 일은 아닐 것이다. 우리가 지금까지 저질러 놓은 해악들이 자못 심각하기 때문이다. 그러나 나는 그 일들이 즐거운 일이 되리라는 희망을 갖는다. 또한 미래를 위한 희망을 가져다주리라고 믿는다.

함께 손을 맞잡고 가슴을 열면 우리 아이들을 위해 지금보다는 나은 세상을 만들기 위한 조그만 일들을 할 수 있다. 그리하여 아이들이 거두어들일 수확물은 진정으로 '희망을 위한 수확'이 될 것이다.

차례

헌사 · 5
추천의 글 · 7
감사의 글 · 15
머리말 · 19

1장	인간과 동물	33
2장	문화의 축복	51
3장	땅의 몰락	81
4장	불만의 씨앗	93
5장	동물 공장	123
6장	우리를 위협하는 그곳	147
7장	그들에게도 행복한 삶을	167
8장	폐허가 된 바다	193
9장	채식주의자가 되자	217
10장	글로벌 슈퍼마켓	243
11장	우리의 먹을거리를 되찾기 위하여	253
12장	농가를 보호하자	275
13장	내 고장에서 난 제철 식품	295
14장	세계로 전파되는 유기농의 물결	319
15장	아이들의 밥상	333
16장	비만, 패스트푸드, 그리고 쓰레기	363
17장	물 위기가 다가온다	379
18장	다시 일어서는 땅	393
19장	희망을 위한 수확	417

참고 자료 · 429
옮긴이의 말 · 441

1장 인간과 동물

> 우주 안에는 먹는 자와 먹히는 자가 있을 뿐이다.
> 궁극적으로는 모든 것이 먹을거리이다.
> ―우파니샤드

영국 속담에 "관습이 인간을 만든다."는 말이 있다. 그런데 따지고 보면 먹을거리가 사람을 만든다. 만약 인간에게서 기본적인 생리와 해부학적 구조, 유전자를 통해 물려받은 행동을 빼고 나면 남는 것은 먹는 것뿐이다. 먹지 않고도 살 수 있다고 주장하는 사람들이 간혹 있기는 하지만 사람은 먹지 않고는 살아남을 수 없다. 19세기 후반 영국에서는 음식을 먹지 않는 어린 소녀들이 사람들로 하여금 온갖 공상을 하게 만든 적이 있었다. 그 중에서도 특히 세라 제이컵이라는 열두 살의 소녀는 2년 동안이나 먹지도, 마시지도 않고 살았다고 주장해서 의사들을 당혹스럽게 했다. 세라를 보기 위해 관광객들까지 몰려들었고, 급기야 부모들은 의료진이 딸을 간병하는 것을 허락하기에 이르렀다. 세라의 몸 상태가 악화되는 데는 오랜 시간이 걸리지 않았고, 얼마 지나지 않아 세라는 결국 사망하고 말았다. 세라에게 먹을 것을 주기를 거부했던 부모는 살인죄로 중형을 선고받았다. 세라가 의료진의 간병을 받기 전까지 2년 동안 누군가로부터 비밀리에 음식을 제공받았는지의 여부는 아직도 불투명하다.

1999년, 엘런 그리브는 5년 동안이나 음식을 먹지 않고 대신 공기 중에 존재하는 보이지 않는 결정체를 먹고 살았다면서 자신을 뉴에이지 다이어트의 대가라고 주장했다. 엘런 그리브는 영적인 수련이 포함된 21일 동안의 단식을 권장하며 자신을 따르는 5,000명 이상의 추종자들에게 이러한 내용을 상품화해서 팔았다. 그중 일부는 큰 병을 얻었고 세 명은 죽었다. 쏟아지는 비난으로 궁지에 몰린 그녀는 자신의 명예를 걸고 드나드는 모든 사람과 물건이 감시되는 호텔 방에서 머무는 데 동의했다. 3~4일 동안 엘런 그리브는 아무것도 먹지 않았다고 강력히 주장했지만, 곧 쓰러져서 병원으로 실려 갔다. 운이 좋지 않았던 세라와는 달리 엘런 그리브는 회복되었고, 호텔 방의 공기가 좋지 않아서 오스트레일리아의 오지에서 그랬던 것처럼 공기 속의 결정만 먹고는 건강을 유지할 수 없었노라고 불평을 하며 체면을 유지하려고 애썼다. 엘런 그리브는 오스트레일리아의 오지로 달아났고, 그 후로는 그녀에 관한 소식을 듣지 못했다.

물론 보통 사람들에게는 놀라울 정도로 장기간 음식을 입에 대지 않고도 살아남은 사람들이 있다. 그러나 살아 있기 위해서는 결국은 누구나 어떤 형태로든 영양분을 섭취해야만 한다.(물론 깜짝 놀랄 만큼 적은 양으로도 생존이 가능하다.) 인간보다 훨씬 오랜 기간 동안 먹지 않고도 버틸 수 있는 생명체들이 있긴 하지만, 그래도 모든 생명체는 먹을거리를 필요로 한다. 곰처럼 겨울잠을 자는 동물들은 모든 생리 작용들이 매우 느려진 상태에서 겨울잠을 자기 때문에 혹독하게 추운 겨울을 아무것도 먹지 않고 견딜 수 있는 것이다. 아프리카의 폐어(肺魚)는 물이 말라 가는 작은 물웅덩이 속에서 몸을 숨긴 채 비를 기다린다. 그런데 다시 비가 내리기까지는 몇 년이 걸리는 수도 있다. 나는 항아리 안에서 먹을 것도 물도 없이 6년 이상을 지내고도 멀쩡히 살아 있는 진드기를 본 적도 있다. 진드기의 발과 더듬이 앞에 손을 가까이 갖다 대고 마구 흔들자 진드기는 잔뜩 흥분하는 것 같았다. 아마 피 냄새를 맡은 모양인데, 좀 미안한 마음이 들기도 했다. 그러나 이런 경우는 예외적이다. 대부분의 동물들은 인간처럼 주기적으로 먹어야 한다. 특히 물을 마시지 않으면 살 수 없다. 그리고 지구는 경이로울 정도로 다양한 식단을 제공한다. 거의 모든 것이 다른 어떤 것에게는 먹이가 된다. 자연계에는 이런 기초적인 먹을거리에 대한 요구를 둘러싼 놀랍고도 신나는 이야기가 수없이 존재한다.

자연의 현명함

동물의 종(種) 중에서 일부는 자신의 생명을 유지해 주는 먹을거리인 식물이나 다른 동물을 찾아내고, 사냥하고, 먹을 수 있도록 준비하고, 소화하는 데 있어서 매우 독특한 방법들을 진화시켜 왔다. 살아 있는 먹잇감들은 추격을 당하고, 뒤를 밟히고, 독에 쏘이고, 덫에 걸린다. 거미는 거미줄을 쳐서 먹잇감이 그물에 걸리면 잡아먹는다. 어떤 종류의 거미는 짧은 거미줄 끝에 끈끈한 점액질의 덩어리를 매단 다음, 올가미를 던지는 카우보이처럼 그 거미줄을 자기 머리 위로 흔들어 근처를 지나는 파리를 잡아먹는다. 물총고기는 냇물 위에 드리워진 나뭇가지에 파리가 날아와 앉기를 기다렸다 파리가 날아와 앉으면 입 안 가득 머금고 있던 물을 정확히 쏴서 물 위로 떨어지는 파리를 잡아먹는다. 개미귀신(명주잠자리 애벌레)은 모래 수렁에 깔때기 모양으로 함정을 판 다음, 바닥에 드러누워 먹잇감이 들어오기를 기다린다. 운 나쁜 곤충이 함정의 가장자리에 들어서서 버둥거리는 것이 느껴지면 모래알을 집어던져 곤충이 함정의 바닥으로 굴러 떨어지게 만들고, 턱의 강한 힘을 이용해 덥석 물어 버린다. 많은 동물이나 곤충들이 먹잇감을 잡으면 먹잇감의 몸속에 독을 주입해 무력화시킴으로써 자신보다 더 크고 강한 상대를 먹이로 삼는다. 동물을 먹이로 삼는 식물군도 있다. 낭상엽 식물은 맛있는 효소로 만들어진 즙이 가득 찬 쌈지처럼 생긴 잎 속으로 곤충을 끌어들인다. 그 속에서 곤충은 서서히 삭으면서 흡수된다. 끈끈이주걱은 아무것도 모르고 맛있는 즙의 유혹에 넘어간 곤충들이 끈적끈적한 잎에 앉으면 덥석 잎을 다물어 버리고는 천천히 소화시킨다.

　목적은 비슷하지만 그것을 달성하기 위해 사용하는 구조나 방법은 동물마다 제각각이다. 꽃송이 속 깊이 감춰진 꿀을 따 먹기 위해 나비와 꿀벌 같은 곤충은 긴 주둥이를 이용한다. 벌새와 태양조는 가늘고 긴 부리를 이용한다. 땅 속에 숨어 있는 흰개미나 개미를 잡아 먹기 위해 아르마딜로와 개미핥기는 힘센 발톱과 벌레처럼 생긴 길고 끈적끈적한 혓바닥을 개미집이 있는 땅 속으로 집어넣는다. 침팬지는 빨대 같은 도구를 사용한다. 코끼리는 긴 코를 나무 위까지 뻗어서 열매를 따 먹고, 기린은 긴 목을 이용한다. 다른 동물과 곤충들은 나무 높은 곳까지 기어 올라가거나 날아서 올라간다. 거미에서부터 사자에 이르기까지 다양한 곤충과 동물들이 소리 없이 먹잇감을 뒤쫓아 가거나 몰래 숨어 있다가 불시에 덮친다. 치타나 매 같은 동물들은 단거리에서 폭발적인 스피드를 이용하고, 하이에나는 먹잇감을 추격하는 데 있어서 놀라울 정도의 지구력을 보여 준다. 시각, 청각, 후각뿐만 아니라 진동 또는 메아리로 먹잇감의 위치를 알아내는 곤충이나 동물도 있다.

반대로 많은 식물과 동물들이 누군가의 먹이가 되지 않도록 자신을 보호하기 위해 기발한 방법들을 동원한다. 곤충은 종류에 따라서 나무껍질, 죽은 나뭇잎, 꽃, 잔가지 등과 비슷한 모양으로 진화했다. 곰비에는 새똥과 똑같이 생긴 애벌레도 있다. 날도래의 유충은 자기 몸이 들어가 실 수 있는 직은 고치를 만들이 기끼오 곳에 있는 초목의 곳곳에 들러붙는다. 뚜껑거미는 자기가 숨어 있는 굴의 입구를 가리기 위해 나뭇가지를 꽂아 위장하는 술수를 쓴다. 어떤 곤충은 색깔은 매우 아름답지만 그 맛이 매우 역겹다. 이런 곤충에게 한번 데인 상대는 그 다음부터는 같은 종류의 곤충에게는 덤비지 않는다. 또 어떤 곤충은 실제로는 아주 맛이 있지만 맛이 고약한 다른 곤충과 아주 비슷한 모양새를 가지고 있어서 잡아먹힐 위기를 피하기도 한다.

덩치 큰 초식 동물 중의 상당수는 몸의 윤곽을 흐리게 하는 점이나 줄무늬가 있어서 잘 알아볼 수가 없다. 문어는 주변의 환경에 잘 섞여 들기 위해 몸의 색깔까지 바꾼다. 아주 다양한 여러 종류의 동식물과 곤충(호저, 고슴도치, 복어, 성게, 털 많은 애벌레 등)들은 가시나 비늘, 깃, 뻣뻣한 털 등으로 자신의 몸을 보호한다. 거북이나 자라, 아르마딜로, 그리고 셀 수 없이 많은 곤충들처럼 거칠고 두꺼운 껍데기로 무장하는 녀석들도 있다. 독을 가지고 있어서 뱀처럼 이빨로 독을 쏘는 동물도 있고, 고둥이나 강도래처럼 독침을 쓰는 녀석들도 있다. 이런 독은 일차적으로 먹잇감이 움직이지 못하게 하는 데 쓰이지만 자신을 잡아먹으려는 상대를 물리치는 데에도 아주 효과적이다. 노랑가오리, 전기뱀장어같이 전기 충격을 무기로 쓰는 동물들도 마찬가지다.

식물들은 수백 가지의 다양한 방법으로 자신과 씨앗을 보호한다. 가시나 뻣뻣하고 날카로운 털, 콕콕 찔러서 아프게 하는 털, 찔리면 가려움증을 일으키는 털, 역한 냄새를 풍기는 독소, 딱딱한 껍질 등이 모두 식물들의 보호 수단이다. 그러나 식물들 중 상당수가 사람의 먹을거리로 쓰인다. 즙이 많은 과일은 양질의 먹을거리로, 과일을 먹는 동물들은 내장 속에 과일의 씨앗을 넣고 다니다가 다른 곳에 가서 배설을 함으로써 그 씨를 널리 퍼뜨리는 역할을 한다. 식물의 씨앗 중에는 동물의 위장과 창자를 통과해야만 싹이 트는 것도 있다. 많은 식물들이 제 꽃 속의 향기로운 꿀을 따 먹도록 곤충과 특정한 종류의 새, 심지어는 박쥐까지 유혹한다. 꿀을 찾아 든 미식가들은 한 송이의 꽃이나 한 그루의 나무로부터 다른 꽃과 나무로 꽃가루를 운반해 줌으로써 식물 종이 멀리 퍼져 나가는 데 결정적인 역할을 한다.

동물의 내장과 소화기는 여러 가지의 먹을거리를 소화시킬 수 있도록 적응해 왔다. 섬유질이 많아 질기거나 독소로 가득하거나 털로 가득 덮인 잎일지라도, 부패한 사체거나 딱딱한 뼈일지라도 능히 소화시킨다. 크기도 다르고 힘도 다른 턱과 이빨은 먹이로 삼는 것들을 부수거나 찢거나 씹는 것을 가능하게 해 준다. 새들은 아주 다양한 부리를 가지고 있다. 각각의 부리는 새가 먹이로 삼는 먹을거리에 적합하도록 발달되었다. 하이에나는 아주 큰 뼈도 부술 수 있는 튼튼한 턱과 이빨을 가졌고, 아주 오래된 주검으로부터도 영양분을 섭취할 수 있는 소화력을 가지고 있다.

대개의 경우, 동물들은 태어날 때부터 먹을 수 있는 것이 정해져 있어 그 이외의 것은 먹을 수가 없다. 독수리가 풀을 먹고는 살 수 없는 것처럼 기린은 고기를 먹고는 살 수 없다. 코알라는 유칼립투스 잎밖에 못 먹고, 자이언트 판다는 대나무 잎을 먹어야만 한다. 나나니벌의 유충은 특별한 종류의 거미나 유충의 마비된 몸을 먹이야만 살 수 있다. 입맛이 다양한 동물들도 있어서, 많은 동물들이 식물성과 동물성을 동시에 섭취하는 잡식성이다.

따라서 진화의 과정을 겪는 동안 동물의 신체 구조와 행동은 자신에게 적합한 먹을거리를 취하려는 요구에 따라 결정이 되었다. 우리 인간의 진화에 있어서도 먹을거리가 중요한 역할(먹을거리를 손에 넣고, 먹을 수 있도록 준비하고, 소비하는 행동까지 포함해서)을 했다는 것은 의심할 여지가 없다. 우리의 친척뻘인 영장류들처럼 인간도 잡식성이다. 우리와 유전적 차이가 단 1퍼센트에 불과한 침팬지도 잡식성이다. 많은 사람들이 석기 시대 우리 조상들의 식습관을 엿볼 수 있게 해 준다는 점에서 침팬지의 식습관에 큰 관심을 가지고 있다. 침팬지는 원래 과일을 먹고 사는 동물이다. 침팬지의 입술은 길고 움직임이 자유로우며 양볼 안쪽에는 특별한 주름이 있어서 먹을거리로부터 즙을 짜 먹거나 빨아 먹을 수 있다. 하지만 침팬지는 식물의 싹, 씨앗, 식물성 단백질이 풍부한 견과류뿐만 아니라 잎, 꽃, 줄기까지 먹는다. 또 동물성 단백질도 즐겨 먹는데, 1년 중에서 특별한 시기에 많은 양의 곤충, 주로 개미나 흰개미, 애벌레 등을 먹는다. 1년 내내 일정한 간격을 두고 덩치가 작거나 중간 정도 되는 포유류를 잡아먹는다. 곰비에 서식하는 침팬지들의 경우, 연간 섭취량의 2퍼센트 정도를 단백질로 섭취한다.

도구와 사냥

루이스 리키처럼 인간 진화에 관심을 가진 인류학자들에게 내가 1960년대 초 곰비에서 발견한 사실은 매우 중요한 사건이었다. 그곳에서 나는 침팬지들이 도구를 사용한다는 것과 그들이 사냥을 한다는 것을 최초로 발견하여 기록으로 남겼다. 침팬지가 도구를 사용하는 장면을 처음 보았을 때를 잊을 수 없다. 대부분의 침팬지들이 그

때까지도 나를 멀리해서 눈에 보이기만 해도 저만치 달아나 버리곤 했다. 그날도 그 때문에 아침부터 화가 나서 촉촉하게 젖은 숲을 터벅터벅 걷고 있었다. 그때, 불룩 솟은 흰개미집 앞에 웅크리고 앉아 있는 거무스름한 형체가 눈에 들어왔다. 나뭇잎 사이로 자세히 들여다보던 나는 그 거무스름한 형체가 데이비드 그레이비어드라는 것을 알아챘다. 데이비드는 이제 막 하얀 피부의 원숭이(나)에 대한 두려움에서 벗어나기 시작한 수컷이었다. 녀석이 풀줄기를 하나 꺾어 흰개미집의 구멍으로 밀어 넣고 잠시 기다렸다가 꺼내는 것이 보였다. 꺼낸 풀줄기에는 흰개미가 다닥다닥 붙어 있었다. 데이비드는 입술로 흰개미를 뜯어 먹었다. 녀석의 턱이 움직이는 모습이 보였고 우적우적 씹어 먹는 소리까지 들렸다. 야생의 침팬지가 도구를 사용하는 장면을 내 눈으로 직접 본 것이다!

너무나 믿을 수 없는 광경이라 직접 보고서도 내가 헛것을 본 게 아닐까 하는 생각까지 들었다. 그러나 며칠 후, 데이비드와 녀석의 친구인 골리앗이 풀줄기를 이용해 흰개미를 잡아먹는 장면을 다시 목격하였다. 또 데이비드가 가까운 숲에서 잎이 많이 딜린 줄기를 꺾어다가 잎을 잘라 내는 것을 보았다. 그것은 자기가 쓰려는 목적에 맞도록 사물을 개조하는 행동이었다. 나는 야생의 침팬지가 도구를 이용하는 것을 보았을 뿐만 아니라 실제로 도구를 만드는 장면까지 보았다! 당시의 과학자들은 오직 인간만이 도구를 만들고 사용한다고 생각했었다. 바로 그 차이가 동물의 왕국에서 인간을 다른 동물들과 구별 짓게 해 준다고 믿었다. 당시 인류학 교재에서는 인간을 "도구 제작자, 인간"이라고 기술했었다. 나는 루이스 리키에게 전보를 쳤다. 루이스는 "그렇다면 우리는 이제 인간에 대한 정의를 '도구를 새롭게 정의하는 인간'이라 해야겠군. 아니면 침팬지를 인간으로 받아들이든지!"라고 답장을 보내왔다. 그 후로도 계속해서 침팬지들이 긴 가지의 껍질을 벗겨 군대개미를 포식하는 장면을 보았고 나뭇잎을 나무 몸통에 난 구멍에 쑤셔 수액을 적셔서 빨아 먹는 장면도 보았다. 또 여러 가지 목적의 다른 물체를 (대부분 먹을거리를 얻기 위해) 도구로 사용하는 장면을 보았다.

침팬지가 때로는 고기를 먹기도 한다는 증거를 가장 먼저 내게 보여 준 녀석이 바로 데이비드였다. 내가 침팬지에 대해 연구하기 전에는 침팬지는 초식성 동물이라고 알려져 있었다. 데이비드는 어린 야생 돼지를 먹고 있었다. 가까운 곳에 앉아 있던 나이 든 암컷이 고기를 나누어 달라고 사정하자 데이비드는 그 암컷에게도 고기를 나누어 주었다. 반면에 그 암컷의 새끼는 어른들로부터 먹이를 나누어 받지 못했기 때문에 땅에 떨어진 찌꺼기를 낚아채기 위해 여러 번 오락가락해야 했다. 그럴 때마다 어른 침팬지들은 성을 내며 어린 침팬지를 쫓아냈고, 그러면 새끼들은 큰 소리로 비명을 지르며 나무 위로 쪼르르 뛰어 올라갔다. 몇 주일 후, 침팬지들이 사냥에 성공하는 장면을 보았다. 작은 규모로 뭉친 붉은콜로부스들이 다른 나무들보다 훨씬 더 높이 자란 나무 꼭대기에 피신해 있었다. 그런데 그게 실수였다. 그런 상황에서는 오히려 잡히기 쉬운 위치였다. 몇몇 어른 수컷 침팬지들이 주변을 둘러싼 나뭇가지 위에 위치를 잡고 원숭이들이 도망갈 길을 효과적으로 차단했다. 그런 다음 아직 어린 수컷 침팬지들이 천천히 나무를 기어 올라가 새끼를 안고 있는 암컷 원숭이에게 달려들어 새끼를 빼앗아 잽싸게 도망쳤다. 어른 수컷 침팬지 중의 하나가 어린 수컷이 잡아 온 원숭이를 빼앗아 가자 세 마리의 어른 수컷이 달려들어 요란한 소리를 내며 순식간에 새끼 원숭이의 주검을 조각냈다. 어린 사냥꾼들은 암컷 침팬지들 사이에 끼어 찌꺼기를 구걸했다.

여러 해에 걸쳐서 우리는 침팬지들이 사냥을 하는 동안 이루어지는 정교한 협동 체계와 먹이를 나누어 먹는 습성을 관찰했다. 지금은 아프리카 전역에서, 또는 최소한 침팬지를 연구한 모든 지역에서 침팬지들이 고기를 먹기 위해 사냥을 한다는 사실이 잘 알려져 있다.

선사 시대의 인류

야생에서 침팬지를 연구할 수 있도록 나를 아프리카로 보내 준 사람은 루이스였다. 우리 조상들과 침팬지의 행동에 관한 새로운 지식을 얻을 수 있으리라는 희망에서였다. 루이스는 현대의 침팬지와 현대 인류의 행동 사이에 유사점이 있다면 그 행동은 아마 사람과(科)의 특질을 가진 원숭이 같은 동물, 인간과 침팬지 모두의 조상이며 700만 년 전에 살았던 동물의 여러 행동 중 하나일 것이라 생각했다. 그리고 그 행동은 아마도 선사 시대 인류에게도 유전되었을 것이다.

곰비에서 관찰된 사실은 선사 시대의 인류가 고기를 얻기 위해 사냥을 했고, 최초의 돌망치와 손도끼가 만들어지기 전에 긴 나뭇가지나 막대기를 도구로 썼을 수도 있음을 암시한다. 초기 선조들이 사냥에 성공한 후 서로 얼싸안고 입을 맞추며 좋아하는 장면이나 먹을거리를 채집하고 끼니를 준비하기 위해 간단한 도구를 사용하는 장면을 그려 보면 무척 재미있다.

루이스는 이러한 가설들의 선두에 있었고, 그의 상상은 보상을 받았다. 이제는 대부분의 교과서에서 선사 시대 우리 조상들의 행동에 대해 논할 때 침팬지의 행동을 예로 든다.

초기 인류의 조상이 약간의 고기를 먹었을 수도 있지만 고기가 그들의 식생활에서 중요한 자리를 차지하지는 않았으리라는 것이 현재 받아들여지고 있는 추측이다. 아마도 식물이 훨씬 더 중요한 식량원이었을 것이다. 지난 세기까지 계속되어 온 거의 모든 수렵-채집인들의 생활 방식이 바로 그러했다. 예외가 있다면, 일단의 사람들이 적어도 연중 일정 기간 동안 식물이 잘 자라지 않는 지역으로 이주한 경우였다. 이누이트 족과 알래스카 에스키모가 바로 그 예에 해당한다. 그러나 우리의 선사 시대 조상들이 무엇을 먹었든, 또는 무엇을 먹지 않았든, 먹을거리를 찾아다니고 선사 시대의 다른 동물들과 경쟁한 것이 진화에 핵심적인 역할을 했음은 확실하다. 특정한 먹을거리만을 고집하지 않은 식생활 덕분에 원숭이와 비슷하게 생겼던 우리의 조상들이 숲으로부터 나올 수 있었다는 사실이 그것을 증명한다.

초기의 인류는 여러 종류의 맹수들과 사바나에서 공존했다. 그 중에는 고릴라만큼 큰 비비도 있었다. 현재 곰비에서 침팬지와 비비 사이에 녹록치 않은 경쟁이 있는 것처럼, 당시의 비비와 인간의 조상 사이에서도 치열한 경쟁이 있었을 가능성이 높다. 이 두 종은 똑같은 것을 먹고 살았다. 그 중 하나가 테니스 공 크기의 스트리크노스 열매인데, 이 열매는 매우 단단한 껍질을 가지고 있다. 비비는 힘센 이빨과 턱으로 이 열매의 껍질을 쉽게 부수지만, 침팬지는 그렇게 하지 못한다. 대신 침팬지는 이 열매를 바위에 던져서 껍질을 깨고 그 과육을 먹는 방법을 배웠다. 서부 아프리카에 서식하는 침팬지는 망치와 모루를 사용하는 기술을 깨우쳤다. 껍질이 단단한 열매를 바위 또는 '모루' 위에 놓고 돌이나 곤봉으로 때려서 껍질을 깨는 것이다. 이런 혁신적인 방법으로 침팬지들은 풍부하고 다양한 먹을거리를 접할 수 있었고, 대부분의 다른 동물들로부터 안전하게 거리를 두고 살 수 있었다. 선사 시대의 사람과 동물들도 돌을 무기로만 쓴 것이 아니라 껍질이 단단한 과일과 견과류를 깨는 데에도 썼으리라고 추측해도 틀리시는 않을 것이다.

곰비에서는 침팬지와 비비 모두 흰개미를 즐겨 먹는다. 비비는(다른 원숭이나 새들과 마찬가지로) 생식 능력을 가진 공주와 왕자 개미들이 멀리 날아가 새로운 왕국을 건설할 수 있도록 일개미들이 둥지의 입구를 열어 주기를 기다린다. 그 순간이 오면 비비는 몸집 크고 맛 좋은 날아다니는 개미를 가능한 한 많이 움켜쥔다. 침팬지도 마찬가지다. 그러나 침팬지는 능숙하게 도구를 쓸 줄 알기 때문에 흰개미들이 날아다니는 시기가 아니어도 잡아먹을 수 있다. 덕분에 침팬지는 비비나 다른 경쟁자들은 먹을 수 없는 여러 가지의 먹을거리를 배불리 먹을 수 있다.

놀랍게도 침팬지는 종종 비비가 사냥한 부시벅 새끼 같은 먹잇감을 훔치기도 한다. 수컷 비비는 표범 못지않은 맹수인 데다 몸집도 수컷 침팬지의 두 배에 가까운 데도 불구하고 이런 일이 벌어진다. 더욱 놀라운 것은 비비로부터 고기를 훔치는 것이 수컷 침팬지보다 이빨이 더 작은 암컷 침팬지라는 사실이다. 이런 일이 가능할 수 있는 이유는 침팬지가 상당히 위협적인 직립 자세를 유지할 수 있을 뿐만 아니라 등골이 서늘한 괴성과 함께 큰 막대기를 마구 흔들거나 돌을 던지면서 적에게 덤벼들기 때문이라고 생각된다. 이러한 시나리오가 옳다고 한다면, 초기 인류의 조상들도 여러 종류의 가공할 경쟁자들에게 이런 식으로 대항했으리라고 상상할 수 있다. 그러다가 인간의 뇌가 점점 더 복잡하게 성장하자 점차 더 정교한 도구와 무기를 개발하게 되었고 결국은 야만적인 선사 시대의 승자로 우뚝 설 수 있었던 것이다.

선사 시대의 인류는 다른 동물에 대한 관찰로부터도 많은 것을 배웠을 것이다. 암벽화를 보면 그들이 주변의 야생 동물들을 열심히 관찰했다는 사실을 알 수 있다. 아마 뱀이나 거미에게 물린 사람이 그 독 때문에 끔찍한 고통을 겪는 것을 보면서 화살촉에 독을 바르는 방법을 생각해 냈을 것이다. 최초의 토기는 나나니벌이 진흙을 입으로 씹어 완벽한 구 모양의 방을 만든 다음 그곳에서 알을 낳는 것을 본 따 만든 것인지도 모른다.

불, 조리의 시작

먹을거리를 익혀 먹기 시작한 것이 인간 진화의 흐름에 주요한 힘으로 작용했을 것이라는 이론이 있다. 이 이론은 인류학자인 리처드 랭햄(한때 곰비에서 침팬지의 먹이 습성을 연구했다.)과 데이비드 필빔, 그리고 그들과 같은 연구팀을 이뤘던 하버드 대학교의 과학자들로부터 나왔다. 랭햄은 인류가 먹을거리를 조리함으로써 "딱딱하고 질긴 뿌리도 소화시킬 수 있게 만들었으며 독도 제거했다."는 찰스 다윈의 말을 다시 한번 되새기게 해 주었다. 또 조리를 함으로써 같은 먹을거리로부터 더 많은 칼로리를 얻을 수도 있다. 랭햄은 조리된 먹을거리가 인간의 턱과 이를 작게 하고 내장의 길이를 줄였으며 흉곽의 크기를 작게 만드는 데 중요한 역할을 했다고 주장한다. 또 더 커진 뇌가 필요로 하는 더 많은 에너지를, 소화하기 쉬운 음식을 섭취함으로써 조달할 수 있었다고 말한다.

초기의 인류가 어떻게 해서 익힌 음식의 맛을 보고 그 맛을 추구하게 되었는지는 쉽게 추측할 수 있다. 비비와 침팬지도 이따금씩 산불이 휩쓸고 지나가 검게 변한 땅을 뒤지고 다니는 것을 볼 수 있다. 그들도 그을린 곤충과 특정한 종류의 식물의 맛을 즐기는 것 같다. 또 때로는 우연히 불에 익혀진 짐승의 고기를 찾아다니는 것 같다.

건조한 계절에는 이따금씩 번갯불에 의해서 산불이 일어난다. 아마 인간의 뇌가 점점 더 복잡해지면서 초기의 인류는 음식을 익히기 위한 불을 관리할 줄 알게 되었을 것이다. 언젠가 내가 보았던 몽구스는 사로잡힌 상태에서도 익힌 고기를 더 좋아해서, 날고기를 주면 전깃불 가까이로 밀어 내곤 했다.

인류 문화의 새벽

침팬지에 대한 연구는 인류 문화의 새벽에 빛을 던져 준다. 침팬지는 더 이상 본능의 울타리 안에 갇혀 있지 않다. 관찰과 모방, 그리고 연습을 통해 한 세대에서 다음 세대로 정보를 전달할 수 있기 때문이다. 때때로 한 개체가 우연한 경험을 통해 새로운 행동을 습득하고, 또 때로는 어떤 행동을 유심히 관찰한 다음 그것을 그대로 모방하기도 한다. 그 다음에는 같은 집단에 속한 다른 개체가 그 행동을 모방한다. 뇌가 가장 유연할 때인 유아기에 새로운 행동을 학습하는 것이 가장 쉽기는 하지만 침팬지는 평생을 통해 새로운 기술을 배우고 습득한다. 나이가 너무 많아 노쇠해질 만큼 오래 살지만 않는다면!

어디서든 침팬지가 연구되고 있는 곳에서는 여지없이 문화적 행동에 대한 강력한 증거가 나타난다. 마할레 국립공원은 곰비에서 남쪽으로 100여 킬로미터 떨어진 탕가니카 호수 기슭에 있다. 곰비와 마할레에서는 여러 종류의 식물과 나무들을 공통적으로 볼 수 있다.

그러나 종종 곰비의 침팬지들은 무척 즐겨 먹는 먹이를 마할레의 침팬지들은 본 체 만 체하는 것을 발견하기도 한다. 또 그 반대의 경우도 있다. 나는 곰비에서 나이 많은 침팬지가 보통의 경우 자기 집단에서는 먹이로 삼지 않는 먹을거리들을 멀리 내쳐 버림으로써 어린 침팬지들을 '보호'하는 행동을 보곤 했다. 하지만 그 먹을거리들은 다른 곳에서는 침팬지들이 잘 먹는 그런 종류였다.

곰비의 침팬지들도 먹고 다른 지역의 침팬지들도 먹는 그런 먹을거리라 하더라도 먹기 위한 준비 과정이나 손에 넣는 과정이 다를 때도 있다. 곰비의 침팬지들은 과일, 초목의 고갱이(풀이나 나무의 줄기 한가운데 있는 연한 심—옮긴이), 마른 수꽃송이, 지방견과(脂肪堅果, oil nut palm)의 죽은 나뭇가지 등을 즐겨 먹는다. 아이보리코스트의 침팬지는 초목의 고갱이만 먹는다. 기니의 침팬지는 돌로 딱딱한 씨앗의 껍질을 깨고 그 속에 든 알맹이를 꺼내 먹는다. 마할레의 침팬지는 지방견과류는 쳐다보지도 않는다. 곰비의 침팬지는 껍질을 벗긴 기다란 나뭇가지를 개미집 구멍 속으로 집어넣어 군대개미를 잡아먹는다. 나뭇가지를 꺼내면 적을 따끔하게 물어 대는 습성을 가진 개미들이 오글오글 달라붙어 있다. 침팬지는 한 손으로 그 개미들을 쓱 훑어서 재빨리 입에 넣고 아작아작 깨물어 먹는다. 아이보리코스트의 침팬지는 짧은 막대기로 열을 지어 행군하는 개미들 사이를 콕콕 찍는다. 그때 막대기를 타고 오르는 한두 마리의 개미를 입술로 훑어서 입 안에 넣는다. 야생 침팬지의 행동에서는 이렇듯 다양한 문화적 차이의 예를 볼 수 있다.

따라서 침팬지가 문화적 진화의 길에 들어섰음은 분명해 보인다. 우리 인간들이 그 길을 걸어온 기간은 상대적으로 매우 짧았다. 그리고 그 결과 인류는 각 문화마다 놀라울 정도로 상이한 식생활을 영위하게 되었고, 먹을거리를 식탁에 올리기까지 준비하는 과정도 수천 가지에 이르게 되었다.

2장 문화의 축복

> 음식은 사회를 하나로 묶어 주는 역할을 하며 식사는 깊은 영적 체험과 밀접하게 연관되어 있다.
> —피터 파브, 조지 아머라고스, 『열정의 소비: 먹는 것의 인류학』

생태적 환경의 다양성과 인간 문화의 다양성을 고려한다면, 사는 지역에 따라서 사람들이 여러 가지 서로 다른 먹을거리를 먹고 사는 것도 놀랄 일은 아닌 것 같다. 실상 인간에게 식용 가능한(섭취하고 소화할 수 있는) 모든 것들이 이 지역 아니면 저 지역의 식생활에 편입되어 있다. 또 한쪽의 사람들이 역겨워 하거나 부정하다고 생각하는 먹을거리라도 다른 쪽의 사람들은 진미로 여긴다. 이런 말도 있지 않은가. "한 사람의 고기가 다른 사람에게는 독이 된다."

사람의 입맛은 기본적으로 문화와 가족생활, 그리고 시대에 의해 형성된다. 어린 시절에 먹었던 음식에 대한 기억이 어떤 음식을 기피하게(의지에 반해서 억지로 먹어야 했던 경우에) 만들기도 하고 또 따뜻한 추억이 깃든 음식은 좋아하게 만들기도 한다. 나는 제2차 세계 대전이 일어났던 시기의 런던에서 성장했다. 그때의 경험으로 인해 복숭아 통조림과 파인애플 통조림을 좋아하게 되었다. 한밤중에 적의 폭격기가 다가오고 있음을 알려 주는 공습경보 사이렌이 울리면 우리는 모두 대피호로 기어 들어가야 했다. 가로세로 2.1미터에 높이 1.5미터의 강철 그물과 강철 지붕으로 만들어진 대피호는 어린아이가 있는 가정에 공급된 것이었다. 그 좁은 공간에 어른 여섯 명과 아이 둘이 비집고 들어가 있어야 했다. 대피호에는 규정에 따라 폭격으로 무너진 잔해 속에 갇혀 있게 될 경우를 대비해서 일정한 양의 식량과 식수가 준비되어 있었다. 그중에 이름도 얼굴도 모르는 오스트레일리아 사람들이 보내 준 비상식량 꾸러미에 복숭아 통조림과 파인애플 통조림이 있었다. 그 좁은 공간 안에 갇혀 있다 보면 밀실 공포증이 생기기 십상이었다. 만약 해제경보가 울릴 때까지 두 시간 이상을 대피해 있어야 할 경우에는 복숭아 통조림이나 파인애플 통조림 중에서 하나를 따 먹을 수 있었다. 통조림 깡통을 열면 그 안에는 커다란 과일 덩어리가 몇 조각씩 들어 있었다. 지금도 그 생각만 하면 입안에 군침이 돈다.

　전시에 우리가 먹을 수 있는 달걀 역시 오스트레일리아의 인심 좋은 사람들이 보내 준 비상식량 꾸러미 속에 들어 있던 것으로, 마른 달걀이 고작이었다. 전쟁이 끝나고 진짜 달걀을 먹을 수 있게 되었지만 나는 항상 완전히 익힌 달걀만을 고집했다. 반숙 달걀의 미끈미끈하게 흐르는 노른자와 흰자를 보면 속이 메스꺼웠다. 어른들은 만약 친구 집에서 반숙 달걀을 내놓거나 노른자를 익히지 않은 달걀 프라이를 주면 싫더라도 모두 먹어야 한다고 가르쳤다. 남의 집에 손님으로 갔을 때 그 집에서 내놓은 음식을 거부한다는 것은 아주 버릇없는 행동이라는 것이다. 지금까지도 나는 제대로 익히지 않은 달걀을 보면 속이 메스껍다. 그래도 내 아들은 나와 같은 끔찍한 경험을 하지 않도록 하기 위해 어렸을 때부터 완숙이든 반숙이든 모두 먹게 했다. 내 어머니는 조개류에 만성적인 알레르기를 갖고 계셨기 때문에 내가 자랄 때 우리 집에서는 조개가 들어간 음식을 구경할 수 없었다. 엘리트층이 먹는 호사스러운 먹을거리(생굴)의 경우 생각만 해도 구토증이 인다. 하지만 그 끔찍한 것을 먹기 위해 비싼 돈을 지불하는 사람들도 있다. 나는 엘리트 사회에 속해 있지도 않았지만 전시의 영국에서 굴을 먹을 생각을 하는 사람은 아무도 없었다. 또 도저히 피할 수 없는 경우가 아니면 하얗고 오동통한 아프리카의 딱정벌레 유충은 도저히 먹을 수 없을 것 같다. 하지만 아프리카의 숲에서 자란 많은 사람들은 이 유충을 정말 맛있는 별식으로 생각한다. 심지어는 살아서 꿈틀거리는 것까지 맛있게 먹는다.

    1956년에 아프리카로 가는 여비를 벌기 위해 웨이트리스로 일할 때 나는 음식과 식사에 대해 많은 것을 배웠다. 내가 일한 곳은 내가 자란 영국 남부 해안의 번머스에 있는 조용한 호텔이었다. 일주일 정도의 휴가를 즐기러 오는 손님들이었기 때문에 우리는 일주일이 모두 지난 후에야 팁을 받을 수 있었다. 그곳은 손님들이 한 끼의 식사를 하러 오는 일반적인 식당들과는 사뭇 달랐다. 내가 일했던 호텔에서는 식사 메뉴가 일정하게 (아마 메인 메뉴는 한두 가지 중에서 선택을 할 수 있어야 했을 거라고 생각하지만, 그런 선택의 여지가 있었는지조차 기억이 나지 않는다.) 정해져 있었기 때문에 손님들은 조용히 주는 대로 먹고 나갔다. 하지만 나는 종종 손님들이 그 음식들을 억지로 먹고 있다는 느낌을 받곤 했다. 맛은 없지만 이미 값을 다 지불한 음식이기 때문에 어쩔 수 없이 먹는 것이었다. 다시 한번 상기하자면, 그 음식들은 전후(戰後)의 간소한 한 끼 식사였을 뿐 오늘날의 미식가들이 기대하는 것과 같은 산해진미는 아니었다. 그리고 바로 이러한 미식가들이 전 세계 곳곳의 엘리트 사회에서 충격적인 낭비를 불러오고 있다.

그때 항상 내가 탄복했던 부분은, 사람들은 동물을 도살하면 거의 모든 부분에서 쓸모를 찾아낸다는 사실이었다. 소 위장의 안쪽 껍질은 '양'이라는 이름으로 팔렸다. 양, 돼지 등의 내장은 '폐장'이라고 하는데 어린 시절에 고양이 먹이로 이것을 끓일 때 나던 지독한 냄새는 도저히 잊혀지지 않는다. 뇌는 '스위트브레드'라고 해서 고급 음식 재료에 속했다. 동물의 식용에 대해 내가 읽었던 가장 훌륭한 책은 마저리 키넌 롤링스의 『1년생』이었다. 이 책은 돼지의 신체 각 부위를 식재료로 한 조리법과 저장법을 아주 자세하게 설명하고 있다.

가난 속에서 성장한 사람들에 대한 여러 권의 책 중에서 내가 가장 좋아했던 베티 스미스의 『브루클린에서는 나무가 자란다』와 프랭크 매코트의 『안젤라의 재』는 힘겹게 번 1~2페니를 아이들 손에 들려 시든 채소 몇 조각이나 수소의 눈, 또는 뼈다귀 몇 개를 사 오라고 내 보내는, 빚을 지지 않기 위해 갖은 노력을 하며 살아가는 어머니들의 힘겨운 생활을 생생하게 그리고 있다. 나치 치하에서 아우슈비

츠나 다른 여러 강제 수용소에 억류되어 있던 사람들의 배급(말라비틀어진 빵 한 조각, '수프'라는 이름의 역겨운 냄새를 풍기던 액체 한 사발)에 대한 가슴 아픈 사연들도 너무나 많다.

다른 장소, 다른 음식

많은 나라들이 특별한 음식이나 문화유산, 그리고 국가적 정체성으로 널리 알려져 있다. 정치적으로 올바르지 못하지만 여러 나라 사람들이 별명으로 불리기도 한다. 독일 사람은 크라우트(Kraut, 병사, 군속이라는 뜻―옮긴이), 프랑스 사람은 개구리(frog, 프랑스 사람이 개구리를 먹는다는 것을 경멸조로 빗댄 말―옮긴이), 영국 사람은 로스티비프(Rostibiff)라고 부른다. 아일랜드의 리크(서양부추), 탄자니아의 밀 이삭, 뉴질랜드의 키위처럼 음식이 국가적 정체성의 일부를 차지하는 나라도 있다. 맥도널드 햄버거, 켄터키 프라이드치킨, 웬디스 햄버거 등이 놀라운 속도로 퍼져 가고 있지만, 아직은 한 나라의 음식 정체성이 소멸될 위험에까지 이르지는 않았다. 관광객들은 지금도 여전히 관광하러 간 나라의 전통 음식을 찾아다니며 먹는다.

이탈리아는 파스타, 그중에서도 스파게티로 유명하다. (오래전에 영국의 한 텔레비전에서 이탈리아 농가의 아낙들이 '스파게티 추수'를 하는 장면을 담은 다큐멘터리를 방영한 적이 있었다. 아낙들이 키 낮은 관목에 주렁주렁 달린 스파게티를 똑똑 따는 장면이었는데 그날은 만우절이었다!) 영국은 로스트비프, 로스트토마토, 요크셔푸딩(바삭바삭한 밀가루 반죽), 그리고 생선 요리와 감자 칩으로 유명하다. 제2차 세계 대전이 끝난 후, 나는 좋은 일이 있을 때면 '펍 런치' 또는 '시골뜨기 밥상'이라고 불리는 점심을 즐겼다. 맥주, 껍질이 딱딱한 빵, 치즈, 그리고 양파 피클로 차려진 식탁이었다. 콘월은 콘월식 패스티(고기만두 파이—옮긴이)가 유명하고, 데본은 차와 스콘(핫케이크의 일종—옮긴이), 그리고 빽빽한 데본셔크림과 딸기 잼도 유명하다. 스코틀랜드는 쇼트브레드, 블랙소시지, 해지스(양의 내장을 다져서 오트밀 등과 함께 양의 위장 속에 넣어 삶은 요리—옮긴이) 등이 유명하다.

'독일'하면 아펠스트루델(독일식 애플파이—옮긴이), 그리고 으깬 감자를 곁들인 사우어크라우트(잘게 썬 양배추에 식초를 버무린 독일 김치—옮긴이)가 생각난다. 나는 헝가리에 가 보기도 전부터 이미 굴라시(쇠고기와 야채를 넣고 맵게 끓인 스튜 요리—옮긴이)를 좋아했다. '프랑스'하면 떠오르는 음식이 한두 가지가 아니지만, 그 중에서도 개구리 다리와 달팽이(물론 '에스카르고'라고 불러야 한다.) 요리가 가장 프랑스적이다. 네덜란드는 훈제 뱀장어 팬케이크와 물떼새 알 요리가 유명하다. 물떼새 알은 1년 중에 번식기가 시작된 직후의 두 주일 동안만 집어올 수 있다. 그 후 물떼새는 두 개의 알을 더 낳는데, 이 때 낳은 알은 손댈 수 없다.

유대 인도 전통적으로 풍부한 음식 문화를 가지고 있다. 록스(훈제 연어의 일종—옮긴이), 베이글, 마초(누룩을 넣지 않고 만든 빵으로 유대 인이 유월절에 먹는 전통 음식. 무교병(無酵餠)이라고도 부른다.—옮긴이), 크레플라크(소의 간이나 고기로 안을 채우고 세모 또는 네모로 빚은 파스타를 끓여서 수프와 함께 내는 음식—옮긴이), 쿠글(국수나 감자로 만드는 캐서롤—옮긴이), 크니슈(감자, 쇠고기 등을 밀가루로 반죽한 피(皮)로 싸서 튀기거나 구운 요리―옮긴이), 그 외에도 유대의 율법을 엄격하게 지킨 코셔 요리가 있다. 이외에도 많은 음식들이 유대인의 음식 문화유산으로 전해져 내려온다. 마초나 누룩 없는 빵의 기원은 출애굽기로 거슬러 올라간다. 유대 인들은 너무나 급작스럽게 이집트를 떠나게 되자 화덕 속에 굽고 있던 누룩을 넣지 않은 빵을 서둘러 꺼내서 가지고 떠났다. 나중에 여행길에 허기가 질 때 그들은 납작한 빵을 나누어 먹었고, 그 빵을 지금은 마초라고 부른다.

유대 인들은 수백 년 동안 세계 곳곳에 흩어진 채 공동체 생활을 해 왔기 때문에 세월이 흐르면서 차츰 유대 민족이 아닌 이웃 민족들의 문화로부터 영향을 받기도 했다. 모로코의 쿠스쿠스(고기를 넣고 찐 경단의 일종―옮긴이), 우크라이나의 보르시치(빨간 순무를 넣고 끓인 수프의 일종―옮긴이) 등이 유대의 음식 문화에 스며든 비유대 음식의 예다. 아슈케나지 유대 인(독일식 전례를 쓰는 유럽의 유대 인―옮긴이)의 전통 음식 라트케(감자를 갈아 계란과 섞어서 튀긴 음식―옮긴이)의 주재료인 감자도 동유럽에서는 18세기 이후에야 널리 전파되었다.

유대교의 율법이나 이슬람교의 율법 모두 돼지를 불결한 동물로 여기고, 어떤 형태로든 돼지고기 먹는 것을 금한다. 누가 이런 영리한 법을 만들었는지는 모르지만, 아마도 돼지고기는 촌충에 감염되어 있을 가능성이 높기 때문에 충분히 익혀서 먹지 않으면 사람의 몸에 병을 일으킬 수도 있다는 사실을 알고 있었던 것 같다.

우간다는 맛있는 땅콩 소스와 함께 내는 바나나(너무나 다양한 종류의 바나나가 있다.) 요리로 유명하다. 서부 아프리카와 중앙아프리카에서는 야생 동물이면 어떤 종류든지 먹을거리로서 석낭하다고 인정한다. 내 아들 그럽은 시에라리온에 있을 때 수프 속에 둥둥 떠다니는 박쥐의 날개를 발견했다. 또 탄자니아의 줄리어스 니예레레 대통령은 자이레(콩고 민주 공화국과는 다른 나라다.)를 방문했을 때 젖먹이 침팬지의 손이 통째 접시에 올려져 나온 것을 보고 기겁한 적이 있다고 한다. 다른 사람들이 침팬지 새끼의 손이 아주 맛있다고 자꾸 권하는 바람에 니예레레 대통령은 식사를 하는 동안 내내 그 손을 샐러드 밑에 감추느라고 애를 먹었다.

혹독한 자연환경에서 사는 마사이 족의 추장은 피를 섞은 우유를 한 사발씩 마신다. 피를 섞은 우유는 영양상의 이유뿐만 아니라 그 추장이 어린 시절, 특별히 좋은 일이 있어야만 먹을 수 있는 특별한 음식이었다. 내 첫 남편 휴고와 나도 세렝게티에 사는 마사이 족 전사들로부터 이 음료를 권해 받은 적이 있었다. 그 순간은 내게는 정말 끔찍한 순간이었다. 나는 젖당을 분해하지 못하는 사람은 아니지만 우유를 항상 싫어했다. 심지어는 아기 때에도 그랬다. 그 우유에 피가 섞여 있는 것도 역한데, 게다가 그 우유를 담은 호리병은 항상 소의 오줌으로 씻는다는 말까지 들은 터였다. 나는 억지로라도 마셔 보려고 애썼지만, 그냥 시늉에 그치고 말았다. 호리병에 입술만 살짝 댔다가 아주 환한 미소와 함께 뭔가를 삼키는 듯한 시늉을 했던 것이다.

인도 사람들은 서양의 여러 나라 사람들에 비해 음식에 더 깊은 연대감을 느끼는 것 같다. 음식은 인도 문화 전반에 중요한 역할을 하며 항상 기쁜 마음으로 음식을 먹는다. 결혼식이나 생일, 승진, 약

혼, 취업, 심지어는 차나 집을 샀을 때 등을 기념하면서 말이다. 인도 사람들은 친구나 가족들에게 기쁜 소식을 전하기 전에 먼저 달콤한 사탕을 하나씩 나누어 준다. 소식을 듣는 사람들이 질투 때문에 입맛이 씁쓸해지지 않도록 하기 위해서다.

서양 사람들은 '인도' 하면 카레를 떠올린다. 카레의 종류는 너무나 많지만 하나같이 독특하고 입 안에 군침이 돌 만큼 맛이 있다. 인도인들이 많이 사는 케냐에 처음 갔을 때 매운 카레를 먹는 법을 배웠고, 나는 카레를 매우 좋아하게 되었다. 젊은이들과 우르르 몰려가 점심을 먹던 기억이 난다. 그 젊은이들은 모두들 땀을 비 오듯이 흘리며 음식을 먹었다. "내장이 잘못된 사람이 아니라면 누구나 땀을 흘리게 되어 있습니다."라고 그중 한 젊은이가 말했다. 그러나 내가 땀을 흘리지 않는 것을 보고는 얼굴이 빨개졌다. (물론 나의 내장은 아주 튼튼했다!)

중국은 '중국 음식'으로 유명하다. 물론 평범한 중국인이 먹는 음식은 서양의 중국식 레스토랑이나 현대화된 중국의 관광객들을 상대로 하는 고급 레스토랑의 음식과 닮은 구석이 거의 없다. 나는 중국에서 먹은 중국 음식도, 강연을 위해 미국의 여러 곳을 여행할 때 먹은 중국 음식도 좋아한다.

일본에는 아주 많은 종류의 국수가 있고, 여러 가지 맛있는 음식이 해초와 함께 차려진다. 그러나 일본 음식 중에서 가장 유명한 것이라면 온갖 종류의 생선으로 차린 생선회를 들 수 있다. 사실, 일본은 신선한 생선을 즐겨 찾는 자국 국민들의 식도락을 만족시키기 위해 바다에서 물고기의 씨를 말리고 있다.

세계 각국으로부터 받아들인 이민으로 이루어진 나라인 미국은 유럽, 아시아, 아프리카의 전통 음식들이 공존하고 있다. 프랑스 계 이민자들의 영향은 캣피시검보(메기로 만든 수프—옮긴이)에서부터 잠발라야(햄이나 굴 등을 향료와 함께 지은 밥—옮긴이)에 이르기까지 루이지애나의 음식에서 엿볼 수 있다. 시카고의 두툼한 피자는 이탈리아 이민자들로부터 영향을 받은 음식이다. 그리츠, 맷돌에 간 옥수수가루로 구운 케이크 등 여러 가지 간편 요리들은 미국 남부 흑인들 특유의 음식이다. 텍사스와 멕시코의 음식이 잘 섞여서 이루어진 남서부 지역의 음식으로는 나초, 칠리레예노스(치즈와 피망을 이용한 멕시코 요리—옮긴이) 등이 있다. 북서쪽으로 가면 아메리카 원주민들의 해산물 요리법이 아시아 계 이민자들의 요리법과 융화된 독특한 요리들을 맛볼 수 있다. 또 소를 많이 기르는 지역에 가면 쇠고기를 재료로 하는 모든 조리법을 동원한 쇠고기 요리가 있는데, 대부분 아주 커다란 접시에 쇠고기도 큰 덩어리로 얹혀서 나온다. 가장 큰 쇠고기 덩어리가 나오는 곳은 물어볼 것도 없이 텍사스다.

여행 중에 만난 음식들

1986년 이후 나의 생활은 강연과 비행기 여행, 그리고 호텔 생활의 연속이었다. 실제로 내가 먹었던 음식이 기억나는 경우는 별로 없지만 세계 각지를 두루 돌아다니면서 만난 친구들과의 식사는 기억한다. 일본의 우아한 식당에 갔을 때는 다다미가 깔린 작은 별실에서 방석을 깔고 앉았다. 일본의 아름다운 전통 의상 기모노를 입은 애교스러운 게이샤들이 음식 시중을 들었다. 기품 있는 옻칠 그릇이나 도자기에 담긴 음식들이 차례차례 나왔고, 음식 하나하나가 모두 맛깔스러웠다. 나 같은 서양 사람에게는 이국적인 향미가 뛰어난 음식들이었다. 그리고 따뜻하게 데운 사케는 딱 한 모금 분량의 작은 도자기 술잔에 담겨서 끊임없이 나왔다.

타이완에서의 연회도 기억난다. 거기서도 전통 의상을 입은 아가씨들이 음식 시중을 들었다. 영원히 계속될 것 같은 코스요리가 이어졌고, 아무리 맛있어도 한 가지 요리를 아주 조금씩만 맛보라는 충고를 그대로 따라야 했다. 타이완의 연회에서는 서두를 필요가 없다. 천천히, 내 앞에 차려지는 음식을 음미하듯 맛보는 것이 중요했다. 그것이 우리의 몸에 자양분을 주는 음식에 대한 예의였다.

가장 즐거운 기억으로 남아 있는 식사는 내 호텔 방에 모인 친구들과의 식사다. 호텔 방에서의 식사는 레스토랑에서의 식사보다 훨씬 친밀감 있고 조용해서 좋았다. 특히 내게는 제2의 고향이라 할 수 있는 뉴욕의 로저스미스라는 호텔에서 친구들과 만났던 일이 기억에 남는다. 호텔 주인인 제임스 놀즈와 수 일 놀즈는 (제인 구달 연구소에 대한 기부금의 의미로) 내게 거의 스위트룸과 다름없는 방 하나를 내 주었다. 그 방은 FOJ(Friends of Jane, 제인의 친구들) 모임 장소로는 안성맞춤이었다. 우리는 촛불을 켜 놓고 바닥에 둥글게 둘러앉아 젓가락을 들고 포장 음식 전문점에서 사 온 중국 음식이나 인도 음식을 와인과 곁들여 먹으며 서로 살아온 이야기, 세계가 안고 있는 문제점들에 대해 이야기하고 때로는 웃음을 터뜨렸다.

술과 문화

나라마다 연상되는 음료나 술이 있다. 영국인들은 생맥주, 진토닉, 그리고 홍차를 마신다. 스코틀랜드 인들은 스카치위스키 시장을 독점하고 있다. 스카치위스키로 유명한 브랜드는 모두 스코틀랜드에서 나온다. 영국에서는 '스카치위스키'라는 이름을 쓰지 않고 '위스키'라고만 부른다. '스카치위스키'란 미국인들이 버번위스키와 구분하기 위해 쓰는 이름이다. 아이리시위스키는 그 유명한 아이리시커피를 만들 때 쓰인다. 독일은 비어가르텐(정원이나 뜰이 있는 맥주집)에서 마시는 맥주로 유명하다. 러시아 인들은 심심하면 보드카를 마신다. 아침 식사를 하면서 아주 작은 잔에 얼음이 살짝 덮인 보드카로 건배를 하는 것도 드문 일이 아니라고 한다. 모스크바에서 열린 회의의 마지막 날 저녁 식사 때 초대를 받아 갔던 집에서 빨간 고추를 담가 매운 맛을 낸 보드카를 처음 맛본 적이 있었다. 집주인이 습관처럼 즐겨 마시는 술이라고 했다. 고추를 담가 매운 맛을 낸 보드카는 우크라이나에서 전해진 술로, 몇 차례 신나게 춤을 춘 후 내가 한자리에서 여러 잔을 받아 비우자 주인은 아주 좋아했다. 유럽의 여러 나라들도 프와레윌리엄, 애쿼비트 등 고유한 술이 있다.

프랑스는 수도 없이 많은 고급 와인을 연상시킨다. 독일, 이탈리아, 그리고 스페인도 고급 와인으로 유명한 나라들이지만 지금은 좋은 와인을 생산하고 수출하는 나라들이 많아져서 경쟁이 치열하다. 미국(그 중에서도 캘리포니아), 남아프리카 공화국, 오스트레일리아, 칠레,

루마니아, 불가리아 등이 바로 그런 나라들 중의 대표적인 예다. 영국의 와인은 각 가정에서 담가 마시는 정도의 수준을 벗어나지 못하고 있다. 때로는 민들레나 다른 식물들을 섞어서 맛을 내기도 한다. 할머니는 크리스마스가 다가오면 엘더베리와인을 담그셨다. 언젠가 친구와 함께 할머니 댁에 갔는데 할아버지가 욕조에 와인을 발효시키고 계셨기 때문에 목욕을 할 수 없었다.

일본은 사케라는 쌀로 빚은 술로 유명하다. 처음 사케를 입에 댔을 때는 울컥 하고 구토증이 올라왔지만, 일본을 여러 번 방문하다 보니 그 맛에 익숙하게 되었다. 지금은 따뜻하게 데워진 고급 사케를 정말 좋아한다. 고급 레스토랑에 가면 사케를 나무 상자에 담아서 갖다 준다.

아프리카는 모든 곳에서 다양한 재료를 발효시켜 술을 빚는다. 아프리카에 처음 도착했을 때 키쿠유 족 하인들이 곡식을 발효시켜서 '폼베'라는 술을 빚는 것을 보았다. 술을 빚는 것은 엄격히 금지된 일이었다. 그래서 그들은 술병을 마구간의 건초 더미 속에 숨기곤 했다. 건초 속은 뜨겁기 때문에 그곳에 숨겨 놓은 술병이 폭발하는 경우가 종종 있었다. 그 소리는 마치 총소리 같았다. 나는 그런 일이 있을 때마다 유리 파편 때문에 말들이 다칠까 걱정했지만, 그런 문제는 발생하지 않았다.

서부와 중앙아프리카의 많은 지역에서는 야자로 만든 와인이 유일한 술이다. 콩고-브라자빌의 침팬지 보호 구역을 방문했을 때 촌장 및 여러 고위 관리들이 권한 술을 마시기 직전 나는 내 손으로 술

몇 방울을 땅에 뿌렸다. 땅에 뿌려진 술은 대지의 어머니에게 그녀의 관대함을 감사하며 올리는 제물이었다. 에콰도르의 열대 우림에서는 아츠와 인디언들과, 타이완에서는 사라져 간 문화를 되살리려고 애쓰던 고원의 토착민 부족과, 각 지방에서 빚은 독한 술을 나누어 마셨다.

　인도, 중국, 그리고 일본은 차로 유명한데 차의 종류가 얼마나 많은지 셀 수도 없다. 일본의 다도 의식은 영적인 의미까지 갖는다. 언젠가 한번은 성소의 내부로 통하는 작은 문을 기어서 통과한 적도 있었다. (칼을 가진 사람은 그 문을 통과할 수 없고, 누구나 네 발로 기어서 들어가야 했다. 네 발로 기어서 들어가는 것은 모든 사람은 동등하다는 의미였다.) 성소 내부에서 다도의 대가로부터 쓴맛이 나는 밝은 녹색(완두콩 스프와 비슷한 색)의 차를 대접받았다.

　아프리카와 남아메리카, 중앙아메리카는 여러 종류의 로부스타커피(*Coffea robusta*, 인스턴트로 많이 사용되는 커피 종—옮긴이)로 유명하다. 로부스타커피는 점점 더 많은 나라에서 엘리트들에 의해 소비되고 있다. 터키산 커피는 맛이 진하고 쓰며 손잡이가 없는 작은 찻잔에 따라 마신다. 에스프레소를 가장 먼저 마시기 시작한 나라가 이탈리아인지 프랑스인지는 아직도 논쟁 중이다.

거리의 음식들

여러 나라에서 아직도 거리에서 음식을 파는 광경을 볼 수 있다. 각 지방의 특색을 가진 다양한 음식들을, 작은 의자에 앉아서 먹거나 거리에 쪼그리고 앉아서 먹는다. 자전거에 음식을 싣고 다니면서 파는 노점도 있다. 핫도그, 아이스크림, 숯불에 구운 꼬치, 먹기 좋게 자른 과일 등 여러 가지를 판다. 젊은이들이 대여섯 개의 작은 찻잔을 쌓아서 달그락 달그락 소리가 나게 들고 다니며 큰 통에 담긴 커피를 광고한다. 설탕을 넣고 뜨겁게 데운 와인이나 군밤은 독일, 오스트리아, 헝가리, 그리고 유럽 여러 나라의 시장에서 크리스마스쯤 꽁꽁 언 행인들에게 사랑받는 음식이다. 세계 어디서나 각 지역의 특산물과 공예품을 파는 시장이 있는 것은 당연하다.

찰흙을 먹는 사람들

침팬지는 거의 매일 흰개미와 함께 개미집의 일부인 흙을 먹는다. 곰비 주변의 마을에 사는 임산부들은 시장에서 찰흙을 한 줌씩 산다. 나는 아프리카의 다른 지역에서 일반 여인네들이 찰흙을 사는 것도 보았다. 미국 딥사우스(멕시코 만에 접한 조지아, 앨라배마, 루이지애나, 미시시피 네 개의 주—옮긴이)의 가난한 백인들과 흑인들이 수세대에 걸쳐 알갱이가 미세한 하층토인 '찰흙 가루'를 먹었다는 기사를 읽은 적도 있다. 찰흙 가루는 농촌 지역의 임산부에게 거의 주식과도 같았다.

인류학자인 데니스 A. 프레이트 박사는 이 이상한 행동에 대해 연구했다. 지금은 거의 사라졌지만, 그는 어린 시절에 찰흙 가루를 먹은 적이 있는 사람을 만났다. 그 중 한 사람 패니 글러스는 미시시피 출신으로, 어린 시절 먹었던 흙가루가 그립다고 말했다. "찰흙 가루는 정말 맛있었어요. 진짜 좋은 장소에서 캐낸 흙가루는 약간 신맛이 나요."

1971년에 조사된 바에 따르면, 미시시피 농촌 지역에 사는 여성의 절반 이상이 찰흙 가루를 먹어 본 경험이 있다고 대답했다. 그러나 1984년에는 프레이트 박사가 조사한 열 명 중 한 명만이 그러한 관습을 지키고 있었다. 찰흙 가루를 먹는다고 대답한 응답자의 이름은 아이리쉬 코니쉬로 루이지애나 출신이었다. 코니시는 오늘날에는 좋은 흙가루를 찾기가 힘들다고 말했다. 너무나 많은 땅이 이제는 콘크리트와 건물로 덮였기 때문이다. 그녀는 어린 시절 할머니 댁에서 찰흙 가루를 먹던 기억을 되살렸다. "할머니 댁 현관에서 이모, 사촌들과 둘러앉아 나눠 먹었어요. 아마 한 컵 정도 먹었을 거예요." 그들은 찰흙을 담은 가방이나 그릇을 들고 다니며 간식처럼 먹었다. 언젠가는 찰흙 속에 있는 벌레를 죽이기 위해 찰흙을 구워 먹거나 식초, 소금 등으로 간을 해서 먹기도 했다. 북부로 이사 간 친척들에게는 한 상자 가득 찰흙을 담아 우편으로 보내 주기도 했다. 그러나 친척들은 언덕에서 직접 캐 먹던 찰흙의 맛을 그리워했다.

토식(土食, 흙을 먹는)의 풍습은 로마 시대부터 있었다. 당시에는 흙과 염소의 피를 섞어 알약을 만들기도 했다. 19세기 독일에서는 빵에 흙가루를 뿌려서 먹었다.

최근에 세 지역의 샘플을 분석했는데, 1950년대 중국 후난 성(省)에서

> '구황식(救荒食)'으로 이용되던 미세한 흙에는 철분, 칼슘, 마그네슘, 망간, 칼륨이 풍부한 것으로 밝혀졌다. 노스캐롤라이나 스토크스카운티의 부드러운 흙에는 빈곤 계층의 사람들에게서 부족하기 쉬운 철분과 요오드가 풍부하게 들어 있었다. 잠비아에서 흰개미들이 집을 짓는 붉은 흙은 근처의 주민들이 배앓이를 진정시키는 약으로 쓰는데, 서양 의학에서 설사를 멎게 하는 약재로 이용되는 카올리나이트를 함유하고 있다고 한다.

손가락, 포크, 그리고 젓가락

사람이 음식을 먹기 위해 가장 먼저 사용하기 시작한 도구는 말할 것도 없이 손가락이다. 세계 각국에서 수백만의 사람들이 아직도 손가락으로 음식을 집어서 먹는다. 탄자니아와 인도의 수많은 가정에서 사람들이 손가락으로 쌀밥과 야채를 뭉쳐 소스에 찍어 먹는 모습을 보고 감탄했던 적이 한두 번이 아니다. 그 움직임과 동작이 너무나 우아하기 때문이다. 나도 그런 식으로 음식을 먹을 수는 있지만, 그 사람들처럼 능숙하지 못하다. 서양에서는 음식을 먹을 때 손가락을 쓰는 경우가 극히 드물고(자기 딴에는 가장 합리적인 방법으로 음식을 먹던 어린아이들이 손가락 대신 스푼과 포크를 사용하는 방법을 배우는 속도를 보면 가히 놀라울 정도다.) 영국에서도『메리 잉글랜드(영국의 사회주의자 로버트 블래츠퍼드의 저서.

1894년 출판되어 200만 부 이상이 판매되었다. 블래츠퍼드는 사회주의 전파에 어느 누구보다 큰 기여를 한 인물로, 많은 사회주의자들이 『메리 잉글랜드』를 포함한 그의 저서를 통해 사회주의를 처음 접하게 되었다고 말할 정도로 그는 영국의 사회주의를 이해하는 데 빼놓을 수 없는 인물이다.—옮긴이)』에 나오는 인물들이 그랬듯이(심지어는 여왕 앞에서도!) 고대의 우리 조상들이 사용하던 방법으로 치킨을 집어 먹는 것을 허락하는 경우가 가끔 있을 뿐이다.

관습에 따라 나이프와 포크, 그리고 스푼을 써야 하는 경우가 대부분이지만, 우아한 디너파티나 정식 연회의 자리에서 정해진 순서대로 반듯하게 놓인 여러 개의 나이프와 포크, 스푼을 보면 사실 좀 겁이 나기도 한다. 사교계의 관습에 익숙하지 않은 사람이 상류 사회의 식탁을 처음 접해 보았을 때 느낀 당황스러움에 대해 쓴 글도 적지 않다. 대체 어느 코스에서 어떤 포크와 나이프를 써야 한단 말인가! 수프, 아페리티프(식욕을 돋우기 위해 식전에 마시는 술—옮긴이), 생선 요리, 앙트레(서양 요리에서 생선 요리와 로스트 사이에 나오는 요리—옮긴이), 디저트, 세이버리(식전이나 식후에 나오는 짭짤한 요리. 또는 식후의 입가심—옮긴이), 그리고 마지막으로 치즈와 커피까지, 순서도 헷갈린다. 여기서는 에티켓이 가장 중요하다. 그럼, 이런 상상을 한번 해 보자. 먼지 한 올 묻지 않은 깔끔하고 멋진 재킷을 입고, 옷차림 못지않게 몸가짐 역시 화려한 한 나이 많은 신사가 최고급 레스토랑의 한 테이블에 앉았다. 자리에 앉은 후, 신사는 주문을 한다. 그러고는 다섯 코스짜리 요리를 아주 점잖게 먹는다. 다만 순서가 거꾸로다. 시작은 브랜디와 시가, 그리고 끝은 셰리주와 수프다! 신사가 수프를 먹을 즈음에는 레스토랑 안의 거의 모든 사람들이 안 보는 척하면서 슬금슬금 곁눈질을 한다. 아예 내놓고 빤히 쳐다보는 사람도 있다. 나라면 그 신사가 내기를 하고 있다고 생각했을 것이다.

 식사 도구 중에는 젓가락도 있다. 일본 사람들은 가늘고, 한쪽 끝이 다른 쪽 끝보다 가느다란 형태의 것을 좋아하는데, 중국을 비롯한 아시아의 다른 나라에서 사용하는 뭉툭한 젓가락에 비해 밥알을 집을 때 아주 빠르고 편하다. 나는 운이 좋아서, 제2차 세계 대전 중에 홍콩에 잠시 머물다 돌아오신 아버지로부터 상아로 만든 젓가락 한 벌을 내 동생과 함께 선물로 받은 적이 있었다. 젓가락 쓰는 법은 아버지가 가르쳐 주셨고, 나는 그 후로 2~3년 동안 끼니때마다 남들이 뭐라 하건 말건 새로 배운 내 재주를 마음껏 써먹었다. 1984년에 강연 차 일본에 갔을 때 준이치로 이타니 박사는 내 젓가락질 솜씨에 크게 놀라서 이 사람 저 사람에게 영국에서 온 젊은 친구의 재주를 자랑하곤 했었다. 하지만 내 생각에 박사는 내가 후루룩 후루룩 소리를 내며 국수를 먹는 데 더 놀랐을 것 같다. 영국에서는 음식을 먹을 때 소리를 내는 것은 예의범절에 크게 어긋나는 행동이다. 일본에서는 소리를 내며 먹어도 전혀 예의에 어긋나지 않는다고 아무리 안심을 시켜도, 대부분의 영국인들은 자기 나라의 금기에서 벗어나지 못하더라고 박사는 말했다. 솔직히 인정하자면, 식후의 만족스러움의 표시인 트림이 아시아나 아프리카의 여러 나라에서는 전혀 예의에서 벗어나지 않는 행동이라고 하지만, 나는 한번도 제대로 트림을 해 본 적이 없다.

세계의 잔치

세계 어느 나라에서나 경사가 나면 잔치를 열어 축하를 한다. 이 때 많은 양의 음식은 물론, 때로는 술도 많이 소비된다. 로마 제국 시대 부유층의 향연은 많은 사람의 공력이 드는 사치스러운 잔치였다. 폼페이를 정복하고 돌아온 율리우스 카이사르는 2만 2,000개의 식탁을 차리고 15만 명의 하객을 초대해 이틀 내내 연회를 베풀었다. 전형적인 로마의 향연에서 벌어지는 폭음과 폭식은 완전히 차원이 달랐다. 끼니마다 일곱 개의 코스로 나뉘어져 있는데, 전채 요리부터 시작해서 세 가지의 앙트레, 두 가지의 구이 요리, 그리고 디저트가 나왔다. 로마 인들은 맛있는 음식 먹기를 너무나 좋아해서 때로는 새로운 음식을 먹기 위해 먹은 것을 토해 내기까지 하면서 장장 다섯 시간 동안 계속 먹어 댔다. 프랑스 인들도 특별한 축하연의 경우, 같은 식으로 계속 먹어 댔다.

스코틀랜드에서는 제야에 큰 잔치를 벌인다. '올드 랭 사인'을 부르며 새해를 맞이하다가 마지막 열두 번째 종소리가 꼬리를 끌며 사라지면 들고 있던 술잔을 일제히 어깨 너머로 바닥에 던져 산산조각을 낸다. 그리스 인 친구들의 생일 파티에 초대받아 갔다가 술잔에 와인이 여러 번 채워지고 흥겨운 춤으로 분위기가 무르익었을 즈음, 손님들이 하나둘 접시를 땅바닥에 던져 산산조각을 내놓고 그 위에서 춤을 추는 것을 보고 깜짝 놀란 적이 있었다. 그 손님들의 발이 맨발이었기 때문이다.

🐾 기억에 남는 파티

내 어린 시절의 황금기 동안 해마다 여름이면 엄마의 가장 친한 친구인 다프네 아주머니가 두 딸 샐리와 수지를 데리고 번머스의 우리 집에 와 며칠씩 머물곤 했다. 샐리와 내가 열 살(수지와 내 동생은 우리보다 네 살 어렸다.) 때의 일이다. 우리는 자정의 파티를 계획하기 시작했다. 파티에는 엄격한 규칙이 있었다. 우선 정확히 밤 12시에 시작해야 했다. 그리고 아무에게도 들키지 않고 집에서 몰래 빠져나가 정원에 모여야 했다. 음식은 당일이나 하루이틀 전부터 조금씩 모아야 했고, 정원에 모인 우리는 철쭉 덤불로 가려져 잘 보이지 않는 곳에 준비해 간 재료를 가지고 한참 씨름을 한 끝에야 작은 모닥불을 피웠다. 파티는 달빛이 좋은 날에 열기로 정했다. 손전등을 가능한 쓰지 않기 위해서였다.

모아 두었던 음식은 거의 먹을 수가 없었다. 묵은 토스트 조각(거의 가죽을 씹는 기분이었다.)과 함께 종이봉투(당시에는 비닐이 없었다.) 안에서 뒤범벅이 된 케이크, 이런 것들을 하루 종일 양철로 된 통 속에 감추어 두었다가 꺼내 왔다. 파티의 하이라이트는 우리가 피운 모닥불로 끓인 물에 탄 코코아였다. 코코아 가루와 분유 가루, 설탕을 적당히 섞어서 양철로 만든 컵에 넣고 물만 부으면 먹을 수 있게 미리 준비해 두었다.

우리의 비밀 파티에 대해 어른들도 알고 계셨는지 궁금하다. 내 생각에는 아마 알고 계시면서도 모른척 했던 것 같다. 물어보고 싶었지만 어쩌다 보니 물어보는 걸 잊어버렸고, 이제는 그걸 물어보기에는 너무 늦었다.

북아메리카 대륙에서 최고라는 야생 동물 사진작가, 톰 맨겔슨과 동행했던 피크닉도 생생하게 기억난다. 당시 나는 그를 잘 알지 못했다. 하지만

> 톰은 와이오밍 주의 잭슨 홀 근처에 살고 있었고, 나는 그곳에 강연을 하러 갔었다. 어쩌다가 하루 쉴 틈이 생겨 그에게 이야기를 했더니 옐로스톤 국립공원을 구경시켜 주겠노라고 했다.
> 그곳에 갔다가 점심시간이 되어 식사를 하기에 마땅한 장소(강이 내려다보이는 너른 풀밭)를 정하자, 톰이 준비해 온 점심을 꺼내 놓았다. 어디서 구했는지 버들가지를 엮어 만든 피크닉 바구니에 아삭아삭한 샐러드, 토마토, 아보카도, 바삭바삭한 빵, 그리고 여러 종류의 치즈와 복숭아, 거기다 화이트와인까지! 체크무늬 식탁보가 풀밭 위에 펼쳐졌고, 그 위에 풍성한 식탁이 차려졌다. 우리가 식사를 하는 동안 아주 몸집이 크고 배짱까지 두둑한 재갈매기 한 마리가 내내 우리 곁을 떠나지 않았다. 녀석은 자기도 당당히 음식을 나누어 먹을 권리가 있다고 생각했는지, 우리에게 시선을 고정한 채 점점 가까이 다가왔다. 아마 어디선가 곰도 몇 마리쯤 우리를 감시하고 있었을지도 모른다.

옛날 스칸디나비아에서는 매년 겨울이면 프레이르 신을 경배하기 위한 성대한 잔치가 베풀어졌고, 이 때 수퇘지의 고기를 먹었다. 잔치에 쓸 수퇘지는 월계수와 로즈마리를 엮어 만든 화관을 쓰고 성대한 예식에 따라 잔치가 열리고 있는 장소로 입장한다. 가족의 수장이 접시에 손을 얹고 그 돼지를 '속죄의 수퇘지'라 명명한다. 그러고는 자신은 가족에게 충실할 것과 자신의 모든 의무를 지킬 것을 서약한다. 평판에 흠이 없고 용기가 있는 사람만이 이 돼지의 고기를 벨

수 있다. 수퇘지의 머리는 신성의 표상으로, 누구에게나 공포심을 일으키기 때문이다. 신혼부부가 금슬 좋은 부부가 되게 해 달라고 기원할 때에도 프레이르 신의 이름으로 빌지만, 어떤 일에 성공을 거두거나 승리했을 때에도 수퇘지의 고기를 상으로 받는다.

음식과 종교

'젖과 꿀이 흐르는 땅'이라고 성경에 쓰여 있는 이스라엘은 예로부터 내려오는, 유대교의 신앙에 따라 정해진 음식을 먹는 독특한 의식이 아주 많다. 유대 신년제의 첫날밤에는 할라(안식일 등에 먹는 영양가 높은 흰 빵―옮긴이)의 감미료로 꿀이 쓰이고, 사과도 꿀에 담가서 먹으며 신께 오는 해도 달콤한 한 해가 되게 해 달라고 기도한다. 둘쨋날 밤에는 겨울 내내 먹게 될 과일, 대개 석류를 먹는데 이는 대지의 관대함과 살아서 그 향연에 참례하게 된 것을 감사하는 의미를 갖는다. 세파르디(스페인 또는 포르투갈 계의 유대인―옮긴이) 전통에서 석류는 613개의 씨앗을 가지고 있다고 하는데, 씨앗 하나가 유대인들이 꼭 지켜야 할 유대교의 계율, 또는 계명 하나를 의미한다고 한다.

 음식과 신앙의 결합은 세계 여러 나라의 기독교 의식에서도 볼 수 있다. 그 중 가장 널리 알려진 것이 영성체이다. 영성체는 열두 사도와 예수가 함께한 최후의 만찬을 의미하는 것으로, 이 때 예수는 빵을 열두 조각으로 쪼개 사도들에게 나누어 주면서 "이것은 너희들을 위해 나누어 주는 내 몸이다."라고 말씀하셨다. 그 다음에는 포도주를 주면서 "이것은 너희들을 위해 흘릴 나의 피다."라고 말씀하셨다. 그리고 그들에게 이르기를, "이로써 너희들은 나를 기억하라." 하셨다. 빵과 포도주는 옛날 팔레스타인 평민들의 주식이었기 때문에 의식에서 널리 쓰일 수 있었다. 이렇게 해서 빵과 포도주는 기독교와 가톨릭의 성찬식에서 예수의 몸과 피를 상징하는 성체가 되었다. 일부 국가에서는 빵과 포도주 대신 그 지역에서 나는 음식을 성체로 사용한다. 이를테면 중앙아프리카에서는 얌과 꿀이 성체로 사용된다.

이슬람교의 단식 기간인 라마단은 한 달간이나 계속된다. 그 기간 동안에는 열두 살 이상의 나이를 먹은 사람 누구나 해가 뜬 뒤부터 지기까지 아무것도 먹거나 마시지 못한다. 해가 떠 있는 동안 여가 시간에는 기도를 하거나 경배를 올리거나 코란을 정독한다. 탄자니아는 대략 인구의 3분의 1이 이슬람교를 믿는다. 라마단 중의 낮에는 금욕적인 분위기가 지배하지만, 해가 지면 상황이 달라진다. 해가 지면 밝게 불을 밝힌 거리의 식당에서도 즐거움이 넘치고 모든 가정의 주방에서는 점점 짙어 가는 어둠과 함께 맛있는 향기가 솔솔 피어오른다. 라마단이 끝나갈 즈음 벌어지는 축제인 이드무바라크(축복의 휴일)는 진수성찬과 함께 3일간 계속된다.

인도 인구의 80퍼센트는 힌두교도로, 여기서도 역시 여러 종교의식에서 음식이 중요한 역할을 한다. 힌두교도의 모든 가정에서 자연의 관대함을 상징하는 음식들을 신에게 올리고 자신들의 삶에 영화가 있기를 기도한다. 바나나, 코코넛, 망고, 쌀 등 단맛이 있고 풍성한 음식들은 자연에게 바치는 공물이며, 결혼과 아기의 탄생 같은 다산을 기원하는 의식에 공통적으로 쓰인다.

힌두교에서는 자비로운 신을 경배하거나 사악한 신을 달랠 때 음식(꼭 동물만이 아니라)을 '제물'로 바친다. 정제하지 않은 설탕은 의료용으로도 쓰이지만, 종종 산토시 여신에 대한 경의를 표하기 위해 바쳐진다. 불운의 여신인 알라크시미를 달래기 위해 레몬과 고추를 문밖에 내놓고, 알라크시미를 심술궂게 만드는 허기가 진정되어 여신이 자신의 집에 불운을 가져오는 일이 없기를 빈다. 옛날부터 윤회를 믿은 힌두교도들은 사람이 죽으면 육신을 떠난 영혼이 달에 갔다가 비가 되어 다시 땅에 내려와 먹을거리 속으로 스며든다고 믿었다. 죽은 것이 산 것을 먹여 살린다고 믿는 것이다. 1장을 여는 힌두 우파니샤드의 경구, "우주 안에는 먹는 자와 먹히는 자가 있을 뿐이다. 궁극적으로는 모든 것이 먹을거리이다." 역시 같은 믿음을 담고 있다.

🐛 자신을 희생한 버펄로 이야기

이 이야기는 내 친구 섀도호크로부터 들은 것이다. 그는 네바다 강가 분지에 사는 와쇼 인디언으로, 아주 특별한 젊은이의 아버지이기도 하다.

와쇼 인디언의 삶의 대부분은 '희생'을 중심으로 이루어진다. 두 발 달린 짐승, 네 발 달린 짐승, 하늘의 새, 바다의 물고기, 이 모든 것들이 희생에 동참해야 한다는 것을 안다. 우리가 사는 우주 안의 모든 것들이 어떤 방법으로든 희생을 실천하고 있다. 아메리카 대륙의 토착민들은 나눔의 정신을 매우 중요히 여긴다. 우리는 '희생 없이는 진정한 사랑의 표현도 없다'고 믿는다. 우리는 친구에게, 친척에게, 심지어는 얼굴 한번 본 적 없는 사람에게조차 양보한다. 또한 여러 가지 이유로 양보한다. 기분이 좋을 때, 감사할 일이 있을 때, 또는 누군가에게 내가 양보할 필요가 있을 때 기꺼이 양보한다. 우리는 선물을 나눔으로써 감사를 표현하거나 좋은 마음을 널리 퍼뜨린다.

'자신을 희생한 버펄로' 이야기는 몇백 년 전(약 300년 전)으로 거슬러 올라간다. 오리건 주의 북동부에 있는 그랜드론드 인디언 보호 구역에서의 일이었다. 때는 춘분, 1년에 한 번 체옌 족, 라코타 족 등 고원의 인디언 부족들이 모여 중요한 희생의 의식을 치르는 '선댄스'의 시기였다. 또한 대부분의 아메리카 인디언들이 새 해를 시작하는 시기기도 했다.

선댄스는 희생과 정화, 그리고 재생으로 이어지는 열이틀간의 의식이었다. 이 의식에서 춤을 추는 이들은 나흘간 음식은 물론 물까지 삼가면서 해 뜰 때부터 해 질 때까지 춤을 춘다. 한편 북치는 이들은 예로부터 전해 내려오는 기도의 노래를 부르고, 부족에 속한 여러 가족들과 친구들은 나무 그늘 아래서 노래와 춤을 듣고 보았다.(또는 춤을 추기도 했다.) 춤을 추는 이들과 그들을 돌보는 이들은 의식에 앞서 나흘 동안 정화의 의식을 거친다. 춤을 추는 마지막 날은 살점을 도려내는 날이다. 선댄서들은 가슴의 살을 도려낸 후 가죽 끈으로 묶어서 성스러운 나무의 윗부분에 걸어 놓는다. 이러한 행위는 일종의 희생제로, 만물의 창조주에게 친구나 사랑하는 이의 치유를 빌거나 다음 해에도 사람들이 먹을 것을 충분히 누릴 수 있기를 기원하는 의미를 갖는다.

선댄스가 끝나면 성대한 희생으로 마련된 진수성찬이 펼쳐진다. 이 때 차려지는 특별한 음식 중의 하나가 탄카, 즉 버펄로다. 탄카는 창조주가 이 나라에 생명을 주기 위해 사람들에게 보내신 성스러운 동물이다. 버펄로는 그들의 식량이오, 옷이며 도구와 약이고 집일 뿐만 아니라 그 외에도 많은 것이 되었다. 여기서 다시 자신을 희생한 버펄로의 이야기로 돌아가자.

나는 라코타 부족의 친구로부터 그랜드론드에서 베풀어지는 버펄로 의식에 초대를 받았다. 해마다 한 부족 또는 한 부족의 누군가가 선댄스에 쓰일 버펄로를 기증했다. 그 해에는 내 친구이자 라코타 부족의 일원으로서 그랜드론드 보호 구역에 사는 친구가 버펄로를 내놓았다. 그 친구는 버펄로 떼를 기르고 있었고, 자기가 가진 것을 선댄스에 내놓고 싶어했다. 버펄로 의식은 그 성스러운 동물에게 사람을 위해 희생할 것을 청하는 의식으로, 직접 눈으로 보지 않은 사람들은 지금부터 내가 하려는 이야기가 믿기 힘들 것이다.

의식이 열리는 날, 나는 장남인 와쇼(우리 부족의 이름을 따서 지었다.)에게 함께 가겠느냐고 물었다. 와쇼는 그 무엇보다도 동물을 좋아하는 아이기 때문에 그 의식을 지켜보는 것이 힘든 일이 되리라는 걸 알고 있었다. 그러나 나는 와쇼가 그 의식을 지켜봄으로써 버펄로나 다른 동물들도 죽음은 두려워해야 할 것도 아니오, 끝도 아니며 오히려 생명의 시작임을 배우길 바랐다.

와쇼는 내심 걱정이 되는 눈치였으나 나와 함께 있고 싶었는지 동행하겠다고 했다. 우리는 해가 뜨기 전에 그랜드론드에 도착했다. 하늘은 푸르고, 햇살은 언덕 가장자리에서 부서지는 아주 화창한 토요일 아침이었다. 짙은 초록빛의 초원이 펼쳐진 깊은 계곡까지 길이 이어져 있었고, 우리가 그 길을 가는 동안 우리 머리 위로는 독수리가 날아다녔다. 이미 많은 남자와 여자, 그리고 아이들이 모여 계곡을 가로지르며 열두 줄로 열을 지어 동쪽을 향해 서 있었다. 사람들은 신을 기리는 노래, 이제 자신을 기꺼이 희생할 누군가에게 감사하는 죽음의 노래를 부르고 있었다.

노인들과 함께 들판에 서 있는 사람은 라코타 부족의 치료사로, 그의 이름은 수카와카 루타('붉은 말'이라는 뜻이다.)였다. 해가 산꼭대기에 걸리자 사람들이 다시 계곡에 모여 노래를 부르기 시작했다. 이른 아침 공기 속에 울려 퍼진 노래는 언덕 꼭대기에서 메아리쳐 되돌아왔다. 그리하여 계곡 안은 온통 사람 목소리로 가득 찬 것 같았다. 사방팔방에서 사람의 목소리가 들려오는 것 같았다. 한동안 노래를 부르다가 이윽고 한 목소리로 합창을 시작했다. 열두 줄로 늘어선 채 차례로 동서남북을 향해 돌아서면서 네 방향을 모두 한 바퀴 돌 때까지 노래를 부르고, 다시 동쪽부터 차례로 돌면서 또 노래를 불렀다. 사람들이 노래를 부르는 동안 초원에 흩어져 있던 버펄로 떼가 모여들었다. 버펄로 떼는 노인들과 루타 앞에 반원을 그리며 모였다. 그러고는 사람들이 노래를 부르는 동안 조용히 서 있었다.

와쇼는 아침 해를 쳐다보며 자신의 마음을 다잡았고, 의식을 조용히 지켜보고 노래를 들었다. 루타의 손에는 기도의 지팡이가, 다른 사람들의 손에는 라이플이 들려 있는 것이 보였다. 와쇼는 동물이 죽어 가는 장면을 본다는 것이 자신에게는 힘든 경험이 되리라는 것을 알고 있었다. 모든 살아 있는 것들이 내 아들에게는 공포를 느낄 줄 알고 정을 나눌 줄 아는 가족이며 친구이기 때문이었다. 아들은 겨우 열한 살이었고, 나는 이 의식이 아이에게 어떤 영향을 미칠지 확신하지 못하고 있었다. 나는 그저 내 아들이 버펄로의 죽음만을 보지 말고 희생의 기적을 보게 되기를 바랄 뿐이었다. 사람들은 버펄로를 사냥하지 않았다. 여러 마리의 버펄로 중 어느 한 마리를 공격하지도 않았고, 가서 억지로 끌고 오지도 않았다. 다만 그중 한 마리가 스스로 희생양이 되어 사람들에게 다가오기를 기다릴 뿐이었다. 사람들이 창조주 앞에 자신의 생명을 바치듯이.

갑자기 노래가 멈추었고, 계곡 안은 쥐죽은 듯 고요해졌다. 루타는 기도의 지팡이를 들었고, 이번에 자신을 희생할 차례인 버펄로가 나올 것을 명했다. 덩치 큰 젊은 버펄로 수컷이 루타의 앞으로 다가왔다. 루타가 기도를 하는 동안, 버펄로 수컷은 노인들을 지나 치료사인 루타의 앞으로 똑바로 걸어갔다. 루타는 기도의 지팡이를 노인들 중 한 사람에게 넘겨주고, 오른손을 내밀어 탄카의 희생을 받아들였다. 자기를 바치려고 다가온 버펄로는 죽음을 맞이하기 위해 루타의 손앞에 머리를 숙였다. 그러나 어린 수컷이 루타의 손에 닿기 직전에 나이든 수컷 한 마리가 무리들 사이에서 뛰어나오더니 어린 수컷을 제치고 자신의 머리를 루타의 손 아래 들이밀었다. 무리 속에서 버펄로 몇 마리가 나오더니 어린 수컷의 희생을 막으려는 듯, 그 주변을 에워쌌다.

감동적인 장면이었다. 이보다 더 위대한 사랑은 없었다. 사람이 (물론 이 경우에는 동물이) 자신의 친구를 위해 생명을 버리려 한 것이다. 그날 아침 누가 더 큰 교훈을 얻었는지는 나도 잘 모르겠다. 와쇼였는지, 나였는지 그건 잘 모르겠지만, 나는 내가 살아오는 동안 나에게 희생해 준 모든 이들에게 감사하는 마음을 안고 그 자리를 떠났다. 그리고 나 자신을 더욱 더 희생해야겠다는 생각을 갖게 되었다.

3장 땅의 몰락

> 제 땅을 파괴하는 나라는 국가 자체를 파괴하는 것이다.
> ―프랭클린 루스벨트

열다섯 살부터 학교를 졸업하던 열여덟 살까지, 나는 휴일이면 어김없이 승마 선생님이 갖고 계시던 농장에 가서 일을 하며 시간을 보냈다. 기억에 남는 일 중의 하나가 퇴비 주기였다. 농장에서 나온 거름으로 만든 퇴비가 가득 실린 트레일러 위에 서서 쇠스랑으로 퇴비를 가득 찍어 트랙터가 잘 갈아 놓은 밭 위에 뿌렸다. 일을 잘 하면 트랙터를 직접 몰아 볼 수 있게 해 주는 게 내가 받는 상이었다. 밭에는 감자를 심었다. 감자가 잘 자라 수확할 때가 되면 감자 캐기를 돕는 것도 내 일이었다. 감자 캐기는 몹시 고된 일이었다. 감자를 캐기 위해 특별히 고안된 쟁기가 흙을 뒤집으면서 땅 밑에 있던 감자를 땅 위로 헤쳐 놓으면 그 뒤를 따라가며 감자를 주워 자루에 담았다. 생채기 없는 것과 생채기 있는 것이 각각 다른 자루에 들어가야 했다. 벌레 먹은 감자도 있었지만, 상관은 없었다. 벌레 먹은 감자는 쟁기 때문에 생채기를 입은 감자와 함께 근처의 감자 칩 공장으로 보냈다. 거기서 난 감자들은 모두 순수한 유기농 감자였다. 기름진 땅에서, 말과 젖소에게서 난 거름으로 퇴비를 주며 기른, 들꽃과 꿀벌, 나비를 울타리 삼아 자란 그런 감자였다. 그러나 전통적인 농법으로 땅을 쓰는 일이 사라지고 산업적인 농산업이 나타나면서 모든 게 변했다.

문제는 산업적인 농경이 농지 자체에 해를 끼치는 대표적인 예라는 것이다. 옛날의 농부들은 농작물과 가축을 순환시키고 몇 년 만에 한 번씩 논밭을 쉬게 해 휴경지를 두었다. 이런 배려로 토지는 수백 년 동안 농사를 지어도 비옥함을 그대로 유지할 수 있었다. 그러나 농산업이 등장하면서 상식적인 토지 관리법은 창밖으로 내동댕이쳐졌다. 거대 기업들은 당장의 이익에만 관심을 두고 미래 세대에 대해서는 아랑곳하지 않았다. 세계의 구석구석에서 점점 더 많은 토지가 화학 비료, 화학 살충제, 제초제, 살균제에 의해 조금씩 조금씩 죽어가고 있다.

단일 경작이 땅을 죽이다

상식적인 농경이 사라지기 시작한 것은 단일 경작(넓고 넓은 땅에 오직 한 가지의 곡물만을 재배한다.)이 도입된 제2차 세계 대전 후부터였다. 해가 바뀌고 또 바뀌어도 매년 똑같은 작물만을 심는 경우도 종종 있었다. 수익을 올리기에는 아주 간편한 방법(파종과 수확에 한 가지 기계만 사용하면

되고, 비료나 살충제도 한 가지만 쓰면 되기 때문이다.)이지만, 얼마 안 가 갖가지 문제가 드러났다. 단일 경작은 가지고 있는 계란을 모두 한 바구니에 담는 것에 비유될 수 있다. 한 가지 밖에 심지 않은 작물의 작황이 (병충해나 자연 재해로 인해서) 좋지 않으면 농부는 큰 타격을 입게 된다. 옛날 같으면 한 가지의 작황이 좋지 않아도 다음에 재배할 작물로 벌충하기를 기대할 수 있었고, 그런 방법으로 농부의 은행 잔고는 건실하게 유지될 수 있었다. 따라서 현대의 농부들이 자기가 심은 작물을 지켜 내기 위해 필사적으로 노력하는 것은 어찌 보면 당연하다. 농부들은 땅에는 화학 비료(화학 비료의 대부분은 납, 비소, 때로는 수은을 함유하고 있다. 하수 쓰레기를 비료로 사용하고부터는 하수 쓰레기 속에 들어 있는 여러 물질들이 그대로 땅에 뿌려진다.)를 주고 농작물에는 화학 살충제를 뿌린다. 곡물을 훔쳐 먹고 사는 해충들은 이런 화학 물질에 내성이 생기고, 결국 농부는 더 많은 살충제와 더 많은 비료를 줄 수밖에 없게 된다. 한때는 무성하게 자라던 식물들 중 일부 살아남은 것들은 농부의 작물을 위협하는 '경쟁자'로 간주되고, '잡초'라는 낙인이 찍혀 화학 제초제에 의해 궤멸된다.

결국 땅은 자양분을 모두 빼앗기고, 농장의 생태계는 전적으로 화학적인 도움에 의존해서 유지되게 된다. 끔찍하고 위태로운 농경의 형태가 되어 버리는 것이다. 아마 이런 사정이 1998년 이후 농부들의 자살 건수가 두 배로 늘어나게 된 데 중요하게 작용했을 것이다. 미국과 영국의 농부들의 자살률은 다른 직종 종사자의 자살률에 비해 거의 두 배이다. 화학 물질에 의존하는 농법이 도입되기 전에는 미국에서 농사를 짓던 농부들이 자연사 이외의 원인으로 사망한 가장 큰 원인은 농업 관련 사고였다. 그러나 오늘날에는 그보다 최소한 다섯 배가 넘는 수의 농부들이 자살로 생을 마감한다. 1990년대 말 인도에서는 큰 흉년이 들어 수천 명의 농부들이 자살하는 일이 벌어졌다. 그들 중 많은 수가 제초제를 마시고 죽었다. 농사를 짓기 위해 저축을 깨고 산 바로 그 제초제 말이다. 그러나 제초제는 그들의 작물을 지켜 주지 못했다.

현대의 산업형 농법으로 다치기 쉬운 사람은 농부만이 아니다. 농산업은 수확이 많고 시장에서 높은 가격에 팔 수 있는 몇 종의 작물에만 치중하는 경향이 있다. 자연의 방식인 포괄적인 다양성은 점점 사라지고 있다. 병충해가 발생했을 때 특정한 타입의 먹을거리를 지켜 주는 것이 바로 이러한 다양성이다. 따라서 한 국가 또는 한 대륙에서 수많은 소규모의 논밭들을 집어 삼켜 농작물의 다양성을 희생시켜 가며 상업적인 수익성을 보장한다는 이유만으로 단일 경작을 고집한다면, 생태계 전체가 위험에 빠질 수도 있다. 병충해가 발생하면 수십억 포기(또는 그루)의 작물이 공격을 받게 되기 때문이다.

1970년에 아시아의 거의 모든 쌀농사가 바이러스의 위협을 받았다. 이는 곧 아시아에 사는 수억 인구의 식량 공급이 위기에 처하게 되었음을 의미했다. 과학자들은 이 병충해를 견딜 수 있는 품종을 찾기 위해 유전자은행에 보관되어 있는 4만 7,000종의 벼 품종을 샅샅이 뒤졌다. 과학자들이 드디어 찾아낸 희망의 품종은 단 하나, 인도의 한 계곡에서 재배되는 벼 품종이었다. 그렇게 해서 그때는 재앙을 피해 갈 수 있었다. 그러나 그로부터 얼마 후, 그 계곡이 수력 발전소를 짓는 과정에서 수몰되었다는 아찔한 소식이 들려왔다. 만약 그 희망의 품종을 그곳에서 찾아내기 전에 수력 발전소가 들어섰더라면……. 이런 문제들을 감시하는 국제 연합 산하의 한 위원회는 우리의 먹을거리로 애용되는 작물의 수가 산업형 농경에 어울리는 몇 가지 종류로 줄어들고 있다고 보고했다.

가지, 고구마, 고추, 래디시, 렌즈콩, 망고, 밀, 배, 보리, 사과, 사탕무, 사탕수수, 소검, 시금치, 쌀, 아보카도, 얌, 양배추, 양파, 오크라, 옥수수, 이집트콩, 카사바, 캔탈루프, 커피, 코코넛, 코코아, 콩, 토마토, 호박 등이 그 예다. 필리핀의 국제 쌀 연구소 소장인 테 츠 창 박사는 이러한 위협을 다음과같이 단호하게 요약했다. "수력 발전용 댐, 도로, 벌목, 현대적 농업 등 사람들이 발전이라고 부르는 것들이 식량 공급을 백척간두(百尺竿頭)에 올려놓고 있다. 세계의 어떤 곳에서나 야생 작물은 물론 경작 작물의 품종들까지 사라져 가고 있다." 미국 국립 과학 학회는 주요 작물들이 처한 총체적인 위기를 이렇게 요약했다. "미국의 주요 작물은 놀라울 정도로 획일적이고, 또한 놀라울 정도로 위기에 처해 있다." 이런 문제는 비단 미국에만 해당되는 것이 아니다. 산업형 농업이 작물 재배를 지배하고 있는 모든 곳에서 품종의 수가 줄어들고 있는 것이다.

독으로 먹을거리를 기르다

제2차 세계 대전이 끝난 후 과학자들이 가장 먼저 발견한 것은 전쟁터에서 쓰이던 신경가스가 작물에 해가 되는 벌레들을 잡는 데 쓰일 수 있다는 것이었고, 그때부터 농업은 화학에 점점 더 심하게 기대게 되었다. 그리고 이러한 동맹 관계가 매우 바람직하지 못하다는(오히려 매우 파괴적이다.) 것을 입증하는 사실들이 점차 밝혀지기 시작했다. 자연은 모든 생명체에 생존의 본능을 부여했다. 화학 살충제가 한 지역에 뿌려지면, 벌레를 먹고 사는 생명체들은 금방 살충제의 독에 중독되고 이내 죽음에 이른다. 그러나 살충제 살포가 반복되면 해충들의 내성도 점점 강해진다. 항생제 남용이 동물과 인체에 질병을 일으키는 박테리아에 대한 항생제 내성을 키운 것처럼, 살충제 남용은 해충들의 몸속에서 살충제 내성을 키웠다. 살충제를 뿌려 가며 농사를 지은 지 50년 이상이 흐르자 살충제에 대해 점점 더 큰 내성을 갖게 된 수많은 '페스트' 해충들이 나타났다. 이 해충들에 반격하기 위한 농부들의 무기는 더 독한 살충제를 더 많이, 더 자주 뿌리는 것이었다. 요즘에는 40년 전에 사용하던 양의 세 배 정도를 뿌리는 농부도 드물지 않게 볼 수 있다. 농사를 망치는 잡초, 쥐 또는 병충해를 퇴치하기 위한 경우에도 상황은 마찬가지다. 농부는 점점 더 많은 농약을 뿌리지만, 그 효과는 점점 더 약해지고 있다. 매년 거의 300만 톤의 농약이 지구상에 뿌려지고 있다.

이 수많은 농약들은 원래 뿌려졌던 논밭에만 가만히 머물러 있지 않는다. 거기서 탈출해 생태 환경 속으로 숨어든다. 증발해서 제트 기류 속으로 스며들었다가 비와 눈에 섞여 다시 지상으로 떨어진다. 또 바람에 날려 도시의 가정집 뒷마당에 사뿐히 내려앉기도 하고 아이들의 놀이터에 떨어지기도 한다. 잘 보존되어 있는 들판에도, 심지어는 유기농을 하는 논밭에도 내려앉는다. 그러고는 땅에 스며들어 지하수, 저수지, 우물 등에 닿는다. 또 호수와 강, 바다까지 닿는다. 동물과 인간의 몸 안에 축적되는 것은 물론이다.

 이렇게 농약이라는 암살자가 우리에게 입히는 부차적인 피해는 무엇일까? 우선 논밭에 뿌려진 살충제가 원래 그것이 뿌려진 목적인 해충에 가서 닿는 양은 0.1퍼센트에 불과하다. 결국 잉여의 살충제는 그 주변의 다른 죄 없는 생명체들을 죽인다. 살충제에 노출된 벌꿀의 면역 체계와 생식 체계에 문제가 생기면서 아예 꿀을 따 모으지 않는 경우도 있다. 산업용 화학 물질, 가정용 화학 물질 등과 섞여 강과 바다로 흘러 들어가는 농약은 돌고래, 고래, 그 외의 수천 가지 수중 생물들의 면역 체계를 약화시킨다. 그로 인해 개구리 같은 양서류에게 선천성 기형(다리가 붙는다든가, 배 또는 등에 필요 없는 다리가 나온다든가)이 생긴다. 브리티시컬럼비아의 해안에 떠밀려 온 범고래 떼는 PCB(polychlorinated biphenyl, 폴리 염화 비페닐)에 너무나 심하게 중독되어 있어서 그 몸뚱이 자체가 독성 폐기물로 간주되어야 할 정도였다. 그 범고래의 새끼들은 독성이 그대로 남아 있는 어미의 젖을 먹고 죽어 갔다.

 미국에서만 매년 6,700만 마리의 새들이 농약으로 죽어 간다. 아이오와 주에서 봄이면 아침마다 지지배배 노래를 들려주던 작은 새들이 농경지에서 아예 사라져 버렸다. 다시 말하면, 농약은 야생의 식물과 동물을 모두 죽이고 있는 것이다. 레이첼 카슨이『침묵의 봄』에서 예언했던 것들이 다른 여러 곳에서도 현실로 나타나고 있다.

화학 물질의 유산

우리가 호흡하는 공기에 섞여서든 우리가 마시는 물에 섞여서든, 아니면 우리가 먹는 음식에 섞여서든 땅에서 탈출한 농약은 결국 우리 인간의 몸속으로 들어온다. 그곳에서 몇 년을 머물기도 하고 심하면 평생토록 빠져나가지 않는다. 어떤 농약들은 인간의 호르몬을 그대로 흉내 내는 소름끼치는 능력을 가지고 있기 때문에, 옛날에는 가장 안전한 유아들의 음식이라고 생각했던 모유에까지 축적된다. 농약은 알코올이나 약물처럼 태반에 흡수되고 탯줄을 통해 아직 태어나지도 않은 아기에게까지 전달된다. 즉 어머니의 자궁 속에 있는 태아도 살충제에 중독될 수 있다.

농약을 둘러싼 가장 큰 논쟁거리 중의 하나가 어느 정도 농약에 노출되면 인체에 해로운가 하는 것이다. 다시 말하면 어느 정도까지가 안전하다고 볼 수 있느냐 하는 문제다. 이 문제를 판단하기 위해서는 아직도 많은 연구가 이루어져야만 한다. 그러나 우리가 확실하게 아는 것은 농약에 대한 노출이 여러 종류의 암이나 파킨슨병, 유산, 선천성 기형 등과 관련이 있다는 사실이다. 또한 어린이는 특히 농약에 무방비 상태라는 것을 우리는 잘 알고 있다. 열두 살까지가 뇌와 신경계의 결정적인 성장기이기 때문에 이 연령층의 아이들은 신경계를 직접 공격하는 해로운 농약을 피해야만 한다.

1994년, 멕시코의 서로 다른 두 마을에서 자란 어린이들을 비교해 농약이 어린이들에게 미치는 영향을 분석한 매우 흥미로운 연구가 있었다. 이 연구에서 선택된 두 마을은 주민들이 유전학적으로 비슷했고, 먹는 음식의 종류도 비슷했으며, 교육 수준, 경제 수준, 주거 환경 등도 모두 비슷했다. 네 살에서 다섯 살 사이의 어린이들을 실험 대상으로 정했는데 두 마을 어린이들의 유일한 차이점은 한 마을은 농경지로부터 60마일(약 96킬로미터) 떨어진 산기슭의 언덕에 있었고, 다른 한 마을은 농업용 살충제와 가정용 살충제를 일상적으로 뿌리고 사는 계곡의 농경지에 있다는 것이었다. 후자의 경우에는 농약을 너무 많이 뿌린 탓에 그 전에는 수없이 많던 나비를 비롯한 여러 종류의 곤충들이 거의 눈에 띄지 않을 정도였다. 이 마을에서 태어난 태아의 제대혈(臍帶血, 태반과 탯줄에 있는 혈액)에서는 여러 가지 살충제 성분의 함유량이 높았고, 산모에게서 난 모유조차도 그런 성분을 다량 함유하고 있었다.

과학자들은 농경지 마을에서 자란 어린이들이 기본적으로 눈과 손의 조화 능력이 필요한 과제, 예를 들면 병뚜껑에 건포도를 떨어뜨리는 것과 같은 과제를 매우 어려워한다는 사실을 발견했다. 소아과 의사들은 종종 어린이의 인지 능력과 운동 근육의 발달 상태를 파악하기 위해 선으로 간단하게 사람을 그려 보게 한다. 언덕 마을에 사는 어린이들은 사람을 닮은 간단한 그림을 쉽게 그려 냈다. 그러나 계곡 마을에 사는 어린이들은 전혀 사람을 닮지 않은 도형을 그렸다. 또 이 아이들은 기억력도 뒤떨어지고 쉽게 분노하며 공격 성향이 강하고 사회성이 떨어지는 데다 놀이를 할 때 창의성을 보여 주지도 못했다.

    살충제의 장기적인 영향에 대해 더 많은 연구가 이루어져야 한다. 그러나 다양한 산업용 화학 물질의 효과를 다룬 최신 연구 자료를 늘 보고 있는 우리들은 우리 몸속은 물론, 우리 아이들의 몸속과 동물들의 몸속, 그리고 대지의 어머니의 몸속에 살충제가 더 이상 쌓이기를 원치 않는다. 이 위험하고 악마적인 물질에게는 여하한 노출도 허용해서는 안 될 것이다. 언젠가는 지금과 같은 농경의 암흑시대를 뒤돌아보며 고개를 저을 것이다. 어떻게 우리는 우리가 먹을 음식을 독약으로 기를 생각을 했을까?

희망적인 자각

농약이 얼마나 해로운지를 알게 되면 그 농약에 오염된 농산물들이 전처럼 맛있게 느껴질 리 없고 토마토를 아무리 잘 씻고 복숭아 껍질을 아무리 조심해서 벗겨 내도 안심이 될 리 없다. 순수하고 경이로워야 할 것, 우리의 생득적인 권리(땅으로부터 완전한 자양분을 공급받을 권리)여야 할 것이 더럽혀지고 타락한 것이다.

몇 년 동안 우리가 할 수 있는 일이란 고작해야 열심히 씻고, 껍질을 벗기고, 그러면서 내가 먹는 음식들이 입은 피해는 그나마 그다지 심각한 것이 아니기를 바라는 것뿐이었다. 어찌됐든 과일이나 야채를 전혀 안 먹고 살 수는 없는 노릇이다. 게다가 영양학자들은 우리 건강을 위해 과일과 야채를 더 많이 먹으라고 하지 않는가. 어떤 사람들은 농약을 치지 않고 기른 먹을거리를 찾기 위해 멀리까지 찾아다닌다. 또 어떤 사람들은 자기가 먹을 것을 스스로 기른다. 그러나 보통의 소비자들은 살충제와 함께 사는 삶을 받아들이는 수밖에 다른 선택의 여지가 없다. 발암 물질로 알려진 알라(Alar, 식물 생장을 조절하는 화학제)를 사과나무에 살포하지 못하도록 하는 법안이 통과되게 의회에서 증언을 한 메릴 스트립의 이야기 같은 작은 성공담들이 들려온다. 그러나 전체적으로 보면, 뿌려지는 농약의 종류는 너무나 많고, 그것을 금지시키려는 우리의 힘은 너무나 약하다.

다행히도 그런 날들은 이제 서서히 물러가고 있다. 이제 우리 앞에 대안이 나타나기 시작했기 때문이다. 농약에 의존한 대규모 경작이 종말을 고할 날이 곧 오리라는 희망을 가질 수 있게 되었다. 그 희망은 영국과 미국에서는 '유기농' 먹을거리라 불리고 유럽의 다른 나라에서는 '바이오푸드'라고 불린다. 이러한 추세는 지구 전체의 경작 환경을 변화시키고 있다. 그러나 그 전에 우리의 미래를 위해 이 희망에 대해 이야기해야만 한다. 현대의 농업이 안고 있는 또 하나의 불안한 요소에 관심을 가져야 하는 것이다. 그 요소는 다름 아닌 유전자 변형(조작) 생물체이다.

4장 불만의 씨앗

> 우리는 그것들이 인류의 건강과 더 나아가 환경에 장기적으로 어떤 영향을 미칠지 알지 못합니다. 만약 무언가가 심각하게 잘못된다면, 우리는 불멸의 오염 물질을 제거해야 하는 문제와 직면하게 될 겁니다.
> ─ 영국의 찰스 왕세자가 1998년에 유전자 변형 생물체에 대해서 한 연설의 일부

식당에 갔는데 거무스름한 으깬 감자가 나왔다고 하자. 아마 십중팔구는 그 음식을 거부할 것이다. 혐오감을 느끼지 않겠는가! 식당 종업원이 와서, 이 감자는 새로운 영양소가 들어 있기 때문에 검다고 설명한다 해도 선뜻 내키지가 않을 것이다. 여전히 노르스름한 흰색의 구식 감자 요리가 생각나면서 말이다. 그러나 노르스름한 흰색의 구식 감자 요리라 하더라도 벌레가 먹지 않도록 유전자를 변형한 감자로 조리되었을 것이다. 물론 그 색깔만 보아서는 우리는 그것이 유전자 변형 감자인지를 알지 못하므로 아무 의심 없이 먹는다. 식당 종업원이나 주인도 그 사실을 말해 주지 않는다. 의도적으로 숨기려 했다기보다는 대부분의 경우 그들도 모르기 때문이다.

유전자 변형은 살충제의 남용으로 발생한 부작용에 대해 대중들의 분노가 커지자 농산업체들이 선택한 대안이었다. 그러나 안타깝게

도 살충제에 의존하는 방식에서 벗어나 보고자 했던 기업들의 노력은 인체의 건강과 지구 환경에 살충제 못지않은 해악을 입힐지도 모르는 새로운 기술 개발, 즉 유전자 변형(조작) 생물체(genetically modified organism, GMO. 유전자를 변형한 주체가 농작물이면 유전자 변형 작물이라 부르고 좀 더 자세히 세분화해서 유전자 변형 곡물, 유전자 변형 식물 등으로 부르기도 한다. 유전자 변형 작물로 만들어진 식품은 유전자 변형 식품이라 부른다.—옮긴이)라는 결과를 낳았다.

유전자 공학의 산물들은 한 종의 생물체에서 뽑아낸 유전 물질을 다른 종에 주입시켜서 만든다. 유전자 변형 생물체를 만드는 목적은 곡물의 유전 암호를 변화시켜서 해충이나 특정 제초제에 대해 저항력을 높이기 위해서이다. 예를 들면 미국에서 가장 널리 보급된 유전자 변형 생물체로 'Bt 옥수수(Basillicus thuringiensis의 이름을 딴)'가 있는데 이 옥수수는 특정 곤충을 죽이는 독소를 만들어 내는 박테리아의 유전자를 주입받아 만들어진 것이다. 생명 공학 기업에서는 이런 작물을 만들어 내면 화학적인 살충제를 사용할 필요가 줄어들고, 결과적으로 환경에 좋은 일이라고 말한다. 그러나 유전자를 변형시킨 작물의 장기적인 효과에 대해서 우리는 아직 아무것도 모른다. 유전자 변형 작물에 대한 검사 결과가 종종 나오기는 하지만, 그러한 검사는 객관적이고 과학적인 방법으로 실시되는 것이 아니라 생명 공학 회사에서 자체적으로 행한 연구에 의한 것이다. 그러므로 이러한 검사의 결과는 유전자 변형 작물이 비변형 작물과 비교했을 때 안전하며 영양적으로도 뒤떨어지지 않는다고 나온다. 그 결과, 수백만 에이커의 논밭에 유전자 변형 작물의 씨앗이 뿌려지고, 나중에는 거기서 나온 곡물들이 일반 소비자들에게 팔려 밥상에 오르는 것이다.

최초의 생명 공학적 작물이 시장에 나온 것은 1994년이었다. 오늘날에는 세계적으로 1억 6,700만 에이커(약 67만 5,839제곱킬로미터)의 땅에서 유전자 변형 작물이 재배되고 있다. 이 작물은 옥수수, 면화, 대두, 캐놀라 등으로, 자체적으로 가지고 있는 살충 성분을 강화하거나 제초제를 견딜 수 있게 변형된다. 미국은 유전자 변형 작물을 가장 많이 생산하는 나라다. 콩의 81퍼센트, 옥수수의 40퍼센트, 캐놀라의 73퍼센트, 그리고 면화의 73퍼센트가 유전자 변형 작물이며, 이 기술은 전 세계로 확산되었다. 유전자 변형 작물의 급속한 확산은 많은 사람들, 소비자와 과학자 모두를 어리둥절하게 만들고 있다. 우선 장기적으로 봤을 때, 유전자 변형 식품이 그것을 섭취한 사람의 건강에 해롭지 않다고 보증할 수 없다. 또한, 유전자 변형 식물은 환경에 실질적으로 매우 위험하다. 일단 그런 식물들이 자라고 시험받는 실험실에서 벗어나 자연의 세계로 풀려나면, 이 식물의 확산을 막을 수 있는 믿을 만한 방법이 없기 때문이다.

Bt 옥수수처럼 유전자 변형 삭물은 현재 북아메리카 대륙 전역에서 재배되고 있다. 미국과 캐나다 정부는 소비자들의 바람과는 상관없이 유전자 변형 작물을 만들어 내는 기업들과 긴밀한 협조 체제를 유지하며 많은 정치 자금을 받아 왔기 때문에, 유전자 변형 식품임을 표시하는 규제를 강제적으로 시행하지 않는다. 따라서 소비자들은 유전자 변형 식품을 먹지 않으려면 유기농 식품을 먹는 수밖에 없다. 그러나 유기농업체들도 더 이상 우리를 보호해 줄 수 없다. 유전자 변형 식물이 북아메리카 대륙 전체는 물론 중앙아메리카에까지 걷잡을 수 없는 속도로 퍼져 가고 있기 때문이다.

미래의 생물학적 위험 물질

오래전부터 유기농 식품을 생산해 온 테라퍼마의 사장인 척 워커는 자기 회사의 콘 칩에서 유전자 변형 식품의 흔적이 발견된다는 조사 당국의 통고를 받고 어이가 없었다. 워커는 즉시 자기 회사의 '유기농' 콘 칩을 전량 수거해 파기했다. 이 일로 위스콘신에 있는 그의 회사는 14만 7,000달러의 손실을 입었다. 상황의 원인을 역추적해 본 결과, 문제가 된 옥수수는 텍사스에서 재배한 유기농 옥수수인데, Bt 옥수수를 재배하는 인근 농장으로부터 날아온 꽃가루에 의해 가루받이가 되면서 유전자 변형 작물에 오염된 것이었다. 워커는 Bt 옥수수의 재배를 금지하지 않는 한, 그 꽃가루가 결국은 전국의 옥수수밭을 모두 오염시킬 것이라고 생각한다.

위험에 놓인 작물은 옥수수만이 아니다. 유전자 변형 작물을 재배하는 곳이라면 어디든 그 이웃에 있는 논밭은 오염될 위험에 처해 있다. 유기농 재배 농부들이 아무리 엄격하게 유기농의 원칙을 지킨다 해도 자신의 논밭을 보호할 수 없는 세상인 것이다. 바람이나 새의 배설물, 또는 꿀벌에 의해 전파되는 유전자 변형 작물의 씨앗이 내 밭에 떨어지는 것을 막을 수는 없다. 1999년에 일어난 테라퍼마의 콘 칩 사건은 미국 시장에서 유기농 작물이 순전히 우연하게 유전자 변형 작물에 오염되었다는 이유로 수거된 첫 번째 사례였다. 그때부터 미국 전역의 여러 유기농 농장들이 유전자 변형 작물에 오염되었다. 순수하고 다양한 종류의 옥수수가 국제적인 보물로 대접받고 있는 멕시코 시골의 자작 농부들도 이제는 미국에서 날아온 유전자 변형 옥수수의 꽃가루에 오염되는 사고를 겪고 있다.

한 통의 편지

빠른 속도로 번지고 있는 오염의 위험과는 별개로, 유전자 변형 작물은 식품의 재배와 유통을 통제하려는 농산업 기업들에게 또 하나의 수단이 되고 있다. 소수의 다국적 기업들은 현재 자신들이 개발한 유전자 변형 작물의 종자를 소유(생명 공학 식물의 유전자 암호에는 특허가 나 있다.)하고 있다. 그래서 이들은 유전자 변형 작물에 오염된 논밭의 주인인 농부들을 특허 침해 혐의로 고소할 수 있다!

캐나다의 새스캐치원에서 삼대째 농사를 짓고 있는 퍼시 슈마이저는 50년 동안 캐놀라 농사로 꽤 성공한 농부였다. 성공한 농부들이 그렇듯이 그는 자신의 작물로 이런저런 실험을 해 우수한 품종을 개발하고 지난 해 거둔 씨앗을 다시 파종해 새해 농사를 지었다.

그렇게 농사를 지어 왔기 때문에 유전자 변형 식품 개발의 선두 주자인 대표적인 농산업체 몬산토로부터 도로변에 있는 자신의 밭에서 몬산토의 유전자 변형 캐놀라가 재배되고 있다는 사실을 통보받았을 때에는 기가 막혔다. 슈마이저의 주장에 따르면 몬산토의 생명 공학 관련 책임자가 허락도 없이 그의 밭에 숨어들어 시료를 채취해 간 것이 틀림없었다. 몬산토가 보낸 편지에는 슈마이저 소유의 밭에서 자라고 있는 캐놀라 중 1퍼센트에서 8퍼센트가 유전자 변형 캐놀라라고 적혀 있었다. 또한 슈마이저가 특허권을 침해했다는 주장과 함께 몬산토에 배상금을 지불하라는 요구가 담겨 있었다. 슈마이저는 몬산토에서 종자를 구입한 적이 없었다. 제초제 내성이 강화된 라운드업 레디 캐놀라를 재배하고 있던 이웃 농장에서 슈마이저의 밭으로 몬산토의 유전자 변형 캐놀라가 침입했다고 볼 수밖에 없었다.

슈마이저가 특히 우리의 눈길을 끄는 것은 그가 몬산토로부터 협박성 편지를 받았다는 사실 때문이 아니다. 또 대대로 물려받은 밭에서 대대로 씨앗을 물려받아 기른 작물들이 유전자 변형 작물에 오염되었다는 이유로 모두 버려야 한다는 사실 때문도 아니다. 그의 농장이나 평생토록 일구어 온 삶의 터전이 위협받고 있다는 사실 때문도 아니다. 북아메리카 대륙에서 농사를 짓고 있는 수많은 농부들이 슈마이저와 똑같은 위협(원하지도 않았는데 유전자 변형 작물에 논밭이 오염되어 몬산토로부터 협박 편지를 받는 상황)을 받고 있다. 그러나 시끄러운 법정 소송에 휘말리지 않기 위해 조용히 물러서는 다른 농부들과는 달리, 슈마이저는 맞서 싸우기로 결심했다.

숱이 적은 갈색 머리, 금테 안경, 조용조용 말하는 나지막한 음성, 일흔 고개를 넘은 퍼시 슈마이저는 현대판 골리앗과 한 판 붙을 만한 인물로는 보이지 않는다. 몇 년이 걸릴지도 모를 법정 투쟁과 천문학적 숫자가 왔다 갔다 하는 소송 비용을 감당할 결심을 한 이유가 무엇이냐고 묻자, 슈마이저는 1800년대에 자기 선조가 독일을 떠나온 이유도 이와 비슷했다고 했다. 바로 제국주의를 피해서였다는 것이다.

"내 선조들은 농부들의 작물과 식량을 제멋대로 주무르는 지주와 황제, 왕의 횡포를 피해 이 땅에 왔습니다. 그런데 이제는 거대 기업들이 지주와 황제, 왕의 역할을 대신하며 우리의 식량 공급을 마음대로 통제하고 있습니다. 이젠 더 이상 도망갈 곳도 없습니다. 일어서서 맞서 싸우는 수밖에 도리가 없습니다."

40만 달러의 소송 비용을 쓰며 6년 동안 법정 투쟁을 한 끝에 퍼시 슈마이저 사건은 캐나다 대법원으로 넘어 갔다. 결국 몬산토의 특허권 침해 주장은 받아들여졌다. 그러나 슈마이저가 몬산토의 특허권을 침해함으로써 경제적인 이득을 누리지는 않았으므로 배상 요구는 기각되었다. 아울러 몬산토의 소송 비용도, 벌금도, 슈마이저에게 부과되지 않았다. 간단히 말해, 슈마이저는 몬산토에 한 푼도 줄 필요가 없었다.

다행히 슈마이저의 법정 투쟁은 세계적인 이목을 집중시킬 정도로 획기적인 사건이었다. 이 소송에 관심이 있는 개인과 단체로부터 성금이 줄을 이었다. 제리 가르시아의 미망인인 데버러 쿤 가르시아는 「음식의 미래」라는 다큐멘터리에서 슈마이저를 소개하기도 했다. 그러나 몬산토와 맞서서 법정 투쟁을 벌이는 모든 농부들이 슈마이저처럼 세계적인 지지와 후원을 받을 수 있을까? 미국의 연방 대법원도 몬산토에 맞선 평범한 농부의 편에 서 줄까? 북아메리카 대륙에서 우리 눈에 보이는 것은 농부들의 고혈을 짜 내는 거대 기업의 횡포뿐이다.

더 나은 미래를 위한 용기 있고 비폭력적인 투쟁을 높이 사, 퍼시 슈마이저에게 인도의 '마하트마 간디 상'이 수여되었다. 요즈음 슈마이저는 인도와 방글라데시, 그리고 아프리카를 비롯한 제3세계 여러 나라를 돌아다니며 농부들을 상대로 강연을 하고 있다. 그는 농부들에게 아직 선택의 여지가 있음을 상기시킨다. 그들의 나라에서는 아직 몬산토나 다른 다국적 기업들이 유전자 변형 작물을 기르지 못하도록 막을 수 있다는 것이다. 새스캐치원의 농부들은 유전자를 변형시키지 않은 콩과 캐놀라를 재배하고 싶어도 때는 이미 늦었다고 슈마이저는 말한다. 새스캐치원의 모든 종자들은 유전자 변형 작물에 오염되었다. 캐놀라는 브라시카종의 일부이기 때문에 무나 콜리플라워가 그랬던 것처럼 이미 다른 곡물과 교차 수분이 되어 버린 것이다.

"문제는 농부들의 논밭만이 아닙니다. 몬산토 라운드업 레디 캐놀라는 고속도로의 중앙 분리대, 주차장, 가정집의 뒷마당, 학교 운동장, 골프장에서도 자라고 있습니다. 심지어는 공동묘지에서도 자랍니다."

게다가 이 곡물은 어떠한 살충제나 제초제에도 강한 내성을 가지고 있기 때문에 한번 뿌리를 내리면 제거하기가 거의 불가능하다.

슈마이저는 지금 귀리, 밀, 콩 등을 유기농으로 재배하고 있다. 농약은 사용한 적이 없지만 캐놀라를 재배하면서 화학 비료를 쓴 적은 있었다. 지금은 그때 화학 비료를 썼던 일을 후회하고 있다.

"아내와 어머니 말씀을 들을 걸 그랬습니다. 어머니는 거의 본능적으로 농약을 믿지 않으셨어요. 그래서 우리 논밭에는 절대로 농약을 쓰지 못하게 하셨습니다. 아내도 항상 우리 가족이 먹을 곡물은 유기농으로 길러야 한다고 주장했습니다. 그러면서 이렇게 말하곤 했습니다. '다른 사람들에게 팔 곡물에 농약을 쓰면서 우리만 유기농 곡물을 먹을 수는 없어요. 그건 옳지 못해요.' 지나온 일들을 생각해 보니 이제야 알겠습니다. 처음부터 끝까지 유기농을 지켰어야 했다는 것을……."

몬산토와의 법정 투쟁도 끝났으니 다시 유기농 농장으로 돌아가도 되지만, 슈마이저는 세계 각지를 돌아다니며 골리앗과의 싸움을 계속하고 있다. 2005년에는 태국의 한 공공 기관에서 증언을 해, 태국 정부가 몬산토의 터미네이터 종자('요술 씨앗에 대한 경계' 참조)의 파종을 금지하도록 설득하는 일을 도왔다. 조상들의 뜻을 되새기며 이 싸움을 시작했듯이, 앞으로 태어날 후손들을 생각하며 그는 이 싸움을 계속해 간다.

"이제 나는 일흔세 살, 아내는 일흔두 살입니다. 앞으로 살날이 얼마나 남았을지 알 수 없는 일이죠. 그래서 우리는 이렇게 생각합니다. 이제 할아버지 할머니로서 우리 자신에게 물어보아야 하지 않겠느냐고……. 내 손자들에게 어떤 유산을 물려주고 싶은지 말입니다. 내 조부모님들과 부모님들은 땅이라는 유산을 남겨 주셨습니다. 나는 내 아이들에게 독으로 물든 땅과 공기, 그리고 물을 물려줄 수는 없습니다."

종자(種子)의 제왕

북아메리카 대륙의 농토를 장악해 가고 있는 다국적 기업들 중의 일부는 종자 회사까지 사들여서 말 그대로 세상에 존재하는 모든 씨앗들에 대해 특허를 따려는 획책을 꾸미고 있다. 공상 과학 소설이 아니다. 지금, 우리 눈앞에서 벌어지고 있는 현실이 그렇다. 2005년 1월, 몬산토(지금은 '종자의 제왕'이라는 별명까지 얻었다.)는 세계 일류의 종자 회사인 세미니스를 사들였다. 이런 속도로 계속 간다면, 소수의 다국적 기업들이 세계의 종자 공급을 완전히 장악하게 될 것이다.

더 많은 식량을 생산하면 세계의 기아 문제가 해결될 것처럼 말하고 있지만, 유전자 변형으로 자양분이 고갈된 토양을 되살리고, 식량을 증산시킬 수 있다는 확실한 증거는 어디에도 없다. 몬산토, 듀폰, 다우, 기타 다국적 기업들이 세계의 종자 공급을 장악해 가고 있는 속도로 볼 때, 유전자 변형의 가장 큰 동기는 금전적인 탐욕이라고 보는 사람들이 많다. 세계의 식량 공급을 특허권으로 통제하려는 의도라는 것이다.

한편, 자연 자원을 고갈시킬 뿐만 아니라 잠재적인 위험마저 도사리고 있는 위험한 농법이 저개발국을 중심으로 빠르게 확산되고 있다. 저개발 국가의 지도자들은 세계은행이나 국제 통화 기금 등으로부터 다국적 기업과 협조하라는 압력을 받고 있다. 다국적 기업들은 저개발 국가들을 대상으로 자사의 농경 기술을 팔기 위한 시장을 개척하는 한편, 낮은 비용으로 식품을 생산(종종 노예의 노동력을 동원하기도 한다.)함으로써 저개발 국가에 곡물을 팔아 막대한 이윤을 남기고 있다. 결국 저개발 국가들을 대상으로 한 식민지 착취는 지금도 계속되고 있는 셈이다.

세계의 기아 문제에 대해 조금이라도 연구를 해 본 사람이라면 지금 지구 어디선가 8억 명의 사람들이 굶고 매일 3만 명의 어린이들이 굶어 죽는 이유가 식량이 부족해서가 아니라는 것을 알 것이다. 정치 불안, 불안정한 식량 유통 체계, 정부(지방 정부든 중앙 정부든)의 부패, 인구 과밀 또는 과도한 방목으로 인한 토양의 황폐화, 거대 기업의 농토 장악으로 지역적 특색에 맞는 농경이 불가능해진 점, 농민들이 농사를 지어 생계를 이을 수 있는 수단을 잃어버리고 도시로 떠나는 이농 현상 등 그 이유는 다양하다. 이농 현상의 경우 농업으로 생계를 잇던 농부들이 그 수단을 빼앗김으로써 점점 더 가난해지고 인간으로서의 권리마저 누리지 못한다는 점에서 더욱더 비극적이다. 이런 상황에 처한 농부들은 대대로 물려받으며 농사를 짓던 땅을 두고 새로운 일자리를 찾아 도시로 떠나지만 도시에서 찾을 수 있는 일이라는 것이 그들에게는 어울리지 않을 뿐만 아니라 도시는 이미 대량 실업으로 골머리를 앓고 있기 때문에 그런 일자리조차 찾지 못하는 경우가 대부분이다. 한때 자부심을 갖고 농사를 짓던 농부들이 굶주림에 지쳐 기지가 되어 간다. 도미니크 라피에르의 소설 『시티 오브 조이』에서 이런 상황에 처한 농부들의 일상이 날카롭게 묘사된 바 있다.

바로 이러한 병폐가 치유되지 않는 한 기아 문제에 대한 진실한 해법은 찾아지지 않을 것이다. 우리에게 필요한 것은 평화, 인류애적인 지도자, 이해, 동정심, 그리고 상식이지 첨단 기술이 아니다. 대규모의 논밭에 해충과 폭풍우, 한발과 병충해를 견딜 수 있는 유전적으로 우수한 품종의 곡물을 대량으로 재배해 지구상에서 기아 문제를 근절하겠다는 다국적 기업들의 호언장담을 우리는 더 이상 믿지 않는다.

2005년 5월, 《이콜로지스트》라는 잡지에 실린 테월데 베르한 게브레 에그지아베르 박사의 인터뷰 기사를 읽고 나는 매우 반가웠다. 박사는 에티오피아 환경 보호국의 국장으로, 자국의 농업을 혁신시키고자 하는 열의를 가진 사람이다. 그는 유기농을 적극 권장하고 농부들에게는 논밭에 퇴비를 주고 윤작(특히 질소 함량을 높이기 위해 콩 재배를 권장하고 있다.)을 해서 토양의 질을 높일 것을 촉구하고 있다. 또 산에서 빗물에 의해 흙이 쓸려 내려가는 것을 막기 위해 계단식 밭을 만들도록 장려하고 있다. 그의 노력에 힘입어 에티오피아는 유전자 변형 작물과 농약에 의한 환경 오염을 비껴갔으며 서구의 거대 기업들로부터의 착취도 피했다. 게다가 에티오피아의 다른 지식인들도 지방 시장 활성화를 위한 경제 기반 구축에 적극 나서서 환경 친화적인 방목을 권장하고 자국의 시장 기반을 더욱 다양하게 만드는 데 골몰

하고 있다.

에그지아베르 박사는 《이콜로지스트》와의 인터뷰에서 에티오피아는 농업과 작물의 다양성 덕분에 넓은 면적에 한 가지 곡물만을 재배하는 단일 경작과는 달리 어떤 병충해가 발생해도 집중적이고 심각한 손실을 입지 않으므로 외국에서 수입된 농약을 사용할 필요가 없다고 말했다. 유전자 변형 작물이 저개발국의 기아 문제를 해결하는 지름길이라는 다국적 기업들의 주장에 대해 그는 명쾌한 논리로 반박했다. 그는 기술에 의존한 농업은 "아프리카를 다시 한번 노예화시킬 것입니다. 다만 지금은 아프리카 인들이 미국 땅에 가서 농사를 짓는 것이 아니라 아프리카 땅에서 미국 기업의 농사를 지으라고 강요받고 있다는 점이 다를 뿐입니다."라고 말했다.

에그지아베르 박사, 당신을 존경합니다! 박사는 저개발 국가들이 본보기로 삼을 수 있는 멋진 사례를 남겨 주었다.

필사적인 싸움

유전자 변형 작물을 재배하기 시작하면서 우리는 미래의 수확에 대해 심각한 의문을 갖게 되었다. 재래 작물, 또는 유기농 작물을 재배하고자 하는 농부의 권리는 보호받을 수 있는가? 다국적 기업들이 자사가 개발한 유전자 변형 작물을 이웃한 소규모 농장에 허락 없이 퍼뜨렸을 때, 그들을 법정에 세울 방법은 있는가? 농부들이 자신의 씨앗을 시킬 권리는 계속 유지될 수 있는가? 곡물의 다양성은 어떻게 될 것이며 전통적인 곡물들은 또 어떻게 될 것인가? 씨앗, 식물, 유전자, 인체 장기, 동물 등과 같은 살아 있는 유기체가 일부 기업들의 특허권에 의해 소유되고 보호받아야 하는가? 마지막으로, 거대 기업들이 생명을 소유하도록 허락한다면, 세상은 어떻게 될 것인가?

분연히 일어나 거대 기업들과 맞서며 그들이 우리의 식량을 좌지우지하도록 내버려 두지 않겠다고 투쟁하는 퍼시 슈마이저 같은 영웅들이 세상 곳곳에 존재한다는 것이 참으로 다행스럽다. 많은 사람들이 유전자 변형 작물의 확산에 분노하면서 이 비정상적인 식물들을 말 그대로 뿌리째 뽑고 있다. 영국에서는 유전자 변형 작물에 반대하는 수많은 사람들이 유전자 변형 작물을 태워 버리거나 뽑아 버렸고, 그 때문에 체포되자 자신들의 행동은 '더 큰 공공의 이익(유전자 변형 작물로 인한 오염을 막는 것)을 위한 것이므로 무죄'라는 변론을 폈다. 한 건의 결정적인 소송에 대한 재판이 2004년부터 열리기 시작했다. 이 재판의 피고인은 영국 노포크의 유전자 변형 옥수수 농장에서 옥수수를 뽑아 버린 혐의를 받고 있는 스물일곱 명의 사람들(그린피스 상임이사 피터 멜케트 경도 포함되어 있다.)이었다. 피고인 측 변호인은 유전자 변형 작물로 인한 오염의 심각성을 부각시켰고, 판사는 피고인들의 행동을 '합법적인 오염 방지' 행위로 인정해야 하므로 무죄라는 판결을 내렸다.

프랑스에는 스스로 '모윙 브리게이드(풀베기 여단)'라 부르는 운동가 그룹이 있다. 그들은 재배되고 있는 유전자 변형 작물을 찾아다니며 베어 버리거나 뽑아 버리는 활동을 한다. 이 그룹을 이끄는 사람은 프랑스의 유명한 농부 호세 보베로, 1999년 맥도널드의 세계화를 막기 위해 자신의 목장 가까이의 맥도널드 체인점을 파괴하는 데 동조한 일로 신문의 헤드라인을 장식한 바 있다. 그들은 2004년에 '모윙 데이'까지 조직하여 남부 프랑스에서 유전자 변형 작물을 파괴하는 날로 삼았다. '프리 시드 리버레이션'이라는 이름으로 불리는 또 한 그룹은 2004년 어느 날 오스트레일리아의 브리스베인 근처에서 한밤중에 철조망 울타리를 타 넘어 들어가 밭에서 자라고 있는 유전자 변형 파인애플을 뿌리째 뽑아 버리기까지 했다. 뉴질랜드의 또 다른 운동가들도 밭으로 관심을 돌려 새로 심은 유전자 변형 작물을 파괴하느라 전쟁을 치르고 있다. 지구상의 거의 모든 지역에서 유전자 변형 작물이 자라고 있는 것이 실상이다. 환경 운동가, 유기농 재배 농부, 그리고 평범한 사람들까지 이 땅에서 유전자 변형 작물을 몰아내기 위해 필사적으로 싸우고 유전자 변형 작물을 재배하는 농부들에게 보상금을 주면서까지 밭에서 그 곡물들을 뽑아서 태워 버리도록 장려했다. 그러나 2004년 초, 브라질 정부의 정책은 바뀌었고 몬산토는 자신들의 유전자 변형 작물을 브라질에서 기를 수 있는 허가를 얻었다.

    2005년 1월 전 세계에서 유전자 변형 작물에 의해 곡물이 오염된 사건들을 기록한 보고서가 출간되었다. 1996년에 유전자 변형 작물이 도입된 후로 식량, 가축 사료, 씨앗, 야생 식물 등의 알려진 오염 사례를 진 워치 UK(영국 유전자 감시단)와 그린피스가 만든 웹사이트에서 확인할 수 있다. 9년 동안 전 세계의 스물일곱 개 나라에서 예순 건 이상의 불법적이거나 표시가 없는 유전자 변형 작물 오염 사건이 기록되었다. 이 사이트는 슈퍼위드(Super-Weed)가 자라남에 따른 부작용에 대한 정보도 제공하고 있다.

전 세계에서 단 9년 동안 일어난 사건들의 숫자만 보아도 유럽 공동체 위원회로부터 유출된 내부 문서에 포함된 정보에 대해 의구심을 품게 한다. 이 정보는 2005년 5월, '지구의 친구들'이 입수한 것으로 여기에는 유전자 변형 작물을 둘러싸고 벌어진 세계 무역 기구와 미국의 논쟁에 대한 유럽의 방어 전략이 담겨 있다. 이 문서를 보면 유럽 연합 집행 위원회 소속 과학자들이 유전자 변형 식품과 곡물의 안정성에 우려를 나타내고 있음을 알 수 있다. 과학자들은 항생제 내성을 가진 유전자와 인간에게 이로운 곤충에 미치는 이차적 효과를 향한 우려가 '정당'하고 '과학적'이며 따라서 각 회원국들은 자국의 사정에 맞는 수준의 보호 조치를 강구해야 한다고 충고했다. 그러나 무역 분쟁이 발생한 2003년 이후로 유럽 연합 집행 위원회는 두 종류의 새로운 유전자 변형 작물을 시장에 진입시키도록 강요했으며, 각 회원국들에게 규제의 수준을 낮추도록 압박을 가했다.

그들은 전에도 틀렸었다

유전자를 변형한 작물로 만들어진 식품을 판매하는 다국적 기업들

요술 씨앗에 대한 경계

평화 봉사단 소속의 자원 봉사자였던 살라 스위트로부터 그녀가 봉사 활동을 하러 갔던 가나 북부의 농사지을 것이 없는 작은 마을 웨일웨일에 대한 이야기를 들었다. 한 여성 단체와 동행한 그녀는 웨일웨일이 지속적인 산업을 일으키고 농사를 지을 수 있도록 도왔다. 메마르고 햇살이 뜨거운 마을에서 몇 개월을 지낸 살라는 그곳의 자연환경이 해바라기를 기르기에 안성맞춤이라는 것을 깨달았다. 해바라기는 여성들이 재배하기에 꼭 알맞은, 영양이 풍부한 곡물이었다. 그러나 살라가 해바라기를 길러 보자는 말을 할 때마다 마을의 여인네들은 주저하거나 때로는 귀찮다는 반응을 보이기까지 했다. 살라에 대한 믿음이 생긴 후에야 농부들이 그 이유를 이야기해 주었다. 아메리칸 시드 컴퍼니라는 한 종묘 회사에서 웨일웨일 사람들에게 해바라기를 길러 볼 것을 제안하면서 첫 파종을 할 씨앗을 꽤 비싼 가격에 판 적이 있다는 것이다.

그러나 해바라기 씨앗을 수확한 여인네들은 가까운 곳에는 그 씨앗을 내다 팔 만한 시장이 없다는 것을 깨달았다. 그러자 종묘 회사에서 웨일웨일에서 수확한 해바라기 씨앗을 되사겠다고 했다. 그러나 농사를 지은 여인네들에게는 전혀 이익이 남지 않을 만큼 턱없이 낮은 가격이었다. 게다가 더 분통 터지는 일이 있었다. 농부들이 다음에는 더 큰 수확을 거두기를 바라며 거두어들인 해바라기 씨앗 중 일부를 새로 뿌리기 위해 남겨 두었다. 그러나 곧 종묘 회사에서 그들에게 판 씨앗은 열매를 맺지 않는 불임 씨앗임이 밝혀졌다. '터미네이터 종자'라고도 부르는 이런 씨앗은 유전자를 변형해 자연의 법칙을 거스르고 제 자신의 배아를 죽여

재생산을 하지 못하도록 만든 종자다. 종묘 회사는 마을 사람들에게 새로 파종할 해바라기 씨앗을 전보다 더 비싼 값에 팔아먹는 파렴치한 횡포를 저질렀다.

"그래서 마을 사람들은 미국인들을 믿지 못하게 되었고, 해바라기 재배를 기피하게 된 겁니다. 해바라기는 기르기도 쉽고 그 씨앗은 식량으로서도 아주 좋은 곡물인 데도 말이죠. 하지만 누가 이들을 나무랄 수 있겠습니까? 종묘 회사 사람들이 마을에 와서는 먹고 살기 위해 애쓰는 여인네들에게 유전자 변형으로 생식 능력이 없는 씨앗을 팔아 영원히 미국의 종묘 회사에 의존하게끔 만든 겁니다."

살라가 가장 가슴 아파 하는 부분은, 이제는 웨일웨일의 여인네들에게 외부인 누군가가 아무리 좋은 의도로, 아무리 좋은 아이디어를 전해 주어도 반항과 의심의 눈길만을 보내게 되었다는 점이다. 농촌 지역 사람들이 자급자족할 수 있게 도우려는 민중들의 노력이 이미 충분히 어려움과 도전에 직면해 있는 마당에 다국적 기업들은 이런 파렴치한 행위까지 저지르고 있다고 살라는 한탄했다.

은 그 식품들을 사람이 섭취해도 안전하다고 우리를 설득한다. 그러나 약 65년 전에도 DDT(dichloro-diphenyl-trichloroethane)가 사람과 가축, 그리고 생태 환경에 무해하다고 주장했었다. 그러나 장기간에 걸쳐 누적된 DDT는 자연환경을 황폐화시키는 것으로 인류에게 복수를 하고 있다. 특히 미국의 흰머리독수리 같은 새는 아예 멸종 위기에 몰렸다.

CFC(chlorofluorocarbon, 클로로플루오로카본. 프레온이라는 상품명으로 생산된다.—옮긴이)도 마찬가지다. 이 두 경우가 우리에게 전하는 핵심은, 새로운 상품을 자연환경에 도입하려 할 때는 장기적인 누적 효과에 대해 심각하게 생각해 보아야 한다는 것이다. 많은 수의 유전자 변형 작물이 자기 몸의 모든 세포 안에 살충제 성분과 제초제 성분을 가지고 있다. 이렇게 새로운 독성을 품고 있는 상품을 대량으로 소비했을 때 그 장기적인 누적 효과는 어떻게 나타날까? 환경에는? 또 우리에게는?

2003년 한 해 동안 가축 사료용으로 생산된 유전자 변형 옥수수 일부가 우연히 사람이 먹는 음식의 사슬에 끼어 들어갔다. 가장 심각했던 오염 사고는 가축 사료용으로만 승인받은 유전자 변형 스타링크 옥수수가 타코(고기, 치즈, 양상추 등을 넣고 튀긴 옥수수 빵으로 멕시코 요리의 일종—옮긴이)의 껍질로 쓰인 일이었다. 구멍을 뚫고 들어오는 벌레를 쫓아내기 위해 이 옥수수는 자체적으로 살충 성분을 생산하도록 유전자 변형이 되어 있었다. 이 독성분은 위산에도 녹지 않는데 이것은 인체에 알레르기를 일으키는 많은 물질들이 공통적으로 가지고 있는 특징이다. 일곱 개 나라(미국, 캐나다, 이집트, 볼리비아, 니카라과, 일본, 한국)의 수천 개 점포에서 문제의 타코 상품을 수거했다. 당시에 나는 미국에 있었는데, 이미 다수의 사람들이 우려할 만한 수준의 알레르기 반응을 보이고 있었고, 그 중 일부는 과민성 쇼크 상태에 빠지기도 했다.

미국에서 재배되는 콩의 80퍼센트는 유전자가 변형된 것들이다. 몬산토의 캐놀라처럼 이 콩들도 몬산토의 라운드업 제초제에 내성을 갖도록 유전자가 변형되어 있다. 농부들이 재배하는 작물에 라운드업 제초제를 뿌리면 다른 식물은 다 죽어도 이 콩만은 죽지 않는다는 뜻이다. (부언하자면, 몬산토는 자사의 제초제가 음식에 쓰는 소금만큼이나 인체에 무해하다고 주장한다. 그러나 과학자들은 라운드업에 쓰이는 중요한 제초 성분인 글리포세이트가 비호지킨 림프종과 관련이 있다고 보고 있다.) 미국 시장에서 팔리는 가공식품의 60퍼센트에 제초제가 흠뻑 뿌려진 이 유전자 변형 콩이 함유되어 있다. 식용유, 콩가루, 콩 레시틴, 프로틴 파우더, 비타민 E 등에도 이 유전자 변형 콩이 들어 있다.

우리가 먹는 옥수수의 DNA에 들어 있는 Bt 살충제는 또 어떤가? 식물에 농약을 뿌렸을 경우에는 씻거나 껍질을 벗겨 먹는 것으로 어느 정도 안심할 수 있다. 그러나 식물의 유전자가 변형되어 뿌리부터 열매까지 모든 세포 안에 Bt를 함유하고 있다면 어떻게 해야 한단 말인가? 이 경우에는 물에 씻을 수도, 껍질을 벗겨 먹을 수도 없다. 이 Bt 세포가 우리 몸에 들어갈 경우, 이 세포들은 우리에게 또 어떤 짓을 할 것인가?

동물과 유전자 변형 작물

많은 동물들이 유전자 변형 작물에 본능적으로 저항을 하는 것으로 보인다. 예를 들면 기러기는 유전자를 변형시킨 캐놀라보다는 순수한 캐놀라를 더 즐겨 먹는다. 《웰 빙 저널》 2003년 9월호에 빌 래시멧이라는 농민이 한 재미난 실험이 실렸다. 래시멧은 자신이 기르는 젖소들을 대상으로 먹이 실험을 했다. 한쪽 여물통에는 유전자를 변형한 Bt 옥수수 50파운드(약 23킬로그램)를 담고 다른 여물통에는 보통의 옥수수를 담았다. 젖소들은 제각각 Bt 옥수수의 냄새를 맡아 보고는 뒤로 물러서더니 이내 보통 옥수수가 담긴 여물통으로 다가가 맛있게 먹어 치웠다. 미국의 저널리스트 스티븐 스프링켈 얀크톤은 1999년에 환경 농업 잡지인 《에이커스 USA》에 「옥수수가 부채를 때릴 때」라는 재미있는 기사를 썼다. 콘벨트(미국의 중서부에 걸쳐 형성된 세계 제1의 옥수수 재배 지역—옮긴이)의 농부들에 따르면 돼지는 여물통에 유전자 변형 작물을 넣어 주면 평소처럼 많이 먹지 않았다. 때때로 유기농으로 곡물을 재배하는 밭을 습격하는 너구리는 있어도 유전자 변형 작물을 재배하는 밭을 습격하는 너구리는 없었다. 그는 한 농부가 직접 보았다는 목격담을 전했다. 사슴 마흔 마리가 그의 토푸 콩밭에서 콩을 먹이 치웠는데, 길 건너에 있는 몬산토의 라운드업 레디 콩을 기르는 밭에서 콩을 따 먹는 사슴은 한 마리도 없었다는 것이다.

쥐들도 유전자를 변형한 식품은 좋아하지 않는다. 캐나다와 네덜란드 농부들의 실험에 따르면, 유전자를 변형한 곡물과 유전자를 변형하지 않은 보통 곡물을 각각 별도의 깡통에 담아 놓았을 때, 보통 곡물을 담아 놓은 깡통에는 쥐들이 들끓지만 유전자를 변형한 곡물을 담아 놓은 깡통에는 쥐들이 얼씬도 하지 않는다는 것이다. 실험실

쥐들은 대개 토마토를 좋아하는데, '플라브르사브르' 토마토는 먹지 않았다. 이 토마토는 익는 속도를 늦추기 위해 유전자를 변형한 토마토였다. 결국 유전자 변형 토마토를 먹었을 때 쥐에게 미치는 영향을 연구하기 위해 과학자들은 억지로 쥐에게 플라브르사브르 토마토를 먹여야만 했다. 실험쥐 중 몇 마리는 위에 손상을 입었고, 마흔 마리 중에서 일곱 마리는 몇 주 만에 죽었다. 그럼에도 불구하고 미국 식품 의약국은 더 이상의 테스트도 하지 않은 채 이 토마토를 시장에서 판매할 수 있도록 승인해 주었다. 그러나 이 토마토는 판매가 저조해 곧 시장에서 사라지고 말았다.

　유전자 변형 식품이 동물에 미치는 영향을 가장 철저하게 실험한 사람은 헝가리 출신 과학자 아르패드 푸즈타이 박사였다. 로웻 연구소 소속이었던 그는 영국 정부의 요청에 따라 실험을 진행했다. 그의 실험은 미국에서 Bt 감자(자체적으로 박테리아 독소를 만들어 내는 감자)를 개발한 데 따라서 시작된 것이었다.

　푸즈타이 박사는 다른 형태의 천연 농약(눈꽃류에서 추출한 렉틴)을 써서 새로운 유전자 변형 감자를 만들기로 결정했다. 그는 렉틴을 쥐들에게 다량 투여했다. 쥐들은 아무런 질병의 징후를 보이지 않았다. 그런 다음 렉틴의 유전자 절편을 감자의 DNA에 집어넣었다. 새로 만들어진 감자를 쥐에게 먹이자 놀라운 현상이 나타났다. 먼저 새로운 감자의 영양 성분은 부모 감자에서 볼 수 있는 영양 성분과 달랐다. 새로 수확한 유전자 변형 감자의 단백질 함량은 부모 감자에 비해 20퍼센트나 적었다. 이상하게 생각한 푸즈타이 박사는 감자에 대한 분석을 계속해, 같은 종류의 부모 감자에서 나와 똑같은 조건에서 재배된 자매 감자 또한 유전자 변형 감자와는 영양 성분이 다르다는 사실을 알아냈다. 이 실험 결과는 유전자 변형 식품이 그 부모대와 같은 수준의 영양 성분을 가지고 있다는 가정을 기초로 실시되고 있는 미국 식품 의약국의 정책이 그 기초부터 잘못된 것임을 말해 주는 것이었다.

그러나 그 다음에 진행된 실험은 더욱 놀라웠다. 새로 만들어진 감자를 쥐들에게 먹이자, 쥐들은 면역 체계에 손상을 입었으며 흉선과 비장 또한 손상을 입었다. 일부 쥐들은 간과 고환, 뇌의 크기도 작고 발달도 느렸다. 반면에 어떤 쥐는 췌장과 장이 더 커지기도 했다. 이러한 심각한 변화는 유전자 변형 감자를 먹이기 시작한 지 열흘 만에 가시적으로 나타났다. 또 어떤 부작용은 110일 이후에야 나타나기도 했다. 쥐에게 110일은 인간에게는 10년에 해당하는 기간이다. 그러나 감자를 조리해서 먹인 쥐는 원래의 건강을 유지했다.

푸즈타이 박사는 자신의 실험 결과에 우려를 나타냈다. 실험 횟수도 많았고 모두 꼼꼼하게 진행되었다. 그는 유전자를 변형시킨 감자만을 쥐에게 먹이는 실험과 천연 감자만을 쥐에게 먹이는 실험, 그리고 유전자 변형 감자에 투여한 양과 똑같은 양의 순수 렉틴을 감자와 섞어서 쥐에게 먹이는 실험을 각각 진행했다. 유전자 변형 감자를 익히지 않은 날것으로 먹은 쥐들만이 심각한 부작용을 겪는 것으로 나타났다.

푸즈타이 박사는 만약 해로운 부작용의 원인이 렉틴이 아니라면 쥐의 장기와 면역 기능 장애를 일으킨 원인은 유전자 변형 과정 그 자체일 수밖에 없다고 보았다.

이러한 결과는 전혀 예상 밖이었고 또한 충격적이었다. 푸즈타이 박사는 시장에 나와 있는 여러 가지 유전자 변형 식품에 대해 다른 과학자들이 진행한 실험들을 다수 검토한 바 있었다. 박사는 그런 실험 결과들을 보며, 부실한 실험 계획, 피상적인 내용, 턱없이 부족한 실험 횟수 등에 대해 놀랐다. Bt 감자, 옥수수, 면실, 콩 등 이미 시장에 나와 있는 유전자 변형 작물에 손을 들어 준 다른 실험들과 똑같은 피상적인 실험을 했더라면 자신이 만든 유전자 변형 감자도 시장에서 판매되도록 승인을 받았으리라는 것을 깨달았다. 그의 감자는 수천만 명의 사람들에게 팔렸을 것이며 이론적으로 보면 실험실의 쥐들에게서 나타났던 것과 유사한 건강상의 문제를 유발했을 가능성이 있었다. 물론 인간의 경우에는 이런 문제들이 가시적으로 나타나려면 몇 년의 시간이 걸려야 했다.

바로 이런 시점에서 푸즈타이 박사는 「월드 인 액션」이라는 텔레비전 프로그램에 출연해 자신이 발견한 사실들에 대해 이야기할 기회가 있었다. 그는 "나라면 절대 유전자 변형 식품을 다시는 먹지 않겠다."라고 말했다. 박사의 발언이 언론으로부터 큰 관심을 끈 것은 당연했다. 그로부터 얼마 후 박사는 면직당했고 그 후로도 한동안 비웃음거리가 된 것은 물론이요, 과학계의 블랙리스트에 올라 요주의 인물 취급을 받았다.

그 후로 몇 년 동안은 나도 박사의 소식을 들을 수 없었다. 그러다가 아프리카에서 우연히 BBC 방송을 보게 되었는데, 몇몇 과학자들로 이루어진 그룹이 푸즈타이 박사를 옹호하고 과학자로서의 그의 결백을 지지하기 위해 나섰다는 소식을 들었다. 이들의 연구는 영국의 저명한 의학 학술지 《랜싯》에 「갈란투스 니발리스의 렉틴으로 유전자를 변형한 감자의 섭취가 쥐의 소장에 미치는 영향」이라는 제목으로 실렸다. 그들의 새로운 발견이 열띤 논쟁을 불러일으킨 것은 물론이다. 이 결과를 받아들이느냐 마느냐의 여부에 너무나 많은 것(한편으로는 생명 공학 회사들의 이익, 다른 한 편으로는 인간과 동물, 그리고 환경 전체의 건강)이 걸려 있으므로, 그 논쟁은 끝없이 계속될 것 같았다.

푸즈타이 박사의 연구보다는 덜하지만 세상으로부터 상당한 관심을 끌었던 다른 연구 결과들도 있다. 2002년 4월 27일의 BBC 뉴스는 여러 종류의 유전자 변형 옥수수에 대한 실험에 오류가 있었다는 내용을 보도했다. 이 보도가 나올 즈음 유전자 변형 옥수수 T25는 이미 영국에서 실제로 재배되고 있었다. 이 옥수수의 경우, 닭을 상대로 실험을 했다. 실험 기간 동안 닭을 두 그룹으로 나누어, 한 그룹에게는 T25를 먹이고 다른 한 그룹에게는 보통 옥수수를 먹였다. 실험 기간 중 죽은 닭의 숫자를 비교하면, T25를 먹인 닭이 보통 옥수수를 먹인 닭의 두 배였다. 그럼에도 불구하고 T25는 시장 진입을 승인받았다. 이미 알려져 있는 위험과 모든 불확실성 때문에 일부 국가에서는 유전자 변형 식품의 판매는 물론 재배도 금지해 왔다. 이들 나라의 수많은 국민들은 유전자 변형 식품에 의심 어린 눈초리를 보내는 한편, 유전자 변형 식품 섭취의 장기적인 효과에 대한 연구의 세계적인 실험 대상이 된 북아메리카 대륙의 어린이들을 지켜보고 있다.

우리가 할 수 있는 일

위협적이고도 빠른 속도로 성장하고 있는 거대 기업들의 농토 장악에 맞서 상황을 변화시키고 건강하고 안전한 농사법으로 돌아가려면 어떻게 해야 할까? 우리가 어떻게 하면 우리의 몸과 지구를 유전자 변형 작물로부터 보호할 수 있을까? 다행한 일은, 유전자 변형 작물이 더 이상 확산되지 못하도록 막을 효과적인 방법이 몇 가지 있다는 것이다.

유전자 변형 식품 표시제

내가 생각해도 이상한 일은, 전 세계의 선진 산업 국가 중에서 유일하게 미국만이 유전자 변형 식품에 별도의 표시를 해야 한다는 규정이 없다는 사실이다.(우리나라에서도 2001년 3월 1일부터 농수산물 품질 관리법에 근거하여 콩, 옥수수, 콩나물, 감자에 대한 유전자 변형 식품 표시제를 시행하고 있다.—옮긴이) 미국의 소비자들은 MSG(monosodium glutamate, 글루타민산 나트륨. 화학 조미료로 많이 사용되고 있다.—옮긴이), 적색 2호(과자나 아이스크림 등에 넣는 식용 색소 중 하나—옮긴이), 심지어 소금을 포함한 식품까지도 용기에 표기된 성분 표시를 보고 사지 않을 수 있는 선택권이 있다. 그러나 유전자 변형 식품에 대해서만은 장님이나 다름없다. 솔직한 표시가 없다면 건강을 염려하는 소비자라 할지라도 자신이 먹는 음식에 유전자 변형 작물이 포함되어 있는 것인지 아닌지도 알 수 없고, 자기 가족에게 먹이는 야채 버거의 재료가 유전자를 변형한 것인지 아닌지도 알 수 없다. 양배추, 양상추, 토마토, 감자, 가지 같은 신선한 야채들도 어쩌면 모두 유전자가 변형된 것일지 모른다.

유전자 변형 작물을 만들어 내고 그에 대해 특허권을 따는 기업들은 실험실에서 변형해 만든 '프랑켄푸드(영국 소설 『프랑켄슈타인』에서 주인공 프랑켄슈타인이 만든 인조인간이 괴물로 변해 온갖 나쁜 짓을 자행한 것에 빗댄 표현—옮긴이)'에 대한 소비자들의 경계심을 잘 안다. 사실 대부분의 미국 소비자들도 유전자 변형 식품은 포장에 별도의 표시를 하도록 하는 강제 규정이 생기기를 바란다. 그들도 그런 식품은 피하고 싶기 때문이다. 그러나 그러한 식품을 만들어 내는 기업들이 강제적인 표시 규정을 만들지 못하도록 맹렬하게 투쟁하고 있다는 사실도 놀라운 일은 아니다. 만약 그런 규정이 생긴다면 해당 기업들로서는 사형 선고를 받는 것이나 다름없기 때문이다. 따라서 강제적인 유전자 변형 식품 표시제를 만들도록 기회가 있을 때마다 정치인들에게 압력을 가해야 한다.

식료품을 파는 상인에게 초점을 맞춰야 한다
반유전자 변형 운동가들은 슈퍼마켓에서 자체적으로 상품을 만들어 팔 때 유전자 변형 식품을 사용하지 말도록 소비자들이 압력을 가할 것을 제안한다. 미국에서는 자체 브랜드 상품이 슈퍼마켓 판매 상품의 40퍼센트를 차지한다. 따라서 이런 슈퍼마켓들이 자체 브랜드 상품을 제조할 때 유전자 변형 식품을 더 이상 쓰지 않는다면 프랑켄푸드를 만드는 기업들이 어떻게 될지 상상해 보라.

영국에서는 한 캠페인이 매우 성공리에 시작되었다. 운동가들은 우선 슈퍼마켓을 찾아다니며 카트에 포장 식품들을 잔뜩 실었다. 그러고는 계산대로 가서, 슈퍼마켓의 매니저가 나와 유전자 변형 작물을 전혀 함유하고 있지 않다고 개인적으로 보장해 주는 제품에 한해서만 값을 지불했다. 다른 운동가들은 유전자 변형 작물을 포함하고 있다고 알려진 포장 식품에 '생화학적 위험물'이라는 라벨을 붙이고 다녔다.

슈퍼마켓들이 이들의 활동 앞에 하나씩 무릎을 꿇었다. 1999년에는 영국에 있는 대형 식료품점의 대부분이 유전자 변형 식품을 자체 브랜드 제품에 사용하지 않겠다는 데 합의했다. 미국에서는 소비자들의 압력에 굴복해 홀 푸드 사와 트레이더 조스 사가 자사 브랜드 제품에 어떠한 종류의 유전자 변형 식품도 사용하지 않겠다고 약속했다.

앞에서도 말했듯이, 정부는 소비자의 요구를 들어주지 않을 수 있어도 식료품 상점들은 소비자의 요구를 수용하지 않을 수 없다. 이제는 소비자들도 다른 곳에서 원하는 제품을 구입할 수 있기 때문이다. 어떤 식료품 판매 회사의 정책이 마음에 들지 않으면 소비자는 유전자를 변형하지 않은 식품들을 다양하게 구비한 다른 회사, 즉 유기농 식품을 파는 곳을 찾는다. 따라서 식료품을 사러 갈 때마다 상점의 매니저나 주인과 이야기하자. 그들이 정책을 바꾸도록 요구하고 만약 들어주지 않는다면 우리는 다른 곳에서 제품을 살 수밖에 없다고 위협을 가하는 것이다. 만약 내가 사는 동네의 식료품점에서 유기농 식품을 팔도록 설득했다면, 그 다음에는 그들이 파는 유기농 상품을 사 주는 것으로 나의 요구에 대한 책임을 질 준비를 하자.

유전자 변형 식품 먹지 않기

유전자 변형 식품임을 표시하도록 강제하지 않는다면, 그런 식품들은 수많은 다른 식품들 사이에 섞여서 소비자에게 팔릴 것이다. 유전자 변형 식품의 섭취를 줄이고 싶다면, 그런 식품을 피하면서 믿을 수 있는 유일한 방법은 유기농 식품을 먹는 것뿐이다. 그러나 때로는 유기농 식품을 구할 수 없는 경우도 있다. 특히 여행 중일 때는 더욱 그렇다. 유전자 변형 식품 섭취를 줄일 수 있는 몇 가지 방법을 알아보자.

가능한 한 유전자 변형이 가장 심한 세 가지 농작물인 콩, 옥수수, 캐놀라를 피한다. 특히 포장 식품은 더욱더 피해야 한다. 이 세 가지가 포함된 식품이 미국에서 팔리는 가공 식품의 70퍼센트를 차지하기 때문이다. 대부분의 패스트푸드에도 다량의 유전자 변형 식품이 숨겨져 있다. 패스트푸드 레스토랑에서는 감미료로 콘 시럽을 사용하고 기름과 속 재료로 콩을 사용하기 때문이다. 토푸와 두유같이 인기 있는 '건강식품'들도 유기농 제품이 아니면 피해야 한다. 또 한 가지 기억해야 할 것은 전 세계에서 팔리는 유전자 변형 식품의 절반 이상이 가축의 사료로 사용된다는 사실이다. 따라서 가능한 한 유기농으로 기르지 않은 육류 제품도 피해야 한다.

트루 푸드 네트워크 웹사이트(주소는 책 뒷부분에 있는 참고 자료에서 찾을 수 있다.)를 방문해 보면, 유전자 변형 식품을 함유하고 있는 브랜드 제품과 그렇지 않은 브랜드 제품이 나열되어 있다. 전 세계에서 유전자 변형 작물을 실험하고 있는 장소의 목록과 유전자 변형 식품의 확산을 막을 수 있는 방법들도 제시되어 있다.

5장 동물 공장

> 문제는 '그들도 이성적으로 생각할 수 있는가?'나
> '그들도 말할 수 있는가?'가 아니다.
> '그들도 고통을 느낄 수 있는가?'이다.
> ―제러미 벤담

어렸을 적 켄트에 있는 할머니 댁에서 며칠씩 머무르곤 했다. 할머니 댁에는 항상 여러 종류의 동물들이 밭과 농장에 흩어져 살고 있었기 때문에 그곳에 가는 건 언제나 신나는 일이었다. 젖소들은 풀밭에서 풀을 뜯거나 한가롭게 누워 되새김질을 했다. 두세 마리 정도 있던 달구지 끄는 말은 나무 그늘 아래 서서 쉬었다. 옛날에는 말들이 하던 일들을 당시에도 이미 트랙터가 대부분을 대신했지만, 그래도 농장에서는 말이 쓰이는 일이 더러 있었다. 아직 젖을 떼지 못한 어린 새끼 돼지들은 널찍한 우리 안에서 뒹굴고 어른 돼지들은 풀밭을 뛰어다녔다. 암탉과 수탉들은 농장 마당에서 땅을 파거나, 꼬끼오 하고 길게 소리 내어 울거나 꼬꼬꼬꼬 하고 소리를 내며 돌아다녔다. 노란 솜뭉치 같은 병아리들은 제 어미가 부르는 곳으로 달려가 땅바닥을 콕콕, 열심히 쪼아 대곤 했다. 오리 연못에는 오리들이 떠다녔다. 거위도 몇 마리 있었는데, 나는 항상 거위를 무서워해서 조심하곤 했다.

농부들은 이런 다양성(젖소, 돼지, 가금류를 함께 기르는)이 농장을 번성시키는 데 효과적인 시스템이라는 것을 알고 있었기 때문에 여러 종류의 동물들을 함께 길렀다. 젖소 떼는 신선한 풀과 목초, 클로버 등이 가득한 풀밭에서 풀을 뜯었다. 거기서 베타카로틴과 온갖 영양 성분들을 충분히 섭취할 수 있었다. 한 풀밭에서 몇 달 풀을 뜯고 나면 농부는 젖소들을 다른 풀밭으로 옮기고, 빈 풀밭에는 돼지들을 방목했다. 돼지는 잡식성이다. 힘센 주둥이로 땅을 파 엎어 (코에 코뚜레만 꿰지 않았다면) 여러 가지의 영양 많은 식물의 뿌리와 곤충 등을 찾아서 먹는다. 심지어는 젖소의 배설물조차 유용하게 써먹는다. 젖소의 소화 기관에는 '최후숙주(dead-end host, 기생충이나 병균 같은 감염원이 다른 숙주에 감염되지 못하게 하는 숙주를 말한다.—옮긴이)'라고 불리는 산성도가 아주 높은 성분이 들어 있어서 젖소의 몸 안에 들어오는 기생충과 박테리아를 죽인다. 돼지는 흙을 먹음으로써 면역력을 높여 주는 다양한 미네랄을 섭취하기도 한다.

돼지 떼가 머물다 간 들판은 여러 종류의 새들에게 사냥의 천국이 된다. 새들은 파 엎어진 흙 속에서 벌레와 곤충을 쪼아 먹고, 동시에 질소 함량이 높은 똥을 싸 풀밭에 거름을 준다. 그렇게 해서 그 풀밭은 내년에 다시 풀을 뜯으러 올 젖소들에게 싱싱하고 영양이 넘치는 먹이를 줄 수 있게 된다.

유목민들은 어디로 갔나

동아프리카의 마사이 족 같은 유목민들은 자신들이 기르는 젖소(염소, 사슴, 야크, 또는 낙타)에게 전적으로 삶을 의존한다.

먼저 세상을 떠난 내 남편 휴고와 나는 은고롱고와 세렝게티에서 일할 때 마사이 족을 알게 되었다. 마사이 족은 가축을 사랑하고 마음 속 깊이 존중해 주었으며 아주 특별한 경우에만 그 고기를 먹었다. 그러나 젖소나 염소에게서 젖을 짜 먹을 뿐만 아니라 때로는 피까지도 짜 먹었다. 젖소의 경정맥을 날카로운 화살촉으로 찔러 피를 흐르게 하는데, 제대로 하기만 하면 젖소는 약간의 불편함을 느낄 뿐이다.

그러나 슬프게도 유목민들의 전원생활은 끝이 났다. 점차 유목민들에게도 정착생활을 하도록 압력이 가해지고 있다. 때로는 정부의 법령에 의해 그렇게 되기도 하지만 급작스럽게 불어난 인구나 극심한 가뭄으로 인해 그들이 살던 광대한 초원이 점점 좁아져서 어쩔 수 없이 삶의 터전을 버려야 하는 경우도 있다. 또 제한적인 면적에 비해 그 안에서 자라는 동물의 수가 너무 많거나 땅이 침식 작용으로 인해 좁아지는 일도 있다. 아프리카, 몽고, 아프가니스탄 등에서 실제로 벌어지고 있는 일들이다. 젖소뿐만 아니라 염소와 야크, 또는 순록을 기르는 모든 유목민들도 같은 고통을 겪고 있다. 한때는 자유인으로 초원을 누비던 수천 명의 유목민들이 지금은 낯선 도시에서 일자리를 찾기 위해, 자신들에게는 좋아 보이지도 않고 어울리지도 않는 생활방식에 적응하기 위해 애쓰고 있지만 성공하는 경우는 드물다. 미국의 인디언이나 오스트레일리아의 원주민들처럼, 유목민들도 삶에 대한 애착을 잃고 술에 절어 걸인이 되거나

> 심지어는 범죄자로 전락하고 있다. 그들이 기르던 야크와 염소, 낙타, 그
> 리고 젖소들은 다 어디로 갔을까?

사실 구식 농경법은 자연의 방식을 거의 비슷하게 모방한 것이었다. 탄자니아의 세렝게티에서 지낸 몇 년 동안, 나는 철따라 이동하는 초식 동물들을 관찰했다. 누, 가젤 등은 초원을 건너 이동하면서 그 배설물로 풀밭을 기름지게 해서 흑멧돼지와 셀 수 없이 많은 새들을 이롭게 해 준다. 물론 다른 지역의 자연 생태계와 마찬가지로, 세렝게티의 생태계는 그 어떤 농장보다 훨씬 비옥하고 다양하다. 한 가지 예를 들면, 세렝게티에는 먹이가 되는 동물의 개체 수를 조절하는 육식 동물의 상보성이 뛰어나다. 농부들과 늑대, 코요테, 여우, 맹금류 사이에는 다툼이 그칠 날이 없다. 때문에 이들의 먹이가 되는 동물들은 급격하게 늘어난다. 토끼, 사슴, 온갖 종류의 설치류, 갖가지 새들은 농장에서 재배하는 곡물들로 행복하게 배를 채운다. 결국 농부들은 스스로 나서서 이 방해꾼들의 숫자를 줄일 수밖에 없다. 이 동물들을 사냥함으로써 토끼 고기를 넣은 파이와 사슴 고기를 좋아하는 지역 주민들에게는 먹을거리가 더 늘어나는 셈이다.

그러나 1970년대 말, 나는 농경 세계의 모든 것이 변해 버렸음을 갑작스럽게 깨달았다. 누군가로부터 오스트레일리아의 철학자 피터

싱어가 지은 책 한 권을 선물받았다. '공장식 사육장'의 끔찍함에 대해 처음 듣게 되었을 때 마침 나는 『동물 해방』을 읽는 중이었다. '공장식 사육장'이란 점점 더 싼 가격에 점점 더 많은 고기를 원하는 소비자들의 요구를 채워 주기 위해 대규모 집약적인 방법으로 더 많은 동물들을 기르는 농장을 말한다.

그때부터 나는 세계 곳곳에서 수십억 마리의 동물들이 겪고 있는 고통에 대해 너무나 자세히 알게 되었다. 그 동물들이 겪는 모든 고통의 뿌리는 그들이 고통과 공포를 느끼며 만족과 기쁨, 절망도 느낄 줄 안다는 사실을 무시한 채 단순히 '사물'로 취급되는 데 있음이 분명하다. 그 동물들도 천성적으로 타고난 여러 가지 행동들을 가능한 한 자유롭게 표출할 수 있도록 허락된 환경에서 살 권리가 있음은 말할 것도 없다. 돼지는 땅을 파헤치고, 새끼 돼지들은 꿀꿀대면서 자기들끼리 서로를 쫓고 쫓기는 즐거움을 누릴 수 있어야 한다. 젖소는 푸른 풀밭에서 풀을 뜯고, 새끼 젖소들은 이른 아침 햇살을 받으며 장난을 칠 수 있어야 한다. 모든 가금류들은 땅을 긁거나 쪼아 댈 수 있어야 하고 날개를 활짝 펼칠 수 있어야 한다. 그리고 농상의 모든 동물들은 깨끗한 밀짚을 간 자리에서 잠잘 수 있어야 한다.

그러나 산업적인 공장식 사육장은 동물들을 감정을 가진 대상으로 대해서는 이익도 효율도 낼 수 없다. 그래서 그들은 동물들을 사료를 투입하면 고기나 젖 또는 달걀을 만들어 내는 단순한 기계로 대한다. 아무런 감정도 권리도 없는 한낱 자동판매기로 취급하는 것이다.

곤경에 처한 가금류

요즈음의 가금류들은 '전지식 양계장'에서 사육된다. 전지식 양계장이란 수백 개의 닭장을 여러 층으로 쌓아 올린 양계용 건물을 말한다. 전지식 양계장 건물 한 동에 알 낳는 암탉 7만 마리가 한꺼번에 수용된다. 작은 닭장 하나에 네 마리에서 많게는 여섯 마리까지 암탉을 집어넣기 때문에 공간이 너무 좁아 날개를 펼 수조차 없다. 그렇게 좁은 공간에 몰려 있다 보니 걸핏하면 암탉들끼리 부리로 서로 쪼는 일이 생겨 아예 부리 끝을 잘라 '정리'한다. 그렇게 부리를 자를 때 암탉이 고통을 겪는 것은 말할 필요도 없다. 또 발톱이 닭장의 바닥을 이루는 철망에 자꾸 걸린다는 이유로 발톱이 영영 다시 자라지 못할 만큼 잘라 버린다.

달걀의 생산량이 줄어들면 며칠이고 암탉에게 모이를 주지 않거나 물마저도 주지 않는다. 그리고 낮과 밤의 주기를 바꿔 버린다. 이렇게 하면 충격을 받은 암탉은 털이 빠지면서 다시 알을 낳기 시작하지만 그 생산력은 몇 주밖에 가지 못한다. 이렇게까지 했는데도 생산력이 다시 떨어지면 이제 쓸모가 없어진 암탉은 치킨 수프가 되는 길밖에 없다. 양계장에서는 부화한 병아리가 수놈일 경우, 아무 쓸모도 없는 '부산물'로 여겨 비닐 봉투 속에 던져 넣어 버린다. 비닐 봉투 속에 그 작은 몸뚱이들이 자꾸자꾸 들어와 쌓이다 보면, 결국은 모두 질식해서 죽어 버리고 만다. 그렇게 죽은 수평아리들은 쓰레기통에 버려지거나 때로는 산 채로 분쇄되어 가축 사료로 쓰인다.

곰비의 침팬지 투비가 무화과가 잘 익었는지 맛보고 있다. 투비는 아랫입술을 이용해 커다란 무화과의 껍질과 씨앗에서 마지막 한 방울의 과즙까지 짜 먹는다. (사진 제공: William Wallauer/JGI)

늙은 암컷 침팬지 플로가
도구를 사용하여 흰개미를
'낚시질' 하고 있다.
(사진 제공: Hugo Van Lawick)

아기 침팬지가 대단한 집중력을 보이며 어른 침팬지가 하는 행동을 보고 있다. 이러한 관찰과
모방, 실행을 통해 한 세대의 독특한 행동이 다음 세대로 전달된다. (사진 제공: William Wallauer/JGI)

수컷 어른 침팬지인 토포는 오리건 주의 한 보호소에서 살고 있는데, 스스로 선택할 수 있는 상황에서는 항상 유기농 야채와 과일만 선택한다. 이 사진에서도 다른 것들은 무시한 채 유기농 상추를 먹고 있다. (사진제공: Lesley Day)

톰 멩겔슨과 옐로스톤 국립공원에서 (사진 제공: Tom Mangelsen/Images of Nature)

트랙터가 나타나기 전에는 말이나 소 등 가축을 이용해 논밭을 갈았다. 아미시 사람들은 지금도 전통적인 옛 방식대로 농사를 짓는다. (사진 제공: Greg Pease/Getty Images)

영국에서 환경 운동가들이 유전자 변형 작물들을 밭에서 뽑아내고 있다.
(사진 제공: Greenpeace/Morgan)

거대 기업 몬산토와 과감히 맞서고 있는 캐나다의 농부 퍼시 슈마이저 (사진 제공: Lily Films)

지금도 여전히 옛날 방식대로 사람과 동물 사이의 접촉을 유지하며 가축들을 기르는 소규모 자영 농가들이 있다. (사진제공: Diane Halverson of Animal Welfare Institute)

암퇘지들의 사육 공간. 분만이 임박하면 분만책으로 옮겨진다. (사진제공: CIWF)

푸아그라를 만들기 위해 압축 펌프와 연결된 플라스틱이나 금속 튜브를 강제로 오리의 목에 집어넣어 억지로 먹이를 먹이고 있다. (사진제공: CIWF)

'전지식 양계장'에 갇혀 있는 수십억 마리의 암탉들이 겪을 고통과 괴로움을 상상해 보라.
(사진제공: CIWF)

구이용 어린 닭이나 거세되어 나중에 식용 수탉(다리와 날개, 가슴살로 분리되어 깔끔한 포장육 상태로 팔린다.)이 될 녀석들은 비좁은 우리에 넣어져서 서로 밀고 당기고 부딪치며 사는데 때로는 한 놈이 다른 놈을 밟고 지나가기도 하고 죽은 놈은 산 놈들의 발밑에서 짓뭉개진다.

그나마 살아 있는 짧은 기간 동안 성장 호르몬을 투여해서 제 다리로는 설 수도 없고 알을 낳을 수도 없을 만큼 살을 찌운 칠면조는 마치 괴물 같다. 그러나 추수감사절, 또는 크리스마스를 축하하는 식탁에 둘러앉은 가족들 중에서 그들의 향연에 오르기 위해 고통스러운 삶을 살아야 했던 칠면조에게 감사하는 사람은 몇이나 있을까? 아마 그들의 식탁에는 그 칠면조의 영혼도 함께 앉아 고문보다 더 고통스러웠던 삶을 끝내 준 죽음에 대해 감사의 기도를 드릴 것이다.

오리나 거위도 좁은 우리에 가두어 길러지기는 닭과 마찬가지다. 그들 몸속의 간을 파테(고기나 간을 짓이긴 요리를 말한다.—옮긴이)인 푸아그라 같은 음식을 만들 수 있을 만큼 비대하게 키우는 것은 경제적으로는 이득이 있겠지만 오리나 거위에게는 생고문이다. 일꾼들은 오리와 거위의 목에 금속 파이프를 꽂고 펌프로 엄청난 양의 옥수수를 이 불쌍한 새들의 식도로 곧장 집어넣는다. 그렇게 몇 주만 지나면, 오리와 거위는 비대해지고 간은 정상적인 크기의 열 배까지 커진다. 그렇게 사육된 오리와 거위는 제 힘으로 걷거나 서기는커녕 숨도 제대로 쉬지 못한다. 식도에 강제로 들이부어지는 사료 때문에 그들 중 많은 수가 목이 찢어져 고통받고, 식도 윗부분에는 박테리아나 곰팡이까지 생긴다.

꼬마 돼지 베이브?

어떤 의미에서 보면 집중 사육되는 돼지의 신세가 다른 모든 가축들 중에서도 가장 비참하다. 돼지는 매우 높은 지능을 가지고 있기 때문이다. 돼지의 지능은 낮게 잡아도 개와 비슷하고 때로는 개보다 더 똑똑한 돼지도 있다. 예를 들면, 햄릿이라는 이름의 돼지는 주둥이로 (침팬지가 사용하도록 고안된) 커서를 움직여 컴퓨터에서 여러 가지 색깔의 상자를 찾아냈다. 잭 러셀이라는 테리어종의 개는 1년 후에도 그와 비슷한 내용을 배우지 못했다.

공장식 사육장에서 사육되는 어린 새끼 돼지들의 환경은 처참하다. 바닥이 시멘트나 슬라브로 되어 있는 좁디좁은 우리에 갇히는 것은 예사다. 그 쾌활한 기질을 전혀 발휘하지 못하고 그렇게 밀집된 환경에서 자라다 보니 다른 녀석의 꼬리를 물어뜯는 일이 발생하곤 한다. 그래서 사육장의 주인들은 태어날 때부터 돼지의 꼬리를 잘라 버리는 것이 관행이 되었다. 또 최대한 빨리 살을 찌우기 위해 성장 호르몬을 주사하기도 한다. 도축장에 끌려갈 때에는 운동 부족으로 허약해진 다리가 비정상적으로 살찐 몸을 이기지 못해 부러지는 일도 생긴다. 그러면 사람들은 고통스러워 비명을 질러 대는 돼지를 질질 끌고 간다. 그러나 돼지들의 비명은 곧 공포의 비명으로 바뀐다. 짐승을 도살하는 도축장의 일꾼들의 이야기를 들어보면 돼지는 아주 영리해서 곧 자신에게 무슨 일이 닥칠지를 알고 어떻게든 마지막 순간을 면해 보려고 독하게 발버둥을 친다고 한다.

새끼를 낳게 할 목적으로 사육되는 암퇘지는 각각이 한 칸의 좁은 우리에서 사육된다. 이 우리는 돼지가 뒤로 돌아설 수도 없을 정도로 좁다. 태어날 때부터 타고난 본능적인 행동들을 표현할 기회를 모두 빼앗긴 이 암퇘지들은 무엇이든 닥치는 대로 물어뜯는다. 그러나 이내 그것마저 포기하고 모든 것에 대한 열의를 잃어버린다. 마치 상중(喪中)인 것처럼, 고개를 축 늘어뜨리고 눈에는 마치 허연 막이 한꺼풀 씌워진 듯 희미해진다.

　새끼를 낳을 때가 되면 암퇘지는 분만책(分娩柵)에 들어가는 고통을 참아야 한다. 분만책은 금속으로 만들어진 우리로, 암퇘지는 이 속에 들어가 옆으로 누워 있어야 한다. 이 안에서는 설 수도 돌아누울 수도 없다. 암퇘지가 낳은 소중한 새끼가 어미에게 눌려 압사당하지 않게 하기 위해서다. 구속받지 않은 암퇘지에게 새끼는 소중한 존재다. 어떤 어미가 제 새끼를 소중히 여기지 않겠는가. 그런 암퇘지는 제가 낳은 새끼를 깔고 눕지 않는다. 그러나 좁디좁은 우리에 갇혀 어미 돼지답게 (둥지를 만들고, 새끼를 핥아 주고, 돼지식으로 사랑을 표현하며) 자기 새끼를 기를 기회를 박탈당한 암퇘지는 어쩌다 실수로 제 새끼를 압사시키기도 한다. 공장식 사육장에서 돼지를 기르는 주인들에게 새끼 돼지가 소중한 이유는 오로지 금전적인 가치 때문이다.

🐾 동물들의 탈출과 구조 이야기

놀랍게도 몇몇 동물들은 끔찍한 도축장에서 탈출해 언론에 대서특필되기도 했다. E. B. 화이트의 『샤를로트의 거미줄』을 읽은 사람들, 최근에는 영화 「꼬마 돼지 베이브」를 본 많은 사람들이 돼지에 대해 동정심을 갖게 되었다. 끔찍한 환경에서 탈출해 '그 후로도 오랫동안 행복하게' 살았다는 이야기는 환상 속에서만 존재하는 것은 아니다. 1996년, 두 마리의 돼지가 영국 윌트셔의 한 도축장에서 탈출해 헤엄쳐 강을 건너 8일 동안이나 추적을 따돌린 일이 있었다. 덕분에 '선댄스와 부치(1890년대 남아메리카 볼리비아에서 악명을 떨친 두 무법자에 빗댔다. 이 이야기는 「내일을 향해 쏴라」라는 제목으로 영화화되기도 했다.—옮긴이)'라는 별명을 얻게 된 이 돼지들의 이야기는 언론으로부터 집중적인 관심을 받게 되었고 각종 신문의 헤드라인에 등장하면서 영국 시민들의 마음을 사로잡았다. 두 마리 돼지의 극적인 탈출 스토리는 전 세계로부터 관심을 끌었다. 8일째 되는 날, 영국의 한 신문사가 거금을 내놓고 탈출한 돼지들을 사들인 후, 구조대를 급파했다.

경찰과 수의사, RSPCA(Royal Society for the Prevention of Cruelty to Animal, 동물에 대한 의식을 향상시키고 동물 학대를 방지하는 단체—옮긴이) 대원들, 스패니얼종 개 한 마리, 잡종 사냥개가 합세한 구조대는 하룻밤을 꼬박 새며 필사적인 구조 작전을 펼쳤다. 억수 같은 장대비 속에서도 기자들까지 그들을 따라다녔다. 어느 한순간에는 영국의 대표적인 신문사와 방송사는 물론 유럽과 미국, 심지어는 일본에서 파견된 150명의 사진기자와 텔레비전 카메라맨이 한자리에 모인 때도 있었다. 결국 선댄스와 부치는 구조대에 생포되어 동물 보호소로 옮겨졌고, 그들은 거기서 지금도 평화롭게 살고 있다. 당시 집중적인 언론의 보도는 물론, 돼지와 돼지의 지능에 대한 여러 기사들 덕분에 많은 사람들이 돼지고기를 더 이상 먹지 않겠다고 약속하기도 했다. 사람들은 분명하게 생각을 정리했다. 돼지고기, 베이컨, 햄이 곧 돼지다!

몸무게가 1,050파운드(약 476킬로그램)인 샤롤레종 젖소 신시 프리덤은 오하이오에 있는 캠프 워싱턴이라는 도축장에서 높이가 1.8미터나 되는 담장을 뛰어넘어 도망쳐서는 2주 동안이나 잡히지 않았다. 신시 프리덤을 진정시키려는 첫 번째 시도는 수포로 돌아갔다. 일꾼들은 겨우 밧줄로 이 젖소를 묶는 데까지는 성공했으나 신시는 일꾼 두 사람을 매단 채 축대에서 뛰어내린 후 뒷마당으로 도망쳤다. 동물 보호소로 데려가기 위해 트럭에 태우기 전에도 다시 한번 신시를 진정시켜야 했다. 이 이야기는 사람들의 상상력을 사로잡았다. 신시내티의 시장은 이 젖소에게 신시내티의 열쇠를 수여하겠다는 결정을 내리기까지 했다. 현재 신시 프리덤은 퀴니라는 이름의, 뉴욕 퀸즈에 있는 도축장에서 탈출하는 데 성공한 또 한 마리의 젖소와 평화롭게 살고 있다. 젖소 두 마리는 금방 친구가 되었고, 서로를 돌보며 함께 사진을 찍기 위해 포즈를 잡기도 한다.

크리스마스 파티의 식탁에 오르기 위해 도축장으로 가던 칠면조가 트럭에서 뛰어내려 탈출한 이야기가 영국을 떠들썩하게 했다. 그 칠면조가 3마일(약 4.8킬로미터)이나 이동해서 도착한 곳은 놀랍게도 바로 조류 보호소의 문 앞이었다! (아마 이 칠면조가 미국의 농장에서 호르몬을 투여받아 엄청나게 살찐 칠면조였다면 3마일은커녕 몇 미터도 제 발로 걷지 못했을 것이다. 그보다도 아마 트럭에서 떨어졌을 때 다리가 부러졌을 것이다.) 그러나 몰골이 수척하고 더러워진 것을 빼고는 칠면조의 건강은 양호했다. 칠면조 농장 어디서도 이 녀석의 주인이라고 나서지 않았기 때문에 동물 보호소에 맡겨졌다. 보호소에서는 옥수수와 곡식을 먹여 주었고, 테렌스라고 이름까지 지어 주었다. 처음에는 집에서 기르던 닭들과 함께 두었지만, 테렌스는 동그란 안경을 쓴 듯한 빈스라는 이름의 올빼미가 마음에 드는 것 같았다. 테렌스는 빈스와 함께 살게 되었다.

쇠고기는 어디 있나

공장식 사육장에서 사육되는 소도 신세가 비참하긴 마찬가지다. 진흙과 배설물로 질척거리는 좁은 우리 안에 많은 수의 소를 한꺼번에 몰아넣어 기르거나 뜨거운 태양이나 차가운 비바람에도 몸을 피할 곳 하나 없는 환경에서 기른다. 풀밭에서 방목해서 기르는 소들은 그래도 짧은 일생 중에서도 얼마 동안은 자유를 누린다. 그러나 곧 잔인한 낙인찍기와 거세의 의례를 치른다. 이 과정에 대해 너무나 생생하게 묘사한 글을 읽었기 때문에 나는 지금도 그 장면을 눈앞에 똑똑히 그릴 수 있다. 그 공포와 털과 살이 타는 냄새, 그리고 고통까지도 느껴진다. 그 다음에는 모두들 도축장으로 끌려간다.

도축장에 끌려가는 소들은 대부분 트럭이나 축우용 화물 기차에 실려 운반된다. 도축장까지 가는 데는 며칠이 걸리는 수도 있다. 도축장까지 여러 날이 걸릴 경우, 일정한 시간 간격으로 사료와 물을 주도록 규정하고 있는 나라가 많다. 그러나 이러한 규정은 대부분 무시된다. 운반되는 도중에 넘어지는 소는 대개 다른 소들에게 밟혀서 죽는다. 다행히 죽지는 않아도 뿔에 받히고 발길에 채이고 밟혀 걸을 수도 없게 되어도 도축장에 도착하면 부러진 다리의 고통스러움에는 아랑곳없이 마구잡이로 끌려 나가게 된다. 그 다음에 그들을 기다리는 것은 죽음이다. 그 소들이 죽어 가는 장면을 여기서 묘사하지는 않겠다. 다행인지 불행인지 어쩌다가 '자비심 가득한' 전기 충격기를 피한 소들은 정신이 멀쩡한 채로 도살 기계에 떠밀려 들어간다. 그 추한 진실을 알고 싶은 사람이 있다면 내 책『생명 사랑 십계명』을 읽어 보라. 위와 같은 잔인한 행위를 불법으로 규정하고 있는 법은 없는 걸까? 물론 법은 있다. 법률상 모든 소는 가죽을 벗기고 사지를 절단하기 전에 반드시 완전한 무의식 상태가 되게 해야 한다. 그러나 오늘날의 농산업에서는 1분 1초가 모두 돈으로 셈해진다. 감독관은 법률 위반 여부를 파악하기 위해 자기 눈으로 직접 확인할 수 있어야 할 곳에 대개의 경우 출입을 통제당한다 그들이 하는 일이란 대부분 이미 죽은 동물을 상대로 불법적이고 비위생적인 감염이 있는가의 여부를 검사하는 것이다. 따라서 인도적인 규제가 제대로 지켜지는 일은 매우 드물다. 이 모든 과정들이 워싱턴 주에서 가장 큰 도축장 중의 한 곳에 비밀리에 잠입, 취재한 게일 아이스니츠에 의해「도축장: 미국 식육 가공 산업 내부에서 벌어지고 있는 탐욕스럽고 무지하며 비인도적인 행위들에 대한 충격적인 이야기」라는 제목의 문서로 만들어졌다. 돼지와 양을 사육, 운반, 도살하는 과정은 모두 끔찍하다. 도살의 순간을 기다리며 매달려 있는 닭과 칠면조, 그리고 거위의 모습은 잔인하기 짝이 없다.

사슴 고기를 먹는 사람들이 있다. 그들은 사슴은 야생에서 자랐고 사냥꾼에 의해 깨끗하고 명예롭게 죽었기 때문에 그 고기를 먹는 것은 윤리에 어긋나지 않는다고 믿는다. 그러나 지금은 사슴을 비롯한 다른 야생 동물들도 고기를 얻기 위해 작은 우리 안에 억지로 밀어 넣어진 채 인공적으로 사육된다. 그들도 전통적으로 농장에서 사육되던 동물들이 견뎌야 했던 끔찍한 환경에 똑같이 처해 있다. 또 물고기는 바다나 강에서 자유롭게 살다 죽었으리라고 믿거나, 고통도 느낄 줄 모르는 냉혈 동물이라고 생각하며 물고기를 먹는 사람들도 있다. 그러나 생선도 양식되는 경우가 많다. 또 물고기 역시 고통을 느낀다. 하지만 물 속에서 벌어지고 있는 일들에 대해서는 다른 장에서 이야기하기로 하자.

그다지 만족스럽지 못한 젖소들

그렇다면 유제품은 상황이 어떨까? 낙농업계의 상황은 어떨까? 확실히 말할 수 있는 사람은 없지만, 젖소가 처음 가축화된 것은 8,500년 전 남동부 유럽에서였다고 추측된다. 그 후로 우유, 버터, 치즈, 요구르트 등 낙농 제품은 전 세계 수백만 인구의 주식이 되었다.

헨리 포드의 조립 라인

헨리 포드가 1900년대 초에 방문했던 시카고의 한 도축장을 모델로 자신의 자동차 생산 공장에 분업화된 조립 라인을 만들었다는 사실은 역사적인 흥미 이상의 관심을 끈다. 포드는 다리가 묶이고 머리가 아래로 가도록 거꾸로 공중에 매달린 동물들이 콘베이어의 움직임에 따라 한 노동자에게서 다음 노동자로 이동해 가는 모습을 유심히 지켜보았다. 각 노동자들은 도살 과정 중의 한 단계씩을 수행하고 있었다. 포드는 거기서 자동차 공장의 완벽한 모델을 보았고, 새로운 자동차 조립 방식을 구상했다.

도축장의 조립 라인은 작업의 효율성도 높여 주었지만 노동자들이 동물을 죽이는 과정 전체의 끔찍함으로부터 한발 물러나서 일할 수 있게 해 주었다. 동물들은 생명체가 아닌 하나의 공장 제품으로 전락했고 감정적으로 무디어진 노동자들은 스스로를 동물을 도살하는 사람이 아니라 생산 라인에서 일하는 일개 노동자로 인식하게 되었다. 나중에 강제 수용소에서 집단 학살을 자행한 나치들도 도축장에서 동물을 도살하던 모델을 그대로 모방했다. 공장식 생산 라인을 모방했기 때문에 나치 병사들에게도 희생자들은 사람이 아니라 '동물'이었고 자신들은 공장의 노동자였다. 열렬한 반유대주의자였던 헨리 포드는 나중에 홀로코스트에 그대로 이용된 생산 라인의 모델을 더욱 발전시켰을 뿐만 아니라 공개적으로 나치의 효율성을 칭송했다. 히틀러는 포드를 '하인리히(헨리의 독일식 이름) 포드'라 칭하며 이 자동차업계의 거물 사진을 실물과 똑같은 크기로 인화해 나치당사의 자기 집무실 벽에 걸어 두었다.

우유의 생산량을 늘리기 위해 젖소에게 호르몬을 주사하기 전까지는 가장 생산력이 높은 품종의 젖소라 하더라도 유방의 크기가 비정상적일 정도로 크지 않았고 너무나 큰 유방과 너무 많이 찬 젖 때문에 젖을 짜는 동안 젖소가 아픔을 느끼는 일도 없었다. 또 송아지는 몇 주 정도라도 제 어미의 곁에서 자랄 수 있었다. 송아지들은 천천히 젖을 떼었고 어미에게서 짜 내는 젖은 천천히 늘어 갔다. 그렇게 해서 새끼에게 젖을 주는 단계에서 인간에게 그 젖을 내 주는 단계로 천천히 옮겨 갔다. 그리고 젖을 뗀 송아지는 비록 식용으로 팔릴 운명이더라도 그 짧은 생이 다할 때까지는 넓은 공간에서 까불며 뛰놀 수 있는 시간이 주어졌다.

그러나 유럽과 북아메리카, 그리고 다른 '진보적인' 나라의 현대적이고 집약적인 공장식 사육장에서 사육되는 젖소와 그 송아지들의 삶은 완전히 다르다. 그런 많은 '사육장'에서 젖소(태어난 날부터 곧바로 어미의 품에서 떨어진)들은 평생 단 한번도 푸른 풀밭을 밟아 보지 못한다. 태어나서 죽을 때까지, 줄지어 늘어선 좁은 우리에서 끈으로 묶인 채 지내야 한다. 그들의 발은 시멘트 바닥을 밟고 서 있으며 젖은 유축기로 짜 낸다. 종종 보빈 성장 호르몬을 먹여서 우유 생산량을 크게 늘린다. 어떤 젖소들은 하루에 45킬로그램의 우유를 생산한다. 이렇게 젖을 지나치게 많이 생산하는 젖소들은 어쩌다 운이 좋아서 풀밭에서 뛰놀 수 있는 시간이 생긴다 해도, 점점 더 크게 부풀어 올라 풍선처럼 비정상적으로 커져 버린 유방이 움직임에 방해가 된다. 한발 한발 움직일 때마다 금방이라도 젖을 짜야만 할 것 같은 유방이 거치적거리는 것이다. 어떤 때는 유방과 젖꼭지에 감염이 생기기도 하지만, 이런 공장식 사육장에서는 그렇게 하찮은 질병(젖소의 입장에서는 통증이 매우 심하지만)에 신경을 쓸 여유가 없다. 가축에게 항생제를 투여하는 것도 바로 이런 질병을 막기 위해서이다.

공장식 사육장의 젖소들은 대개 해마다 새끼를 낳아야 한다. 인간처럼 젖소도 9개월의 임신 기간을 거쳐 새끼를 낳기 때문에 매년 새끼를 낳는 것은 어미소에게는 매우 곤욕스러운 일이다. 앞서 낳은 송아지에게 젖을 빨려야 할 시기에도 인공 수정으로 수태를 시키기 때문에 이런 젖소의 경우에는 아홉 달의 임신 기간 중에서 일곱 달은 젖을 생산하게 된다. 보빈 성장 호르몬은 젖의 생산을 크게 늘려 주기는 하지만 송아지에게 선천성 기형을 불러오기도 한다.

송아지의 비극

무사히 새끼를 낳는다 해도 어미소나 송아지 모두 잔인하게 격리된다. 나도 어미소와 송아지가 슬픔에 차 서로를 부르는 목소리를 들은 적이 있다. 서로 목소리가 들릴 만한 거리에 있으면 그 구슬픈 목소리는 며칠이고 계속된다. 송아지는 어미의 젖과 사랑을 간절히 원하고 어미소는 소중한 새끼에게 젖을 먹일 수 없어 애를 태운다. 암송아지는 더 이상 젖이 나오지 않는 젖소를 대신하도록 길러진다. 수송아지는 대부분 비좁은 사육장에서 육우로 길러지거나 값싼 냉동식품의 재료로 팔려 나가기 위해 태어난 지 며칠 만에 죽음을 맞는다.(이 편이 차라리 운이 좋은 것이다.) 물론 그 중 일부는 송아지 고기로 팔려 나간다.

오늘날에는 동물 보호 운동가들의 활동 덕분에 '하얀' 송아지 고기를 얻기 위해 송아지들을 60센티미터 폭의 조그만 '송아지 틀'에 가두어 기른다는 사실을 많은 사람들이 알고 있다. 이 틀에 갇힌 송아지들은 편히 눕지도 못하고 심지어는 뒤로 돌아설 수도 없다. 식도락가들이 찾는 흰 송아지 고기를 만들기 위해 짧은 생의 마지막 몇 주 동안은 철분이 전혀 없는 사료만을 먹인다. 체내에 미네랄 성분이 부족해진 송아지들은 미네랄을 섭취하기 위해 자기 오줌까지 마시려고 할 정도가 된다. 16주에서 18주 정도 고통스러운 기간을 보낸 송아지들은 결국 감옥 같은 우리에서 끌려 나온다. 너무 오래 운동을 하지 못한 송아지의 다리는 걷는 것조차 불안하다. 그렇게 도축장으로 끌려가는 동안 다리가 부러지는 송아지도 종종 생긴다.

프랑켄푸드의 탄생

동물을 생산 라인에서 뚝딱뚝딱 만들어 내는 상품으로만 간주해 오던 태도와 다름없이 과학자들은 이제 동물의 DNA를 가지고 온갖 실험을 하며 더 빨리 성장하고 더 빨리 수익을 낼 수 있는 개체를 만들어 내려고 애쓰고 있다. 최근에 탄생한 유전자 공학의 창조물이 바로 슈퍼 사이즈 식용 수소로 벨지앤 블루라는 이름으로 알려져 있다. 이 엄청나게 큰 수소는 보통 소보다 근육이 20퍼센트나 더 많고(팔 수 있는 고기가 더 많다는 뜻) 몸무게는 거의 750킬로그램이나 나간다. 그러나 이 불쌍한 소는 제 몸집을 지탱할 수 있을 만큼 튼튼한 뼈는 갖고 태어나지 못했기 때문에 간신히 서 있거나 걸어 다닐 수 있을 뿐, 짝짓기는 할 수 없다. 따라서 인공 수정을 해야 하고 새끼를 낳을 땐 제왕절개를 해야 한다. 과학자들은 여기서 그치지 않고 유전자 변형을 통해 성장 속도가 빠른 돼지를 만들어 냈으나 이 돼지는 퉁퉁 부은 듯한 몸의 다른 부분에 비해 다리가 너무 작아서 관절통 때문에 움직임조차 불편해 한다. 유전자 변형으로 빨리 성장하게 만든 닭은 심장 질환으로 고생하는 경우가 많고 뼈가 너무 약해 살짝 부딪히기만 해도 부러지기 일쑤다. 유전자 변형 칠면조는 살이 너무 많이 쪄서 짝짓기가 불가능하기 때문에 인공 수정을 해야만 한다. 유전자가 변형되는 동안 기형아의 신세가 된 불운한 기형 동물의 고기를 미국의 슈퍼마켓이나 식당에서 판매할 때, 유전자 변형 식품이라는 표시를 하지 않아도 된다는 점은 자못 충격적이다. 프랑켄푸드 산업에 돈을 보태 주지 않는 가장 확실한 방법은 인증된 유기농 축산물을 사 먹는 방법밖에 없다.

고대의 계약

농장 동물들의 웰빙(well-being), 더 나아가 그 고기를 먹는 인간들의 건강을 위협하는 주체가 바로 경제라는 것을 이해할 필요가 있다. 초대형 다국적 기업의 무자비하고 기계적이며 비인도적인 방식과 경쟁할 수 없어 전통적인 농법을 포기하는 농부들이 점점 더 늘어 가는 상황에서 소규모 가족 농장의 미래는 불안하기 짝이 없다. 이 거대 기업들은 세계 시장 전체에서 (4장에서 언급한 바대로 종자와 곡물 생산을 장악하려 하는 것처럼) 축산품의 생산을 장악하려 하고 있다. 따라서 전 세계에서 전통적인 농법은 점차 사라지고 사람과 사람을 섬기는 동물 사이에 있었던 고대의 계약 역시 사라지고 있다.

이런 모든 일들을 놓고 볼 때 아직도 자신의 가축을 돌보고 그 동물들을 사랑으로 대함으로써 고대의 계약을 중요하게 지키는 농부들이 있다는 것은 매우 고무적인 일이다. 영국의 농부인 도널드 모트램은 자신이 기르던 젖소 중의 한 마리인 데이지와 그런 관계를 유지하고 있다. 모트램이 부르기만 하면 젖소는 언제든지 자기 무리를 이끌고 주인에게 달려간다. 어느 날 모트램은 새로 도착한 수소의 뿔에 받힌 후, 마구 채이고 짓밟혀 어깨와 등을 심하게 다쳤다. 모트램은 고통과 충격으로 정신을 잃었다. 그가 다시 정신을 차렸을 때, 제일 먼저 그의 눈에 들어온 것은 데이지였다. 모트램의 비명소리를 들은 데이지가 무리를 이끌고 달려온 것이 분명했다. 젖소들은 모트램 주변을 둥글게 둘러싼 채 쓰러진 모트램을 계속해서 공격하려는 성난 수소를 접근하지 못하도록 막고 있었다. 모트램이 겨우 정신을 차리고 일어서서 다리를 질질 끌며 집까지 걸어가는 동안 젖소들은 내내 그를 둘러싸고 보호해 주었다. 나중에 그 젖소들이 왜 그를 보호해 준 것 같냐고 묻자 모트램은 이렇게 대답했다.

좋은 삶, 좋은 젖소

최근에 네덜란드에서 있었던 이야기를 들었다. 이 이야기는 젖소의 삶이 어때야 하는지를 깨닫게 만든다.

"트리펠이 착했기 때문에 우리가 그 녀석을 사랑한 걸까요, 아니면 우리가 그토록 자주 안아 주었기 때문에 그 녀석이 그렇게 착했던 걸까요?"

그 답은 네덜란드의 지그벨트에 사는 스프루이트 가족도 잘 모른다. 그 대답이야 어떻든, 트리펠은 아주 특별한 젖소였다. 트리펠은 사람들이 기울이는 관심에 즐거워했고 사진의 모델이 되기를 좋아했다. 매일 125킬로그램의 우유를 생산했다. 그러나 무엇보다도 축하할 일은, 2005년 3월에 스무 번째 생일을 맞았다는 점이었다.

젖소가 스무 살까지 사는 일은 매우 드물다. 젖소가 아닌 소의 경우에는 자연 수명이 스물다섯 살까지도 가능하지만, 상업적으로 이용되는 젖소의 경우는 평균 4~5년의 수명이 고작이다. 스프루이트 가족의 농장에서도 가장 나이 많은 젖소가 열 살이다. 트루스와 테오 스프루이트는 사랑과 정성으로 젖소들을 보살폈고 마치 인간을 대하듯 동물들을 존중해 주었다. 사랑하는 젖소들에게 나쁜 일이 생기지 않도록 하기 위해 스프루이트 가족은 몇 가지 기준을 지켰다. 모든 것은 젖소가 수태하는 순간부터 시작된다. 그들이 젖소에게 수태를 시키는 목적은 우유를 최고로 많이 생산해 줄 젖소가 아니라 오랜 기간 동안 꾸준히 우유를 생산해 줄 건강한 젖소를 얻는 것이었다.

트루스는 "트리펠처럼 많은 양의 우유를 생산하는 젖소(트리펠은 운동선수로 치면 최고 수준의 선수였다.)는 어린 나이에 일찍부터 기력이 소진됩니다."라고 말한다. 또 젖소를 수태시킬 수소는 나중에 태어날 송아지의 몸무게가 너무 많이 나가지 않도록 조심해서 선택한다. 그래야만 젖소가 수태 기간 중에 덜 위험하게 된다. 스프루이트 가족은 제비가 둥지를 틀 자리도 내 준다. 제비는 유선염(유방에 생기는 염증)을 전염시키는 파리를 잡아먹어 주기 때문이다. 또 우리 바닥에는 모래를 뿌려서 젖소가 미끄러져 다치는 일이 없도록 미리 조치한다. 봄부터 가을까지는 젖소를 야외에서 방목하고 농축 사료는 최대한 적게 먹인다.(젖소는 원래 자연 속에서 풀을 뜯어 먹고 자라야 하는 동물이다.) 트리펠은 거의 모든 식물을 다 먹는 젖소였다. 사과와 딸기를 특히 좋아했다. 스프루이트 가족 농장의 젖소들은 건강한 먹이를 먹고 건강한 생활을 유지했으므로 모두 양질의 우유를 생산했다. 또 집약적인 낙농 시스템 속에서 사육되는 젖소들과는 달리 배설물에서도 나쁜 냄새가 전혀 없었다.

열다섯 살 때 트리펠은 마지막으로 새끼를 낳았다. 그로부터 2년 후에는 젖도 말라 버렸다. 그러나 여전히 다른 젖소들 틈에 끼어 풀을 뜯었기 때문에 나중에는 살이 너무 찌고 말았다. 트리펠이 쾌적한 은퇴 생활을 즐길 수 있도록, 따로 작은 방목장을 만들어 주었고 트리펠은 그렇게 3년을 지냈다. 마지막 생일이 지나고 3주 후 오순절(부활절 후 50일째 되는 날.

성령 강림을 기념하는 날이다.—옮긴이) 무렵, 트리펠의 다리가 아프기 시작했다. 트리펠은 고통으로 신음했다. 진정제와 항생제를 투여했지만 약도 듣지 않았다. 수의사와 상의 끝에 스프루이트 가족은 트리펠을 조용히 보내 주기로 결정을 내렸다.

"글쎄요, 저는 젖소들을 이성적으로 대했습니다. 그래서 아마 그들도 보답으로 저를 보살펴 주었겠죠. 사람들은 제가 젖소들한테 너무 부드럽게 대한다고 말합니다만, 저는 뿌린 대로 거둔다고 믿습니다." 이 일화야말로 이렇게 착한 동물들에게 고통을 주는 잔인한 행위들은 중단되어야 한다는 일깨움을 준다.

6장 우리를 위협하는 그곳

> 산업형 식육 가공 공장은 법을 어기지 않고서는
> 단 한 근의 베이컨이나 포크첩도
> 가족 농장보다 더 싼 값으로 생산할 수 없다.
> ―로버트 F. 케네디 주니어, 『자연에 대한 범죄』

현대의 산업형 '농장'은 흙을 일구는 자신의 직업에 자부심을 가지며 자신이 기르는 동물들에게 정성을 기울이는 진짜 농부의 지혜 같은 것은 아랑곳하지 않는다. 각각의 공장식 사육장은 오직 한 종류의 동물만을 '사육'하며, 이 동물들은 최소한의 공간 안에서 최소의 비용으로 성장해 몸무게를 불리도록 강요당한다. 최단 시간 안에 최대의 수익을 올리기 위해서다. 사실 이러한 동물 공장은 농산업계에서 '동물 비육 공장'이라고 불린다.

그곳은 공장이었다!

이러한 '공장'의 동물들은 자연의 먹이가 아닌 고칼로리의 곡물 사료를 먹고 자란다. 이 사료에는 다량의 옥수수와 약간의 콩 단백질이 섞여 있다. 여기에 죽은 동물의 사체를 갈아서 함께 섞어 먹이는 것이 일반적인 관행이다. 사육되는 소의 단백질 성분을 증가시키기 위해서다. 질병이라는 측면은 따로 놓더라도 초식 동물인 젖소에게 동물성 먹이를, 그것도 제 동족의 고기를 먹도록 강요한다는 것은 괴기스럽기까지 하다.

우연의 일치인지 몰라도 젖소들에게 먹이는 두 가지 곡물(옥수수와 콩) 역시 대부분 산업형 농장에서 재배된다. 즉 화학 비료와 농약, 제초제를 다량 투입해서 기른 곡물이라는 뜻이다. 또한 이것들은 북아메리카 대륙에서 가장 흔한 유전자 변형 곡물이다. 빨리 성장시키는 데에만 초점을 맞추다 보니 많은 동물들에게 자연스럽지 못한 먹이(젖소들이 초원에서 먹게 되는 유일한 낟알은 잔디 씨앗뿐이다.)를, 그것도 농약과 항생제, 호르몬으로 범벅이 된 먹이를 억지로 먹이는 것이다. 따라서 이러한 공장식 사육장에서 나오는 고기나 가공품을 먹을 때마다 우리는 농약에 의존하며 땅과 공기, 그리고 물을 오염시키는 농업을 부추기는 셈이 된다. 게다가 우리 자신의 건강은 물론 우리 아이들의 건강까지 위험하게 만들고 있다. 지독한 감옥에 갇힌 것처럼 비참하게 살다가 죽는 동물들에 대해서는 동정하지 않는 사람이라도 그 동물의 고기 속에는 호르몬과 항생제뿐만 아니라 그 동물을 기르기 위해 먹인 사료를 기를 때 뿌린 온갖 종류의 농약과 제초제, 화학 비료가 그대로 축적되어 있다는 데에는 신경이 쓰이지 않을 수 없을 것이다. 사실 잔류 농약은 식물성 식품보다는 동물성 식품에 더 잘 축적된다.

도축장에서 생기는 병

축산 폐기물에서 전염되는 치명적인 대장균인 O157:H7을 모르는 사람은 없을 것이다. 미국에서는 매일 최소한 200명이 대장균에 감염되는 것으로 보고되고 있지만 보건 당국에서는 그 수가 훨씬 더 많을 것으로 믿고 있다. 대부분의 경우, 도축된 고기가 배설물과 접촉할 수 있을 정도로 불결한 도축장과 식육 가공 공장에서 발생한다.

미국 농무부가 식육 가공 공정의 안전을 감시할 책임이 있지만 당국에서는 분별없는 위반 행위를 저지른 회사에 대해 거의 제재를 가하지 않는다. 2003년, 미국 농무부 조사관들은 조지아 주 오거스타에 있는 샤피로 포장육 공장에서 한쪽 면에 소의 오물이 묻어 있는 쇠고기를 여러 번 적발했다. 또한 공립학교에 공급되기 위해 선적을 기다리고 있는 가공육도 대장균에 감염되어 있음을 발견했다.(정부에서 비용을 지급하는 공립학교의 급식 재료로는 대개 가장 싸고 가장 질 낮은 쇠고기가 공급된다.) 그럼에도 불구하고 미국 농무부에서는 경고장만 발부했을 뿐이며 공장은 작업장을 위생적으로 관리하겠다는 약속만 하고 계속해서 가공육을 선적할 수 있었다.

미국 식품 의약국은 음식물로 인한 질병에 감염되는 환자가 매년 7,600만 명이 발생하고 그중 5,000명이 사망하는 것으로 추산하고 있다.(농약이나 항생제, 기타 가공육 첨가제가 건강에 미치는 영향은 정확히 알 수 없으므로 실제 피해자의 숫자는 이보다 훨씬 클 것이다.) 그러나 도축 과정에 대한 정부 정책은 느슨하기만 해서, 식당이나 식품점 주인들은 소송을 당할 경우 자신을 방어하기 위해 농무부가 정하고 있는 기준보다 더 엄격한 기준을 적용한다. 워싱턴 주에서 잭 인 더 박스라는 패스트푸드 레스토랑의 고객 네 명이 대장균 감염으로 사망하자, 이 패스트푸드 체인점에서는 정기적으로 대장균 검사를 실시(정부에서는 요구하지 않는 기준이다.)하는 식육 가공 회사의 제품만을 납품받기로 결정했다. 한 걸음 더 나아가 자사에 가공육을 납품하는 회사의 도축장에까지 사람을 보내 안전성을 확인하고 있다. 코스트코와 맥도널드도 똑같은 육류 검사 정책을 실시하고 있다.

박테리아

가축들은 너무나 좁은 장소에 많은 수가 밀집해서 사육되고 있기 때문에 축사가 불결하여 어떤 전염병이든지 발생하기만 하면 매우 빠른 속도로 전파되는 경향이 있다. 미국 농무부에서는 식육 가공 공장에서 박테리아로 인한 질병을 무작위적으로 검사한다고 주장하지만, 그렇게 해서는 감염된 육류 제품 모두를 적발해 낼 수 없다. 2001년에 미국에서 도축된 돼지의 거의 95퍼센트, 그리고 공장식 양계장에서 기른 닭의 80퍼센트가 캄필로박터(가축이나 사람에서 식중독을 일으키는 박테리아—옮긴이)에 감염된 것으로 추산되었다. 돼지, 닭, 칠면조 네 마리 중 한 마리는 살모넬라균에 감염되어 있다. 이 두 가지 박테리아가 가장 흔한 형태의 식중독을 일으키는 것도 이상할 게 없다. 전 세계에서 수천 명의 사람들이 복통과 설사, 고열에 시달린다. 또한 가장 약한 사람들(어린이와 노인, 또는 면역력이 약한 사람)은 죽을 수도 있다.

또한 수많은 농장의 가축들이 여시니아 박테리아에 감염되어 있다. 만약 이 박테리아가 사람의 혈류에 침투하면 피부 발진과 관절통, 갑작스러운 복통 등을 일으킨다. 특히 복통은 매우 심해서 종종 맹장염으로 오인되기도 한다. 이런 모든 악성 박테리아들이 번식하고 확산하는 데 수많은 개체들이 북적대는 공장식 사육장은 그야말로 최적의 환경이다.

바이러스

박테리아 외에 바이러스도 있다. 치명적인 치매를 불러오는 질병인 광우병(소해면상뇌증이라고도 불린다.)은 1985년에 영국의 소 떼에서 퍼지기 시작했다. 이 병은 폐사한 소(주로 사람들은 먹을 수 없는 뼈가 부러진 채 죽은 소)를 갈아서 다시 소의 사료로 사용한 데서 시작되었다. 광우병 바이러스를 가진 소의 고기를 먹은 사람은 크로이츠펠트야코브 병이라는 치명적인 치매성 질환에 걸린다. 미국 식품 의약국은 현재 죽은 소의 고기를 소의 사료로 사용하는 것을 금하고 있을 뿐만 아니라, 죽은 소의 혈액, 폐사한 닭 등도 사료로 쓰지 못하게 하고 있다. 그러나 이는 일일이 감시하기는 힘든 규정이다. 광우병의 확산을 막으려는 국제적인 노력에도 불구하고 최근에도 캐나다, 미국, 중국에서 환자가 발생했다.

개체 수가 과밀되어 있는 서남아시아의 공장식 양계장을 중심으로는 새로운 형태의 조류 독감이 빠른 속도로 확산되고 있다. 조류 독감이 인간에게 감염된 최초의 사례는 홍콩에서 보고되었지만, 그 후로 아시아의 다른 아홉 개 나라에서 같은 사례가 보고되었다. 2005년 5월 현재, 쉰세 명이 감염되었고 그중 스물한 명이 사망했다. 이 바이러스가 종의 장벽을 넘어 새로운 형태의 치명적인 변종 독감 바이러스가 되어 인류에 대재앙을 가져오는 것도 시간문제라는 우려도 일고 있다. 그렇게 된다면 변종 조류 독감 바이러스는 에이즈를 초월하여 전 지구를 감염시키는 끔찍한 재앙이 될지도 모른다.

호르몬

젖소를 빨리 살찌우기 위해 투여하는 보빈 성장 호르몬 역시 유방에 통증이 심한 감염을 일으킨다. 다국적 화학 기업인 몬산토는 광범위하게 쓰이는 포실락이라는 이름의 보빈 성장 호르몬을 제조하는데, 포장 용기에 보면 몇 가지 부작용에 대한 경고문이 실려 있다. 그 부작용 중에 유방이 붓는 증상과 감염이 있다. 이 호르몬에 의해 유방에 감염이 일어나면 고름이나 죽은 박테리아, 백혈구가 젖에 섞여 들어가 고약한 냄새가 나며 색이 보기 좋지 않게 변한다. 낙농 제품 공장에서는 종종 유방에 감염이 일어난 젖소에게서 짠 젖과 정상적인 젖을 섞어서 역겨운 냄새와 색깔을 희석시킨다. 미국은 우유 속 고름의 세포 농도 기준을 세계의 다른 어떤 나라보다도 높게 유지하고 있다. 국제적인 허용 기준의 거의 두 배에 가깝다.

식용 가축들에게 주기적으로 성장 호르몬을 투여하는 것은 사람의 몸에 에스트로젠이 쌓이는 것과도 연관이 있다. 일부 과학자들은 요즈음 대두되고 있는 생리학적 의문들, 즉 여자아이들이 육체적으로 성숙해지는 나이가 갑자기 빨라진 이유라든가 남성들의 정자 수가 감소한 이유 같은 의문들의 해답을 여기서 찾고 있다. 이 호르몬은 동물의 배설물을 통해 강으로도 흘러 들어가서 제초제인 아트라진이 개구리의 성적 기형을 일으키는 것처럼 비정상적인 성징을 발달시킨다.

캐나다의 한 연구 결과를 보면, rBGH(유전자를 조작한 보빈 성장 호르몬)를 투여한 젖소는 건강상의 이유로 무리에서 격리(아마도 처음에는 항생제로 범벅이 된 사료 외에도 추가로 다량의 항생제를 더 투여하겠지만)될 확률이 20퍼센트나 높다고 한다.

대부분의 미국 소비자들은 유럽 연합과 오스트레일리아, 뉴질랜드, 캐나다 등에서 rBGH를 소에게 투여하는 행위가 금지되어 있으며, 최근 101개 국가를 대표하는 국제 연합 식품 안전 기구인 약전 영양 위원회로부터 사용 허가 요청이 거부되었다는 사실을 모르고 있다. 다른 많은 선진국에서는 사용을 금하고 있음에도 불구하고 유독 미국에서는 우유를 생산할 때 rBGH를 사용할 수 있게 한다는 것이 이상하게 여겨진다. 만약 이 호르몬의 사용이 금지된다면, 몬산토는 수십억 달러의 손실을 입을 것이다. 몬산토는 '무rBGH'라는 표시를 한 유기농 우유 제조사들을 상대로 소송을 제기하고 있다. 이러한 표현은 소비자들에게 잘못된 인식을 심어 줄 수 있기 때문이라고 하는데, 그들의 의견에는 미국 식품 의약국도 동조하고 있다.

항생제 내성

동물의 사료에 일상적으로 항생제를 투입하는 관행은 매우 심각한 문제다. 농장에서 기르는 가축에게 항생제를 자꾸 투여하는 이유는 두 가지다. 하나는 건강에 좋지 않은 먹이와 과밀한 사육 환경, 스트레스 등으로 인해 발생하는 질병으로부터 동물들을 보호한다는 것이고, 다른 하나는 소량의 항생제를 투여하면 동물들의 성장이 촉진된다는 것이다. 매년 수백만 킬로그램의 항생제가 가축의 사료에 섞여 들어간다. 사람의 질병을 치료하기 위해 사용되는 항생제의 여덟 배를 가축이 먹어 치운다. 이렇게 일상적으로 항생제를 먹이다 보니, 여러 가지 박테리아가 현대 의학이 심각하게 의존하고 있는 항생제에 내성을 갖게 되는 결과를 불러왔다. 질병 예방 차원에서 동물에게 투여된 항생제는 이제 인간의 먹이 사슬 안으로 들어왔다. 그렇게 해서 항생제에 대해 인간의 내성이 강해지는 속도는 테트라사이클린, 에리스로마이신, 시프로프록세이신(탄저병 치료제로 쓰인다.—옮긴이) 등 항생제가 강해지는 속도보다 더 빨라지게 되었다. 이런 항생제들은 한때는 박테리아로 인해 생기는 모든 질병을 치료할 수 있다고 여겨졌던 약물이다.

가금류 처리 공장의 근로자들은 이미 항생제 내성의 효과를 실감하고 있다. 닭 가공은 미국에서 가장 위험한 직업에 속한다. 겁먹은 닭으로부터 입는 상처뿐만 아니라 폐기물에서 뿜어져 나오는 독성 가스 때문이다. 그러나 때때로 이민 노동자(자신의 권리가 무엇인지도 모르고 의료 보험은 꿈조차 꿀 수 없는)들의 차지로 돌아가는 전형적인 이 저임금 노동에 항생제 내성이라는 완전히 새로운 위험이 더해졌다. 도널드 로스는 버지니아의 닭 가공 공장에서 일하는 근로자였다. 닭의 무게를 재고, 도축실에서 칼로 닭을 도살해서 갈고리에 거는 것이 그의 일이었다. 2004년 봄의 어느 날, 로스는 실수로 왼손 가운데 손가락을 칼에 베었다. 상처는 정상적인 경우라면 오래가지 않고 금방 아물만한 정도였다. 그러나 로스의 상처는 크게 부풀어 올라 골프공만 한 크기가 되었다. 로스를 치료했던 의사는 로스의 상처가 항생제 내성이 강한 박테리아에 감염되었으며, 이 박테리아는 공장의 닭으로부디 감염된 것이라고 믿는다. 몇 개월 동아이나 항생제로 치료했지만 감염은 치료되지 않았고 감염에 의해 곪아 버린 손가락을 절단해야 했다. 손가락을 절단해야만 하는 상황에 대한 로스의 극단적인 반응과 항생제에 대한 무기력한 반응이 새로운 공중 보건의 연구를 시작하게 하는 촉진제가 되었고, 이 연구에 따라 체사피크 만 지역의 닭 가공 공장 근로자들이 항생제 내성 검사를 받았다.

그렇게 해서 최근에 개발된, 가장 강력한 항생제가 아니면 치료가 불가능한 악성 '슈퍼버그(super-bug)'의 존재가 알려지게 되었다. 곧이어 수많은 약품들이 농장의 동물이나 인간에게 더 이상 쓸모가 없게 되었다. 공장식 사육장과는 아무런 상관이 없으면서도 도널드 로스처럼 긁힌 상처 같은 하찮은 상처 때문에 많은 사람들이 인체를 통해 빠르게 전염되는 새로운 형태의 박테리아에 감염되었고, 당황한 의사들이 처방해 준 어떠한 항생제에도 효과를 보지 못한 채 죽어 갔다. 과학자들은 지금 이러한 끈질긴 내성을 가진 박테리아보다 앞서 가기 위해 열심히 연구하고 있다. 이런 노력에도 불구하고 박테리아의 내성이 더 강해진다면 우리 앞에는 악몽과도 같은 시나리오가 기다리고 있다. 이 시나리오는 마이클 슈네이어슨과 마크 J. 플롯킨이 쓴 『내부의 살인자: 죽음을 부르는 약물 내성 박테리아의 반란』에 그림을 보듯 선명하게 묘사되어 있다. 유럽 연합은 가축에 대한 일상적인 항생제 투여를 금하고 있지만 미국 정부는 자국의 식육 가공업체와 제약업체에 유리한 고수익 정책을 적극적으로 지원하고 있다.

오염의 순환

한곳에서 엄청난 양으로 발생하는 가축 배설물은 여러 가지 면에서 우리의 환경에 해를 끼친다. 이 폐기물은 지구 온난화를 불러오는 온실 가스를 발생시킬 뿐만 아니라, 산성비, 강과 바다의 오염의 원인이 된다. 또한 끔찍한 '냄새 오염'의 원인이기도 하다.

앞서도 말했듯이 소, 돼지, 닭 등이 너른 풀밭에서 풀을 뜯고 활보하며 자라는 소규모 농장에서는 이 가축들의 배설물이 농장의 생태계를 위한 천연 비료가 된다. 그러나 공장식 사육장에서는 수백, 심지어는 수천 마리의 소나 돼지가 좁은 공간에 갇혀 지내기 때문에 해당 농장의 땅이 흡수할 수 있는 양보다 훨씬 많은 양의 가축 배설물이 나올 수밖에 없다. 미국의 공장식 사육장에서 가축들로부터 나오는 배설물의 양은 어림잡아도 인간의 배설물보다 130배나 많다. 그러나 인간의 배설물과는 달리, 공장식 사육장에서 나오는 배설물은 오수 처리장으로 보내지지 않는다.

두엄 통이나 젖은 기저귀를 모아 놓은 통을 치워 본 사람이라면 동물의 배설물에서 발생하는 암모니아에 매우 익숙할 것이다. 수많은 가축들이 비좁은 장소에 한꺼번에 갇혀서 사육된다면 거기서 발생하는 암모니아가 얼마나 지독할지 한번 상상해 보라. 환기 장치가 아주 훌륭하지 않으면 양계장 실내에 누적된 휘발성 암모니아 가스는 실제로 인간(그리고 닭)의 눈에 해로울 수 있다. 체사피크 만 근처의 공장식 양계장에서는 매년 수백만 톤의 배설물(암모니아를 다량 함유한)을 강물에 방류했다. 고질소 암모니아는 조류(藻類)의 영양 성분이 되기 때문에 매년 일정한 시기가 되면 조류가 무섭게 번져 어떤 종류의 물고기나 식물도 살 수 없는 '데드 존(dead zone)'이 형성되곤 한다. 최근의 측정 결과, 체사피크 만 주변은 그 바닥 면적의 40퍼센트가 '데드 존'이었다. 이곳은 미국에서 가장 넓은 데드 존이다. 물론 이러한 상황은 체사피크 만에만 국한된 것이 아니다. 데드 존과 어류의 오염은 집약적인 가축 농장이 있는 곳 어디서든 발생한다. 멕시코 만에는 동물 비육 공장으로부터 방류된 가축 배설물에 의해 띠처럼 형성된 데드 존이 7,000마일(약 1만 1,200킬로미터)이나 이어져 있다.

앉아서 돈 버는 장사

미국의 가장 대중적인 육류 공급원인 돼지의 배설물은 인간의 배설물보다 열 배나 많다. 현재 미국 연방에서 명문화하고 있는 규정에도 공장식 사육장(또는 가두어 기르는 동물 비육 공장)에서 나오는 배설물에 대해서는 '굳게 다진 흙'으로 벽을 두른 '연못'에 가두어야 한다고만 되어 있다. 그러나 흙은 수분의 양에 따라 팽창하기도 하고 수축하기도 하며 그 과정에서 갈라져 금이 가기도 한다. 그렇게 되면 액체 형태의 배설물은 그 틈새로 스며들어 지하수, 샘물, 강물 등에 흘러든다. 일부 주에서는 연방의 규정보다 더 엄격한 규정을 적용하지만 여러 감독 기관에서는 이 '연못'이 어떻게 돌아가고 있는지를 감시하는 데 어려움을 겪고 있다. 사실 몇몇 감독 기관에서는 이 배설물 연못의 상태는 고사하고 관할 사육장에 설치된 연못의 숫자조차 제대로 파악하지 못하고 있다.

역한 냄새를 풍기는 배설물 때문에 인간과 동물 모두가 건강상의 해를 입고 있다. 『자연에 대한 범죄』에서 로버트 F. 케네디 주니어는 동물의 배설물을 '400가지 이상의 독성 물질과 중금속, 농약, 호르몬, 치명적인 생명 파괴 물질, 수십 가지의 질병을 일으키는 바이러스와 미생물이 우글거리는 마녀의 양조장'이라고 묘사했다. 미국의 연안 해수에 창궐하기 전까지는 알려져 있지 않았던 피스테리아 피시시다(Pfiesteria piscicida, 어류의 몸에 손상을 입히거나 폐사를 일으키는 독성 편모 조류—옮긴이)도 돼지의 배설물에 의해 생겨난 것으로 보인다. '지옥의 세포'라고 불리기도 하는 이 미생물은 수십억 마리의 물고기를 죽인다. 1991년에 단 6주 동안 노스캐롤라이나의 뇌즈 강에서만 십억 마리 이상의 물고기를 죽였다. 이 미생물은 인간에게도 영향을 끼쳐서 피스테리아 피시시다가 번식하는 수역에서 조업을 하거나 수영을 한 사람들에게 치료가 잘 되지 않는 농포성 병변과 극심한 호흡기 질환, 또는 뇌손상을 일으킨다. 공장식 사육장에서 동물에게 투여된 항생제의 25~75퍼센트는 오줌과 똥에 섞여 배설되기 때문에 박테리아가 그 항생제에 내성을 키울 절호의 기회를 만들어 준다. 실제로 한 연구 결과에 따르면, 아무런 가공도 하지 않은 어떤 밭의 흙에서 발견된 박테리아의 2.1퍼센트가 그 밭으로부터 2킬로미터나 떨어진 곳에 있는 사육장에서 가축들에게 투여한 항생제에 대해 내성을 보였다.

노스캐롤라이나 주에서도 1999년에 허리케인 플로이드가 지나가며 엄청난 폭우가 쏟아지는 바람에 돼지의 배설물이 큰 문제가 되었다. 10만 마리에 이르는 익사한 돼지의 사체가 썩으면서 발생한 오염도 심각했지만 배설물 연못에서 넘쳐 난 역겨운 배설물이 지하수와 강에 곧바로 흘러들었던 것이다. 갈색의 오염 물질이 수십 킬로미터의 띠를 이루면서 흘러 남부 해안의 식수원을 오염시키고 결국은 그 독성 물질들을 대서양에 쏟아 부었다.

정상적인 기후 조건에서도 산업화된 양돈장에서 나오는 돼지의 배설물은 미국의 강과 냇물을 위협하는 최대의 오염원이다. 또한 양돈장에서 발생하는 악취는 심한 두통과 구토증을 일으키기 때문에 인근의 주민들은 어쩔 수 없이 1년 내내 실내에 들어박혀 있어야만 한다. 돼지의 배설물에서 발생하는 치명적인 가스에 중독되어 정신을 잃고 배설물 웅덩이에 떨어져 사망하는 근로자도 있었다.

케네디 주니어는 "양돈업으로 부를 쌓은 사람들의 비즈니스 모델은 정부 당국에 부적절한 영향력을 행사함으로써 자신들이 저지른 범죄에 대한 단죄를 피해 갈 수 있다는 가정 위에 서 있다."라고 썼다. 또한 식육 가공업체들이 "가공 공장을 의도적으로 빈곤층이나 소수 민족들이 거주하는 지역에 세운다. 그런 지역에서는 악취나 수질 오염에 대해 불평을 하거나 청문회에 참석하는 인근 농부들을 괴롭힘으로써 반대 의사를 가진 사람들을 깔아뭉개거나 회유할 수 있다고 믿기 때문이다."라고 했다. 그러나 불행히도 이런 기업들은 돈을 가지고 있고 소중한 지구를 보호하기 위해 만들어진 여러 가지 기준들을 무시(또는 개조)할 수 있는 정치적인 자본까지 가지고 있다. 심지어는 주 의회에 침투하는 행위까지 서슴지 않는다. 실제로 아이오와 주, 노스캐롤라이나 주, 미시간 주에서는 지방 정부 관리들의 결정권까지 빼앗아 가면서 자신들의 공장이 보건 당국에 의해 감시당하지 않도록 만들었다.

그러나 지역 주민들은 비록 저항을 할 수는 있어도 수임료를 지불해 가면서 변호사들로 하여금 사회 정의를 위해 싸우도록 만들 여유는 없다. 바로 그런 이유로 케네디 주니어는 노스캐롤라이나의 스미스필드 양돈장을 상대로 소송을 제기했다. 그는 축사에서 나오는 독성 오물을 허가 없이 방출한 스미스필드 양돈장 네 곳을 상대로 한 소송에서 결국 승리했다. 축사의 오물을 방출할 수 있는 허가를 얻으려면 먼저 그 오물이 환경이나 공중 보건에 위해를 끼치지 않도록 처리 과정을 거쳐야 했다. 케네디 주니어가 오물 방출 허가 규정과 클린 워터 법을 위반한 혐의로 양돈장을 상대로 소송을 제기하자 스미스필드는 자신들의 양돈장에도 소규모 양돈 농가에게 적용하고 있는 것과 같은 규정 면제 혜택을 주어야 한다는 반론을 폈지만 성공하지는 못했다. 소송의 결과로 보아서는 케네디 주니어가 큰 승리를 거둔 것 같았다. 그러나 양돈업계는 업계 거물들과 변호사, 그리고 로비스트가 뭉친 강력한 그룹을 만들어 기존의 법망을 피해 갈 수 있는 전략 세우기에 골몰했다. 그들은 새로운 규제 법안의 초안을 작성한 후, 뛰어난 정지직 공작을 펴서 미국 환경 보호국으로 하여금 스미스필드의 팀이 준비한 규제 법안의 초안과 거의 유사한 새로운 규정을 채택하게 만들었다. 그들의 새로운 규제 법안에서는 클린 워터 법의 일부였던 엄격한 환경 보호 조치가 삭제되었다. 스미스필드는 물론이고 어떠한 식육 가공업체도 해당 농축산물로부터 발생하는 오물 또는 폐기물에 대해 책임을 질 필요가 없어졌다. 또한 식육 가공업체에서 지하수의 오염 수치를 감시해야 할 의무도 사라졌다. 케네디 주니어는 기업의 면피(面皮) 행위를 부추기는 정치적 환경이 클린 워터 법을 무력화시켰다고 지적했다. 슬프게도 환경과 공존하는 농업을 강조하고 인간의 건강을 염려하는 정치적인 의지는 그러한 정치적 환경을 극복하기에는 턱없이 모자라는 듯하다.

야생 동물의 고기에서 비롯되는 위험 물질들

먹을거리를 마련하기 위한 사냥은 세계 어디서나 전원생활의 일부였다. 아프리카의 열대 우림에 사는 사람들은 인류 역사의 태동기부터 수만 년 동안 숲의 세계와 조화를 이루며 사냥을 해 왔다. 그들은 자기 가족과 마을 사람들이 먹기에 충분할 만큼만 사냥을 했다.

그러나 오늘날에는 상업적인 부시미트의 거래가 전 세계적으로 이루어지면서 수많은 동물들이 말 그대로 '잡아먹히느라' 멸종의 위기에 처해 있다. 실제로 미스 월드런즈 붉은콜로부스(붉은색과 검은색이 섞인 아름다운 원숭이로 붉은콜로부스의 아종이다.—옮긴이)들은 한때 서부 아프리카의 열대 우림 지역에서 떼를 지어 서식했으나 지금은 공식적으로 멸종이 선언된 상태다. 멸종 위기에 처한 동물의 부시미트 거래가 하루빨리 중단되지 않는다면 유인원류(고릴라, 보노보, 그리고 내가 사랑하는 침팬지)도 앞으로 10년 이내에 콩고 분지의 아름다운 숲에서 사라질 것이다.

대부분의 사람들은 엄청난 양의 부시미트(때로는 영양이나 원숭이까지)가 아프리카에서 유럽과 미국으로 보내져 그 대부분이 아프리카 출신인 사람들의 문화적인 습관을 충족시켜 주는 데 이용된다는 사실에 충격을 받는다. 히스로 공항 한곳의 세관에서 압수하는 불법적인 부시미트만 해도 매년 14톤에 달한다. 압수된 부시미트 중에는 원숭이나 영양의 고기와 함께 개미핥기, 박쥐, 그리고 훈제한 거북이의 조그만 다리까지 있다.

멸종 위기에 놓인 동물은 아프리카의 야생 동물만이 아니다. 포유류, 파충류, 양서류 등 수많은 종류의 동물들이 남아프리카와 아시아에서 사냥된 후 먹을거리로 팔려 나간다. 조류 역시 수천 마리가 그렇게 팔린다. 중앙아메리카와 남아메리카의 봉관조류와 애기과너류, 과너류(모두 덩치가 커서 칠면조만 하고 그 고기가 매우 맛있다.) 등의 새는 사냥꾼들이 숲 속으로 더 깊이 들어갈 수 있게 되면서 가장 먼저 사냥의 대상이 되었다. 명금류 역시 인도, 중국, 이탈리아, 스페인, 프랑스, 그리스, 키프로스 등 여러 나라에서 음식 재료를 목적으로 사냥된다. 2003년, 프랑스의 환경 보호 운동가들은 유럽 재판소에 새들이 둥지를 틀고 알을 낳고 새끼를 기르는 시기에는 새 사냥을 금하게 해 달라고 청원했다. 그러나 놀랍게도 그 청원은 기각되었다. 다행히 법원은 새 사냥을 감시하고 사냥할 수 있는 새의 수도 소수로 제한하는 규정을 정했다.

사스, 에이즈, 에볼라

부시미트의 거래는 많은 동물들을 멸종의 위기로 몰아넣고 있을 뿐만 아니라 어떤 지역에서는 인간의 건강에 직접적인 영향을 미치고 있다. 현재는 에이즈 바이러스가 침팬지가 갖고 있는 레트로바이러스에서 시작되었다는 과학적 증거가 있다. 침팬지의 유인원 면역 결핍 바이러스는 질병의 증상까지 이어지지 않으며 숙주인 종(種)에 머무는 한은 완전한

양성 바이러스이다. 그러나 어느 시점에서 '종의 장벽(혈액과 면역 체계의 차이를 말하는 것으로, 이 때문에 개는 소아마비에 걸리지 않고 인간은 개의 전염병인 디스템퍼에 걸리지 않는다.)'을 뛰어넘어 사람의 몸에 들어갔고, 바로 그때 돌연변이를 일으켜 에이즈를 일으키는 인간 면역 결핍 바이러스(Human Immunodeficiency Virous, HIV)가 된 것이다. 이러한 돌연변이는 아프리카의 두 지역에서 일어났기 때문에 HIV-1, HIV-2가 생겨났다. 이 바이러스들은 어떻게 해서 침팬지에게서 인간에게로 껑충 뛰어넘을 수 있었을까? 면역 결핍 바이러스에 감염된 침팬지를 사냥한 누군가가 그 고기를 팔기 위해 도살하는 과정에서 침팬지의 혈액을 통해 감염되었을 것이라는 '컷 헌터(cut hunter)' 이론이 그 과정을 설명해 준다고 보고 있다. 부시미트 사냥이 이러한 돌연변이 바이러스를 불러왔던 것이다.

보다 최근의 일로, 세계는 사스(Severe Acute Respiratory Syndrome, SARS. 중증 급성 호흡기 증후군) 바이러스가 유행할 것이라는 경고에 바짝 긴장했었다. 이 바이러스의 진원지는 중국에서 고급 식육으로 쳐 주는 야생의 사향고양이이다. 불결한 위생 환경에서 비인도적인 방법으로 도살한 사향고양이를 취급하던 상인들이 이 바이러스에 대한 내성을 갖고 있는 것이 발견되었다. 따라서 이들은 사스 바이러스에 전에도 감염된 적이 있었음을 미루어 짐작할 수 있다.

2005년에는 앙골라에서 신종 유사 에볼라가 발생해 112명이 목숨을 잃었다는 기사가 여러 신문에 실렸다. 사망자 중 세 명, 그리고 환자 중 두 명은 루사카에 있었다. 그들은 이 전염병이 발생한 콩고 국경에 위치한 지역에 있다가 루사카로 온 사람들이었다. 그 지역은 부시미트의 거래가 성행하고 있다는 의심을 받고 있었다.

식용으로 쓰기 위한 야생 동물의 거래가 증가하면서 인간의 건강에 대한 잠재적인 위협도 점점 더 커지고 있다. 부시미트를 얻기 위한 사냥과 부시미트를 먹는 행위를 근절하는 가장 좋은 방법은 사람들의 마음에서 동물들에 대한 동정심을 불러일으키는 것이다. 어린이들에게 야생 동물의 가치를 더 잘 이해시키기 위한 여러 가지 노력들이 펼쳐지고 있다. 콩고 분지에 위치한 여러 나라에서는 다수의 비정부 조직들이 이러한 커리큘럼을 만들어 학교에 제공하고 있다. 대부분의 아프리카 문화에서 유인원을 귀하게 여기며 유인원을 사냥하거나 먹는 행위에 대해 혐오감을 나타낸다. 따라서 각 지역의 주민들과 사냥꾼, 그리고 노인들이 유인원에 대한 전설(다른 동물에 대한 전설까지 포함해서)을 비정부 조직의 커리큘럼에 통합하도록 장려하고 있다. 제인 구달 연구소도 GRASP(Great Ape Standing & Personhood), 유인원 동맹(the Ape Alliance), 다이앤 포시 고릴라 기금(Dian Fossey Gorilla Fund) 등 다른 그룹과 함께 젊은이들을 위한 루츠 앤 슈츠(Roots & Shoots) 프로그램을 운영하고 있다. 이 프로그램의 목적은 유인원을 비롯한 다른 동물들을 사랑하고 보호하는 새로운 세대의 시민들을 길러 내는 것이다.

무시미트 거래의 심장부인 콩고-브라자빌에서 제인 구달 연구소는 수백 마리가 넘는 고아 침팬지들을 돌보고 있다. 이 고아들은 대부분 어미가 먹을거리로 잡혀간 뒤에 남은 새끼 침팬지들이다. 우리는 종종 야생의 침팬지와 사라져 가고 있는 그들의 서식지를 보호하는 데 써야 할 돈을 엉뚱한 데 낭비하고 있다는 비난을 듣곤 한다. 그러나 고아 침팬지 보호소를 다녀간 지역 주민들, 특히 어린이들은 앞으로 절대로 침팬지 고기를 먹지 않겠다고 말한다. 어떤 사람들은 침팬지 고기를 파는 레스토랑이나 그 고기를 음식으로 내놓는 집에는 가지 않겠다고까지 말한다. 따라서 우리가 보호하고 있는 고아 침팬지들은 자신들의 멸종을 막기 위한 갖가지 노력들을 돕고 있는 진정한 홍보 대사라고 할 수 있다.

7장 그들에게도 행복한 삶을

> 한 국가의 위대함과 도덕적 진보는 동물을 대하는 방법을 통해 판단할 수 있다. 나는 저항력이 없는 동물일수록 인간의 잔인함으로부터 인간에 의해 보호받을 권리가 있다고 믿는다.
> ―마하트마 간디

6장에서 설명한 잔인성과 건강상의 해로움을 막기 위해 우리가 할 수 있는 일이 있을까? 물론 있다. 먼저 우리는 더 많은 사람들에게 지금 벌어지고 있는 일들에 대해 알려야 한다. 많은 동물 보호 운동가들의 활동에도 불구하고 지금도 대부분의 사람들은 우리 눈에 보이지 않는 곳에서 밤낮을 가리지 않고 가해지고 있는 고통을 까맣게 모르고 있다. 더욱 안타까운 것은, 그들은 차라리 그런 사실을 모른 채로 살아가고 싶어 한다는 점이다. 그들은 내게 이렇게 말한다. "나는 너무 예민해요. 나도 동물을 사랑해요. 동물들이 고통받는다는 건 생각만 해도 끔찍해요. 그러니 제발 내 앞에서 그런 이야기는 하지 말아 주세요." 그러나 그 끔찍한 진실을 자세히 알아야만 우리가 사랑하는 동물들이 살아가는 환경을 개선시킬 수 있는 무언가를 할 수 있다. 수동적인 태도로 가만히 앉아서 동물 사육에 대한 동정심이 사라져 가는 것을 그저 바라만 보고 있어서는 안 된다. 머리를 모래에 처박은 채 늘 하던 대로 일상을 살아갈 수는 없다.

동물들이 당하고 있는 고통에 대해 더 많은 사람들이 자각할수록 자신도 그들을 돕기 위해 뭔가를 해야 한다는 의식을 갖는다. 다행스러운 것은 농장의 동물들을 대신해 목소리를 높이는 영향력 있는 인사들이 있다는 사실이다. 미국의 상원의원 로버트 바이어드는 강경한 태도로 가축 도축 공장의 환경을 개선하는 데 큰 역할을 했다. 2001년 7월, 상원에서 행한 그의 연설은 하나의 이정표가 될 만한 것으로, 식용 가축에게 가해지던 야만적인 관행과 도축장의 비인도적인 환경에 대해 경종을 울렸다. 또한 미국 농무부를 향해 이러한 잔인한 행위와 관행들을 종식시킬 조치를 강구하라고 촉구했다. 바이어드는 동물들이 고통을 겪고 있음을 강조하고, '모든 생명체에 대한 존엄성과…… 모든 생명체를 인간적으로 대하는 것에 대한 존엄성'을 탄원했다. 바이어드는 자신의 철학이 알려지는 것을 두려워하지 않는 진정한 인도주의자. 나는 그에게 경의를 보낸다.

주지사 아널드 슈워제네거는 캘리포니아 주가 푸아그라의 재료로 사용될 목적으로 끔찍한 환경에서 사육되는 오리와 거위들에 대해 최초로 조치를 취하도록 만들었다. 2004년에 그는 오리와 거위의 간을 강제로 '정상적인 크기 이상으로' 키우기 위한 어떠한 행위도 불법으로 간주하는 법안에 서명했다. 이 법안이 통과되자 동물 구조 조직인 동물 보호 농장은 축하 파티를 열었고 이 파티에는 제임스 크롬웰(영화 「꼬마 돼지 베이브」에 등장하는 주름진 얼굴의 농부) 같은 유명한 동물

애호가들이 참석했다. 크롬웰은 이 파티에서 크래커와 토푸, 세이탄, 렌즈콩 등으로 만든 유명한 채식 파테인 '포그라스'를 서빙했다.

또 한 사람의 유명인사인 메리 타일러 무어는 미국의 유명한 동물 권리 보호론자로서 농장의 동물들을 '생산의 도구'로 취급하는 행위를 중단해야 한다고 외치고 있다. 그녀는 동물 보호 농장의 '지각 있는 사람 캠페인'의 회장으로 활동하고 있으며 말할 수 없는 동물들을 대신해 전 세계를 향해 목소리를 내고 있다.

그러나 필요한 것은 영향력 있는 사람들의 목소리만이 아니다. 우리 모두의 목소리가 필요하다. 우리들 한 사람 한 사람이 세상을 바꿀 수 있다. 100만 명이 서명한 청원서가 유럽 연합에 제출되자 각국의 정부 수반들은 결국 농장의 동물들도 감각과 지각을 가진 존재임을 인정하기에 이르렀다. 이는 푸아그라 생산이나 송아지를 틀에 넣어 기르는 것처럼 비인도적인 가축 사육이 유럽 연합의 십여 개 나라에서 곧 금지된다는 뜻이다. 국제 연합은 점차적으로 증가하고 있는 이러한 움직임을 주시하고 있으며 최근에는 농장 동물들이 감각과 지각을 가진 존재임을 인정하는 보고서를 제출했다. 비록 느린 걸음이기는 하지만 매일 조금씩, 확고한 걸음으로 우리는 세상이 변하도록 도울 수 있다.

소비자의 권력을 이용하라

농산업 기업과 공장식 사육장들이 자신들이 일으키는 해악에 대해 보다 책임 있는 자세를 갖도록 정부를 통해 압력을 가하는 것도 좋은 방법이지만 축산물을 직접 유통시키는 사람들에게 초점을 맞추는 것이 더 효과적일 수도 있다. 이 문제에 대해 관심을 갖고 있는 모든 사람들이 월마트, 웬디스, 켄터키 프라이드치킨 같은 식육 가공품의 최대 구매자들에게 전화나 편지, 또는 아주 단순한 대화를 통해서라도 분명한 메시지를 전달한다면 세상에 어떠한 변화가 나타날지 상상해 보자. 아무리 큰 기업이라도 고객들이 그들의 상품을 더 이상 사 주지 않는다면 성공을 거둘 수 없다.

소비자들의 요구 때문에 자신들이 기르고 있는 동물의 신체적, 심리적 건강에 관심을 기울이는 농장주(젖소, 닭, 돼지 등을 기르는)와 어부가 빠른 속도로 증가하고 있다. 이들은 이제 소비자의 요구뿐만 아니라 지구 환경의 요구까지 만족시키기 위해 애쓴다. 우리는 어떤 식료품점에 가더라도 인도적이며 안전한 방법으로 지구 환경에 전혀 해를 끼치지 않거나 거의 해를 끼치지 않으면서 사육한 동물들로부터 생산된 축산 가공품을 발견할 수 있다.

태산이라도 옮길 수 있는 소비자의 힘에 조금이라도 의심이 간다면 맥도널드가 육류 납품업체로 하여금 항생제를 성장 촉진제로 사용하지 말도록 요구하게 만든 것이 바로 소비자의 압력이었음을 상기할 필요가 있다. 맥도널드의 정책이 공장식 사육장의 항생제 의존을 중단시킬 수는 없지만(집단적인 사육 방식으로 운영되는 공장식 사육장들은 질 낮은 사료와 불결한 위생 상태, 과밀한 사육 환경으로부터 발생하는 질병을 치료하기 위해 항생제를 사용하지 않을 수 없다.) 일단 올바른 방향으로 가고 있음은 분명하다. 2005년, 오리건의 틸라먹 낙농업 협회는 소비자들로부터 보빈 성장 호르몬에 대한 수많은 질의서와 불만 사항이 접수되자 모든 회원 업체들에게 몬산토의 포실락을 사용하지 못하게 했다. 더 많은 소비자들이 자신이 어디에 관심을 갖고 있는지를 분명히 알린다면 우리는 곧 중대한 변화를 경험하게 될 것이다.

레스토랑 주인들에게 책임을 묻자

레스토랑 주인들에게도 우리의 관심사를 함께 나누자. 나의 어머니는 송아지 고기를 얻기 위해 송아지들에게 얼마나 고통을 주는지를 알게 된 순간부터 비엔나 슈니첼(포크 커틀릿과 비슷하지만 돼지고기 대신 송아지 고기를 사용하는 오스트리아 전통 요리—옮긴이)을 더 이상 주문하지 않았다. 비엔나 슈니첼은 어머니가 가장 좋아하시던 메뉴였다.(물론 어머니가 채식주의자가 되시기 전의 이야기이다.) 송아지 고기를 생산하기 위해 사육되던 수천 마리 송아지들의 삶에 커다란 변화를 가져다준 힘은 레스토랑 밖에서 로비를 하는 반대론자들의 존재뿐 아니라 바로 내 어머니 같은 보통 사람들이 이룬 여론의 압력, 그리고 당장의 고객과 잠재적인 미래의 고객을 잃을지도 모른다는 두려움이었다. 송아지 고기를 포기하지 못하는 사람들도 이제는 비좁은 틀 속에서 철분이 든 사료는 입에 대지도 못하며 길러진 송아지의 고기가 아닌 선홍색 송아지 고기를 요구하게 되었다.

미국에서는 고객들의 압력이 400개의 레스토랑 주인들로 하여금 푸아그라 파테를 메뉴에 넣지 않겠다는 서약서에 서명하게 만들었다. 네덜란드에서는 이 요리를 만들기 위해 가해지는 고문과도 같은 고통을 널리 알리려는 대규모 캠페인이 있다. 푸아그라를 메뉴로 제공하지 않는다는 데 동의한 레스토랑들은 출입구에 이 캠페인에 대한 설명문을 게시해서 동물들의 편안한 삶에 관심을 가진 사람들이 식당을 결정하는 데 도움을 준다. 어머니에게 전지식 닭장에 갇혀 사는 닭에 대해 말씀드렸을 때 어머니의 나이는 70대였다. 그 이야기를 듣고 어머니가 얼마나 놀라시던지! 그 후에 내 고향 번머스의 한 슈퍼마켓에 가셨을 때 어머니는 방목한 닭의 달걀이 있는 곳을 찾아다니셨다. 하지만 끝내 그런 달걀을 찾을 수 없자 어머니는 매장의 한 젊은 여직원에게 왜 방목 달걀이 없냐고 물으셨다.

"방목 달걀이 뭐예요?" 여직원이 물었다. 어머니는 땅 위를 돌아다니며 흙을 쪼아 먹고 자란 암탉이 낳은 달걀이라고 여직원에게 설명해 주셨다. "암탉이 다 그렇게 달걀을 낳지 않나요?" 여직원이 또 물었다. 어머니는 전지식 닭장의 비좁은 우리와 암탉의 부리를 자르는 이유, 부리가 잘려 피를 흘리는 암탉 등에 대해 또 설명하셨다. 젊은 여직원은 그 이야기를 들으며 크게 놀랐고 지나가던 사람들도 걸음을 멈추고 어머니의 이야기에 귀를 기울였다.

부지배인이 달려왔다. 그는 말썽 많은 고객(나의 어머니)을 사무실로 모시고 갔고 어머니는 거기서 같은 이야기를 다시 한번 설명하셨다. 그 다음 주, 그리고 그 후로 내내 그 슈퍼마켓의 달걀 진열대에는 방목한 닭의 달걀이 놓이게 되었다. 그러자 어머니는 다른 슈퍼마켓에서도 같은 행동을 계속하셨다. 어머니의 일화는 단호한 의지를 가진 한 사람이 할 수 있는 일을 보여 준다. 이러한 노력이 여럿 모이면 우리는 진정한 변화를 이루어 낼 수 있다.

이미 변화는 곳곳에서 일어나고 있다. 지금은 방목 달걀만 살 수 있는 것이 아니라 영국과 유럽 대륙의 거의 모든 나라에서 유기농으로 생산된 방목 달걀을 살 수 있다. 유기농 닭고기, 유기농 쇠고기, 유기농 돼지고기도 살 수 있다. 우유도 마찬가지다. 우리가 유기농 유제품을 살 때마다 젖소들의 삶은 조금씩 조금씩 개선된다. 유기농 우유로 인증받기 위해서는 젖소를 1년 중 최소한 일정 기간 동안 초지에 방목해야 하는 조건을 지켜야 한다. 유기농 우유 한 통이 변화를 만들고 고통스러운 감금과 보빈 성장 호르몬의 끔찍한 부작용으로부터 젖소를 구해 낸다. 유기농 방목 버터, 치즈, 요구르트를 사도 마찬가지다. (부언하자면 가축들을 인도적으로 대하는 농부들로부터 이런 축산물을 사는 것은 좋은 의도를 가진 농부들을 돕는 길일 뿐만 아니라 지구의 환경과 우리 자신들의 건강까지 돕는 길이다.)

세계에서 가장 큰 유기농 자연 식품 유통업체인점 홀 푸드의 CEO 존 매키에 대한 전설적인 이야기가 있다. 하루는 동물 권리 보호 단체인 비바!USA의 대표 로렌 오넬러스가 그를 찾아와 홀 푸드의 즉석 요리 코너에서 팔고 있는 오리 고기가 비인도적으로 사육된 것이라고 항의했다. 처음에는 매키도 오넬러스의 항의를 귀찮게 생각했다. 홀 푸드는 이미 독성 화학 물질이나 호르몬에 노출되지 않은 육류와 해산물만을 판매하고 있었다. 그런데 대체 더 이상 무엇을 어쩌란 말인가? 그러나 오넬러스는 설득력이 강한 끈질긴 여자였다. 결국 매키는 오넬러스의 요구 사항에 관심을 갖게 되었다.

매키는 3개월 동안 공장식 사육장의 동물들이 어떤 대접을 받고 있는지에 대해 직접 공부했다. 그의 독학은 홀 푸드의 육류 구매 방식을 바꾸는 계기가 되었다. 이제 홀 푸드는 한 생명체로서 생명의 존엄성을 인정받고 자라며 도살될 때에도 반드시 도살 직전에 정신을 잃게 한 후 도살하는 공급자의 고기만을 구매한다. 따라서 과거 9년 동안 홀 푸드에 오리 고기를 납품했던 캘리포니아의 오리 사육 농가들은 납품을 계속하기 위해서는 몇 가지 변화를 받아들여야 했다. 사육 농가들은 오리의 부리를 잘라 내던 관행을 중단했고 짧은 삶이지만 오리들이 물웅덩이에서 헤엄을 치며 즐길 기회를 주기 위해 특별한 물웅덩이까지 만들었다. 매키는 그때의 공부를 통해 자기 자신의 삶에도 변화를 일으켰다. 그는 엄격한 채식주의자가 되었으며 유제품까지 포함해서 동물성 식품은 일체 입에 대지 않는다.

나는 2005년 초에 존 매키를 만날 기회가 있었다. 런던의 한 채식주의 전문 레스토랑에서 식사를 함께하면서 다국적 기업에 의해 휘둘려지고 있는 농경 방식의 비참한 상황에 대해 이야기했다. 매키의 홀 푸드는 변화를 실천하고 있는 것이 분명하다. 또한 홀 푸드에서 농산물을 구입하는 소비자가 늘어날수록 존 매키는 더 큰 성공을 거두게 될 것이며 그의 선례를 따르는 다른 식품점이나 슈퍼마켓들도 더 빨리 늘어날 것이다.

상표를 잘 읽어 보자

'유기농 인증' 축산물이란 그 고기나 달걀, 유제품에 호르몬이나 항생제, 동물성 부산물이 전혀 가해지지 않았음을 나타낸다. 또한 합성 살충제, 비료 등이 함유된 먹이, 유전자 변형에 방사선 조사 처리를 한 사료로 기르지 않았다는 뜻이다. '유기농 인증' 표시는 그 동물이 '방목', 즉 짧은 생이지만 신선한 공기를 마시고 마음껏 들판을 노닐던 동물이라는 것을 보증한다.

그러나 상표란 기만적인 것이어서 자세히 들여다보고 연구할 필요가 있다. 예를 들어 보자. 유기농 인증 없이 '방목'이라는 표시만 늘어 있다면, 그 제품은 '유기농'이어야 할 필요까지는 없다. '호르몬 무첨가'라는 표시는 호르몬을 먹여 기르지 않았을 뿐, 항생제나 제초제, 기타 화학 물질(자연 방목한 암탉의 달걀처럼 햇빛에 의해 만들어지는 '자연스러운' 노른자 색을 내기 위해 먹이는 화학 염료 같은 것들)도 사용하지 않았음을 의미하지는 않으므로 자칫 잘못하면 속기 쉽다. '완전 자연식' 등의 표현 역시 정확하게 정의되어 있지 않은 말이라는 것을 염두에 두어야 한다.

'초원에서 방목한' 축산물을 고르자

자연 친화적인 동물 사육을 위해 한 가지 다행스러운 것은, 옛날처럼 태양의 힘에 의존해 동물들이 풀밭에서 영양을 섭취하며 자라게 하는 방식으로 돌아가고 있다는 점이다. 목초를 먹여 기르는 가축은 자연의 먹이를 찾아 먹고 신선한 공기를 호흡하고 햇살을 접하며 자라기 때문에 당연히 공장식 사육장에서 사육되는 동물들보다 훨씬 건강하다. 좁은 공간 안에 빽빽하게 갇힌 채 자라는 스트레스가 없기 때문에 질병 저항력도 강하고, 따라서 공장식 사육장의 가축들에게는 꼭 필요한 항생제나 성장 촉진제 같은 것도 필요 없다.

일정한 면적에 지나치게 많은 개체를 풀어 놓지만 않는다면 방목은 나무와 풀이 뿌리째 뽑히는 것을 막아 주기 때문에 목초지를 보호하는 역할을 한다. 경작지, 특히 단일 경작을 하던 밭을 목초지로 되돌리면 토양의 유실을 93퍼센트까지 줄일 수 있다. 소의 발굽이 풀밭을 밟고 지나다니면서 풀의 씨앗이 멀리 퍼지게 해 준다. 게다가 젖소는 배설물로 토양을 기름지게 해 준다. '풀밭에서 기르기' 또는 '자연을 보호하는 가축 사육' 등 옥수수밭과 콩밭을 초원으로 환원시켜서 초원의 일부라도 되살리고자 하는 농지 관리법을 실천하는 농부들이 점점 늘고 있다. 일부 농부들은 초원의 일정 구역에 버펄로를 방목해서 기르기도 한다.

물론 미국의 인구가 계속 증가한다면, 만약 사람들이 계속해서 육류의 비율이 높은 식단을 고집한다면, 다른 식용 가축은 고사하고

1억 마리가 넘는 소, 돼지를 기르기에는 초원이 충분하지 않을 것이다. 또한 다른 나라에 대고 더 많은 것을 요구하는 것은 지독하게 비윤리적인 방법일 것이다. 이미 브라질의 막대한 삼림이 가축을 놓아기를 풀밭을 만들기 위해 파괴되었다. 따라서 육식 애호가들이 자신의 건강뿐만 아니라 환경을 위해서도 가장 시급히 결정해야 할 것은 육류 섭취량을 최소한으로 줄이는 것이다. 세계의 곳곳에서 일어나고 있는 계속 유지할 수 없을 만큼 탐욕에 가까운 육류 과소비는 줄여야만 한다. 그 일은 무엇보다도 중요하다.

목초를 먹여 기른 동물의 건강상의 이점

풀밭에서 한가로이 풀을 뜯으며 자란 동물의 고기를 먹는 것이 건강에 얼마나 이로운지를 아는 사람은 매우 적다. 예를 들면, 목초를 먹고 자란 가축의 고기나 유제품은 포화 지방, 유해한 콜레스테롤의 함유량은 적은 대신 비타민 E, 몸에 좋은 오메가3 지방산(대부분 아마인유, 생선 기름, 자연산 연어 등을 통해 섭취한다.)의 함유량은 높다. 하와이 대학교의 연구 보고서에 의하면 방목한 소에서 나온 스테이크에는 공장식 사육장의 소에서 나온 스테이크보다 오메가3 지방산의 함유량이 여섯 배나 많다. 또한 초원에서 방목한 소의 고기와 유제품에는 CLA(복합 리놀레산) 함유량도 여섯 배 더 많은데 (영국 브리스톨 대학교, 코넬 대학교, 펜실베이니아 주립 대학교, 유타 대학교 등의) 연구 보고서에 따르면 CLA는 몇 가지 종류의 암과 심장 질환의 진행을 둔화시키는 효과가 있다고 한다.

방목한 쇠고기라고 해서 육질이 항상 연하다고 장담할 수는 없다. 그러나 옥수수를 먹여 사육한 쇠고기가 균일한 맛을 가지고 있는 것과는 달리 목초를 먹고 자란 소의 고기와 유제품은 서로 약간씩 맛이 달라서, 자연 속에서 자유롭게 움직이며 살았던 그들의 삶으로부터 풍기는 뉘앙스의 차이는 물론이고 마치 그들이 먹은 풀이나 허브의 종류까지 말해 주는 것 같다.

중앙 고원 지역에서 버펄로를 기르기 시작한 목장들이 몇 군데 있다. 버펄로 고기가 우리 몸에 가장 좋은 육류 중의 하나라는 말은 아마 사실인 것 같다. 풀을 뜯어 먹으며 자란 버펄로의 고기는 오메가3에서 오메가6까지 지방산 비율이 높은 필수 지방산을 다량 함유하고 있다. CLA(체지방을 감소시키고 근육의 양을 증가시켜 준다.) 함유 수준도 높다. 버펄로 고기는 98퍼센트가 무지방이며 쇠고기에 비해 단백질이 35퍼센트나 더 많다. 비타민과 철분 같은 미네랄 성분의 함유량도 높고 곡류를 먹은 동물의 고기에 비해 베타카로틴은 두 배나 많이 들어 있다. 닭고기, 칠면조, 핼리벗(북방 해양산 가자미류—옮긴이)에 비해 지방과 콜레스테롤은 훨씬 적다. 놀랍게도 육식을 즐기는 사람들도 풀을 먹고 자란 버펄로 고기를 한 번에 5온스(약 142그램)씩 일주일에 4~5회 정도 6개월가량 섭취하면 대부분 LDL 콜레스테롤(저밀도 지단백)을 40~45퍼센트까지 줄일 수 있다. 버펄로는 암에 걸리지 않는 유일한 육상 포유류다. 실제로 버펄로는 체내에 암을 예방해 주는 효소를 가지고 있다.

올바른 의지를 가진 농부들을 후원하자

조지 보즈코비치는 워싱턴 주 북쪽 끝의 비옥한 농경지에 있는 스캐깃 리버 랜치에서 농사를 짓는다. 그는 생의 대부분을 오늘날의 다른 농부들처럼 농업 경제학 센터(화학 회사들이 이 센터의 주인임은 말할 것도 없다.)에서 화학 비료, 살충제 등을 비롯한 농업용 화학 물질들을 사곤 했다. 농업 경제학 센터의 직원은 토양의 질을 개선하고 해충과 벌레를 제거하기 위해서는 '올바른 농약'을 써야 한다고 항상 충고했다.

마흔네 살이 되던 해의 어느 날, 조지는 갑자기 심장의 리듬이 불규칙해졌다는 것을 느꼈다. 병원에서 혈액 희석제를 투여한 후, 그는 자신의 여생이 얼마 남지 않았다고 생각했다. 그러나 의사는 그와 비슷한 심장 질환의 증상을 자주 보는데 아무래도 독성 화학 물질에 자주 노출된 탓인 듯하다고 말했다. "그런 화학 물질들을 주변에서 치워 버리면 문제를 해결할 수 있습니다."

조지가 가장 먼저 한 일은 식단을 유기농으로 바꾼 것이었다. 심장에 문제가 생겼음을 안 날부터 조지와 아내 에이코는 농지에 농약을 더 이상 주지 않았다. 할 수 있는 한 가장 건강하고 가장 비옥한 농장으로 만들겠다고 결심한 것이다. 토질을 개선하고 풀밭에 유기 비료를 주어서 농장의 가축들을 건강하게 만들고 미국 농무부의 유기농 인증을 받기 위해 장장 7년 동안 집중적으로 퇴비를 주었다.

옛날 농장들처럼 스캐깃 리버 랜치는 소, 돼지, 닭 등을 함께 키운다. 이 가축들은 모두 조지의 농장에서 일하는 인부들이나 조지의 가족들로부터 사랑에 넘치는 손길로 보살핌을 받는다. 특히 조지의 아홉 살 난 딸은 돼지를 가장 좋아한다. 지금은 모든 가축들이 들판과 풀밭에서 풀을 뜯으며 자란다. 농장의 구석구석을 돌아다니며 이 농장의 질 좋고 신선한 유기농 풀을 먹으며 자란다는 뜻이다. 가축들이 농장의 이 구석 저 구석을 옮겨 다니며 풀을 뜯을 때 조지는 그 뒤를 따라다니며 호밀과 클로버 씨를 뿌린다. 하지만 이따금씩 유기농 당근이나 순무 등도 심는데, 그 이유는 단지 돼지들이 보물찾기를 하듯이 이 영양가 높고 맛있는 간식을 찾아 먹기를 좋아하기 때문이다. 공장식 사육장에서 사육된 가축들에 비하면 조지의 농장에서 자란 가축들은 수명이 훨씬 길다. 이들에게는 넓은 들판을 뛰어다니는 것이 운동이 되고 성장 속도를 높이기 위해 호르몬이나 항생제 등을 투여받지 않았기 때문이다. 이 농장의 가축들이 완전히 성숙한 동물이 되기까지는 공장식 사육장의 동물들에 비해 거의 두 배에 가까운 시간이 걸린다.

　　화학 물질을 쓰지 않고 농사를 짓기 시작한 지 몇 년이 지나자 조지의 심장 세동(細動, 심근(心筋)의 여러 부분이 무질서하게 수축하는 심장 조율. 흔히 심장 판막증, 심장 경화증, 심근 경색 때에 나타나는 증상이다.―옮긴이)은 멈추었고 눈에 띄게 건강해졌다. 땅과 가축들을 더 가까이 접하고 지낸 몇 년 동안 큰 변화도 생겼다. 그 중에서도 가장 큰 변화는 도살을 하는 순간에 엿볼 수 있다. 조지는 자신이 기른 가축들이 도살장까지 가는 동안 받을 스트레스를 없애 주기 위해 미국 농무부의 인증을 받은 이동식 트레일러 '도살장'을 농장으로 부른다. 그러나 더욱 놀라운 것은 도살당할 차례가 온 가축들에게 조지가 일일이 작별의 기도를 해 준다는 것이다.

"몇 년 전에 누가 내게 도살당할 가축들을 위해 기도를 하냐고 물었다면 나도 콧방귀를 뀌었을 겁니다. 하지만 이제는 동물도, 인간도, 식물도 모두 이 지구의 일부라는 것을 알게 되었습니다. 우리는 모두 세상의 일부이고 세상은 우리가 상상할 수 있는 것보다 훨씬 거대하다는 것을 깨달았습니다."

가축들을 도살장으로 데려갈 때 그는 가축들에게 어떤 인사를 할까? 특별히 정해진 틀은 없지만 대개 이런 식으로 말한다. "얘야, 미안하구나. 하지만 이것이 정해진 길이란다. 네가 이곳에서 우리를 도와준 것에 대해서, 그리고 착하고 고분고분하게 살아 준 것에 대해서, 너무나 사랑스러운 가축이 되어 주었던 것에 대해서 고맙다고 말하고 싶다. 이 길이 네가 선택한 길이 아니란 것을 나도 잘 안다. 네가 아니라 우리가 선택한 것이지. 그 점에 대해서 네가 우리를 용서해 주길 바란다."

그의 단골 고객들은 유기농으로, 또한 윤리적으로 사육된 가축의 고기를 먹을 수 있다는 점에 안도한다. "하지만 어떤 고객들은 그런 점에는 전혀 관심이 없고 단지 고기가 맛있다는 것만 좋아합니다." 라고 조지는 말한다. 소를 방목해 기르는 농가들만이 출전할 수 있고 이트와일드 닷컴과 스톡맨 그래스 파머가 후원한 2004년 전국 육류 경연 대회에서 조지의 쇠고기는 향미와 육질 부문에서 1등상을 수상했다.

소형 자영 축산 농가들이 당면한 가장 어려운 문제는 그들이 생산한 식품의 가치를 알아보는 소비자에게 그 식품을 전달하는 것이다. 미국에서는 대부분의 육류 포장 및 유통이 소수의 비정한 대기업에 의해 좌우되고 있다. 이 시점에서 니먼 랜치(아마도 미국에서 가장 진보적이고 혁신적인 육류 회사일 것이다.)를 떠올리지 않을 수 없다. 이 회사는 거의 30년 전에 캘리포니아의 마린카운티에서 유기농의 가치를 제대로 아는 소수의 소비자들에게 인도적으로 사육된 건강한 쇠고기를 공급하는 작은 업체로 출발했다. 그러다가 사람들이 차츰 공장식 사육장의 잔인성과 건강에 해로운 환경에 대해 알게 되면서 이 회사에서 나오는 식품의 인기와 수요가 점점 높아졌다. 지금도 니먼 랜치는 원래 있던 자리에서 가축을 방목하고 있지만 근방의 소규모 축산농가 300곳으로부터 쇠고기, 돼지고기, 양고기 등을 납품받아 포장, 유통까지 사업을 확장했다. 니먼 랜치의 식품은 홀 푸드, 트레이더 조스 같은 체인점뿐만 아니라 인터넷을 통해서도 구매할 수 있다.

점점 더 많은 사람들이 땅, 그리고 그들이 먹는 고기를 생산하는 농부들과 직접 인간적인 관계를 맺고 싶어 한다. 만약 슈퍼마켓에서 팔리는 육류의 생산 과정과 공장식 사육장에서 길러지는 동물들의 삶에 대한 정보가 공개된다면 과연 그 고기를 사 먹는 사람이 얼마나 될까 궁금하다. 그러나 니먼 랜치에서 생산된 육류의 비하인드 스토리는 순진한 소비자를 속이는 더러운 비밀이 아니라 판매에 있어서 대단한 강점으로 부각되고 있다. 이 회사의 육류 포장에는 각각 그 고기가 어떤 농장에서 생산되었는지가 표시되어 있다. 물론 그 농장들은 가축을 인도적으로 다루고 자연 친화적인 방법으로 보존한 땅에서 방목하였다. 그들은 가축들에게 가축 부산물을 먹이지도 않고 폐기물을 먹이지도 않으며 성장 호르몬 같은 것을 주사하지도 않는다. 질병을 치료하기 위한 목적이 아니면 항생제도 투여하지 않는다. (항생제를 투여한 가축의 고기는 나중에도 식육으로 생산하지 않는다.)

니먼 랜치는 자기 농토를 소유했거나 농지를 임대해서 농사를 짓는 소규모의 자영 농가만을 거래처로 삼는다. 니먼 랜치 웹사이트(www.nimanranch.com)는 고객 관리의 모범 사례로, 심지어는 그들이 거래하는 양돈 농가의 사진과 자세한 설명까지 올려져 있다. 어떤 사진에는 어린 자녀들과 함께 찍은 부모가, 어떤 사진에는 부부 또는 형제자매가, 또 어떤 사진에는 아버지와 아들이 소개되어 있다. 많은 가족들이 연한 분홍색의 새끼 돼지를 자랑스럽게 안고 낡은 헛간이나 농가를 배경으로 사진을 찍었다. 돼지를 기르면서 어떤 때가 가장 좋으냐는 질문에 농부들은 대개 돼지들이 새끼를 낳는 철이라고 대답한다. 갓 태어난 새끼 돼지들이 어미의 젖꼭지를 찾아 오글오글 모여 있는 모습이나 제 핏줄들끼리 서로 정을 쌓아 가는 모습이 사랑스럽다는 것이다. 이 농부들은 자신이 기르는 돼지의 사료는 직접 길러서 먹인다. 또한 돼지들에게 유전자를 변형한 옥수수나 콩은 절대로 먹이지 않는다는 것을 고객들에게 꼭 알린다.

니먼 랜치 웹사이트를 방문해 보면 이따금씩 돼지의 배설물이 섞인 거름을 준 밭을 돼지들이 주둥이로 파 엎는다는 이야기, 그 밭에 작물을 윤작한다는 이야기도 읽을 수 있다. "이런 전통적인 양돈 방식이 요즘음처럼 가두어 기르는 현대식 양돈 방식에 비해 힘든 노역을 요구하긴 하지만 악취도 거의 나지 않거나 조금밖에 나지 않고 수자원을 보존하는 데에도 도움이 되며 미래 세대들을 위해 땅과 이 지역을 보존하는 데에도 도움이 됩니다." 땅을 잘 보존하는 것은 고사하고 넘치는 배설물조차 제대로 감당하지 못하는 공장식 사육장과 얼마나 대조적인가.

니먼 랜치는 동물 복지 연구소가 설정한 인도 규약을 준수한다. 농부들은 가축들을 산과 들에 방목할 때 함께 나가 관리하는 것은 물론, 도살장에 보낼 때도 동행한다. 도살장 인부들도 이들이 기른 가축들은 공장식 사육장에서 사육된 가축들보다 훨씬 안정되어 있다고 말한다. 육류 감식가들은 이 가축들이 공포를 덜 느끼기 때문에 나중에 육류로 생산이 되었을 때 다른 곳에서 생산된 육류들에 비해 더 맛있다고 말한다. 어디서나 솜씨 좋은 요리사라면 다른 회사의 육류보다 니먼 랜치의 육류를 더 선호한다. (도살장에서 분비되는 아드레날린은 고기를 더 질기고 퍽퍽하게 만드는 것으로 알려져 있다.)

식품과 관련된 여러 가지 우려 때문에 소비자들은 니먼 랜치가 건강과 안전에 관심을 기울이고 있다는 점에 특히 믿음을 갖는다. 2004년에 워싱턴 주에서 소 한 마리(캐나다 앨버타 주의 한 농가에서 온 소였다.)가 광우병을 가진 것으로 판명되었을 때 홀 푸드와 트레이더 조스의 매장에서 니먼 랜치 육류 제품의 판매량은 전년 대비 30퍼센트나 증가했었다.

한 번에 한 땀씩

현대적인 공장식 사육장에 대해 가장 큰 목소리로 비판하고 있는 저명한 언론인이자 캘리포니아 대학교 버클리 분교의 언론학과 교수인 마이클 폴런은 소비자의 선택을 옷을 지을 때의 바늘 한 땀에 비유한다. 다시는 흙과 자연 속에서 벌레와 곤충을 잡아먹을 수 없게 부리를 잘린 채 비좁은 우리에 갇혀 사육되는 가금류의 알과 고기를 사지 않겠다고 거부한다면, 그 소비자는 바늘 한 땀을 꿰맨 것이다. 추수 감사절 저녁 식탁에 성장 호르몬을 먹여 살만 잔뜩 찌운 칠면조는 올리지 않겠다고 결정한다면, 역시 바늘 한 땀을 꿰맨 것이다. 풀은 씹어 본 적도 없고 신선한 공기도 마셔 본 적이 없으며 등덜미에 쏟아지는 따뜻한 햇살도 느껴 본 적 없는 소의 고기나 유제품은 먹지 않겠다고 결심한다면 또 바늘 한 땀을 꿰맨 셈이다.

그렇게 한 땀 한 땀 꿰매질 때마다 요즈음의 농산업체들은 점점 설 땅을 잃게 된다. 소비자들이 호르몬과 항생제가 든 달걀과 육류를 거부한다면 업체들은 그런 것들을 쓰지 않고 가축을 기를 대안을 찾아야만 하게 될 것이다. 가축들을 들판으로 내보내 거기서 풀을 뜯으며 자라게 한다면 육류의 생산 속도는 느려진다. 그러나 결국은 모든 문제가 저절로 해결될 것이다.

만약 공장식 사육장의 문제가 정말로 잘 해결된다면(반드시 그렇게 되어야만 한다.) 우리가 지금까지 망가뜨린 자연환경을 되살릴 수 있다는 희망도 꿈꾸어 볼 수 있다. 공장식 사육장이 없어지고 가축들이 다시 풀밭에서 풀을 뜯을 수 있게 된다면 가축 사료용 곡물을 기르기 위해 엄청나게 뿌려지고 있는 농약의 사용량도 크게 감소될 것이다. 그리고 언젠가는 가축 폐기물 때문에 발생하는 끔찍한 오염 물질들도 깨끗하게 사라질 것이다. 그러나 이 모든 일들은 결코 쉽게 이루어지지 않을 것이다.

진정으로 건강한 환경을 되살리는 데 있어서 가장 어려운 부분은 세계의 곳곳에서 점점 더 많은 사람들이 물들어 가고 있는, 결코 지속할 수 없는 육류 과소비 문화를 바꾸어 놓는 일이다. 그러나 어렵더라도 노력해야만 한다. 한 땀씩 한 땀씩, 바느질을 시작해야 한다.

가축들을 구출하자

몇 년 전, 런던에서 케임브리지로 가는 기차 안에서 전지식 양계장으로부터 닭 스무 마리를 구출했다는 한 여인을 만났다. 마리당 몇 페니씩 주고 샀다는 것이다. 그렇게 사들인 닭들은 거의 수프로 끓여 먹거나 거름으로나 쓸 수 있을 정도로 처참한 상태였다. 깃털은 거의 남김없이 빠져 버렸고 '양계장'이라는 이름의 감옥에 갇혀 평생을 보낸 탓에 그녀가 집에 데려가 따로 만들어 놓은 우리 안에 넣어 주자 한군데 모여 땅바닥 위에 처량하게 웅크리고 있을 뿐이었다.

"처음으로 땅 위를 걸으려는 시도를 한 것도 며칠이 지나서였어요. 하지만 결국은 걷는 법을 배우더군요." 그녀가 말했다. 부리가 잘려 나갔기 때문에 여느 암탉들처럼 흙을 쪼는 데 큰 어려움을 겪더라는 이야기도 했다. "얼마나 아팠겠어요. 불쌍한 것들……." 너른 공간에서 따뜻한 햇살을 받으며 집에서 나온 음식 찌꺼기들과 질 좋은 곡류를 다양하게 섞어 먹이자 깃털이 다시 나기 시작했다. 그리고 드디어는 몇 개의 달걀까지 낳아 그녀를 기쁘게 해 주었다.

나는 그녀에게 왜 그런 일을 하느냐고 물었다. 인도적인 동물 사육 협회에서 주최한 사진 전시회를 보고 나서 "그 가축들에게 너무나 미안한 마음이 들었어요."라고 그녀는 말했다. 그래서 지난 3년 동안 해마다 지치고 망가진 닭 몇 마리씩이라도 구해 주고 있다고 했다.

그로부터 몇 주 후, 이번에는 작은 정원이 딸린 아담한 집에 사는 한 노부부를 만났는데 그들도 기차 안에서 만났던 그 여자와 똑같은 이유로 선행을 베풀고 있었다. 이 노부부는 한 번에 서너 마리의 닭을 사는데 그 닭들이 죽기 전에 잠시만이라도 자유가 뭔지를 알 기회를 주고 싶어서라고 했다. 만약 내가 농장에서 산다면 나도 닭뿐만 아니라 지옥 같은 사육장으로부터 돼지도 구해 주고 상자에 갇힌 불쌍한 송아지들도 구해 주고 싶다. 그 외에도 많은 가축들을 구해 주고 싶다. 실제로 그런 선행을 베풀고 있는 사람들에게 박수를 보낸다. 자기 집에 직접 가축들의 안식처를 꾸며 줄 수 있는 사람은 많지 않지만 부상을 입은 야생 동물이나 사육장에서 구출된 가축들 또는 서커스나 동물원, 의학 실험실 등에서 구출된 동물들처럼 보살핌의 손길이 필요한 동물들을 보호해 주는 보호 시설들이 곳곳에서 생기고 있다. 동물 보호 농장은 동물들을 구출하고 입양까지 주선하는 전국적인 네트워크로, 두 명의 동물 보호 운동가들이 죽은 가축들을 쌓아 놓은 마당에 산 채로 버려져서 죽기만을 기다리던 힐다라는 양 한 마리를 구조한 1986년부터 활동을 시작했다. 오늘날 동물 보호 농장은 미국에서 가장 규모가 큰 동물 구조 및 보호 기관이 되었다. 이들이 펼치는 여러 프로그램 중에 '칠면조 입양하기' 프로젝트가 있다. 추수 감사절에 칠면조를 요리해 먹기보다는 한 마리씩 입양하거나 후원하자는 프로젝트다. 이 프로젝트를 통해 후원을 받는 칠면조는 추수 감사절이면 보호소의 안전한 울타리 안에서 애호박, 크랜베리 등으로 속을 채운 호박 파이를 즐긴다.

동물들이 받는 고통이 점점 더 많은 사람들에게 알려지고 있기 때문에, 동물들을 돕기 위해 뭔가 해야 한다고 느끼는 사람들도 점점 늘어나고 있다. 몇몇 보호소와 동물의 권리를 지키고자 하는 조직들을 이 책의 뒷부분에 정리해 놓았다. 소액의 후원금이나 자원 봉사로 그들을 돕는 사람들이 늘어나기를 바라는 마음이다.

대부분의 사람들은 기본적으로 선량하다. 대부분의 사람들은 동물들이 인간의 손에 의해 고통받는다는 생각은 하고 싶어 하지 않는다. 대부분의 사람들은 이 세상을 조금이라도 더 살기 좋은 세상으로 만드는 데 도움이 되고 싶어 한다. 다만 그러기 위해 무엇을 해야 할지를 모를 뿐이다. 그러므로 우리 서로 힘을 모으자. 고통받고 있는 수백만 마리의 동물들로부터 고개를 돌리지 말자. 우리 모두가 각자 자신의 역할을 할 수 있다. 먼저 음식을 먹는 습관부터 바꿀 수 있다. 비인도적인 방식으로 사육된 육류 제품의 소비를 거부할 수 있다. 그리하여 우리의 지갑으로 변화를 유도할 수 있을 것이다. 보호소에서 살고 있는 동물들이 계속해서 편안한 삶을 누릴 수 있게 해 줄 수도 있다. 지금 우리가 사는 세상에서 벌어지고 있는 일들을 널리 알리는 데 도움이 될 수도 있다.

🐖 2001년 7월 9일, 로버트 바이어드의 의회 연설 발췌문

가축에 대한 인간들의 비인도적인 행위는 널리 확산되고 있으며 또한 점점 더 야만적으로 변해 가고 있습니다. 270킬로그램이나 나가는 돼지가 '수태 상자'라는 이름의 60센티미터 폭의 비좁은 철제 우리 속에 갇혀서 자랍니다. 그 속에 한번 갇히면 불쌍한 짐승은 돌아서지도, 편한 자세로 눕지도 못한 채 몇 달씩을 보냅니다.

수익을 최우선으로 하는 공장식 사육장에서 사육되는 식용 송아지는 컴컴하고 비좁은 나무 상자 속에서 눕지도 못하고 제 몸을 긁지도 못하는 상태에서 자랍니다. 이 동물들에게도 감정이 있습니다. 그들도 고통을 느낍니다. 사람이 아픔을 느끼듯이, 이 동물들도 아픔을 느낍니다. 달걀을 낳는 암탉들은 전지처럼 차곡차곡 쌓인 우리에 갇혀 있습니다. 제 날개조차 펴지 못하면서 오로지 달걀 낳는 기계로만 취급 받습니다.

지난 4월, 《워싱턴 포스트》에는 미국 내 도축장에서 자행되고 있는 가축에 대한 온갖 비인도적인 행위들이 상세히 보도된 바 있습니다. 23년 전에 제정된 미국 연방법에도 소와 돼지를 도살할 때에는 반드시 먼저 의식을 잃게 해서 고통을 느끼지 못하는 상태가 되도록 할 것을 요구하고 있지만 그러한 법규가 항상 지켜지는 것은 아니라는 증거가 산처럼 쌓여 있습니다. 때로는 가축들이 아직 고통을 느끼는 상태에서 사지가 절단되거나 가죽이 벗겨지거나 끓는 물에 넣어지기도 합니다. 텍사스의 한 쇠고기 공장은 스물한 번에 걸쳐 동물 학대 행위를 저지른 것이 목격되었는데 그들은 살아 있는 소의 발굽을 잘라 내기도 하였습니다. 텍사스의 또 다른 공장에서는 스물네 번이나 법규를 위반했고 연방 정부의 공무원이 아홉 마리의 소가 산 채로 사슬에 묶여 허공에 매달려 있는 것을 발견하기도 했습니다. 아이오와의 한 돼지고기 가공 공장에서 비밀리에 촬영한 비디오에는 살아 있는 돼지가 비명을 지르고 발버둥을 치면서 끓는 물에 던져지는 장면도 담겨 있습니다. 돼지를 끓는 물에 담그는 이유는 가죽과 털을 부드럽게 해서 가죽을 벗기기 쉽게 하려는 것입니다.

본인도 돼지를 도살한 경험이 있습니다. 돼지를 뜨거운 물에 담가 본 적도 있습니다. 털을 깎기 쉽게 하기 위해서입니다. 그러나 그 돼지들은 모두 죽은 상태에서 뜨거운 물통에 들어갔습니다. 우리 법은 이 불쌍한 동물들이 어떠한 처리 과정을 겪기 전에 정신을 잃고 고통을 느낄 수 없는 상태여야 한다고 요구하고 있습니다. 그러나 연방법은 무시된 채 동물 학대 행위가 만연하고 있습니다. 역겨움과 분노를 느끼지 않을 수 없습니다. 아무리 인간의 식용으로 사육된 가축이라 할지라도 저항력도 방어력도 없는 동물들에 대한 야만적인 행위는 더더욱 용인되어서는 안 될 것입니다. 그러한 몰상식한 행위에는 악의가 숨어 있으며 이러한 행위는 확산되기 쉽고 또한 위험합니다. 무릇 문명화된 사회라면, 그 안에서 생명은 존중되어야 하며 인도적인 대접을 받아야만 합니다.

이러한 이유로, 본인은 추가 예산안에 미국 농무부가 가축의 생산과 관련된 동물에 대한 비인도적인 행위를 보고하고 관리 당국에서 그러한 행위에 대해 어떠한 처분을 내렸는지도 문서로 작성할 것을 요구하는 글을 추가하였습니다. 미국 농무부는 제가 지금까지 언급한 혐오스러운 학대 행위를 감소시키기 위한 행동을 취할 권한과 능력을 가지고 있습니다. 그렇습니다. 그 학대 행위의 대상은 동물입니다. 그러나 그들도 고통을 느낍니다. 미국 농무부는 지금보다 더 잘 할 수 있습니다. 또한 이러한 조항을 통해 미국 의회가 그들이 관리 감독해야 할 대상을 더 잘 관리 감독하고 법 집행을 보다 확실히 하며, 보다 새롭고 보다 인도적인 새로운 기술을 찾기를 기대하고 있음을 알게 될 것입니다. 덧붙여서, 위에서 언급한 바와 같은 잔인한 학대 행위를 계속해 온 사람들은 앞으로 감시의 대상이 될 것임을 통고받을 것입니다.

이 조항이 미국에 있는 동물들에 대한 모든 학대 행위를 중단시키지는 못하리라는 것을 저도 잘 압니다. 소와 젖소, 돼지 등 가축들이 학대당하는 것조차도 막지 못할 것입니다. 그러나 동물 학대 행위와 동물들이 겪고 있는 불필요한 고통을 줄여 나가는 중요한 첫걸음이 될 것입니다…….

대통령 각하, 신은 우리에게 이 지구를 지배할 수 있는 권리를 주셨습니다. 인간은 지구상에서 유일한 지배자입니다. 우리에게 주어진 신성한 임무를 저버려서는 안 될 것입니다. 불필요할 뿐만 아니라 혐오스럽고 불쾌한 학대 행위로 신의 창조물들과 인간 자신들을 모독할 것이 아니라 훌륭한 지배자가 되기 위해 힘써야 할 것입니다.

8장 폐허가 된 바다

> 우리가 지금 하고 있는 농사는 사냥이다. 그리고 바다에서
> 우리는 야만인처럼 행동하고 있다.
> ─자크이브 쿠스토

내가 한창 자라던 시절에는 대구를 '바다의 빵'이라고 불렀다. 값도 가장 싼 편에 속했기 때문에 영국식으로 별미를 먹을 때 '피시 앤 칩(생선튀김에 감자튀김을 곁들인 요리―옮긴이)'이라고 하면 생선은 으레 대구를 의미했다. 우리는 이 음식을 식지 않도록 기름종이에 한 번 싸고 다시 신문지에 싸서 집으로 가져오곤 했다. 당시에는 대구잡이 어선들이 무리를 지어 조업을 나가 아주 많은 양의 대구를 잡아왔다. 그러나 점차적으로 점점 더 많은 사람들이 점점 더 많은 생선을 먹어 치우자 대구를 잡을 수 있는 어장은 반대로 점점 작아졌다. 그러자 대굿값은 점점 비싸졌다. 대구의 어획량이 줄어들자 영국과 아이슬란드의 관계까지 악화되었다.

오늘날 대구는 멸종 위기에 내몰린 어종이 되었다. 다른 여러 물고기들도 마찬가지다. 바다와 호수, 강에서 물고기를 남획하는 것은

물론이고 불필요하게, 그리고 과도하게 싹쓸이하듯이 물고기를 잡아 올리는 조업 방법, 그리고 수질 자체의 오염으로 인한 세계 어류 자원의 고갈은 우리 시대의 가장 충격적인 생태계 재앙이다. 유자망(流刺網, 배와 함께 떠다니는 그물로 물고기가 그물코에 걸리거나 그물에 감싸이게 하는 것이다.―옮긴이)과 수백 킬로미터까지 이어지는 주낙(물고기를 잡는 기구의 하나. 긴 낚싯줄에 여러 개의 낚시를 달아 물속에 늘어뜨려 고기를 잡는다.―옮긴이), 그물망이 너무 촘촘해서 치어들이 미처 성장할 기회까지 앗아 버리는 그물, 엄청나게 큰 이동식 흡입기로 그 주둥이 가까이에 있는 모든 것을 빨아들이는 진공 저인망(底引網, 바다 밑바닥으로 끌고 다니면서 깊은 바다 속의 물고기를 잡는 그물―옮긴이) 등은 자연환경의 지속성을 해치는 조업 방법일 뿐만 아니라 전혀 상관없는 수천 종의 어종까지 씨를 말리고 있다.

1993년에는 사람이 식용으로 하지 않는 수백 가지 다른 어종까지 위협하는 유자망 어업에 대해 국제적인 금지 조치까지 내려졌다. 오늘날에는 130킬로미터에 이르는 길이에 1만 2,000개의 미끼를 낚싯바늘에 걸어서 늘어뜨린 주낙 때문에 물고기들이 살 자리가 사라지고 있다. 이 주낙이 물 속으로 들어가기 전에 그 미끼를 문 수백 마리의 물새들(그 중에는 멸종 위기에 처한 앨버트로스와 바다제비 등도 있다.)은 미끼와 함께 물 속에 빠져 버린다. 주둥이에 걸린 낚싯바늘을 제 힘으로는 빼지 못하기 때문이다.

개간된 숲이 갈가리 찢기고 파헤쳐져서 황폐해진 땅을 본 적이 있다면 새우잡이 트롤선이 훑고 지나간 바다 밑의 모습이 어떨지 상상할 수 있을 것이다. 바다 속 생물들은 하나의 서식지를 서로 공유하지만 트롤선의 저인망은 새우와 다른 어종을 구분하지 못한다. 해초와 산호초 사이에서 노닐며 평화롭게 살던 게, 해면, 해삼, 불가사리, 그 외에도 셀 수 없이 많은 무척추동물들이 무차별적으로 휩쓸려 올라오고 그 와중에 여러 어종이 먹이를 찾던 장소가 황폐해져 버린다. 여러 해에 걸쳐서 저인망으로 바다 밑을 쓸어버리고 나면 산호 군락과 여러 종의 물고기들이 먹이를 찾아 드나들던 해초의 숲, 그리고 물고기들이 먹이로 삼던 벌레며 무척추동물들까지 모두 사라진다. 20년 넘게 해양 어업 관리와 그 분야의 연구에 매진해 온 전문가인 멕시코 만 수산업 관리 위원회의 러셀 넬슨 박사는 "수천 년 동안 물 속에 잠겨 있던 암초와 바위는 한 번 사라지면 다시는 복구될 가망이 없다."고 썼다.

    해야 할 일은 너무나 많지만, 그래도 희망은 있다. 미국의 수정 해양 포유류 보호법은 자망(刺網, 걸그물)이나 주낙, 기타 대량 포획용 저인망 등에 걸리는 고래, 돌고래, 참돌고래의 수를 줄일 수 있는 전략을 개발할 특수 팀 구성을 허용하고 있다. 환경 운동가, 해양 과학자, 동물 복지 그룹, 어부들의 공동 작업을 통해 이 팀들은 관찰 감시, 수자원 멸종 위기 지역의 봉쇄 등 여러 가지 수단을 개발했다. 또한 어부들이 그물을 칠 때에는 전기 파동음 발진 장치를 부착해서 돌고래, 물개 등이 그물을 피할 수 있도록 하는 방법도 마련했다. 이러한 규제를 위반하면 막대한 금액의 벌금이 부과되기 때문에 어부들은 대개 규정을 준수하는 편이다. 이러한 새로운 규제 조치가 실시된 후로 사정은 훨씬 나아지고 있는 추세다.

1994년, 메인 만에 서식하던 참돌고래 2,000마리가 자망에 걸렸다. 그러나 1999년부터 새 규정이 적용되기 시작하자 그 이듬해에 그물에 걸린 참돌고래는 270마리에 불과했다. 중부 대서양에서는 1995년부터 1998년 사이 매년 평균 350마리의 참돌고래가 어부들이 친 그물에 걸려 죽었다. 1999년에 새로운 규제가 효력을 발휘하기 시작하자 그 이듬해 그물에 걸려 죽은 고래의 숫자는 채 쉰 마리도 되지 않았다.

아프리카의 큰 호수들

아프리카의 큰 호수들도 여러 가지 문제에 직면해 있다. 종종 간섭꾼이 끼어 들어 고대로부터 내려오던 전통적인 낚싯법을 무시하고(어획량을 늘리기 위해) 어부들에게 당장의 이익은 가져다줄지 모르나 한편으로는 자연환경에 거의 회복이 불가능한 피해를 입히는 낚싯법을 도입했을 때 이런 문제가 발생한다. 특히 몸집이 크고 맛있는 나일 퍼치를 케냐 북부 루돌프 호수에 풀어 놓았을 때 그 결과는 거의 재앙에 가까웠다. 나일 퍼치는 왕성하게 번식하더니 호수에 살던 토종 어류를 순식간에 먹어 치웠다. 먹이가 바닥나고 배가 고파지자 육식성인 이 물고기는 제 새끼까지 잡아먹었다. 최소한 100여 년 동안 수천 명의 사람들을 먹여 살렸던 호수가 단 몇 년 만에 쓸모없는 거대한 물웅덩이로 전락했다.

　나는 낚싯법의 변화가 탕가니카 호수에 사는 정어리만 한 크기의 '다가(dagaa)'라는, 크기는 작지만 많은 사람들의 먹을거리로 꼭 필요했고 탕가니카 호수의 풍요로운 어류 자원이었던 물고기의 씨를 말린 과정을 직접 목격했다. 1960년대 초, 곰비 국립공원의 자갈과 모래가 깔린 강변은 말리기 위해 내다 널어놓은 작은 물고기들 때문에 아침마다 은빛으로 빛났다. 그때는 낚시를 하는 철이 따로 있었다. 낚시 철은 잡은 물고기를 하루만 널어놓으면 저녁 무렵에는 다 마를 정도로 건조한 계절과 일치했다. 그렇게 말린 고기는 자루에 차곡차곡 넣어서 가까운 마을인 키고마뿐 아니라 기차에 실어 탄자니아 전국의 시장에 내다 팔았다. 또 많은 양의 말린 물고기가 잠비아로 팔려가 구리 광산에서 일하는 광부들에게 중요한 단백질 공급원이 되었다.

　1961년, 탕가니카는 독립했고 잔지바르와 결합하여 탄자니아가 되었다. 식민지 통치로부터 벗어나 한꺼번에 분출된 자유 의식 때문인지 어리석은 결정도 많았다. 그 중 하나가 다가를 잡는 어부들에게 1년 내내 조업을 허락한 것이었다. 긴 우기에도 밤새 잡은 물고기를 말리는 은색의 카페트가 강변에 펼쳐졌지만 한나절 비가 오고 나면 그 고기들은 모두 역한 냄새를 풍기며 썩었다. 그렇게 상한 고기들은 대부분 그렇게 그냥 썩어 가도록 방치되었다. 다가에 대한 계속적인 수요에도 불구하고 야간 조업의 어획량은 유럽 연합이 끼어 들기까지는 좋은 편이었다. 유럽 연합은 어부들에게 예인망(曳引網)으로 물고기를 잡도록 부추겼고 예인망 조업은 호수의 어류 자원에 치명적인 타격을 입혔다.

그때까지 전통적인 낚싯법은 밤에 카누를 타고 나가 등불(한때는 횃불을 사용했다.)을 들고 포충망처럼 생긴, 긴 나무 막대 끝에 매달린 그물을 물 속에 던졌다가 그 그물을 떠올리면서 그물에 걸린 물고기를 함께 잡아 올리는 방식이었다. 예인망이 처음 도입되었을 때 어부들은 한꺼번에 잡혀 올라오는 물고기의 양을 보고 신이 났었다. 그물을 놓고 다시 거두는 데 여러 척의 카누가 동원되었다. 어부들은 그물을 널리, 멀리까지 드리우고 서너 시간에 걸쳐서 천천히 끌어올렸다. 그러나 시간이 지나자 어부들의 흥은 점점 줄어들었다. 어획량이 줄어들었기 때문이었다. 그물의 눈이 너무 촘촘해서 아직 다 자라지도 않은 다가의 치어까지 잡아 올렸을 뿐만 아니라 다른 어종의 치어까지도 쓸어 올렸다. 1990년대에 이르자 텅 빈 그물만 올라오는 일도 다반사였다. 결국 2000년에 정부는 예인망의 사용을 금지하는 조치를 내렸다.

어류 양식의 폐해

어류 양식은 환경을 파괴한다. 농산업이 농가를 황폐화시켰듯이 이익에 눈이 먼 기업들이 전통적인 어부들의 어업을 망가뜨렸다. 캐나다에 다국적 양식업체들이 들어섰을 때 바로 그런 일들이 벌어졌다. 그들이 캐나다를 선택한 이유는 캐나다의 해안선이 수백 킬로미터나 될 정도로 길기 때문이었다. 그 이야기는 존경받는 해양 생물학자이자 사진작가인 내 친구 알렉산드라 모튼에 의해 「고래에게 귀를 기울이다」라는 제목의 다큐멘터리로 만들어졌다. 이 다큐멘터리는 소름이 끼칠 정도로 자세한 부분까지 담고 있다.

수천 년 동안 중국 사람들은 물 맑은 연못에서 초식성 잉어를 길렀다. 한 연못에 과하게 많은 잉어를 기르지도 않았고 그 잉어들은 자연에서 먹이를 찾아 먹었으며 그 잉어들의 배설물은 환경에 해를 끼치지도 않았다. 모든 일이 잘못되기 시작한 것은 17세기 초 노르웨이 사람들이 현대적인 양식업을 시작하면서였다. 노르웨이 사람들은 육식 어종인 대서양 연어를 길렀다. 처음에는 수조에서 기르기 시작해서 나중에는 바닷물이 드나들 수 있는 나일론 그물로 만든 우리에 넣어 바다에서 길렀다. 이렇게 하면 양식장에서 나오는 오물 때문에 바다에 사는 해양 생물들이 질병에 걸릴 위험에 노출된다. 연어 양식장이 있는 모든 곳에서 자연산 연어들이 겪고 있는 끔찍한 재난들이 그 증거다. 이러한 명백한 오류는 그렇다 치고 노르웨이에서는 그물 우리의 크기, 양식하는 물고기의 마릿수 등에 대해 엄격한 환경규제 조항을 세워 두고 있었다. 그러나 더 크고 더 자유로운 양식장을 갖고 싶은 노르웨이의 양식 어부들은 이러한 조항에 불만을 품었다. 그런 어부들이 1980년대에 자신들의 마음대로 양식업을 할 수 있는 캐나다로 가서 태평양에다 대서양산 연어를 기르기 시작했다. 노르웨이 어부들이 대서양산 연어를 선택한 이유는 태평양산 연어에 비해 성장 속도가 빠를 뿐 아니라 성질이 온순해서 같은 크기의 우리에 더 많은 수를 기를 수 있기 때문이었다. 양식장의 연어가 우리를 탈출해 자연산 어종과 경쟁하는 상황에 대해 우려하는 목소리가 높아졌으나 캐나다 정부와 과학자들은 아무런 문제가 없다고 모든 이들을 안심시켰다.

처음 캐나다에 진출한 양식업자들은 대부분 노르웨이 어부들이었고 그들은 대개 양식장이 설치될 지역 주민들과 논의를 거쳤다. 그러나 차츰 경쟁이 치열해지자 새로이 진입한 양식업자들은 주민들의 의견 따위는 아랑곳하지 않았다. 지역의 어부나 양식업자들과 직접 경쟁을 하게 되자 새로운 양식업자들은 자연산 연어들이 좋아하는 서식지에 양식장을 설치했다. 자연산 연어들이 100여 마리씩 떼 지어 찾아와 서너 시간 머물다 가는 곳에 한꺼번에 15만 마리(나중에는 100만 마리에 이르렀다.)의 연어를 18개월 동안이나 가두어 기른 것이다.

양식장이 점점 더 많이 생기자 노르웨이 인 양식업자들뿐 아니라 캐나다 인들까지도 양식업에 뛰어들었다. 처음에는 소외된 바닷가 지역의 경제를 활성화시킨다는 것 때문에 지역 주민들로부터 환영을 받았다. 그러나 그들이 약속한 경제적인 혜택은 실현되지 못했다. 모든 작업이 차츰 기계화되면서 사람이 할 일은 반대로 줄어들었다. 게다가 지역의 어부들과 과학자들은 점차 현실로 드러나고 있는 지역 산업과 생태계에 대한 피해를 경고하고 나섰다. 그러나 그들의 경고는 소귀에 경 읽기였다. 한편 지역의 어부들은 점점 고통에 시달렸다. 고기가 가장 잘 잡히던 어장은 가두리 양식장이 차지했고 물고기를 잡아 생계를 잇는 어부들의 그물은 점점 가벼워졌다. 고깃값도 전보다 더 떨어졌다. 상점마다 양식장에서 나온 값싼 생선들이 쌓여 있었다. 작은 어선으로 물고기를 잡던 사람들은 폭풍이 몰아칠 때 배를 묶어 두던 곳에 다시는 배를 묶을 수 없었고 요트로 물고기를 잡던 사람들은 이제 닻을 내릴 곳이 없었다. 새로 들어선 양식장 근처에서 조업하던 자연산 새우잡이 어부들은 자신들의 어장이 죽어 버렸다는 사실을 뒤늦게 깨달았다. 통발은 비어 있거나 악취를 풍기는 시커먼 진흙으로 가득 찼다. 해양 포유류들은 작살에 맞아 죽어 갔고 물개가 양식장에 접근하지 못하게 하기 위해 설치한 음향 퇴치기는 고래나 돌고래 같은 다른 해양 동물에게까지 악영향을 미쳤다.

불만을 가진 사람들은 점점 늘어 갔고 결국 정부는 주민들의 불만 사항을 조사하기 위해 조사단을 파견했다. 조사 결과 해안선을 따라 몇몇 핵심 지역이 보호 구역으로 지정되었다. 그러나 보호 구역으로 지정된 지역에 슬그머니 양식장이 들어서도 정부는 방관적인 태도로 일관할 뿐이었다.

시간이 흐를수록 환경의 손상은 깊어만 갔다. 양식 연어는 동글동글한 알 형태의 생선 사료로 사육하는데 이 먹이를 만들기 위해서 바다 속을 떼 지어 헤엄쳐 다니는 몸집 작은 물고기들이 고갈되었다. 여기에 비타민과 미네랄이 첨가되고 또 과밀한 숫자의 개체를 집단 사육하는 상황에서 피할 수 없는 질병과 싸우기 위해 다량의 항생제가 투여되었다. 바다의 감옥에 갇힌 이 연어들에게 가장 치명적인 모욕은 분홍색 색소까지 먹어야 하는 것이었다. 자연산 연어의 살코기는 너른 바다를 누비며 잡아먹는 동물성 플랑크톤으로부터 색깔이

나온다. 사료에 색소를 섞어서 먹이지 않으면 양식 연어의 고기 색깔은 연한 회색이 되기도 했다.

엄청난 양의 항생제를 투여하는 데도 불구하고(모든 형태의 사육장 중에서 어류 양식장이 항생제를 가장 많이 투여한다.) 양식장에서는 일단 질병이 생기면 걷잡을 수 없이 퍼진다. 질병이 퍼지면 물고기를 살리기 위해 더 많은 항생제와 약물을 투여한다. 또 물고기의 배설물도 문제다. 기업적인 어류 양식장은 물에 떠 있는 가금 농장과 다를 바 없다. 2000년 들어 첫 한 해 동안 브리티시컬럼비아의 양식장들이 '매일' 바다에 방류한 오수는 인구 100만 명의 도시에서 내 버린 오수의 양과 맞먹었다. 질소와 인 성분이 다량 들어 있는 양식장 폐수(수천 톤의 어류 배설물과 물고기들이 미처 먹지 못한 사료 찌꺼기)가 번식 조건에 딱 맞는 조류(藻類)들로 인해 바다에는 붉은색 꽃이 피었다. 이 꽃(연어 양식장이 있는 곳이면 어디나 어김없이 나타나는)은 물고기를 죽이고 사람의 입술을 마비시킨다. 그래도 정부는 수수방관했다.

이제는 보통 사람들도 연어 양식장 주변에는 반드시 문제가 생긴다는 것을, 때로는 아주 심각한 문제가 발생한다는 것을 안다. 예를 들면 보통 때에는 그다지 극성스럽지 않은 시라이스가 크게 번식하는 것도 문제다. 구름처럼 무리를 이룬 시라이스는 양식장 우리의 그물 사이로 빠져나와서 자연산 연어와 송어의 살갗을 파먹는다. 그 숫자가 크지 않다면 시라이스가 자연산 어류에 미치는 부작용은 크지 않다. 그러나 수백만 마리가 떼를 지어 양식장을 탈출하면 자연산 어류에게는 약탈과 다름없는 재앙이 닥치고 결국 자연산 연어의 숫자는 급감하고 만다. 스코틀랜드, 노르웨이, 아일랜드 등의 근해에서는 시라이스 때문에 송어가 거의 사라지고 말았다.

정부나 양식업자들의 호언장담에도 불구하고 캐나다 연어 양식장에서는 연어가 탈출해서 자연산 태평양 연어를 서식지에서 무자비하게 몰아냈다. 캐나다보다 규제가 훨씬 엄격한 노르웨이에서조차 매년 400만 마리의 양식 연어가 양식장을 탈출하여 강의 양식 연어 수가 자연산 연어의 네 배에 이른다.

우리에게는 어떤 일이?

위험에 처한 것은 자연산 연어의 건강이나 전통적인 어부들의 생계만이 아니다. 연어를 소비하는 인간들의 건강에도 잠재적으로 심각한 문제가 있을 수 있다. 2000년에 해양 생물학자인 알렉산드라 모튼이 양식장에서 탈출했다가 브리티시컬럼비아의 브라우튼 군도에 사는 어부에게 잡힌 양식 연어 800마리를 해부했다. 당시에 모튼은 태평양으로 탈출한 대서양 연어가 어떻게 살아가는지에 대해 연구하던 중이었다. 모튼은 탈출한 대서양 연어의 숫자가 실제보다 축소 보고되고 있으며 따라서 그에 따른 위험성 역시 과소 평가되고 있다고 우려하고 있었다. 해부해 보니 양식 연어는 조리하지 않은 상태에서도 숟가락으로 그 살을 떠낼 수 있을 정도로 살이 무른 경우가 태반이었고 어떤 개체는 비장이 딱딱하게 굳어 있거나 간이 오렌지색으로 변색되어 있고 어떤 개체는 중요한 장기가 서로 엉겨 붙어 있었다. 모튼은 온몸에 종기가 나 있던 연어 두 마리의 살코기를 여러 개의 표본으로 만들어서 절반은 정부 소속 연구소로 보내고 나머지 절반은 사설 연구소로 보냈다. 분석 결과는 하늘과 땅만큼 달랐다. 사설 연구소에서는 "모든 표본에 박테리아가 우글거립니다. 살아 있는 배양 접시나 마찬가지입니다."라는 보고서를 보내왔다. 표본에 우글거리던 박테리아는 세라치아(serratia)로 밝혀졌고, 이 박테리아는 열여덟 가지 항생제 중에서 열한 가지에 대해 내성을 갖고 있었다. 이와는 대조적으로, 정부 소속 연구소에서는 "어떠한 박테리아도 발견되지 않음"이라는 결론을 내렸다. 세라치아는 최근 들어 하수 오물이 흘러들었던 스코틀랜드의 한 연어 양식장에서도 발견되었다. 이 문제에 대해서는 더 이상 어떠한 조치도 취해지지 않았다.

 1990년대 초, 브리티시컬럼비아의 나나이모에 있는 양식장에서 절종증(박테리아에 의한 연어, 송어의 감염증—옮긴이)이 번진 일이 있었다. 절종증 박테리아에 의한 연어, 송어의 감염증은 유럽의 연어 양식장에서는 흔한 질병이었다. 이 질병이 캐나다까지 전파된 것은 유럽으로부터 수입한 연어 알 때문이었다. 캐나다 정부 소속 연구원조차 유럽산 연어 알의 수입을 금지시켜야 한다고 충고했음에도 불구하고 결국 연어 알이 수입되었다. 절종증이 지나간 후에는 새로운 변종 질병이 생겨 몇몇 양식장을 휩쓸었고, 급기야 자연산 연어에까지 번져 연어 자원의 4분의 1이 폐사하는 일이 벌어졌다. 이 신종 박테리아가 양식업자들에게 사용이 허가된 항생제 세 가지에 대해 모두 강한 내성을 가지고 있었던 것으로 보아 양식장에서 생겨난 박테리아임이 분명했다. 그러나 발병 초기에 이미 에리트로마이신으로 치료한 물고기는 사람이 먹을 수 없다는 경고가 있었음에도 불구하고 정부는 병에 걸린 연어들을 폐기 처분하도록 조치하지 않고 에리트로마이신으로 치료하도록 허용했다. 그때 그 양식장들이 아직도 성업 중인 걸로 본다면 우리 모두가 그 연어를 조금씩은 먹었을지도 모른다.

이러한 모든 정보는 값이 싼 양식 연어를 많이 취급하는 상점 주인들에게는 알려지지 않았다. 양식 연어의 포장지에도 그 고기에는 자연산 연어에 비해 몸에 좋지 않은 지방이 50퍼센트나 더 많이 들어 있고 몸에 좋은 오메가3 지방산은 훨씬 적게 들어 있다는 사실은 적혀 있지 않다. 어쩌다 먹이 사슬에 스며들어 간 독성 산업용 방염제(polybrominated diphenyl ether, PBDE)가 그 연어 고기 속에 다량 들어 있을지도 모른다는 사실도 물론 적혀 있지 않다. 또 양식 연어에는 사람의 몸에서 정자의 수를 감소시키고 암의 발병 위험률을 높이는 다이옥신과 PCB가 훨씬 많이 들어 있다는 연구 결과에 대해서도 일언반구 적혀 있지 않다.

나는 미국 인디언과 캐나다 인디언 여러 사람을 만나 이야기를 나누어 보았다. 그들은 하나같이 어류 양식장에 대해 분노하고 있다. 제일 처음 만났던 여인들은 자신들 같으면 양식 물고기를 먹지 않겠다고 말했다. 조리를 해도 살이 너무 무르고 색깔도 이상한 데다 냄새는 역겹다고 했다. 그들은 대부분 자연산 연어의 수가 크게 줄었다는 사실을 알고 있었다. 인디언 부족 중 상당수는 연어를 주식으로 삼고 매년 연어잡이 철에 연어를 잡아 내다 팔기 때문이다. 연어가 올라오던 강은 벌목된 산에서 흘러 내려온 토사가 쌓이고 농지와 공장에서 흘러나온 폐수로 오염되었다. 인디언들의 눈에는 마지막 자연산 연어까지 오염시키고 병을 감염시키는 양식장이 인디언의 전통마저 단절시키고 말 것처럼 보였다. 그런 일이 실제로 벌어지게 해서는 절대로 안 될 것이다.

알렉산드라는 "연어는 필수적인 자양분을 산 위까지 끌어올려 나무와 곰, 송어는 물론이고 그 주변의 모든 생명체들에게 전달하는, 일종의 혈류 같은 존재입니다. 연어는 태평양 북동부의 주민들에게는 젖줄과 같습니다. 연어가 없으면 그들도 살 수 없습니다. 그리고 한 번 사라진 연어는 그들에게 두 번 다시 돌아오지 않을 것입니다."라고 말했다.

연어 양식업자들이 저질렀던 실수를 물려받지 않으려고 노력하는 스코틀랜드의 어류 양식업자들은 요즈음 유기농으로 대구를 기른다. 신설된 대구 양식업체 존 시푸드의 이사인 캐롤 르제프코브스키는 "어떤 산업에서든 두 번째 기회는 항상 오는 것이 아닙니다. 우리는 대구 양식을 두 번째 기회로 간주하고 있습니다."라고 말한다. 존 시푸드는 대구를 유기농 방식으로, 그리고 자연 친화적인 방식으로 양식하고 있다는 것을 알리고 싶어 한다. 이들이 양식하는 대구에게 먹이는 사료는 영국에서 사람들의 먹을거리로 쓰고 남은 물고기의 잉여물로 만든다. 대구는 시라이스에 감염되지 않기 때문에 치료나 예방 조치가 필요치 않다. 존 시푸드는 양식 중인 대구가 '죽을 때까지 양식장의 우리 안에 있는 것처럼 편히 길러져야 한다'는 동물 학대 방지를 위한 왕립 협회의 가이드라인을 충실히 따르고 있다.

🐟 대구 전쟁

1956년, 아이슬란드가 자국의 해안선에서 4마일(약 6.4킬로미터) 더 나아간 12마일(약 19.2킬로미터)까지를 조업 수역으로 결정하면서 싸움은 시작되었다. 영국의 어부들은 이에 항의했지만 영국 정부의 개입에도 불구하고 어류 자원을 보호할 필요가 있다는 아이슬란드의 입장은 확고했다. 결국 양국 정부는 총어획량을 제한하는 대신 조업 수역에 대해서는 약간의 융통성을 두기로 합의했다. 그러나 합의를 한 지 2년이 지난 1975년, 아이슬란드가 조업 수역을 200마일(약 320킬로미터)로 확장하고 영국 어부들의 진입을 금지시킴으로써 이 합의는 깨지고 말았다. 여기서부터 이른바 '대구 전쟁'이 시작되었다.

어느 정도의 어획량이 어류 자원을 고갈시키지 않는 수준이냐에 대한 관점과 영해 보호권이 문제의 핵심이었다. 양국 어선들의 폭력 사태는 점점 빈번해졌다. 아이슬란드의 해안 경비정이 자국의 영해를 침범한 영국 저인망 어선에 접근해서 그물을 끊어 버리는 사건이 발생했다. 그 와중에 폭력이 오가고 누군가가 총기를 발포했다. 아이슬란드 어선과 영국 저인망 어선, 군함 사이에 충돌이 생겼다. 사망자는 없었지만 여러 척의 배가 파손되었고 부상자가 발생했다. 폭력이 오가는 충돌 사태가 생기자 국제 연합 안전 보장 이사회의 의견을 구하자는 움직임이 일어났다. 그러나 국제 연합은 이 사태에 개입할 것을 거부했다.

초긴장 상태가 8개월이나 계속된 후에야 양국은 합의에 도달했다. 아이슬란드 정부는 영국 어부들이 200마일 조업 수역 안에 진입해서 조업할 수 있도록 허용하는 대신, 한 번에 진입할 수 있는 어선의 수를 스물네 척으로 제한했다. 또한 이들의 대구 어획량은 연간 5만 톤이 상한선이다. 어떠한 조업도 금지되는 보호 수역이 네 군데 지정되었고 아이슬란드의 해안 경비정은 규정 위반이 의심되는 영국 어선을 정지시키고 수색할 수 있다.

왕새우 양식

상업적인 왕새우 양식의 비극적인 서사시 역시 충격적이기는 마찬가지다. 똑같은 이야기를 반복하는 것처럼 보일지도 모른다는 위험을 무릅쓰고라도 이 이야기를 함께 나누고 싶다. 이 이야기는 환경정의 재단이 제작한 보고서에 기록된 것이다. 한때 왕새우는 고급 레스토랑에서나 맛볼 수 있는 비싼 요리 재료 중의 하나였지만 지금은 어디서나 사 먹을 수 있는 값싼 음식이 되었다. 어떻게 그렇게 되었을까? 큼지막한 왕새우가 시장에 나오기 시작한 것은 1990년대부터였다. 소비자들은 값을 더 지불하더라도 손질하기 쉬운 왕새우를 사는 게 편했다. 또 값이 비싸다고 해도 로브스터보다는 훨씬 저렴했다. 그러다가 왕새우가 대량으로 수입되기 시작했다. 2003년 왕새우의 연간 매출액은 전 세계를 통틀어 50억~60억 달러에 이르렀고 수출된 왕새우의 대부분은 미국, 유럽, 일본에 수입되었다. 왕새우 시장은 매년 9퍼센트씩 성장했다.

왕새우는 집약적인 양식의 산물이다. 수출로 수익을 창출하고, 굶주림에 허덕이는 사람에게는 먹을 것을 주고, 저개발 국가의 빈곤을 해결하는 방편으로 세계은행이 지방 정부에 적극 권장한 방법이었다. 새우는 에콰도르, 온두라스, 과테말라, 멕시코, 태국, 베트남, 인도네시아, 파키스탄, 방글라데시, 중국 등에서 양식되었다. 이 나라들 중 일부에서는 정부가 직접 나서서 농지를 새우 양식장으로 전환하는 데 드는 비용을 싼 이자로 대출해 주겠다는 텔레비전 광고를 할 정도였다. 금방이라도 백만장자가 될 것 같은 희망에 부푼 많은 사람들이 땅을 저당 잡히고 돈을 빌려 새우 양식을 시작했다.

그러나 거기에 드는 비용은 만만치 않다. 새우를 풀어 넣기 전에 양식장으로 쓰일 연못의 사방 벽에 플라스틱 시트를 댄 다음 여러 가지 화학 물질의 혼합물로 코팅을 해야 한다. 육식성인 새우를 빨리 성장시키기 위해서는 단백질 사료를 공급해야 한다. 그리고 그 사료는 대부분 물고기다. 양식업자들이 흡족해 할 만한 크기로 성장하기 위해서는 새우도 아주 많은 양의 물고기를 먹어야 한다. 수백 마리의 새우가 함께 자라는 연못에 항생제를 풀어 넣어야 함은 물론이다. 그러나 항생제를 투여해도 조만간 대부분의 새우가 병에 걸리게 된다.

상당수의 새우가 형태가 뒤틀리고 때로는 검은색 반점으로 뒤덮인다. 이 때쯤이면 더 많은 항생제를 투여한다. 그래도 많은 수의 새우가 폐사한다.

새우 양식업에서도 성공을 거두는 사람은 원래 부자였던 사람들뿐이라는 사실은 놀랄 일도 아니다. 양식에 필요한 각종 설비와 장비, 화학 약품, 그리고 항생제까지 사들일 돈이 있어야 하고 만약에 첫 양식이 실패하면 다른 곳으로 자리를 옮기는 데에도 막대한 자금이 필요하다. 세계은행으로부터 돈을 빌려 농토를 왕새우 양식장으로 전환한 농부들은 결국 십중팔구 파산하고 말았다. 베트남 메콩 강 서쪽에서는 왕새우 양식업자 중 절반이 4년 안에 완전히 망했다. 같은 기간 동안 세계은행으로부터 돈을 빌려 왕새우 양식을 시작한 인도네시아 내의 일곱 개 지방 양식업자의 75퍼센트, 태국 양식업자의 50퍼센트가 왕새우 양식을 포기했다.

왕새우 양식장이 환경에 미치는 영향은 그야말로 말로는 표현할 길이 없을 정도다. 농약, 항생제, 살균제, 그리고 밀집한 새우들에게서 나오는 요산 등이 양식장에서 강과 바다로 방출된다. 식수와 농지가 영향을 받는 것은 당연하다. 일단 왕새우 양식에 한번 쓰였던 땅은 다시 농작물을 재배하기가 불가능하다. 따라서 왕새우 양식에 손을 댔다가 망한 농부는 자작농이라는 신분조차 잃게 된다. 방글라데시의 왕새우 양식장 중에서 50퍼센트는 원래 벼농사를 짓던 땅이다. 결과적으로는 논밭을 일구어 생계를 연명하던 수천 명의 농부들이 그 알량한 생계 수단마저 잃게 되었다.

해당 지역의 어부들도 손해를 입기는 마찬가지다. 강과 바다에 흘러든 오염 물질도 문제지만 새우에게 먹이기 위해 양식업자들이 마구잡이로 물고기를 잡아 가는 바람에 어부들은 살기가 더욱 어려워진다. 특히 더 걱정스러운 일은 양식장을 만들기 위해 맹그로브 숲이 파괴되는 것이다. 맹그로브 숲은 많은 어종의 물고기들이 서식지로 삼는 곳이다. 전 세계에서 사라져 간 맹그로브 숲의 40퍼센트는 왕새우 양식장이 된 것으로 추정된다. 그리고 그 여파로 지역 주민들은 곤란한 상황에 처했다. 태국에서는 한때 울창한 맹그로브 숲이던 지역에 세워진 양식장의 5분의 1이 2~4년 안에 양식을 포기하고 황폐화되었다. 왕새우 양식이 실패하면 맹그로브는 다시 되살아나지 못하고 오염 물질만 끈질기게 그 자리에 남는다. 따라서 지역 주민들의 고통은 그 후로도 오랫동안 계속된다. 맹그로브 숲의 파괴는 최근에 츠나미(tsunami, 지진 해일)가 발생했을 때 수천 명의 목숨을 앗아 가는 결과를 낳았다.

  전통적인 방법으로 농사를 짓거나 물고기를 잡는 농부와 어부들이 왕새우 양식업자들에게 분노하는 것은 당연하다. 특히 다국적 기업들이 숲에서 나무를 베어 내고 불도저로 농토를 밀어 버리면서 대규모의 왕새우 양식장을 지을 땐 더욱더 분노한다. 최소한 열한 개 나라에서 모든 것을 잃고 가난과 절망에 허우적거리던 사람들이 인근의 왕새우 양식장으로 몰려가 양식 연못을 파괴하는 불상사가 벌어졌고 그 와중에 목숨을 잃는 사람도 생겨났다.

  그러므로 전반적으로 본다면 왕새우 양식은 가난한 사람들의 빚만 증가시키고 가진 것 없는 사람들에게서 마지막 생계 수단까지 빼앗는 결과를 낳는다. 또한 불법적인 토지 점유, 아동의 노동력 착취 (어린이 구호 기금과 옥스팜이 보고한 바 있다.), 끔찍한 환경 파괴를 불러온다. 이런 모든 부작용에도 불구하고 빠른 시간 안에 큰 수익을 얻으려는 욕심으로 각국의 정부는 왕새우 양식장의 수를 늘리려고 혈안이 되어 있다. 베트남을 예로 들어 보자. 베트남 정부는 2000년에 이미 세계 5위의 왕새우 생산국이었다. 왕새우 양식업은 매년 5억 달러의 수입을 가져다주었다. 그런데도 베트남 정부는 양식 시설을 두 배나 늘리려 하고 있다.

위험을 감수할 뜻이 있는가?

또 한 가지 부정적인 이야깃거리가 있다. 양식 새우를 먹는 사람들은 항생제와 성장 호르몬에 의존해 몸집을 키운 음식을 먹음으로써 자신도 모르는 사이에 심각한 건강상의 위험에 노출된다. 중국, 태국, 베트남, 파키스탄, 인도네시아산 양식 새우에서 암을 발생시키는 클로람페니콜과 니트로퓨란 항생제가 검출된 것은 이미 알려진 사실이다. 그 외에도 우리 몸에 해로운 물질들이 밥상에 함께 오르는 것도 피할 수 없는 일인 것으로 보인다.

수은으로 가득 찬 바다

어류 양식이나 왕새우 양식으로 인한 오염 물질 외에도 우리의 바다와 강은 매우 많은 오염 물질들로 물들어 있다. 그리고 그 오염 물질들은 대부분 우리가 먹는 해산물을 통해 우리 몸에 들어온다. 여러 종류의 해산물에서 검출되는 수은은 혈압 상승, 유아의 신경 기능 장애, 성인의 임신 능력 저하 등을 불러온다. 2004년, 그리피스가 후원한 머큐리 헤어 샘플링 프로젝트의 결과, 가임기 여성 21퍼센트의 머리카락에서 미국 환경 보호국이 고시하는 수준 이상의 수은이 검출되었다.

2004년, 미국 식품 의약국과 미국 환경 보호국은 소비자들, 특히 임산부들은 황새치, 상어, 왕고등어, 옥돔 등 수은 함량이 높은 것으로 의심되는 생선의 섭취를 피하라는 공동 권고문을 발표했다. 정부 당국에서는 새우, 라이트 참치 캔(횟날개다랑어로 만든), 메기, 자연산 연어 등 수은 함량이 낮은 생선으로 대체 섭취할 것을 권장했다.

우리가 할 수 있는 일

산업화된 어업이 바다, 우리 모두를 지탱하고 있는 그 놀라운 생태계를 망가뜨리고 있다는 사실을 직시할 필요가 있다. 산호초(바다의 열대 우림)는 지난 30년간 30퍼센트나 감소했다. 과도한 어류의 남획이 가장 큰 이유라고 할 수 있다. 기업형 어선단은 지난 5년 동안 해양 육식 어류(청새치, 황새치, 상어, 대구, 헬리벗, 홍어, 넙치 등)의 90퍼센트를 쓸어 갔다.

바다와 해양 생물에게 관심이 있다면, 자신과 가족(특히 어린 자녀)의 건강을 걱정한다면, 지역 어부들의 생계가 조금이라도 염려스럽다면, 누구든 직접 할 수 있는 일이 있다. 그게 정확히 무엇인지도 우리 모두 알고 있다! 상점에서 먹을거리를 살 때나 식당에서 음식을 주문할 때, 많은 정보에 기초해서 윤리적인 결정을 내리는 것이다.

양식 연어를 거절한다

자주 가는 식당에서 자연산 연어를 주문한다. 자연산 연어는 양식 연어에 비하면 좀 비싸다. 그 때문에 같은 값으로 먹을 수 있는 연어의 양이 줄어들더라도 그 정도 희생을 할 가치는 충분하다. 사실 자신의 건강과 지구의 안녕을 생각한다면 그것은 결코 희생이 아니다. 또한 자연산 연어는 양식 연어에 비해 맛이 훨씬 좋다. 연어를 즐겨 먹는 사람들의 말에 의하면, 자연산 연어와 양식 연어의 샘플을 가져다가 각각 맛을 비교해 보면 다시는 양식 연어에는 손도 대지 않게 된다고 한다. 특히 곱사송어는 자연산으로만 존재한다. 또 곱사송어는 그 양이 풍족하다. 수명이 2년에 불과하고 먹이 사슬의 하부에 있는 먹이를 먹고 살기 때문에 지구상에서 맛볼 수 있는 가장 건강한 단백질이다.

유기농 왕새우를 산다

왕새우 양식에 대한 글을 읽고 앞으로는 전처럼 새우가 맛나게 느껴지지 않을 것 같다는 생각(또는 그 새우를 먹는다는 생각만으로도 기분이 나빠진다거나)이 들거든 용기를 내자. 새우가 없으면 못 살 것 같을 정도로 새우를 좋아하는 사람이라면 에콰도르의 따뜻한 해안에서 수입한 유기농 왕새우를 산다. 마다가스카르 역시 비슷한 왕새우를 수출한다. 찬물에서 사는 새우를 선택한다면 더욱 안전하다. 특히 아이슬란드산 새우를 추천할 만하다.

해산물에 대해 바로 알자

그러나 만약 어류의 남획이 우리의 바다를 위협하고 있으며 양식 해산물도 어느 것이 좋고 나쁜지 구별할 수 없다면 우리는 어떤 해산물을 거부하고 어떤 해산물을 지지할 것인지를 어떻게 결정해야 할까? 환경 친화적이고 건강에 해가 없는 해산물을 선택하는 길잡이 중의 하나가 몬터레이 베이 아쿠아리움 시푸드 워치 가이드이다. 미국의 여러 지역에서 출판되어 무료로 배포되는 작은 크기의 이 책자는 소비자들이 최고의 선택을 할 수 있도록 도움을 준다.

오드번 야생 동물 보호 협회(The Audubon and Wildlife Conservation Society, 미국의 저명한 야생 동물화가 존 제임스 오드번(John James Audubon, 1785~1851년)의 이름을 딴 야생 동물 보호 협회—옮긴이) 역시 시푸드 월릿 카드를 만들어 배포하고 있다. 이 카드에는 소비자의 수요로 인해 어떤 어종의 개체 수는 그 어느 때보다도 소수에 머물러 있다는 내용이 적혀 있다. 그러나 또한 이런 내용도 있다. "여러분이 그 해법의 일부를 담당할 수 있습니다. 건강하고 개체 수가 많은 어종 중에서 골라 해산물을 즐길 수도 있습니다. 여러분이 시장에서 사거나 식당에서 주문하는 메뉴에 따라 우리 바다의 미래가 결정될 것입니다. 우리 해양 생물을 보호할 힘이 바로 여러분의 손에 있습니다."(워치 가이드와 월릿 카드에 대해 더 자세한 정보를 알고 싶다면 참고 자료에 있는 웹사이트를 방문하면 된다.)

많은 사람들이 이런 카드를 가지고 다닌다. 내 친구인 톰 멩겔슨은 자기가 자주 가는 식당의 메뉴에 상어와 황새치 요리가 올라 있음을 발견했다. 그는 지배인에게 그런 메뉴에 대한 불만을 지적했고 매니저는 그에게 사과했다. 그로부터 몇 주 후 같은 식당을 다시 방문했을 때 멸종 위기에 처한 어종의 메뉴가 아직도 메뉴판에서 지워지지 않은 것을 보고 톰은 깜짝 놀랐다. 그는 매우 화가 나서 매니저에게 다시 한번 그 메뉴를 발견하게 된다면 그 식당을 다시는 이용하지 않을 것이며 가까운 친구들에게도 그러한 상황에 대해 설명하겠다고 말했다. 지금은 그 식당도 상어나 황새치 요리를 제공하지 않는다.

'돌핀 프리 튜나(참치를 잡을 때 애꿎은 돌고래가 희생되는 경우가 많은데, 이러한 돌고래들의 희생을 막기 위해 조업 및 도살 과정에서 돌고래를 희생시키지 않은 참치를 '돌핀 프리 튜나'라고 한다.─옮긴이)' 운동에서도 보듯이 우리들, 즉 대중이 힘을 합치면 어업에도 중대한 영향을 미칠 수 있는 것은 분명하다. 대만에서 정부로 하여금 정부가 주관하는 연회에서 상어 지느러미 수프를 금지하도록 한 것도 여론의 힘이었다.

9장 채식주의자가 되자

> 인간의 건강에 이롭고 지구상에서 생명체의 생존 기회를 증가시키는 데 있어서 채식주의자가 되는 것보다 더 좋은 일은 없다.
> —알베르트 아인슈타인

앞에서도 언급한 바 있지만 나는 먹을 것이 부족하고 배급에 의존하던 궁핍한 시절의 영국에서 성장했다. 많은 사람들이 고래 고기를 먹었고(우리 식구 중에는 그 대열에 동참한 사람이 없었다는 데 감사한다.) 하숙집에서는 초록색 줄이 한 줄 그어져 있는 고기를 하숙생의 밥상에 내놓았다. 그 초록색의 의미는 '사람의 식용으로는 부적합'하다는 뜻이었다. '진짜' 달걀은 매주 한 사람당 한 개씩(대부분의 경우 오스트레일리아에서 온 달걀 가루를 먹었다.) 먹을 수 있었다. 고기를 배급(가끔씩 전통적인 로스트 비프와 요크셔푸딩을 먹었던 일요일이 기억난다.)받았지만 한 사람에게 돌아갈 수 있는 몫은 아주 적었다.

엄마와 내가 독일에 있는 외삼촌과 외숙모를 만나러 갔던 1954년에도 영국에서는 배급표에 의존해서 생활하고 있었다. 그런데 패전국에서 먹을 수 있는 음식의 어마어마한 양을 보고 우리는 황당할 정도로 놀랐다. 배급 같은 것은 아예 없었고 음식의 양도 푸짐했을 뿐만 아니라 음식의 가짓수는 내가 일일이 기억할 수도 없을 정도로 많았다. 마이클 삼촌은 점령군이던 영국 육군 소속이었는데 어느 날 저녁 우리 모두가 점령군의 상급 지휘관만이 드나들 수 있는 식당에 식사를 하러 갔다. 저녁 식사를 하기에는 좀 이른 시간에 도착했기 때문에 커다란 식당은 거의 비어 있었다. 최소한 여섯 명의 웨이터가 먼지 한 톨 없이 깨끗한 유니폼과 나비넥타이를 매고 구석마다 서 있었다. 메뉴를 펼친 나는 어안이 벙벙했다. 내가 선택할 수 있는 음식의 수가 너무나 많아서 뭘 선택해야 할지 모를 지경이었다. 고맙게도 마이클 삼촌이 나를 대신해서 주문을 해 주었다. 삼촌이 주문한 요리는 스프링치킨이었다. 어린 닭 반 마리가 다리 따로, 날개 따로 각각 튀겨져서 접시에 담겨 나왔는데 그걸 어떻게 먹는지 알 수가 없었다. 접시를 앞에 놓고 쩔쩔매자 눈치를 챈 고마운 웨이터 둘이 다가오더니 나를 구해 주었다. 웨이터들은 내 접시를 들고 가더니 불쌍한 아가씨를 위해 튀김을 조그맣게 잘라서 다시 가져다주었다. 나는 포크와 나이프를 든 채 기다려야 했다. 그때 내 나이가 열여덟 살이었으니 정말 창피하고 부끄러운 일이었다. 하지만 모두들 편안하게 웃는 바람에 나도 함께 웃으면서 그 부끄러운 순간을 모면할 수 있었다. 솔직히, 모두들 눈물이 찔끔거릴 정도로 웃어 댔다.

    그 시절에는 나도 육식을 즐겼다. 닭고기, 스테이크, 돼지고기, 베이컨, 생선……, 가리지 않고 잘 먹었다. 다른 사람들도 모두 그랬다. 모든 것이 부족했던 전시가 지나고 나니 그 맛은 더욱 달았다. 동물들의 죽음에 대해서는 나도 알고 있었다. 하지만 나는 들판에서 풀을 뜯고, 주둥이로 땅을 파헤치고, 저마다 독특한 소리로 울거나 짖어대는 젖소와 돼지, 닭 등이 행복하게 사는 모습을 보았고 그들과 많은 시간을 함께 보내며 자랐다. 고문당하며 죽어 가는 유대 인이나 집시들보다도 전쟁터에서 이름 없이 죽어 간 수천 명의 병사들보다도 오히려 그 동물들이 훨씬 더 행복했다. 나는 농장의 가축들도 고통 없이 신속하게, 그리고 인도적인 방법으로 죽음을 맞이하는 줄 알았다.

그러다가 1970년대 초에서야 앞서 5장과 6장에서 설명했던 것처럼 집약적인 동물 사육장에서 자행되는 온갖 끔찍한 일들에 대해 알게 되었다. 피터 싱어의 『동물 해방』을 읽으면서 깨달은 일이었다. 그 책을 읽기 전까지는 공장식 사육장이라는 게 있다는 사실조차 몰랐었다. 그 사실을 알게 된 순간 나는 그 끔찍함에 질렸고 분노에 치를 떨었다. 먼저 암탉을 전지식 닭장에서 기른다는 사실을 알았다. 암탉에 대해서는 나도 알 만큼 알고 있었다. 동물들을 처음 접해 본 것은 다섯 살 정도 되었을 무렵이었고 나는 그때 이미 동물을 사랑하는 런던의 꼬마 숙녀였다. 휴가철에 농장에 놀러가서 젖소와 돼지, 그리고 말을 아주 가까이 다가가서 보았던 순간의 짜릿한 흥분은 아직도 기억에서 지워지지 않는다. 또 매일 달걀을 거두는 일을 도왔다. 암탉들은 대개 나무로 지어진 닭장 한켠에 마련된 둥지 상자 안에 알을 낳았다.(하지만 어떤 녀석들은 울타리 밑에 알 낳기를 좋아했다.)

어느 순간 호기심이 생겼다. 달걀이 어디서 나오지? 암탉의 몸에서는 달걀이 나올 만큼 큰 구멍을 찾을 수 없었다. 나는 만나는 사람마다 붙들고 질문 공세를 퍼부었다. 끝끝내 만족스러운 답을 얻어 내지 못한 나는 직접 그 답을 찾아보기로 마음먹었다. 나는 닭장의 짚더미를 뒤집어쓰고 숨어서 기다렸다. 한참 시간이 흐르자 내가 어디 갔는지 모르고 있던 가족들은 사방으로 흩어져서 찾기 시작했다. 결국 나를 발견한 사람은 어머니였다. 나는 온몸 여기저기에 지푸라기를 붙인 채 닭이 알을 낳는 순간에 대한 온갖 신기한 이야기를 가득 안고 집으로 달려갔다!

그로부터 20년 후, 암탉과 수탉에 대해서 아주 자세히 알 수 있는 기회가 생겼다. 1960년대에 엄마와 내가 곰비에 함께 간 직후의 일이었다. 암탉과 수탉 각각 한 마리씩을 선물로 받았다. 그 닭을 준 사람은 요리를 해 먹으라고 준 것이었는데 마지막 순간까지 신선도를 유지하기 위해 두 마리 모두 산 채로 다리가 묶여 있었다. 나는 다리를 묶은 끈을 풀어 주었다. 그러자 녀석들은 비좁은 우리 캠프 안을 부지런히 돌아다니면서 캠프에 숨어든 불청객들을 모조리 결단 내거나 쫓아내 버렸다. 녀석들은 특히 전갈을 매우 좋아했다! 그때는 내가 아직 채식주의자가 되기 전이었지만 이미 내 마음속에 들어와 버린 두 마리의 닭(힐데브란트와 힐다라고 이름을 지어 주었다.)을 잡아먹는다는 것은 상상도 할 수 없었다.

힐다는 아주 대담하고 요구하는 것이 많은 암탉이었다. 녀석은 내가 뭘 먹는 것만 보면 쫓아와서 당당하게 제 몫을 요구했고 때로는 뭔가 먹을 것이 없는지 찾아보려는 듯이 내 텐트 안에 들어와 얼쩡거리기도 했다. 힐데브란트는 힐다보다 소심하고 사교성이 없었다. 하지만 우는 소리 하나는 우렁찼다. 아침나절에는 힐데브란트의 울음소리도 들어 줄 만했다. 녀석은 정확한 자명종이었다. 나는 매일 새벽 다섯 시 반에 일어났다. 그런데 수탉이 전혀 울지 않는 이상한 시간에도 울어 대는 버릇 때문에 나를 펄쩍 뛰게 만들었다. 나는 요즈음 식으로 말하자면 '행동 개조'를 해서 녀석의 버릇을 고쳐야겠다는 생각을 했다. 하지만 그때는 행동 개조가 뭔지 몰랐고 단지 녀석을 '훈련' 시켜야 했다. 먼저 녀석이 한낮에 울어 대면 지푸라기나 흙을 한 줌 집어서 녀석에게 냅다 던졌다. 어느 정도 시간이 지나자 나는 작지만 예고적인 몸짓을 보고 녀석이 고막을 찢을 듯한 소리로 울어 대려 한다는 것을 예측할 수 있었다. 그 순간마다 녀석에게 물세례를 퍼부었다. 시간이 좀 더 흐르자 나중에는 내가 눈동자를 험악하게 굴리거나 손사래만 쳐도 녀석은 울지 않고 참았다. 불쌍한 힐데브란트! 아마 녀석의 수컷으로서의 자존심이 큰 상처를 받았을 것이다. 그리고 소심한 성격을 더 소심하게 만들지는 않았을지! 녀석들과 지내면서 나는 닭들이 자유로운 상태에서 어떤 행동을 보이는지 자세히 알 수 있었다. 때문에 전지식 닭장에 갇힌 채 살아가는 암탉들에 대해 알게 되었을 때 너무나 가슴이 아팠다.

싱어의 책에서 그 다음으로 읽은 것은 돼지에 대한 이야기였다. 돼지 이야기는 나를 분노하게 만들었을 뿐만 아니라 정말로 눈물을 흘리며 울게 만들었다. 내가 너무 감상적이었을까? 하긴, 『샤를로트의 거미줄』을 읽고 이야기 속의 캐릭터 윌버와 사랑에 빠졌던 경험 때문인지도 모르겠다. 하여튼 『샤를로트의 거미줄』은 어린 시절 아름다운 추억의 한 페이지를 차지했다. 여덟 살 때였는데 공장식 사육장에서 사육되는 돼지에 대해서 읽고 너무나 화가 났었다. 언젠가 산책을 하다가 들판에 옹기종기 모여 있는 새끼 돼지 무리를 본 적이 있다. 새끼 돼지들이 서로 장난을 치고 이리저리 뛰어다니고 서로 쫓고 쫓기며 노는 모습은 정말 사랑스러웠다. 그렇게 놀다가 지치면 나무 그늘 속으로 들어가 서로 몸을 쓸어 주기도 하고 끌어안고 뒹굴기도 하며 쉬었다. 나는 매일 점심 무렵에 도시락(전시였으므로 빈약한 샌드위치 한 쪽에 가끔씩 벌레 먹은 사과가 든)을 싸 가지고 그 들판으로 산책을 나갔다. 나는 사과를 들고 흔들면서 돼지에게 가까이 오라고 유혹했다. 그중 한 마리(나는 녀석에게 그런터라는 이름을 붙여 주었다.)가 결국은 두려움을 이기고 내게 다가왔다. 녀석은 곧장 내게 다가와 내 손에 든 사과를 받아먹었을 뿐만 아니라 내 손으로 녀석의 뒤통수를 긁어 주도록 가만히 기다렸고(그 순간의 짜릿함이란!) 나는 뻣뻣한 뒷덜미의 털을 따라 내려가다가 녀석의 턱 끝까지 어루만져 주었다. 그 순간 나는 마치 천국에서 노니는 기분이었고 그 녀석의 운명의 끝이 나의 기쁨과는 전혀 다른 방향이 되리라는 것은 털끝만큼도 생각해 보지 못했다.

싱어의 책을 덮었을 때 내가 느꼈던 감정은 아직도 생생하게 기억난다. 내가 즐겨 먹던 맛있는 포크첩, 아침마다 프라이팬에 구워지면서 고소한 냄새로 군침이 돌게 만들던 베이컨을 생각해 보았다. 평생토록 즐겁게 먹어 온 로스트치킨, 치킨 캐서롤, 프라이드치킨, 치킨 수프……. 정신이 멍해졌다. 방금 읽은 책 내용이 눈앞에 그림처럼 떠올라 참을 수 없었다. 그 순간부터 식탁의 내 접시에 고기가 담겨 나올 때마다 나는 고통(공포)스러운 죽음을 떠올려야만 했다. 너무나 끔찍했다.

그러므로 나의 선택은 분명했다. 더 이상 고기를 먹지 말아야 했다. 그 후로도 1년 남짓 생선은 계속 먹었다. 우리가 탄자니아의 다르에스살람에 살 때 아들 그럽은 물고기를 잡아오곤 했다. 최소한 그 물고기들은 아들에게 잡히기 전까지는 자유롭게 살던 물고기였다. 내가 뭐라 잔소리라도 하면 아들은 자기가 잡지 않아도 누군가는 그 물고기를 잡아갈 거라고 말했다. 아닌 게 아니라 그 지역의 어부가 아니면 유럽 연합과 일본에서 온 저인망 어선들이 탄자니아의 바다에서 물고기를 쓸어 가고 있었다. 그러나 물고기마저도 먹을 수 없을 만큼 동물의 고기가 내 입에 닿는 느낌이 끔찍하게 싫어진 순간이 찾아왔다.

가끔씩 함께 식사를 하는 사람으로부터 고기 요리를 주문해도 괜찮겠느냐는 질문을 받는다. 누구든 송아지 고기나 붉은 고기라도 큼지막한 덩어리(유기농으로 방목해서 기른 고기가 아니라면)를 주문하는 사람은 싫다. 그러나 변화는 안으로부터 나오는 것이라고 믿고, 또 대개는 왜 내가 채식주의자가 되었는지 그 연유에 대해 설명할 기회가 주어지곤 한다. 그 연유에 대해서는 함께 자리한 사람들의 접시에 담긴 쇠고기나 돼지고기, 또는 닭고기가 모두 사라지기 전에는 이야기하지 않으려고 노력한다. 당혹스러워하거나 반감을 가진 사람은 진심으로 변화하지 않는다. 게다가 나도 아주 철저한 채식주의자는 아니다. 나는 사람들에게 고기를 먹지 말라고 말하지는 않는다. 사람들은 변화를 좋아하지 않는다. 이래라 저래라 하는 소리도 듣기 싫어한다. 내가 할 일은 단지 조용히 사실을 설명하고 그 중 몇 사람에게만이라도 식습관에 변화를 가져다줄 수 있기를 바랄 뿐이다. 가끔은 아주 큰 보람을 느낄 때도 있다. "전 어젯밤부터 채식주의자가 되기로 했습니다." 열여섯 살 난 한 남학생이 내 이야기를 듣고 나서 그렇게 말했다.

사람들이 또 내게 묻는 것은, 고기를 처음 먹지 않기 시작했을 때 어떻게 참았느냐는 것이다. 심리적으로 나는 고기를 먹지 않는 것이 아주 편했고 특히 베이컨의 고소한 냄새를 맡을 때마다 군침이 돌곤 하던 처음 몇 달 동안은 철통같은 나의 의지력이 자랑스럽기까지 했다! 그러나 곧 신체적으로도 아주 좋아졌다는 것을 실감하기 시작했다. 여하튼 내 몸이 가볍게 느껴졌다. 고기를 먹지 않는 다른 사람들도 그렇게 말한다. 그런 느낌은 사실 놀라울 것도 없다. 고기를 먹으면 죽기 전까지 제 살 속의 독 기운을 없애려고 애썼던 동물들처럼 사람도 자기가 먹은 고기 속에 들어 있는 독 기운을 없애려고 애써야만 하기 때문이다. 그 과정에서 많은 에너지가 소모된다. 아마도 그 때문에 내 몸이 훨씬 더 활기차게 느껴지기 시작했던 것 같다. 1986년부터 나는 강연, 회의, 로비 활동, 강의 등으로 연중 300일을 타지에서 보냈다. 한곳에서 3주 이상을 머문 적이 없고 보통 2~3일을 머무르고 또 다른 곳으로 이동했다. 솔직히 말해서 서른 살 때에는 그런 페이스를 유지할 수 없을 거라 생각했다. 그런데 지금에 와서 그렇게 할 수 있는 것은 고기를 먹지 않기 때문이라고 본다.

만약 그렇게 1년 내내 바삐 돌아다녀야 하는 생활만 아니라면 나는 아마도 철저한 채식주의자가 되었을 것이다. 그러나 300일을 타지에서 보내고 세계 곳곳에서 여러 나라, 여러 민족의 사람들과 함께 지내다 보면 육식을 전혀 하지 않으면서 균형 잡힌 식사를 한다는 것은 쉽지 않은 일이다. 스스로 요리를 해 먹거나 완전한 채식주의자 전용 식당에서만 식사를 한다면 그럴 수도 있다. 그러나 스스로 철저하게 채식 위주로만 직접 음식을 만들어 먹는다든가, 채식주의자 전용 식당만 골라 다닌다는 건 여행 중에는 불가능한 일이다. 그런 이유로 나는 지금도 달걀과 치즈를 먹는다. 또 소스나 디저트에는 대개 우유가 들어간다는 것도 알고 있다. 가능한 한 유기농 식품과 방목한 축산품을 먹으려고 노력하지만 때로는 불가능한 경우도 많다.

많은 사람들이 건강을 지키기 위해서는 육식이 꼭 필요하다고 믿는다. 그러나 사실은 그 반대다. 첫째, 인간의 몸은 해부학적으로 많은 양의 고기를 자주 섭취하는 데 적당치 않다. 육식 동물과 초식 동물은 장의 길이부터가 다르다. 육식 동물의 장은 짧아서(제 몸 길이 정도) 먹이 중에서 소화되지 않은 것도 부패하기 전에 재빨리 몸 밖으로 내보낼 수 있게 되어 있다. 초식 동물은 식물성 먹이로부터 영양분을 흡수하기 위해 더 긴 시간이 필요하기 때문에 장의 길이가 길다.(보통 자기 몸의 네 배 정도) 인간의 장도 길이가 길다. 따라서 육식을 하면 고기 찌꺼기가 장에 너무 오래 머무르게 된다. 다른 측면에서 보아도 인간은 육식에 적합한 신체 구조를 갖고 있지 않다. 고기를 찢거나 베어 내기 적합한 이빨도 없고 발톱도 없다. 마지막으로, 유기농 축산물을 섭취하지 않는 한 육식을 하면 공장식 사육장에서 가축을 사육할 때 사용한 항생제와 호르몬이 사람의 몸까지 오염시킨다.

🌰 유명인 채식주의자

행크 아론, 야구 선수

벤저민 프랭클린, 발명가/외교관

찰스, 영국 왕세자

첼시 클린턴, 빌 클린턴 전 대통령과 힐러리 로댐 클린턴 상원의원의 딸

레오나르도 다 빈치, 발명가/조각가/화가

윌리엄 데포, 배우

카메론 디아즈, 배우

알베르트 아인슈타인, 과학자

마이클 J. 폭스, 배우

리처드 기어, 배우

우디 해럴슨, 배우(철저한 채식주의자)

스티브 잡스, 애플 컴퓨터 공동 창립자

애슐리 저드, 배우

빌리 진 킹, 테니스 챔피언

데니스 쿠치니치, 미국 하원의원

마하트마 간디, 평화 운동가

칼 루이스, 육상선수

토비 맥과이어, 배우

데미 무어, 배우

에드윈 모지스, 육상 선수

폴 뉴먼, 배우/자선 운동가

기네스 펠트로, 배우

조지 버나드 쇼, 시인

소피아, 그리스 왕비

······

이 목록은 끝없이 이어진다.

아이들을 생각하자

조카 손자 알렉스는 네 살 때 사람이 고기를 먹으려면 동물을 죽여서 그 살점을 도려 내야 한다는 것을 알게 되었다. 알렉스는 그 순간부터 다시는 고기를 먹지 않겠다고 결심했다. 학교에 입학하면서 아주 자랑스럽게 채식주의를 선언했고 그 후로 1년이 넘도록 그 약속을 지켰다. 처음에는 쉽지 않은 일이었다. 베이컨, 소시지, 그 외에도 어린아이들이 좋아하는 음식을 알렉스도 무척 좋아했기 때문이었다.

몇 달 동안 생선은 계속 먹었다. 그러던 어느 날, 처음으로 수족관에 갔다가 형형색색의 열대어들이 노니는 수조에서 발길을 떼지 못했다. 그리고 어느 순간 그 아름다운 물고기들과 자신이 즐겨 먹는 피시 핑거나 피시 앤 칩스 사이의 상관관계에 생각이 미쳤다. "난 이렇게 예쁜 물고기는 안 먹었어." 알렉스가 말했다. 그러나 새로운 수조 앞에 설 때마다 한참씩 생각하고, 그러면서 모든 수조를 둘러본 알렉스는 결국 '어떤' 물고기도 먹지 않겠다고 결심했다. 이제 다섯 살이 된 알렉스는 상어 지느러미 수프를 만들기 위해 잔인하게 상어의 지느러미를 자르는 행위를 열렬히 성토하는 반대론자가 되었다. 내가 보기에 알렉스는 조금만 더 나이가 들면 대단한 활동가가 될 것 같다.

알렉스는 육식을 하는 다른 식구들에 대해 한번도 비판의 목소리를 낸 적이 없었다. 그런데 어느 날 갑자기, 한 3주일쯤 전에 알렉스의 동생인 니콜라이가 사람들이 왜 암탉을 기르냐고 물었다. 니콜라이는 육식을 아주 좋아해서, 때로는 야채를 거부하기까지 하는 꼬마였다. 달걀과 닭고기를 얻기 위해 암탉을 기르는 거라고 대답하자 충격을 받은 듯하던 니콜라이는 곧 자신도 채식주의자가 되겠노라고 선언했다.

니콜라이는 지금까지 두 달 동안 그 약속을 지키고 있다. 놀랍게도 하루 세 끼를 큼지막한 고깃덩어리만 먹던 알렉스와 니콜라이의 아버지도 이제는 거의 완전한 채식주의자가 되어 아주 가끔씩만 고기를 먹는데 그것도 집 밖에서만 먹는다. 내 젊은 친구 에블린 케네디도 네 살 때 트럭에 가득 실려 도축장에 끌려 가는 양들을 보고 채식주의자가 되었고 그 가족들도 점차 그녀의 영향을 받아 육류 섭취를 크게 줄였다.

나는 어린아이들이 어느 날 갑자기 '고기'의 실체를 알고 난 후 완전히 육식을 거부하게 되는 것을 볼 때마다 크게 감동하곤 한다. 안타깝게도 그 아이들의 부모들은 자기 아이가 채식주의자가 되는 것을 허락하지 않는다. 그것이 아이의 건강에 이롭지 못하다고 믿기 때문이다. 세계 여러 나라의 수백만 명이 종교적인 이유로 육식을 하지 않지만 그들 중 상당수가 장수를 누리는 것을 볼 때 그러한 믿음은 완전히 잘못된 것이다.

어떤 부모들은 채식을 하면 아이에게 철분이 결핍될 것이라고 걱정한다. 많은 사람들이 철분 공급원을 동물성 식품에 의존하기 때문이다. 그러나 과학자들은 엄격하게 채식만 고집하는 아이들(달걀이나 유제품 같은 부산물까지 먹지 않는 아이들)은 다양한 종류의 콩, 견과류, 씨앗 등과 함께 비타민 C가 풍부한 식물성 식품을 섭취함으로써 철분을 충분히 흡수할 수 있다고 말한다. 미국과 영국에서 실시한 연구 결과에 따르면, 채식으로 기른 아이는 육식을 하며 자란 보통 아이들과 다름없이 건강하고 정상적으로 성장한다는 것을 보여 준다.

어린아이에게 육식의 섭취를 줄이도록 장려하는 것이 바람직하다는 것을 보여 주는 사례도 있다. 사람의 몸에 흡수되는 발암 물질 중에서 가장 위험한 두 가지, 즉 다이옥신과 PCB의 인체 흡수량 중에서 95퍼센트가 식품으로부터 흡수된 것이다. 그리고 이 두 가지 발암 물질을 가진 식품은 대부분 동물성 식품인데 특히 동물의 간과 기름기가 많은 생선이 위험하다. 이 두 가지 화학 물질과 관련된 건강상의 문제들이 과학자들에 의해 속속 밝혀지면서 다이옥신과 PCB의 흡수 제한량은 점점 낮아지고 있다.

우리 아이들이 PCB에 노출될 위험이 가장 큰 시기가 바로 엄마의 자궁 속에 있을 때라는 사실은 매우 충격적이다. 한참 성장하고 있는 태아가 자궁 속에서 PCB를 흡수하면 출산 시에 위험을 겪을 가능성이 훨씬 크고 태어나서도 성장기에 행동 장애나 발달 장애를 겪을 확률이 높다. 다이옥신도 마찬가지다. 유아와 아동이 가장 위험하다. 다이옥신도 자궁을 통해 태아에게 전달되기 때문에 선진 산업 국가에서 태어난 아기들은 몸속에 이미 다이옥신을 가지고 태어난다. 자궁 속에서 다이옥신에 노출되면 선천성 기형, IQ 저하, 주의력 결핍 장애, 과잉 행동 장애, 아동기 우울증 등 여러 가지 문제가 발생한다.

미국에서 측정한 하루 평균 다이옥신 섭취량은 미국 환경 보호국의 발암 위험 기준치보다 200배나 높다. 영국의 식품 표준국에 따르면, 유아와 학령기 아동까지 포함해 영국 국민의 3분의 1이 위험할 정도로 다이옥신 함유량이 많은 식품을 섭취하고 있는 것으로 나타났다. 이러한 안전하지 못한 식품의 섭취가 호흡기 질환, 어린이 중이염, 알레르기 반응 등의 증가와 관련이 있음이 확실하다.

다행히 우리에게는 다이옥신이나 PCB에 노출될 가능성을 줄일 수 있는 간단하고도 일상적인 방법이 있다. 육류, 어류, 유제품의 섭취를 줄이는 것이 바로 그 방법이다. 조엘 퍼먼 박사는 작가이자 널리 알려진 가정의인데, 그는 자연에서 얻은 방법을 통해 질병을 예방

하거나 치료하는 것으로 유명하다. 가족 영양과 건강식 조리법에 대한 유명한 책인 『내 아이를 질병에 강하게 키우는 법』에서 그는 우리가 가장 좋은 단백질 공급원이 동물성 식품이라고 믿도록 길들여져 왔다고 지적한다. 사실은 콩, 완두콩, 녹색 채소 등이야말로 육류보다 칼로리당 단백질 함유량이 더 많다.

"동물성 식품의 섭취를 줄이고 대신 야채와 콩, 견과류, 씨앗 등을 섭취한다고 해서 단백질 섭취량이 줄어드는 것은 아닙니다."라고 퍼먼 박사는 말한다. 칼로리당 단백질을 가장 많이 가지고 있는 식품은 야채와 콩 종류다. 또한 가장 위험한 식품들 중에는 포화 지방(동물성 식품을 통해 섭취하는 지방)을 다량 함유하고 있는 것들이 많다. 미국과 다른 선진국에서는 유제품과 육류 제품의 섭취가 지나치게 많은 식습관이 심장 질환과 암의 발병을 증가시키는 데 한몫을 하고 있음이 분명하다.

2005년 봄, BBC는 위와 같은 주장과는 매우 다른 내용의 방송을 내보냈다. 린제이 앨런 교수의 말을 인용했는데, 자녀를 엄격한 채식 식단으로 키우면 아이들의 성장 발달에 부정적인 영향을 끼친다는 것이었다. 린제이 앨런은 동물성 식품에는 동물성 식품이 아니면 다른 어떤 식품에서도 섭취할 수 없는 영양소가 있다면서 아이들에게 육류를 먹이지 않고 기르는 것은 '비윤리적'이라고까지 말했다. 또한 엄격한 채식주의 식단을 고집하는 임산부는 자궁 속에서 성장하고 있는 태아에게까지 손해를 입히는 것이라고 말했다. 그런 주장은 처음 듣는 것이어서 나는 왜 그런 주장이 나왔을까 의심스러웠다. 그러나 나중에야 그 의문이 풀렸다. 앨런 교수는 미국 농무부 산하 기관인 미국 농업 연구소의 대변인으로, 그녀가 인용한 연구 결과는 미국 목축업 협회의 지원을 받은 연구에서 얻어진 것이었다.

> ### 어린이의 칼슘 섭취
>
> 많은 부모들이 한참 자라는 어린아이들은 뼈의 성장을 돕기 위해 칼슘을 충분히 섭취해야 한다고 걱정한다. 조엘 퍼먼 박사는 유제품이 칼슘 공급원이기는 하지만 우유, 치즈, 버터 등에는 포화 지방이 많기 때문에 비유제품으로 칼슘을 공급하는 것이 더 적당하다고 지적한다. 칼슘과 비타민 D를 강화시킨 오렌지 주스와 두유도 좋고 칼슘을 많이 함유하고 있는 야채나 과일도 좋다.

육식이 환경에 미치는 영향

전 세계에서 수확되는 곡물의 3분의 1에서 거의 절반가량이 사람이 먹을 가축을 살찌우기 위한 사료로 쓰인다는 통계가 있다. 미국에서도 농지의 56퍼센트가 고스란히 쇠고기를 생산하는 데 쓰인다. 영국에서는 70퍼센트의 농지가 가축의 사료를 재배하는 데 쓰인다. 유럽과 일본에서도 그와 비슷한 정도의 가축들이 식용으로 사육된다. 많은 선진국들이 자기 나라에서 소비될 가축을 자기 영토 안에서 모두 기를 수 없다. 유럽에서 식용으로 쓰일 가축 모두에게 먹일 풀과 곡물을 재배하려면 유럽 연합 전체 면적의 일곱 배에 해당하는 토지가 필요하다.

이는 현재의 육류 소비 수준을 유지하려면 유럽의 농부들은 다른 나라에서 가축 사료용 곡물을 수입해야만 한다는 의미가 된다. 이런 상황이 브라질의 열대 우림을 파괴하도록 만들고 있다. 오로지 가축에게 먹일 풀과 옥수수, 곡물을 생산하기 위해 드넓었던 처녀림이 매년 새로이 파괴된다. 이렇게 생산된 풀과 곡물 대부분은 유럽과 일본으로 수출되어 그 나라에서 사육되는 가축의 사료로 쓰인다.

가난한 나라들은 인구가 점점 늘어서 자기 나라 국민이 먹을 식량을 재배하기에도 부족한 토지를 외국 기업들에게 빼앗기고 있는 것이다. 그 결과 점점 더 많은 개발 도상국들이 식량을 수입에 의존하게 되었다. 중국도 곧 이렇게 위급한 상황에 몰릴 것이다. 그 어느 나라보다도 많은 인구가 점점 더 육식을 즐기고 있는 반면, 자국의 농지는 개발 논리에 밀려 점점 더 (그것도 아주 빠른 속도로) 축소되고 있기 때문이다.

🌱 '채식주의'에도 여러 유형이 있다

엄격한 채식주의자를 베전(vegan)이라고 하는데 이 사람들은 동물에게서 얻어지는 일체의 식품을 거부한다. 쇠고기나 돼지고기, 가금류의 고기, 생선, 유제품, 달걀까지 모두 먹지 않는다. 이들 중 상당수는 동물성 제품, 즉 모피나 가죽옷도 입지 않는다.

오보베지테리언(Ovo-vegetarian)은 달걀은 먹지만 닭고기는 먹지 않는다.

락토베지테리언(Laco-vegetarian)은 유제품은 먹지만 달걀은 먹지 않는다. 락토베지테리언 중 일부는 레닛이라는 응고제를 사용해 만든 치즈도 먹지 않는다. 레닛은 갓 태어난 송아지를 잡아 그 위장에서 얻어 내기 때문이다.

락토오보베지테리언은 유제품과 달걀을 먹는다.

페스코베지테리언(Pesco-vegetarian)은 생선을 먹는다. 그들 중에는 유제품과 달걀까지 먹는 사람들도 있다.

세미베지테리언(semi-vegetarian)은 플렉시테리언(flexitarian)이라고도 알려져 있는데 나름대로의 규칙을 정해 놓은 채식주의자들이다. 특별한 사회적 상황이나 건강상의 이유로 가금류의 고기나 생선, 유제품 또는 달걀을 먹는 식이다. 그러나 대부분 붉은색 고기는 먹지 않는다는 선을 그어 두고 있다.

육식과 낭비

나라 안에서든, 밖에서든 광대한 농토에서 재배된 콩과 옥수수를 가축에게 먹이는 것은 엄청난 낭비다. 여러 종류의 육류를 생산하기 위해 필요한 곡물의 양은 통계를 담당한 기관이 어떤 이익 집단과 관련이 있느냐에 따라서 다르게 나타난다. 미국 목축업 협회는 사육장에서 자라는 소로부터 1킬로그램의 고기를 얻는 데 4.5킬로그램의 곡물이 필요하다고 주장한다. 그러나 미국 농무부의 경제 연구소는 같은 결과를 얻는 데 16킬로그램의 곡물 사료가 필요하다고 말한다. 영국 가금 사육업계는 가금 한 마리당 체중 1킬로그램을 늘리는 데 1.6킬로그램의 곡물 사료가 필요하다고 계산한다. 그러나 가금 한 마리의 몸에서 실제로 식용으로 쓸 수 있는 고기는 전체 체중의 33.7퍼센트에 불과하다는 사실은 공개하지 않는다. 따라서 가금 한 마리에서 1킬로그램의 식용 육류 제품을 얻기 위해서 필요한 곡물의 양은 1.6킬로그램을 훨씬 초과한다.

 국제 연합의 세계 보건 기구와 식품 농업 기구는 약간 다른 방향의 분석을 내놓았다. 이들은 1헥타르의 농지에서 각각 다른 곡물을 재배했을 때 그 곡물을 식량으로 삼아 1년간 생존할 수 있는 사람의 수를 계산했다. 이 수치는 곡물에 따라 매우 다르게 나타난다. 1헥타르의 토지에 감자를 심으면 스물두 명이 1년을 살 수 있다. 같은 면적에 벼를 심으면 열아홉 명, 곡물을 심지 않고 소나 양을 길러 쇠고기와 양고기를 생산하면 단 한 명 내지 두 명만이 그 고기로 1년을 살 수 있다. 물론 사람이 1년 내내 감자나 옥수수만 먹고 살 수는 없다. 그러나 육류의 생산을 늘리는 방법으로는 굶주린 사람을 구할 수 없다는 것을 이 수치로 알 수 있다. 현재와 같은 속도로 육류를 소비하기 위해 지구상의 농지를 파괴해야 한다면 더욱더 그러하다. 육류의 생산을 늘리는 것보다는 육류의 소비가 심한 음식 문화에 변화를 꾀하는 것이 훨씬 더 중요하다.

실험실에서 생선의 살코기를 기르다

《뉴 사이언티스트》에서 몇 명의 과학자들이 배양 접시에 고기를 '기른다'는 기사를 읽었을 때 나는 농담이라고 생각했다. 그러나 그 기사는 미국 항공 우주국에서 연구 자금을 지원한 프로젝트를 다룬 것이었다. 배양 접시로 고기를 기르는 기술로 장기 우주 여행을 떠난 우주 비행사의 생존을 도울 수 있는지를 판단하려는 것이 프로젝트의 목적이었다. 튜로 대학의 모리스 벤저민슨 박사가 이끄는 연구팀은 갓 잡은 금붕어에게서 살점을 10센티미터 정도 베어 냈다. 그 조직을 소의 태아 혈액으로 만든 배양액 세포에 넣었다.

일주일 후 이 조직은 14센티미터로 자라났다. 신문에는 "벤저민슨 팀은 과학의 역사를 통틀어 실험실에서 생선의 살코기를 길러 낸 최초의 과학자들이다."라는 기사가 실렸다. 기자 회견장에서 벤저민슨 박사는 자신이 길러 낸 생선 살코기를 허브와 함께 올리브기름에 튀겼다. 그러나 아무도 그 고기를 맛볼 수는 없었다. 실험실에서 길러 낸 금붕어의 살코기는 미국 식품 의약국으로부터 사람이 먹어도 좋다는 허가를 받지 못했기 때문이다! 또한 소의 혈청이 오염된 것일 수도 있었다. 그러나 벤저민슨은 그 튀김 요리에 대만족이라고 말했다. "이 고기는 슈퍼마켓에서 방금 사 온 것같이 향긋합니다. 배양 접시에서 기른 고기지만 아주 신선해 보입니다. 아주 훌륭해 보입니다. 제 소견으로는, 이 고기는 아주 좋습니다. 송아지의 혈청은 아주 역겨웠는데도 말이죠!"

지금 그는 더 맛있는 고기를 길러 내기 위해 버섯 추출액을 배양액으로 사용하는 실험을 하고 있다. 그러나 실험실에서 커다란 근육 조직을 길러 내려면 아직 많은 난관을 넘어야 한다.

어쨌든 이 실험은 과학적인 독창성의 한 예임이 분명하다. 어쩌면 이 연구가 육식을 포기하기 힘든 사람을 위한 대안이 될지도 모른다. 가축에게 먹일 사료로 곡물을 기를 필요도 없다. 땅을 황폐화시키고 바다를 고갈시킬 필요도 없다. 버섯 추출액 깡통 속에 스테이크를 기를 수 있을 만큼의 공간만 있으면 된다! 우유가 요구르트가 되는 것처럼 그 추출액이 바로 고기가 되는 것이다.

마구 써 버린 물

단위 면적당 상대적으로 많은 양의 콩을 수확하는 것은 공짜로 되는 일이 아니다. 1킬로그램의 콩을 수확하는 데에는 2,000리터의 물이 필요하다. 쌀을 1킬로그램 수확하는 데에는 그보다 적은 1,900리터의 물이 들어간다. 닭고기 1킬로그램을 생산하는 데에는 3,500리터가, 쇠고기 1킬로그램을 생산하는 데에는 10만 리터라는 어마어마한 양의 물이 필요하다.

이런 사실을 놓고 볼 때 지구의 미래를 위해 우리가 해야 할 가장 중요한 일 하나를 꼽으라면, 나는 우리 모두가 채식주의자가 되거나 최소한의 고기만을 먹는 일이라고 믿는다. 또 고기를 먹더라도 반드시 유기농법으로 방목해서 기른 소의 고기만 먹어야 한다. 국제 연합의 세계 보건 기구와 식품 농업 기구, 그 외 여러 기구에서는 보다 건강하고 자연 친화적인 음식을 섭취하기 위해서는 2020년까지 최소한 현재 육류 섭취량의 15퍼센트를 줄이는 운동에 당장 동참해야 한다고 강조한다.

육류와 해산물의 섭취를 줄이자

한 가지 좋은 소식은 채식주의(그리고 배전) 식품은 환경과 식용 가축에게, 그리고 인간의 건강에 이로울 뿐만 아니라 조리를 제대로 하기만 하면 맛도 좋다는 사실이다. 나는 탄자니아에서 지내는 동안에는 힌두교도 친구와 아주 맛있는 식사를 함께 즐기곤 한다. 채식주의로 식습관을 바꾸는 사람들이 늘어나면서 채식주의 요리책도 많이 나오고 있다. 이제는 식당에서 채식주의자를 위한 메뉴를 요구해도 이상한 사람으로 취급당하는 일은 없다. 최고급 호텔, 레스토랑, 항공사 등에서도 채식주의자들을 위한 메뉴를 구비하고 있다. 메뉴판에 별도로 채식주의자를 위한 아이템이 없더라도 주방장들이 점점 더 창의적인 아이디어를 발휘하고 있다. 시에라리온의 한 특이한 레스토랑에서 그런 주방장을 만난 적이 있다. 그가 만들어 낸 채식주의자용 음식이 너무 맛있어서 나는 주방으로 찾아가 그에게 그 요리를 메뉴에 올리는 것이 어떻겠느냐고 제안했었다. 일본을 비롯한 아시아의 여러 나라를 방문할 때는 채식주의를 지키기가 더 힘들다. 그곳에서는 생선이 여러 메뉴의 기본 재료기 때문이다. 커다란 갈비 또는 스테이크 요리가 전형적인 접대용 음식인 미국 중서부 지방도 마찬가지다. 그러나 그런 곳에서도 채식주의자용 메뉴를 주문하는 나를 이상한 사람으로 취급하지는 않았다.

많은 사람들이 육식을 포기하는 데 매우 큰 어려움을 겪는다는 사실을 나도 잘 알고 있다. 그러나 육류의 소비를 위해 벌어지고 있는 갖가지 일들에 대한 진실을 알고 나면 대부분의 사람들은 육류 섭취를 크게 줄이거나 방목한 가축의 고기만을 먹거나 아니면 아예 육식을 포기한다. 집약적인 농장에서 고기를 대량 생산하기 위해서는 가축들의 행복만이 희생되는 것이 아니라 바로 우리 인간의 건강까지도 희생된다. 공장식 사육장이든 풀을 먹여 기르는 농장이든, 가축을 사육하는 주변에서는 어김없이 환경이 크게 파괴된다.

🐾 제인의 식단

내 아들은 종종 나를 '연구 대상'이라고 놀린다. '어떻게 그렇게 적게 먹고, 빈약한 것만 먹으면서 어떻게 그렇게 큰 에너지를 발휘할 수 있는지' 너무나 궁금하다는 것이다.

그렇다면, 나의 비밀은 무엇일까?

먼저, 앞에서 말했듯이 나는 채식주의자다. 채식을 하자마자 내 몸은 훨씬 가볍게 느껴지기 시작했고 에너지로 가득 찼다. 둘째, 할머니의 말씀을 지킨다. "뭐든 네가 먹고 싶은 것을 먹어라. 다만, 적당히!" 셋째, 가능한 한 유기농 식품을 먹는다. 궁금하게 생각하는 사람들을 위해서 영국이나 탄자니아의 내 집에서 머물 때 내가 먹는 식단을 공개한다.

아침: 세비야 오렌지 마멀레이드를 바른 통밀 토스트 반쪽, 또는 마마이트.(일종의 수프—옮긴이)(이 음식은 매우 영국적인 것인지라 나의 모든 미국인 친구들은 마마이트를 먹을 수 있는 크레오소트(너도밤나무 등에서 얻은 목타르를 증류해 만든 것으로 살균제나 방부제로 사용된다.—옮긴이)라고 말한다.) 커피(가능한 유기농, 셰이드그로운(밀림을 남벌한 자리에서 재배하지 않고 원래 그대로의 숲에서 나무 그늘에 가려진 채 자란 커피—옮긴이) 커피나 페어트레이드(주로 저개발국인 커피 생산국의 재배 농가를 착취하지 않고 정당한 가격으로 커피를 사들인다는 서약—옮긴이) 커피) 한 잔.

점심: 브로콜리, 또는 스프라우츠(양배추의 일종—옮긴이) 또는 다른 야채.

살짝 데친 토마토, 또는 껍질을 반쯤 벗기고 치즈를 얹은 토마토. 가끔은 이 식단 대신 치즈를 듬뿍 얹어 집에서 요리한 마카로니와 키쉬.(파이의 일종—옮긴이) 커피 한 잔. 초콜릿 한두 쪽이나 단 맛이 나는 것.

저녁: 스크램블드에그와 아침에 남긴 토스트 반쪽. 레드 와인 한 잔. 양이 많은 저녁 식사로 잔뜩 부른 배를 안고 밤을 보내는 것은 생각만 해도 끔찍하다.

간식: 스낵 약간. 쿠키 몇 조각이나 사과 한 알, 또는 오렌지 하나. 뭐든 있는 것을 먹는다.

저녁 식사를 하기 전에 꼭 위스키를 한 잔씩 마신다. 물론 스카치위스키다. 얼음을 넣지 않고 물만 타서. 저녁 식사 전 위스키 한 잔은 아주 오래 전부터 내려오는 친정의 전통이다. 세계의 어디에 가 있든 나는 저녁 7시 무렵이면 위스키 잔을 들고 우리 가족과 친구들을 위해 건배를 한다. 내 친정 부모님들과 여동생 주디도 그렇게 하리라는 것을 알기 때문이다. (할머니는 엄격한 금주가셨다. 약으로 마시는 브랜디 외에는 술은 입에 대지도 않으셨다. 어쩌다 약으로 쓰기 위해 옷장 속에 항상 브랜디를 한 병씩 보관하셨는데 그 술 한 병이 몇 년씩 가곤 했다.)

끝없는 여행을 강행하다 보면 나 편한 대로 소박한 밥상을 고집할 수 없을 때도 있다. 그러나 어딜 가든 상황이 허락하는 한 내 주관대로 먹을 것을 챙겨 먹는다. 커피, 크림, 설탕은 토마토 수프 팩 서너 개와 함께 항상 가방 속에 가지고 다닌다. 밤늦은 시각에 호텔에 도착했을 때는 머그

잔에 이머전 코일(물 끓이는 투입식 전열기. 코드 끝에 있는 방수 발열체를 직접 물에 담근다.―옮긴이)을 꽂아 물을 끓이면 비싼 (그리고 때로는 느리기까지 하다.) 룸서비스를 부를 필요 없이 커피를 마실 수 있다. 경제는 파탄 지경이고 빵이나 설탕 같은 생필품조차 구하기 힘들었던 탄자니아에서 오랜 세월을 보내고 나니 여러 가지 음식들을 다람쥐가 먹이 감추듯이 여기저기 숨겨 놓는 버릇이 생겼다. 급할 때면 그렇게 숨겨 두었던 먹지 않은 빵, 뜯지 않은 설탕 봉지 같은 것들을 찾아서 집으로 가져오는 것이다. 요즈음에는 비행기 여행을 할 때 기내식으로 나오는 빵과 버터 같은 것들을 먹지 않고 남기면 잘 챙겨 두었다가 다음 날 아침 식사 때 먹는다. 그렇게 하면 내 주관대로 내 밥상을 챙길 수 있을 뿐만 아니라 음식 낭비도 줄일 수 있다. 돈도 절약되는 것은 물론이다.

10장 글로벌 슈퍼마켓

> 수동적인 미국의 소비자들은 가만히 앉아서 반조리 식품, 또는 패스트푸드를 먹거나 뭐가 뭔지 이름도 제대로 알 수 없는 음식이 가득 담긴 접시를 마주한다. 그 접시에 담긴 음식들은 지금까지 존재했던 어떤 피조물의 어떤 부분과도 닮지 않을 만큼 가공되고, 염색되고, 겉으로만 예쁘게 꾸미고, 소독한 것들이다.
>
> ─웬델 베리, 『식사의 즐거움』

한 세대 전 사람들이 애용하던 슈퍼마켓에는 평균 800가지의 상품이 진열되어 있었다. 오늘날 우리가 찾는 슈퍼마켓에는 평균적으로 3만~4만 가지의 식품이 진열되어 있다. 우리는 포장 식품의 천국, 세계 곳곳으로부터 공수된 형형색색의 과일이 넘쳐 나는 세상에 살고 있다. 교사는 학생에게 상품의 상표를 통해 세계 지리를 학습하도록 시킨다. 슈퍼마켓은 세계 어디서 생산된 상품이라도 언제든 확보할 수 있다. 이렇게 확대된 선택의 폭은 그것을 즐길 여유가 있는 사람에게는 축복처럼 여겨진다. 1년 내내 언제나 싱싱한 브로콜리를 먹을 수 있다니! 살짝 찐 아스파라거스를 언제든 단 돈 1엔으로 먹을 수 있다니! 한 겨울에 싱싱한 포도!

그러나 우리는 이 식품들이 슈퍼마켓에 오기까지 겪어야 했던 긴 여정에 대해서는 거의 생각조차 하지 않는다. 센 불로 살짝 볶아서 먹는 브로콜리는 매주 우리 주방의 튀김 냄비 속에 들어오기까지 장장 2,000마일(약 3,200킬로미터)을 여행한다. 또 아스파라거스 줄기는 우리 주방의 찜통 속에 들어오기까지 간단히 1,500마일(약 2,400킬로미터)을 달려온다. 아마도 가장 긴 거리를 여행한 식품은 한겨울에 입맛을 돋우는 포도일 것이다. 칠레의 포도원에서 미국의 슈퍼마켓까지 6,000마일(약 9,600킬로미터)을 달려온다.

'신선한 음식'이라는 오해

글로벌 슈퍼마켓은 선택권의 과잉을 의미하기도 하지만 지나치게 비현실적인 가치와 기대를 불러오기도 한다. 우리는 마치 최면에 걸린 것처럼 언제 어떤 슈퍼마켓에 가도 우리가 원하는 어떤 식품(그것의 원산지가 어디든지)이든 당장 사 올 수 있다고 믿는다. 우리가 국경을 넘어 여행할 때마다 여권에 스탬프를 찍듯이 만약 그 식품들이 한 나라의 국경, 또는 주 경계선을 넘을 때마다 스탬프를 찍는다면 상황이 어떻게 변할까. 북아메리카의 가정에서 전형적인 '신선 식품'으로 간주하는 식품들이 평균 1,500~2,500마일(약 2,400~4,000킬로미터)을 여행한 끝에 식탁에 오른다는 사실을 아는 사람은 극히 적다. 미국 농무부에 따르면 식품과 농산품이 미국 안에서만 이동하는 거리(외국에서 수입되는 것은 제외하고)만 해도 매년 평균 5,660억 톤마일(ton-mile. 톤 수와 마일 수의 곱으로 철도나 항공기 등을 이용한 일정 기간 중의 수송량을 나타낸다.—옮간이)이 나온다. 그러나 우리가 식품의 전 지구적인 이동에 의존하는 정도는 점점 더 심해지고 있다. 우리가 섭취하는 식품의 평균 이동거리는 10년 전에 비해 25퍼센트나 길어졌지만 우리는 그것이 무엇을 의미하는지 생각조차 해 보지 않는다. 위와 같은 사실은 우리가 그 식품들을 섭취해서 얻는 에너지보다 그 식품들을 우리 식탁까지 운반하는 데 쓰이는 에너지가 더 크다는 의미를 갖는다. 여행거리가 긴 식품들 중에는 사람이 그 식품으로부터 1칼로리를 얻기 위해 그 식품을 사람의 입까지 가져가는 데 화석 연료 10칼로리를 소모해야만 하는 것들도 있다.

식품을 멀리까지 운반하는 시스템이 지구 온난화에 얼마나 큰 영향을 미치는지는 정확하게 계산할 수 없지만 전국에서 식품을 운반하기 위해 움직이는 트럭들이 매연에 큰 원인이 된다는 것은 명확하다. 비행기로 식품을 운반하는 경우에는 더 큰 매연을 발생시킨다. 영국에서는 외국에서 수입된 식재료로 요리하는 일요일의 별식이 지역 특산물로 똑같은 음식을 조리했을 때보다 650배나 많은 이산화탄소를 방출한다는 통계가 있다. 또 수천 마일의 여행을 견디도록 하기 위해 특별히 가공하고 포장하면서 발생하는 포장 쓰레기를 생각해 보자. 보통 가정에서 사용하는 가공 식품은 종이(이 종이를 만들기 위해 베어지는 나무와 제지 공장을 생각해 보라.)나 비닐(영원히 분해되지 않고 매일같이 도시의 쓰레기로 쌓인다. 때로는 비닐 쓰레기가 숲 속에 날아들기도 하고 어떤 매립지에서나 차고 넘친다.)로 진공 포장을 한다. 영원히 분해되지 않는다고 해서 이 비닐들을 소각하는 것은 해결책이 아니다. 비닐을 태우면 다이옥신을 비롯한 여러 가지 독성 물질이 대기 속에 방출되기 때문이다. 신선 식품을 재배하는 사람이나 포장하는 사람, 그리고 파는 사람들은 그 포장 용기의 처리 비용까지 걱정할 필요가 없으니 그들이 구태여 포장 때문에 발생하는 쓰레기를 줄이려고 노력할 필요가 없다.

우리가 구입한 신선 식품의 포장지에 그 식품을 수확한 날짜와 그 과일을 먹음직스럽게 보이도록 하기 위해 어떤 사람들의 손을 거쳐 어떤 처리를 받았는지가 기록되어 있다고 상상해 보자. 그 '신선' 식품이 실제로 수확된 날은 구입한 날로부터 일주일에서 한 달 전이고 그 사이에 거쳐 간 사람은 수없이 많다는 것(즉 박테리아에 감염될 기회가 그만큼 많았음을 의미한다.)을 알게 될 것이다. 어쩌면 긴 운송 기간 동안 잘 보존하기 위해 방사선 조사 처리를 했을지도 모른다. 또는 과일이 채 익기도 전에 따서 운반된 뒤에 익도록 '가스 저장' 처리를 했을 수도 있다. 오렌지는 스프레이 페인트를 뿌리기도 하고 염료를 주입해서 더 잘 익은 것처럼 더 예쁜 색이 나도록 만들기도 한다. 아예 유전자를 조작해서 수확한 후에도 아주 오랫동안 신선도가 유지되도록 만든 과일인지도 모른다.

음식, 연료, 그리고 고속도로

아이오와 주에 있는 '자연 친화적인 농업을 위한 레오폴드 센터'는 미국 농무부에서 나오는 자료들을 토대로 시카고 터미널 마켓에 들어오는 식품들이 얼마나 먼 거리를 운송되어 왔는지 분석했다. 이 분석 차트를 샌프란시스코 페리 플라자 파머스 마켓(가까운 지역에서 재배된 식품을 전문적으로 취급하는 시장이다.)에 들어오는 인근 지역 생산 식품들의 운송 거리와 비교해 보았다.

	시카고 터미널 마켓 (평균 이동 거리)	샌프란시스코 페리 플라자 파머스 마켓 (평균 이동 거리)
사과	약 2,488킬로미터	약 168킬로미터
토마토	약 2,189킬로미터	약 187킬로미터
포도	약 3,429킬로미터	약 242킬로미터
콩	약 1,226킬로미터	약 162킬로미터
복숭아	약 2,678킬로미터	약 237킬로미터
겨울 호박	약 1,250킬로미터	약 157킬로미터
샐러드용 잎채소류	약 1,422킬로미터	약 158킬로미터
양상추	약 3,288킬로미터	약 163킬로미터

 지구 전체의 식량 사슬에 식량을 공급하는 것이 단일 경작 농장들의 목적인 만큼 신선도가 더 오래 유지되는 작물이나 가축을 선호하는 것이 당연하다. 반면에 밭에서 완전히 익힌 다음에야 수확하는

유기농 농장들은 글로벌 마켓으로부터 외면당한다. 이렇게 선택적인 작물 재배의 사례 중에서도 가장 유감스러운 예가 푸르딩딩하고 아무 맛도 없는, 기업형 농장에서 재배한 토마토다. 이 토마토들은 익기도 전에 수확된 뒤 슈퍼마켓 진열대에 놓일 때까지 냉동 트럭 안에서 억지로 익어 간다. 슈퍼마켓 진열대에 놓인 후에도 소비자들의 식탁에 놓이기까지는 또 며칠이 흘러야 한다. 또 유전자 변형 토마토일 수도 있다. 많은 어린아이들이 자라면서 점점 토마토를 싫어하게 되는 것도 이상한 일은 아니다. 어쩌면 아이들은 동물들처럼 유전자 변형 식품과 자연 식품을 구별하는 능력을 본능적으로 가지고 있는지도 모른다.

만약 이런 장거리 운송과 식품 조작이 신선 식품을 구할 수 없는 지역에 식품을 공급하기 위한 일이라면 얼마든지 정당화될 수 있을 것이다. 그러나 실상은 똑같은 식품을 풍부하게 재배하는 지역이나 나라에 이러한 식품의 대부분이 공급되고 있다. 다시 기업형 농장의 토마토 이야기로 돌아가 보자. 8월 어느 날, 이 토마토가 진열된 뉴저지 주의 한 슈퍼마켓으로부터 몇 마일 떨어진 곳에는 한 농부의 과수원에서 햇살을 듬뿍 받으며 자란 토마토가 완전히 익어서 수확을 기다리고 있을지도 모른다. 그러나 각 지역의 소규모 농가에서 재배한 토마토는 기업이 지배하는 식량 사슬에서 제외되어 있기 때문에 그 농부의 토마토는 슈퍼마켓 진열대에 오를 기회가 없다. 대부분의 슈퍼마켓 구매 담당자는 세계 곳곳의 포장업자나 공장식 사육장으로부터 식품을 수입한 업자들의 창고에서 대량 구매로 식품을 사들인다. 슈퍼마켓 구매 담당자로서는 대형 식품 공급업자 한두 명과의 계약으로 간단하게 모든 일을 처리할 수 있기 때문에 굳이 각 지역의 재배 농가와 소량의 구매 계약을 여러 건 체결할 이유가 없는 것이다.

따라서 장거리 운송에 의존한 식품 공급 시스템은 식품의 질을 떨어뜨리고 소규모 재배 농가들의 경쟁력도 떨어뜨린다. 10월 중순, 매사추세츠 주의 한 슈퍼마켓은 일본이나 뉴질랜드같이 먼 곳에서 수입된 다른 종류의 사과와 함께 워싱턴 주에서 생산된 스탠더드 레드 델리셔스종(種) 사과를 판다. 그 시기에 매사추세츠 주의 소규모 사과 재배업자들은 수지타산을 맞추느라 안간힘을 쓴다. 슈퍼마켓의 구매 조건을 맞출 수 없는 소규모 재배업자들은 도로변에 차려진 노점상에 손님들이 찾아와 주기를 기다리는 수밖에 없다. 이런 사과 재배 농가들 중 일부는 선대로부터 물려받은 과수원을 값비싼 취미 생활로 유지할 뿐이다. 다른 사람들은 부모님들이 물려주신 과수원을 부동산 개발업자에게 넘겨야만 했다.

과거에는 상황이 판이하게 달랐다. 1950년대까지도 전 세계 대부분의 식품점 주인들은 가까운 재배 농가로부터 신선한 식품을 공급받아 판매했다. 그러나 그 후로 많은 변화가 생겼다. 냉동 트럭이 개발되었고 미국에서는 연방 정부의 지원을 받는 고속도로가 나라의 한쪽 귀퉁이에 있는 재배업자와 반대쪽 끝에 있는 식료품점을 신속하게 연결해 주었다. 각 지역을 기반으로 한 식품 공급 네트워크는 차츰 기업 주도형 네트워크로 바뀌었고 기업은 미국에서 생산되는 식품의 재배와 포장, 선적과 운반의 대부분을 장악했다.

최근에 출간된 『희망의 변두리』에서 프랜시스 무어 라페와 그의 딸 안나 라페는 다국적 식품 기업 열 개가 전 세계 식량 공급의 절반을 장악하고 있다고 지적했다. 다시 말하면 우리가 슈퍼마켓에서 살 수 있는 식품의 종류를 몇 명의 CEO가 결정한다는 뜻이다. 물론 그 CEO들은 자기 회사에 가장 큰 이익을 가져다줄 수 있는 식품을 선택할 것이 당연하다. 내부분의 사람들이 농약이나 유전자 변형 식품을 그냥 받아들이고 있는 것처럼 많은 사람들이 대량 생산을 위해 식품의 질과 다양성을 일상적으로 희생시키는 기업주의 횡포 역시 그대로 받아들이고 있다. 그들 기업은 인간과 환경보다도 경제적 이익에 더 높은 가치를 둔다.

유기농을 찾는 움직임은 산업형 농장에 대한 세계인들의 관심과 감시의 눈길을 불러일으키는 전향적인 결과를 낳았다. 이제 그 다음 단계는 보다 지속적인 시스템을 마련하는 것이다. 따라서 아직은 절망할 때가 아니다. 우리는 이제 올바른 길에 들어섰다. 그러므로 앞으로 우리가 할 일이 무엇인지 알기 위해 책장을 한 장 더 넘기기만 하면 된다.

🍯 설탕 한 스푼

전 세계의 식품 유통이 얼마나 우습게 변하고 있는지를 보여 주는 한 가지 예가 있다. 캘리포니아의 '자연 친화적인 농업을 위한 도시 교육 센터'가 지적한 사탕수수 이야기이다.

자, 하와이의 한 커피숍에 앉아 커피 잔에 일회용으로 포장된 하얀 정백당을 넣고 있다고 치자. 커피에 섞어 마시려는 그 설탕을 제일 처음 가공한 장소가 바로 길 건너 공장이라는 것을 아는 사람이 있을까? 그러나 그 공장에서 처리된 설탕은 아직 연한 갈색이기 때문에 거기서 샌프란시스코 외곽에 있는 C&H(California and Hawaii) 사 정제소로 다시 보내 눈처럼 하얗고 입자가 고운 설탕으로 가공한다. 이렇게 정제된 설탕은 커피숍에서 사용하는 조그만 일회용 포장으로 만들어져야 한다. 따라서 이 설탕을 다시 뉴욕으로 보낸다. 뉴욕에서 포장을 마친 다음, 전국의 레스토랑으로 보내진다. 아까 그 하와이의 커피숍에도 배달되는 것은 물론이다. 이 설탕 한 봉지가 커피숍에서 우리의 커피 잔에 들어오기까지 돌아다닌 거리는 자그마치 1만 마일(약 16만 킬로미터)이나 된다.

11장 우리의 먹을거리를 되찾기 위하여

식량은 힘입니다. 여러분은 그 힘을 직접 행사하고 있습니까?
― 존 지번스

슈퍼마켓의 진열대 사이를 지나가다 보면 5년 전만 해도 볼 수 없었던 이름들이 눈에 들어온다. 유기농 식품 상자, 유기농 케첩, 유기농 콘 칩, 유기농 콩조림 캔, 유기농 초콜릿 칩 쿠키……. 유기농의 수요는 폭발적이다. 미국과 영국에서는 유기농(organic)이라고 부르고 그 외의 유럽 국가에서는 바이오푸드(biofood)라고 부른다. 무엇이라 부르든, 점차 확산되어 가는 이러한 움직임은 세계적인 농업의 흐름을 바꾸어 놓고 있다.

자, 그렇다면 어떤 일이 벌어지고 있는 걸까? 무엇이 유기농 식품의 생산과 공급을 이토록 크게 증가시키고 있는 걸까? 한 가지는 확실하다. 거대 농업 기업이나 화학 기업, 식품 기업 등이 갑자기 제정신을 차리고 유기농법이 환경과 인류에게 훨씬 더 유익하다고 마음을 고쳐먹은 것은 절대로 아니다. 유기농 식품이 보다 폭넓게, 보편

적이게 된 것은 사람들, 평범하지만 위대한 대중들이 이성을 찾기 시작했기 때문이다. 화학 약품으로 오염된 음식을 먹는 것이 위험하다는 사실을 이해하는 사람들이 점점 더 늘어 가고 있다. 가장 걱정되는 것은 아이들이다. 사람들은 슈퍼마켓과 식료품점에서 유기농 식품을 찾고, 필요하다면 더 비싼 값이라도 기꺼이 지불하려고 한다.

유기농 식품의 붐이 우리에게 주는 교훈은 소비자는 자신이 구매하는 상품(그리고 구매하지 않는 상품)을 통해 세계의 농업 현장을 바꿔 놓을 수 있다는 것이다. 지금 이 순간에도, 사실 다른 어떤 순간에도 마찬가지지만, 우리는 각 기업이 윤리적인 자성의 결과로 어떤 변화를 시도할 가능성은 매우 희박할지라도 구매력을 가지고 있는 고객들의 요구에 대해서는 매우 민감하다는 것을 확실히 느낄 수 있다. 그들의 눈앞에서 왔다 갔다 하는 당근은 단 하나, '수익'이다. 소비자들이 농약으로 범벅이 된 식품보다는 유기농 식품을 선호한다면 기업으로서는 유기농 식품을 진열대까지 가져다 놓을 동기가 충분한 셈이다. 식품 산업은 소비자의 수요에 의해서 돌아간다.

반짝하고 바람을 일으켰다 사라진 여러 가지 식품의 유행과는 달리 유기농 식품에 대한 수요는 쉽사리 사라지지 않을 것 같다. 무농약 식품, 환경과 조화를 이루고 농부들을 저버리지 않으며 저개발 국가에 지속적인 수확을 보장해 주는 농경 시스템에 대한 우리의 요구는 정당하다. 소비자들이 식품 한 가지를 살 때마다, 음식 한 입을 먹을 때마다, 선거철에 한 표를 행사할 때마다, 한 번에 한 걸음씩 그 요구는 점점 더 커져 가고 있다. 1990년, 소비자들은 10억 달러어치의 유기농 식품과 음료를 구매했다. 12년 후, 그 숫자는 110억 달러가 되었다. 이러한 성장 속도라면 미국에서 팔리는 식품은 2020년까지 대부분 유기농으로 바뀔 것이다. 캐나다와 유럽도 똑같은 낙관적인 경향으로 흐르고 있다.

사리에 맞는 농업

유기농 식품이 붐을 이루는 또 하나의 이유는, 농사짓는 입장에서는 유기농이 비효율적이고 수익도 떨어진다는 일반적인 믿음과는 달리 실제로는 그렇지 않다는 점이다. 물론 대기업들은 유기농의 싹조차 밟아 버리려고 난리다. 작황이 형편없다, 노동 집약적인 농법이기 때문에 세상을 먹여 살리기는커녕 농부들이 생계조차 유지하기 힘들다는 것이 그들의 주장이다. 그러나 그들의 주장은 억지임이 여러 번 증명되었고 농부들은 다양성과 윤작을 기반으로 한 유기농법이 질병에도 훨씬 강하고 기후 악화에도 더 탄성적으로 대응한다는 사실을 발견하였다. 미국에서는 농약에 의존하지 않고 건강한 생태계를 만드는 데 주력하면서 자연 친화적인 농법으로 농사를 짓는 상위 25퍼센트의 농부들이 국내의 다른 어떤 기업형 농장보다도 많은 소출(所出)을 내고 있다. 유기농의 장점은 가뭄이 들 때 더 확연히 드러난다. 가뭄이 들면 농약에 의존해서 농사를 짓는 농장보다 유기농 농장의 수확이 훨씬 더 많아진다. 1998년의 경우, 유기농 농장의 소출이 33~41퍼센트가량 더 많았다. 홍수가 나는 경우에도 마찬가지다. 밭 전체가 물에 잠기면 단일 경작을 하는 밭은 유기농을 하는 밭에 비해 지반이 침식될 위험이 훨씬 크다.

다른 측면에서 보아도 유기농은 지구 온난화를 막는 데에도 도움이 된다. 로데일 연구소는 미국이 교토 의정서(온실 가스 배출을 줄이기 위해 국제 연합에서는 1992년 기후 변화 협약을 채택하였으나 실행이 뒤따르지 않자 협약 당사국들이 1997년 12월 일본 교토에 모여 보다 구체적인 교토 의정서를 채택했다.—옮긴이)에서 정한 온실 가스 7퍼센트 감축 목표를 달성하려면 모든 농지의 농경법을 유기농으로 전환하는 것으로 충분하다는 계산을 내놓았다. 기업형의 단일 경작은 유기농에 비해 30퍼센트나 더 많은 화석 연료를 사용하기 때문이다.

유기농으로 전환하여 작물을 재배하는 농부들이 점점 많아지는 것도 이상할 것이 없다. 1997년, 미국에서는 120만 에이커(약 4,856제곱킬로미터)의 농지가 유기농으로 전환되었다. 4년 후인 2001년에는 그 면적이 두 배에 가까운 230만 에이커(약 9,308제곱킬로미터)로 늘었다. 심지어는 대기업들도 수익을 고려해 유기농으로 전환하고 있다. 캘리포니아 최대의 밀감 생산 업체인 파라마운트 사는 재배 면적의 3분의 1을 자연 친화적인 농법으로 재배하고 약 300에이커(약 1,214만 제곱미터)는 유기농 식품을 생산한다.

세계 곳곳의 농부들이 유기농으로 전환하고 있다. 유기농이 더 효과적이기 때문이다. 3장에서 언급했듯이 에티오피아 정부는 유기농의 수확 증가에 큰 영향을 받아 향후 기아 문제 해결과 식량 안보를 위해 자국의 농지를 유기농으로 전환하는 것을 핵심 전략으로 삼고 있을 정도다. 멕시코에서는 10만 명 이상의 커피 재배 농부들이 완전 유기농법으로 전환하면서 수확량이 50퍼센트가량 증가했다. 슈퍼마켓이나 식료품점의 진열대를 훑어보면 여러 유기농(또한 셰이드그로운, 페어트레이드 커피라면 커피를 재배한 농부들이 착취당하지 않고 제대로 대가를 받았다는 것을 의미한다.) 브랜드 커피를 볼 수 있다. 차(茶)의 경우에도 마찬가지다.

🐾 동물들도 환영하는 유기농: 유기농 과일이 더 맛있다

동물들은 맛을 보는 데 있어서 어떤 체계를 가지고 있지는 않다. 그러나 관찰한 바에 따르면 동물들은 뛰어난 후각과 미각을 가지고 있어서 유기농 과일과 비유기농 과일을 함께 주면 유기농 과일을 선택한다. 코펜하겐 동물원의 키퍼 닐스 멜키어센은 이렇게 말한다. "맥과 침팬지에게 유기농 바나나와 비유기농 바나나를 주면 유기농 바나나만 먹습니다." 그뿐만이 아니다. 침팬지는 유기농 바나나를 주면 껍질까지 통째로 먹는다. 그러나 비유기농 바나나를 주면 본능적으로 껍질을 까고 알맹이만 먹는다. 오리건 주 벤드의 동물 보호소에 사는 허비라는 침팬지에게 토마토, 가지, 우유와 오렌지 주스를 주었다. 허비는 그중에서 가지를 제외한 나머지만 먹었다. 가지만 비유기농이고 나머지는 유기농이었다.

사실 인간도 유기농 식품을 더 선호한다. 일상적으로 유기농 식품을 먹는 사람들은 어쩌다 비유기농 식품을 먹으면 그 맛의 차이에 놀라게 된다.

전유기농, 반유기농

처음에 유기농 운동은 우리의 식품 공급을 장악해 가는 대기업들에 대항하는 수단으로 시작되었다. 처음부터 유기농의 꿈은 세 가지 목표를 가지고 있었다. 자연과 조화를 이루는 건강한 식품을 재배하기, 지역 농산물의 풍부한 다양성을 보존하기, 농산물 시장과 식품업체를 통한 식품 유통의 새로운 길을 개척하기가 그것이었다.

많은 소비자들이 유기농 식품을 선택하는 이유가 바로 첫 번째 목적(소중히 여기는 마음으로 재배한, 안전하고 건강한 식품을 먹고자 하는 바람) 때문이다. 유기농 식품을 사면서 우리 마음은 그 식품들이 재배된 땅(향긋한 허브와 싱싱한 양상추, 줄기가 튼튼한 옥수수 그루, 통통한 호박 넝쿨이 줄 맞춰 자라고 있는 작은 자영 농장)을 건강하고 종의 다양성이 존중되는 생태계로 만들고 있다고 믿고 싶은지도 모른다.

사실 유기농 식품의 포장(전원 풍경, 자연의 푸근한 이미지를 담은 상표)이 그런 믿음을 부추긴다. 2003년 홀 푸드 마켓이 한 설문 조사에 따르면 유기농 식품을 구매하는 사람들의 대다수가 자신이 산 제품은 소규모의 농장에서 재배되었다고 믿고 있는 것으로 나타났다. 그러나 현실은 그렇게 낭만적이지 않다.

유기농 식품이 수십억 달러를 좌우하는 시장을 이루었고 그 규모가 매년 20~25퍼센트씩 성장하고 있는데 대형 식품 기업들이 그 시장에 뛰어들지 않는다면 그것이 오히려 더 이상한 일이다. 예를 들어 보자. 뮈르 글렌, 캐스캐디언 팜 등 유명한 유기농업체의 실제 소유

주는 제너럴 밀스 사다. 하인츠 왕국은 리틀 베어, 월넛 에이커스, 헬스 밸리 등 우리에게 익숙한 유기농 브랜드를 종합 선물 세트로 가지고 있다. 또 코카콜라는 최근에 갑자기 유명해진 대형 주스 생산업체 오드왈라를 사들였다. 최근에 유기농 고과당 콘 시럽이 개발된 것으로 보아 유기농 코카콜라를 보게 될 날도 멀지 않은 것 같다.

그러나 '유기농' 운동이 몇몇 대기업의 수중에 들어가고 있음을 우리는 경계의 눈길로 감시해야 한다. 제너럴 밀스를 한번 자세히 들여다보자. 이 회사는 북아메리카 대륙에서 세 번째로 큰 식품 복합기업이다. 이 회사의 주요 주주 리스트에는 몬산토, 엑슨모빌, 셰브론, 듀폰, 다우 케미컬, 맥도널드 등의 이름이 올라 있다. 유기농 식품업계에서 유명한 또 하나의 이름, 하인 셀레스티얼의 주주 리스트에서도 몬산토, 월마트, 필립 모리스, 엑슨모빌 등의 이름을 볼 수 있다.

> **현재와 미래의 제왕들; 유기농 식품업체들의 소유 관계**
>
> ○ 제너럴 밀스는 뮈르 글렌과 캐스캐디언 팜을 소유
> ○ 하인츠는 하인, 브레드샵, 애로우헤드 밀스, 가든 오브 이팅, 팜 푸드즈, 이매진 라이스(앤 소이) 드림, 캐스바, 헬스 밸리, 드볼스, 나일 스파이스, 셀레스티얼 시즈닝스, 웨스트브라, 웨스트소이, 리틀 베어, 월넛 에이커스, 샤리 앤스, 마운틴 선, 밀리나스 파이니스트 등을 소유

- M&M 마르스는 시드즈 오브 체인지 소유
- 코카콜라는 오드왈라 소유
- 켈로스는 카쉬, 모닝스타 팜즈, 선라이즈 오가닉 소유
- 필립 모리스/크래프트는 보카 푸드즈와 백 투 네이처 소유
- 타이슨은 네이처스 팜 오가닉 소유
- 콘아그라는 라이트라이프 소유
- 딘은 화이트 웨이브 실크, 알다 데나, 호라이즌, 오가닉 카우 오브 버몬트 소유
- 유니레버는 벤 앤 제리스 소유

이런 다국적 기업들은 대부분 우리가 상상하는 소규모의 자연 친화적인 농장들과 계약을 맺지 않는다. 대신 새로운 변종 공장식 유기농 농장이 생겨났다. 몇 에이커씩 이어지는 넓디넓은 밭에 오직 한 가지 작물만 재배하는 것이다. 예를 들면 기후가 좋아 1년 내내 농사가 가능한 캘리포니아에는 단 한 종류의 당근이나 상추만을 재배하는 대형 유기농 농장이 있다. 이들 농장에서 생산된 당근과 상추는 비닐로 밀봉 포장된 다음 북아메리카 대륙을 가로질러 먼 곳으로 팔려 나간다. 이런 기업형 유기농 농장이 농지를 장악하고 있다. 뿐만 아니라 유기농 시장의 수익까지 챙겨가 버린다. 캘리포니아에서 유기농을 하는 농장 중에서 2퍼센트(약 스물일곱 개의 대규모 재배업자들)가 전

체 시장의 유기농 판매액의 절반 이상을 차지한다.

대규모의 기업형 유기농과 소규모의 자연 친화적인 유기농에는 차이가 있어서 전자를 반(半)유기농, 후자를 전(全)유기농이라 한다. 반유기농은 대형 농산업체의 재배 방식을 그대로 따른다. 동일성, 친밀성, 그리고 먼 거리까지 운송하는 데 적합한 품종만을 선택하는 것도 똑같다. 비록 농약을 사용하거나 유전자 변형 곡물을 재배하지는 않지만 여전히 정부의 보조금으로 요금이 싸거나 전혀 없는 농업용수에 의존하며 화석 연료를 많이 사용한다. 이들은 단일 작물의 대량 생산에 집착하고 있기 때문에 이들과 계약을 맺은 재배업자들은 이미 약해진 토질에 매달려서 안간힘을 쓰고 있다. 거름과 퇴비를 주고 윤작으로 땅의 기운을 되살릴 생각은 하지 않고 기업형 유기농 재배업자들은 '유기농' 비료(일시적으로 토양의 힘을 상승시키지만 집중적인 유기농의 생명력까지 찾아 주지는 못한다.)를 사다가 밭에 뿌린다.

전유기농의 신조

○ 농부들은 생물학적 다양성을 지키기 위해 여러 종류의 곡물과 가축을 함께 기른다. 윤작을 통해 토양을 비옥하게 하고 질병과 해충의 확산을 예방한다.

○ 물, 토양, 공기 등의 자원은 소중히 여겨야 하며 재충전되어야 한다.

따라서 농장은 자급자족의 생태계를 유지해야 하며 미래의 세대에게 해가 되지 않아야 한다.

- ○ 농장 내부 생태계의 폐기물로 농장 밖의 토지와 공기, 하천을 오염시키지 말아야 한다.
- ○ 농약은 불가피한 경우가 아니면 사용하지 않는다.(사용할 경우에도 최소량만을 사용하도록 주의를 기울인다.)
- ○ 가축은 인도적으로 대하며 애정으로 보살핀다. 본능적으로 타고난 행동, 이를테면 풀을 뜯고, 땅을 파헤치고, 벌레나 흙을 쪼아 대는 등의 행동을 자유롭게 할 수 있도록 해 주어야 하며 각 종(種)이 본래의 먹이를 찾아 먹을 수 있도록 배려해야 한다.
- ○ 농부들은 정당한 보상을 받아야 하고 일꾼 역시 정당한 대우를 받아야 하며 뒤떨어지지 않는 임금과 복지 혜택을 보장해야 한다. 농장의 잡부 역시 안전한 환경에서 일할 수 있어야 하며 건강한 생활 여건과 식사를 제공받아야 한다.
- ○ 농장은 생산 비용과 처리, 포장 비용을 줄이고 장거리 운반으로 인한 오염을 줄이면서 지역의 식품 유통에 공헌해야 한다.

반유기농은 대량 생산을 선호하고 과도하게 포장하여 수만 마일 떨어져 있는 슈퍼마켓까지 운반하는 인프라의 일부를 이룬다. 반유기농은 다수의 중간 참여자와 단기적인 처방을 필요로 한다. 또한 반유기농의 궁극적인 성공 여부는 자연 친화성이 아닌 수익에 의해 결정된다.

반대편 극단에는 전유기농이 있다. 전유기농 식품은 우리가 유기농 식품을 살 때 상상하는 그림과 완벽하게 일치한다. 소규모의 자영 농장에서 자연 친화적으로, 기업의 '이익'이 아니라 땅을 기름지게 하는 농법으로 재배한 식품이다. 자연 친화적인 유기농법으로 농사를 짓는 농부는 한 가지 작물만을 대량 생산하지 않는다. 생태계를 풍요롭게 하는 핵심은 다양성에 있음을 알기 때문이다. 윤작을 하고 거름으로 퇴비를 사용함으로써 자연의 미묘하고 섬세한 연관 관계를 최대한 모방하여 건강한 토양과 작물을 키워 낸다. 물을 억지로 끌어오기보다는 물이 자연스럽게 흐를 수 있는 방법으로 농지에 물을 댄다. 작물을 수확한 후에는 가까운 지역에서 판매할 활로를 찾는다. 그래야만 운송 거리와 포장을 최소화하면서 신선한 식품을 공급할 수 있기 때문이다.

전유기농과 반유기농은 경작 과정의 하나부터 열까지가 모두 다르다. 전유기농은 최대한 지구의 건강을 고려하면서 가장 맛있고 영양 많은 식품을 재배하기 위해 노력하는 농법이다. 반유기농은 기업의 패러다임 안에서 유기농이 요구하는 최소한의 인증 조건만 충족시킨다. 그러므로 기업들이 정부의 규제 당국으로 하여금 '유기농' 표시 기준을 완화하도록 요구한 것도 놀랄 일은 아니다. 2004년, 미국 농무부는 유전자 변형 작물과 하수 거름을 비료로 사용할 수 있도록 하는 한편, 장기 보존을 위해 식품에 방사선 조사 처리까지 할 수 있도록 유기농 인증 조건을 완화하려고 하였다. 또한 성장 호르몬을 투여한 가축에도 유기농 인증을 사용할 수 있게 하려는 시도까지 있었다. 그러나 분노한 소비자들과 유기농 재배 농부들의 항의서가 무더기로 전달되자 미국 농무부는 그러한 시도를 철회하였다.

미국 농무부의 시도와 같은 압력은 거대 기업들이 어떻게든 유기농 인증을 획득하려고 온갖 술책을 쓰는 한 사라지지 않을 것이다. 유기농 인증을 놓고 다툼을 벌이는 기업이 늘면 늘수록 보다 편하게 그것을 얻으려는 시도도 심해질 것이다.

> ### 🌹 그것은 꿈이 아니다…….
>
> **유기농 식품은 실제로 영양분이 더 많다**
> 지난 반세기 동안 농약에 의존한 농산업은 점점 더 확산되었고 그와 함께 과일과 야채의 미네랄 함량은 점점 줄어들었다. 기존의 방식대로 재배한 식품보다는 기름진 농토에서 유기농으로 재배한 식품이 더 영양분이 많다는 것은 보통 사람들도 느낀다. 그러나 그러한 느낌을 실증적으로 증명해 주는 연구 결과는 많지 않다.
> 2001년, 영양학자 버지니아 워딩턴과 영국 토양 협회가 공동으로 비유기농 식품과 유기농 식품의 영양가 수준을 비교하는 광범위한 연구를 진행했다. 그 결과 유기농 식품 구매자들의 본능이 옳았음이 입증되었다. 화학 비료와 농약을 주면서 기른 작물과 비교했을 때 유기농 작물은 일

> 반적으로 더 양질의 단백질을 함유하고 있었으며 비타민 C와 미네랄 성
> 분도 훨씬 많았다. 특히 칼슘, 마그네슘, 철, 크롬 등의 성분이 많았다.
> 이러한 차이만 보아도 영양 가치가 더 높다는 이유로 유기농 식품을 선
> 호하는 것이 틀린 생각이 아님을 알 수 있다. 오히려 우리가 알고 있는
> 일반 상식, 즉 건강한 토양에서 건강한 음식이 나온다는 말을 다시 한번
> 확인시켜 준다.

전국적으로 통일된 유기농 인증 조건을 마련하는 것이 옳다는 데 의문을 가지는 소비자는 없겠지만 미국 농무부는 기업형 농업의 위해에 대한 어떠한 규제 장치도 가지고 있지 않다. 예를 들면 정부 보조를 받은 물(논에 물을 대는 관개 시설의 경우, 정부 보조를 받아 그 시설을 마련하고 유지하는 경우도 있다.—옮긴이)을 어느 만큼까지 사용할 수 있는지도 정해져 있지 않다. 농장 근로 기준조차 제정되어 있지 않다. 작물을 재배하는 데 화석 연료를 어느 정도까지 사용할 수 있는지에 대한 제한 규정도 없다. 과도한 포장으로 인한 낭비를 감시하지도 않는다. 그러나 대규모의 농장에 요구하는 것과 똑같은 서류와 문서를 소규모 농장에게도 요구한다. 대규모 농장은 그런 서류와 문서를 처리하고 미국 농무부의 유기농 인증을 얻기 위한 여러 가지 사무를 처리할 일손이 충분하기 때문에 대형 식품 가공업체나 슈퍼마켓의 주문을 소화

하기도 훨씬 쉽다. 결국 그들은 점차적으로 유기농 시장에 새로 진입하는 다른 생산업자들을 시장에서 몰아낸다. 따라서 소규모 재배 농가가 기업형 농장에 의해 밀려나 시장을 떠나면서 농산업의 역사에서 따돌림을 받는 현상은 유기농 부문에서조차 되풀이된다.

유기농 식품의 비용

경우에 따라서 유기농 식품의 가격이 더 비싼 것은 사실이다. 그 때문에 어떤 사람들은 유기농 운동이 소수의 엘리트만을 위한 것이 아니냐며 비아냥거린다. 부유한 사람들만이 유기농 식품을 사 먹을 수 있다는 것이다. 그러나 실상은, 미국에서 유기농 식품을 자주 구입하는 소비자들의 연 평균 소득이 4만 3,280달러(더할 것도 뺄 것도 없는 중산층이다.)에 불과하고 유기농 식품을 자주 구입하는 소비자들 중에서 31퍼센트는 연소득이 1만 5,000달러 이하라는 사실이다. 유기농을 찾는 소비자가 증가하면 가격도 하락한다. 공급업자들은 주문을 늘릴 것이고, 그러면 더 많은 농부들이 자기 상품의 안정적인 시장을 갖게 됨으로써 유기농을 계속할 힘을 얻는다. 결국 유기농 식품은 더 구하기 쉽게 되고 소비자들이 사는 유기농 식품의 가격은 떨어진다.

　기꺼이 비싼 유기농 식품의 가격을 지불하고자 하는 사람들도 있다. 유기농 식품을 구입하는 것이 일종의 자선이나 기부라고 보는 것이다. 토지와 지역 사회를 위해 옳은 일을 하려는 농부들을 돕고 지구의 건강을 지키는 길이서이다. 어떤 종교 단체에서는 유기농 식품 구매를 '십일조'라고까지 간주한다. 더 큰 명분을 위해 한 사람의 수입 중 일부를 세상에 환원하는 것이다. 반면에 다른 사람들은 유기농 식품 구매 비용을 일종의 건강 보험료로 간주한다. 자신의 몸에서, 그리고 자기 자녀들의 몸에서 그 동안 쌓인 농약을 없앰으로써 병원을 덜 드나들게 되리라는 것을 이해했기 때문이다.

정말 '싼' 음식일까?

또 한 가지 문제가 있다. 비유기농 식품의 감춰진 비용에 대해 좀 더 세심하게 생각해 보아야 한다. 오랫동안 우리는 '싸다'는 명분 아래 지구와 우리 몸을 온갖 화학 물질로 오염시키는 식품들을 사 먹었다. 하지만 그것들이 정말로 그렇게 싼 걸까? 기업형 농산품의 진짜 가격은 할인점의 가격표에는 나타나 있지 않다. 납세자의 세금 중에서 정부가 농산업체에 지원한 보조금도 가격표에는 나타나 있지 않다. 또한 우리의 건강이 상하고 면역력이 약해진 때문에 발생하는 비용도 반영되어 있지 않다. 그들이 마구잡이로 뿌려 댄 화학 약품들 때문에 망가진 지구 환경을 되살리고 복원하기 위해 들어가는 비용은 거의 측정조차 불가능하다. 미국에서는 거기에 드는 비용으로 한 해 90억 달러를 추산하고 있다. 우리는 이제 더 이상 '싼' 음식을 사 먹을 경제적 여유가 없다. 매년 지구에 뿌려지는 농약, 제초제, 살균제가 무려 300만 톤이다! 모든 대륙이, 특히 강과 시내, 그리고 호수로부터 이런 화학 물질을 씻어 내기 위해 앞으로 계속 부담해야 할 비용을 짐으로 지고 있다.

우리가 할 수 있는 일

안타깝게도 기존의 농법에 의해 발생한 화학 오염 물질들을 땅이 스스로 분해하고 정화하기에는 너무나 오랜 세월이 걸린다. 지금으로서는 우리도 이미 저질러 버린 일들을 쉽게 만회할 방법이 없다. 다만 더 이상 같은 잘못을 되풀이하지 않을 수 있을 뿐이다. 그러기 위한 한 가지 확실한 방법은 유기농 식품을 먹는 것이다. 만약 '유기농 인증' 마크가 붙은 식품을 구매한다면 그 식품은 농약도, 유전자 변형 작물도, 화학 비료도, 하수 거름도 쓰지 않은 것이며 방사선 조사 처리도 하지 않은 것이다.

 순수주의자들은 유기농 인증을 받은 식품이라 할지라도 대기업과 관련이 있다면 그 인증을 믿을 수 없다고 생각할 수도 있다. 그러나 유기농 인증을 받으려는 노력이 기업형 농장으로부터 지구 환경을 보호할 뿐만 아니라 소비자들도 보호하는 측면이 강하다는 점을 명심해야 한다. 유기농 인증은 중요한 안전판이다. 농산업체들로 하여금 그동안 관행처럼 해 온 심각한 파괴 행위 중의 일부를 중단하도록 강제하는 역할을 하기 때문이다. 맥오가닉(유기농 맥도널드—옮긴이)

이나 오가닉 코크(유기농 코카콜라—옮긴이)는 생각만 해도 끔찍하다. 그 이름만으로도 유기농 개척자들의 신성한 의도를 모욕하는 것이다. 우리가 기업의 세계에 가할 수 있는 압력이라면 그게 무엇이든 그 중요성은 작지 않다. 일부 대기업들은 스스로의 핵심 가치를 손상시키지 않으면서 소규모의 윤리적인 기업들이 더 큰 경제적 힘을 갖도록, 그리고 소비자들로부터도 인정받도록 도움을 주기도 했다. 예를 들면 M&M 마르스는 '시드즈 오브 체인지'를 사들여서 재정 지원을 해 주었고 덕분에 시드즈 오브 체인지는 자연 친화적인 농법을 지키고 종자 공급에 있어서의 순수성과 유산을 지킬 수 있었다.

　이미 말했듯이 유기농 식품이 더 흔해진 것은 소비자의 힘이 얼마나 중요한지를 보여 주는 확실한 증거다. 우리가 기업들(그 중 몇몇은 농산업계에서 가장 큰 대기업이다.)에게 매우 빠르게 변화하고 있는 업계의 경향에 맞추고 계속해서 수익을 올리려면 농법을 바꿔야 한다고 압력을 행사하고 있다는 뜻이다. 우리가 큰 가치를 매기고 있는 소규모 전유기농 농가를 돕기 위해 우리가 직접 할 수 있는 일에는 무엇이 있는지를 이제 곧 이야기하겠다.

농약을 비롯한 화학 물질들을 피한다.
유기농 위주로 식품을 구입하지 않으면 주방 수납장이나 냉장고에 보관된 식품 세 가지 중 한 가지에는 농약 잔유물이 남아 있다고 보면 된다. 정부가 실시한 검사에서 비유기농 상추 한 포기에서 일곱 가지 종류의 농약 잔유물이 검출되었다. 그러므로 만약 유기농 식품을 구입하는 이유가 농약에 노출될 기회를 줄이기 위해서라면 농약 잔유물이 가장 많은 종류부터 유기농으로 대체하는 것이 현명하다.

> ### 🍓 꼭 유기농으로 먹어야 할 식품들
>
> 《컨수머 리포트》지와 다른 공중 보건 단체들은 다음과 같은 과일과 채소에 농약 잔유물이 특히 많다는 보고를 내놓았다. 따라서 이 식품들부터 유기농으로 대체하는 것이 중요하다.
>
> 라즈베리, 사과, 복숭아, 캔털루프(로마 부근이 원산지인 멜론의 일종—옮긴이), 체리, 셀러리, 완두콩, 포도와 건포도, 감자, 시금치, 토마토, 겨울호박, 딸기

미국의 소비자들도 수입된 비유기농 과일과 채소를 피해야 한다. 수입 식품에 국내 생산 식품보다 더 많은 농약 잔유물이 남아 있기 때문이다. 또한 많은 화학 회사들이 미국에서는 판매가 금지된 농약들을 정부 규제가 덜 심한 다른 나라에 팔고 있다.

인증을 받은 유기농 식품이 주는 또 하나의 보너스는 암, 심장 질환, 편두통, 골다공증 등을 유발하는 식품 첨가제들이 유기농 식품에

는 거의 사용되지 않았다는 점이다. 예를 들어 비유기농 딸기에 쓰이는 적색 색소는 원래 살균제 캡탄(흰 가루 형태의 살균제로, 꽃, 과일, 야채 등에 쓰인다.—옮긴이)에서 만들어진 것으로 사람에게는 피부와 눈에 자극을 주는 발암 물질이고 물고기에게는 매우 강한 독성을 갖는다. 거품이 이는 음료 속의 인산은 골다공증을 일으키는 것으로 알려져 있다. 비유기농에 쓰이는 인공 감미료인 아스파탐은 조울증과 편두통을 일으키는 것으로 알려져 있고 MSG(monosodium glutamate)는 천식과 두통을 일으키는 것으로 알려져 있다.

어린아이와 아기에게 유기농 식품을

앞서도 말했듯이 어린아이들은 농약 잔유물에 특히 취약하다. 이제 우리는 이미 알고 있던 상식들의 과학적인 증거를 갖고 있다. 주로 유기농 식품을 먹여 기른 어린아이와 아기는 비유기농 식품으로 기른 아이에 비해 체내에 농약 잔유물이 적게 남아 있다. 따라서 아이들에게 유기농 식품을 먹이는 것은 충분히 가치가 있는 투자이다.

비유기농 식품 외에 다른 대안이 없는 상황이라면 아이가 먹을 과일이나 채소는 껍질이 두꺼운 것을 선택하는 것이 좋다. 껍질이 부드러운 과일과 채소에는 농약 잔유물이 남아 있을 확률이 더 높다. 《컨수머 리포트》의 기사에 따르면 한 번에 먹을 분량의 복숭아에 남아 있는 농약 잔유물의 양은, 몸무게 20킬로그램인 어린이의 하루 허용량(미국 환경 보호국 기준)을 초과한다. 농약 잔유물은 (때로는 더욱 농축된 형태로) 태반과 모유를 통해 아기에게도 전달되기 때문에 임산부나 모유 수유를 하는 산모는 특히 주의해야만 한다.

🐖 유기농 와인의 인기가 점점 높아지고 있다

최근까지도 대부분의 포도원이 농약을 자주 뿌려서 주변 환경을 오염시켜 왔다. 그러나 포도원의 농약에 대한 사람들의 관심이 점점 커지면서 유기농 와인의 인기가 점점 높아지고 있다. 최근에는 중국에서까지 유기농 와인의 인기가 치솟고 있다. 그리고 누구나 예측할 수 있겠지만 유기농 와인이 시작된 곳은 캘리포니아다. 1990년대 초반, 소노마카운티의 갤로 와인 컴퍼니는 6,000에이커(약 24제곱킬로미터)의 와인용 포도 재배를 유기농법으로 전환했다. 갤로 와인 컴퍼니는 유기농으로 재배해도 농약을 쓰면서 재배했을 때와 다름없는 소출을 얻을 수 있음을 알게 되었다. 물론 에이커당 비용은 훨씬 적게 들었다. 미국에서 여섯 번째로 큰 와인 생산자인 페처는 캘리포니아의 포도원을 모두 유기농으로 전환했다. 번머스의 집에 있을 때 동생 주디와 나는 구할 수만 있다면 항상 유기농 와인을 샀다. 얼마 전에 캘리포니아 나파 밸리의 로스카네로스에 있는 로버트 신스키 바인야드로부터 브로셔를 하나 받았다. 이 포도원에서는 포도밭에 687마리의 양을 풀어 놓았다고 적혀 있었다. 피복 작물((被覆作物. 겨울철, 토리(土理)를 보호하기 위해 밭에 심는 클로버 따위—옮긴이)과 잡초가 무성하게 자라는 우기에는 밭을 제대로 관리하기가 힘들다. 그러나 양 떼를 풀어 놓으면 양들이 이리저리 옮겨 다니며 피복 작물을 뜯어 먹는다. 그와 동시에 양은 흙 속의 균근곰팡이와 박테리아의 활동을 도와

줌으로써 땅을 비옥하게 하고, 결과적으로 포도나무 뿌리가 다섯 배나 많은 자양분을 흡수하게 해 준다. 자양분이 천천히 분해(자연이 의도하는 대로)되는 건강한 환경을 만들어 주고 포도나무는 필요한 영양분을 필요한 만큼 흡수한다. 따라서 포도나무의 면역 체계가 더 강해지고 합성 비료를 주었을 때는 흡수할 수 없었던 미량 원소도 충분히 흡수할 수 있게 된다. 포도의 향이 더 좋아지는 것은 물론이다.

2005년 6월, 나는 100퍼센트 유기농 포도원인 프랑스의 콩테샤타레에서 '고릴라'라는 이름의 와인을 한 병 샀다. 포도주 생산자인 로버트 이든(영국의 수상이었던 앤서니 이든 경의 아들)은 쐐기풀차를 포도밭에 살포한다. 쐐기풀차는 놀랍도록 효과가 뛰어난 천연 살충제다. 사실 그는 철저하게 땅을 존중하는 자세로 가능한 한 에너지를 절약하고 화학 물질을 사용하지 않으면서 포도를 기르고 있다. 이든은 휘발유나 디젤이 땅을 오염시키지 않도록 하기 위해 말을 이용해서 밭을 간다. 그의 포도원에서는 지금 밀짚으로 가건물을 짓고 있는 중이다. 심지어는 수백 년 전에 농부들이 활용하던 방법까지 응용하여 포도를 수확하거나 밭을 갈 때, 가지치기를 할 때 태양과 달, 행성의 위치를 고려하기도 한다.

가까운 시일 내에 콩테샤타레는 새 와인을 시장에 내놓을 예정이다. 새 와인 판매 금액의 1퍼센트가 침팬지를 보호하는 기금으로 기부된다. 이 기금은 프랑스에 새로 세워진 제인 구달 연구소를 돕는 멋진 캠페인이 될 것이다. 물론 윤리적인 방법으로 생산되는 와인의 판매에도 도움이 될 것이다.

12장 농가를 보호하자

최고의 비료는 농부의 발자국이다.
―익명

소비자들의 의식 수준이 높아지고 유기농 식품을 선호하는 소비자들이 늘자 소규모의 자영 농장들에게도 생존의 길이 열리기 시작했다. 또 그들 중 일부는 여러 가지 난관에도 불구하고 유기농을 실천하기로 결심하고 있다. 버지니아의 한 농부는 최근에 전유기농 방식으로 농사를 지어 좋은 평판을 얻었다. 조엘 샐러틴은 식량을 재배하는 일은 자연적인 현상이지 기계적인 현상이 아니라고 믿는다. 따라서 생물학적 다양성이 보장되고 땅에게 가장 좋은 방향으로 생명의 순환 주기가 돌아가도록 하기 위해 힘든 일도 마다하지 않는다. 그는 '돼지를 이용한 통기'의 달인이다. 그의 농장에서는 소의 배설물을 모은 후 그 사이사이에 옥수수와 건초를 뿌려 놓는다. 그러고는 소를 풀밭에 내보내고 돼지를 소의 우리에 불러들여 배설물을 파헤치면서 그 사이에 파묻힌 옥수수와 건초를 찾아 먹게 한다. 그 과정에서 공기가 충분히 스며들어 소의 배설물은 잘 발효된 거름이 된다. 이 거름은 소들이 뜯어 먹을 풀밭에 주기에 딱 알맞다.

그러나 조엘 같은 농부들도 살아남기 위해서는 소비자들의 도움이 절실히 필요하다. 《뉴욕 타임스 매거진》의 최근 기사에서 그는 "우리가 하는 일에 대해서는 정부의 지원도 없을 뿐만 아니라 우리는 사사건건 반대론자들의 저항에 부딪힌다."고 털어놓았다. 그뿐만이 아니다. 소비자들도 대부분의 경우, 기업화된 농장의 네트워크에 의존하는 반조리 포장 식품이나 패스트푸드를 더 선호한다. 이러한 네트워크는 통일성과 주주의 이익만을 추구할 뿐이다. 반면에 조엘 같은 농부들은 그와는 다른 곳에 투자하기 위해 모든 노력을 다하고 있다. 그들은 자신들이 경작하는 땅의 미래와 그들이 생산하는 식품을 먹는 사람들의 건강에 투자한다.

내 고장 식품, 새로운 유기농

조엘과 같은 가치관을 가지고 조용히, 천천히, 그리고 신중하게 노력하는 농부들 덕택에 음식 혁명이 일어나고 있는 것은 매우 다행한 일이다. 이러한 운동을 '내 고장 식품 먹기' 운동('local foods' movement)으로 부른다.(어떤 이들은 '신유기농' 운동('new organic' movement)이라 부르기도 한다.) 이러한 운동은 전국의 윤리적인 농부들에게 희망을 준다. 또한 농산업에 대한 우리의 우려를 대변하는 시의적절하고도 매우 아름다운 방법이다.

환경을 걱정하는 소비자라면 내 고장의 식품을 먹는 것이 땅을 소중히 여기고 충실하게 유기농을 실천하는 소규모의 자영 농장을 돕는 길일 뿐만 아니라 식품을 과도하게 포장하고 지나치게 먼 거리까지 운송하는 과정에서 발생하는 오염도 줄일 수 있는 길이라는 것을 안다.

건강을 걱정하는 소비자는 내 고장에서, 자연 친화적인 농법으로 재배된 신선한 식품을 먹는 것이 기업형 농장에서 기른 식품들에서 볼 수 있는 농약 잔유물과 항생제, 성장 호르몬, 그리고 감춰진 유전자 변형 작물을 피할 수 있는 길이라는 것을 안다. 내 고장에서 자연 친화적으로 길러 낸 식품들은 식품으로서도 훨씬 더 훌륭하다. 다양한 영양 성분을 풍부하게 가지고 있으며 설탕과 지방 함량이 높은 가공 포장 식품과 패스트푸드의 소비를 줄일 수 있게 해 준다.

점점 더 획일화되어 가는 문화(대기업의 체인점들이 크고 작은 도시와 마을의 상권까지 장악해 가고 있다.)에 대해 경계심과 정치적인 의식을 가진 소비자들은 내 고장에서 난 식품을 먹는 것이 제국주의에 대해 반대의 한 표를 던지는 것이며 독립적인 주권을 되찾아 오는 확실한 방법이라는 것을 깨달아 가고 있다. 내 고장의 식품을 먹는 것은 또한 토종 먹을거리와 음식과 관련된 전통, 그리고 패스트푸드에 의해 점차 파괴의 위협을 받고 있는 문화적 정체성을 보존하는 길이기도 하다. 미식가들도 기업의 손이 미치지 않은, 각 지역 식품 생산자들이 내놓는 다양한 품질과 종류의 식품에서 즐거움을 찾고 있다.

또 모든 사람들이 내 고장 식품 먹기 운동 덕분에 새로워진 식품 공급자와의 관계에 만족을 느끼고 있다. 생각해 보면 먹는다는 행위(뭔가를 내 몸에 직접 투입하는 행위)는 매우 사적이고 직접적인 과정으로, 내가 먹는 음식을 생산하는 사람과 장소, 그리고 거기에 사용되는 물 등에 대해 더 많은 것을 알고 싶은 것은 당연한 일이다. 옛날에는 이런 정보를 직접 요구할 수 있었다. 그러나 지금은 내가 먹는 식품이 대체 어느 대륙으로부터 왔는지조차 알기 어렵다. 내 고장 식품을 먹으면 대기업이 소비자와 지역의 식품 공급자 사이에 개입하면서 잃어버렸던 소비자와 지역 공동체 간의 관계를 다시 회복할 수 있다.

카트를 밀면서 슈퍼마켓의 통로(멀리서 운송되어 온 식품, 가공된 포장 식품이 가득하고 눈부신 형광등 불빛과 바코드를 읽는 컴퓨터 소음으로 산만한)를 지나가다 보면 쇼핑은 하찮은 허드렛일처럼 느껴진다. 그러나 무지갯빛처럼 다양한 색깔과 향기, 맛을 자랑하는 농산물 직판장에 가 보면 쇼핑은 즐거운 외출이 된다.

세계 어느 곳이나 마찬가지다. 개발도상국의 시장은 더욱더 멋지다. 모든 것이 신선하고 새롭다. 골 풀로 짠 멍석 위나 나무로 만든 테이블 위에 상품을 놓고 과일과 채소는 개수를 세어 조심스럽게 쌓아 놓는다. 노란색 또는 연두색의 바나나, 붉은 주황색의 토마토, 하얀 쪽마늘, 갈색의 감자, 양파, 양배추 등 시장의 여러 상품들 중 대부분은 낯익고 친숙한 것들이다. 그러나 항상 생김새도 이상하고 특이한, 이름을 알 수 없는 것들도 있기 마련이다. 내가 처음으로 아프리카로 가던 길에 배가 잠시 아덴에 정박했을 때 시장에서 처음 보았던 수박을 지금도 잊을 수 없다. 짙은 갈색 피부의 귀여운 소년이 서 있었는데 그 소년의 옆에는 윤기가 흐르는 짙은 초록색 껍질이 반으로 갈라져 있고 그 속에는 구슬같이 까만 씨가 박힌 선명한 붉은색의 과육이 들어차 있었다.(그때는 1957년으로, 영국에서는 먼 나라에서 난 과일을 구할 수 없던 시절이었다. 그래서 나는 수박을 본 적이 없었다.)

아프리카, 아시아, 그리고 라틴아메리카의 거리 시장에는 나름대로의 아름답고 독특한 향기가 있다. 향긋한 과일, 토속적인 채소, 알싸한 향신료 등이 섞인 냄새다. 자카르타의 시장, 특히 두리언(말레이시아 반도에서 나는 과일—옮긴이)이 한창 나올 때의 자카르타 시장은 다른 지역의 시장과는 사뭇 다르다. 이 엄청나게 큰 과일은 잘 익으면 마치 꽉 막힌 시궁창 같은 역한 냄새를 풍긴다. 대부분의 서양 사람들은 그 과일을 먹어 볼 생각은커녕 그 냄새만 맡고도 고개를 돌린다. 하지만 그건 아주 큰 실수다. 사실 두리언은 정말 맛있는 과일이다. 오랑우탄이 어쩌다 숲에서 이 과일을 만나면 그토록 좋아하는 것도 다 그만 한 이유가 있는 것이다.

미국과 유럽의 재래시장은 많이 비슷하다. 각 고장의 식품 생산자들이 가판대를 만들어 놓고 직접 재배하거나, 기르거나, 사냥한 먹을거리를 내놓기도 하고, 또 직접 담근 술, 오이 피클, 직접 구운 빵, 직접 만든 훈제 식품이나 조리 식품 등을 판매한다. 대부분의 가판대에는 집에서 만든 잼, 치즈, 갓 딴 살구, 상추 포기 등이 진열되어 있다. 아름답고 생동감 넘치는 각 고장의 농산물 직판장은 관광객들을 유혹하기도 한다. 농산물 직판장은 관광객들이 한 지역의 개성을 제대로 체험할 수 있는 좋은 장소다. 지방의 영세한 가내 수공업체에서 만든 온갖 공예품들이 시장 물건들 사이에서 손님을 부른다. 농산물 직판장은 소규모 생산자로부터 상품을 공급받기 때문에 농산물 직판장이야말로 한 가족이 운영하는 자연 친화적인 농장(우리가 식품점에서 유기농 식품을 살 때마다 후원해 주고 싶은 마음이 들곤 하는 생산자)으로서는 가장 적합한 판로라고 할 수 있다.

각 고장에서 생산되는 식품의 인기가 점차 높아지고 있음을 고려한다면 이렇게 활기찬 농산물 직판장들이 자기 지역의 소규모 식품 생산자와 대도시나 도시 주변 변두리를 직접 연결해 주기도 하면서 점점 더 큰 성공을 거두고 있는 현상도 특이하다고 할 수는 없을 것이다. 1994년 미국에서 정식으로 등록된 농산물 직판장의 수는 1,755개, 2004년에 이르러 그 숫자는 3,706개로 껑충 뛰었다. 같은 기간 동안, 영국의 유기농 식품 판매는 열 배(1993~1994년 1억 파운드에서 2003~2004년 11억 2,000만 파운드로 증가)나 증가했다. 미국이나 영국 모두 등록되지 않은 영세 농산물 직판장도 수천 개 존재하는 것으로 추산된다.

갓 구운 빵, 약초, 야생화 꿀, 다양한 지역 토산 공예품 등의 판매대와 나란히 유기농 식품 판매대가 설치되어 있는 워싱턴의 올림피아 시장은 지역 농산물 직판장의 전형적인 예다. 올림피아 시장에서도 빠지지 않는 판매대 중의 하나가 바로 '보이스트포트 밸리 팜'이다. 반유기농과 전유기농의 차이가 무엇인지 생각한다면 보이스트포트 밸리 팜은 단연코 전유기농 농장이다.

윤작, 피복 작물 재배 등과 같은 전통적인 농법에 의존하면서 마이크와 하이디 페로니 부부는 땅과 공기, 물, 그리고 야생의 동식물까지 배려하면서 스스로 '생명 친화적인(life-sustaining)' 식품을 재배하는 데 온힘을 쏟는 것으로 지역 공동체 사회에 공헌하고 있다. 예를 들면 페로니 부부는 자신들의 농장이 연어의 산란장인 근처의 체할리스 강의 환경에 해를 주지 않도록 특히 조심하고 있다. 페로니 부부는 밭 둘레에 산울타리를 쳐서 재배하는 작물을 보호하는 것과 동시에 먹이를 찾아 내려온 엘크, 사슴 등에게 먹을 것을 마련해 주기도 한다. 농장 안 곳곳에 스노베리, 능금나무 등을 길러서 산새들의 휴식처가 되게 하고 있다. 또 해바라기도 여기저기에 흩어져서 자라는데 해바라기는 벌을 비롯한 여러 곤충들이 농장 안을 편하게 돌아다니게 해 주는 한편 새들에게는 그 씨앗이 좋은 먹이가 된다.

농산물 직판장에서 농산품을 판매하는 것에서 그치지 않고 페로니 부부는 200명의 CSA(Community Sponsored Agriculture) 회원들과 거래한다. 농작물 재배 철마다 500달러의 회비를 내면 보이스트포트 밸리 팜에서는 20주 동안 매주 한 상자씩 네 명의 가족이 충분히 먹을 수 있는 신선한 농산물을 배달해 준다. 상자마다 여러 가지 부식용 야채뿐만 아니라 다양한 허브, 샐러드 채소, 과일이 차곡차곡 들어 있다. 페로니 부부는 또 워싱턴 주 동부의 유기농 과수 재배 농가들과도 계약을 맺어 CSA 회원들에게 체리, 복숭아, 승도복숭아, 살구, 사과 등 신선하고 맛있는 과일까지 선사한다.

페로니 부부에게 가입한 CSA 회원들은 매주 배달되어 오는 상자를 크리스마스 선물처럼 반겨 맞는다. 어떤 가정에서는 이 상자를 서로 먼저 열기 위해 다툼이 일어나기까지 한다. 페로니 부부는 먼 곳까지 배송해서 판매할 목적이 아닌, 북서부 기후에서 가장 잘 자라는 농산물만을 재배하기 때문에 고객들은 냉동 트럭에 실려 장거리를 달려와 슈퍼마켓 진열대에 놓인 식품들에서는 느낄 수 없는 신선함을 만끽한다. 상자 속에 든 순쿄 래디시, 카보차 스쿼시, 로마 빈 등을 보고 당황할 고객들을 위해 마이크는 상자에 든 재료들을 가지고 만들 수 있는 멋진 조리법까지 동봉한다. 페로니 부부 외에도 CSA 회원들과 계약을 맺은 많은 농부들이 지역 특산물, 제철 농산품으로 맛있고 색다른 요리를 해 먹을 수 있는 조리법을 함께 제공하고 있다.

"들에 나가 일할 때마다 내가 기르고 수확한 야채를 먹을 사람들의 얼굴을 상상할 수 있습니다. 하루 일이 끝나고 저녁 식탁에 앉았을 때, 바로 그 시간 나처럼 식탁에 앉아 내가 보내 준 재료들을 가지고 나와 똑같은 식사를 하고 있을 200가정들을 떠올리면 가슴이 너무나 뿌듯합니다."라고 마이크는 말한다.

농가와 소비자를 보다 직접적으로 연결하는 파트너십을 가장 먼저 생각해 낸 곳은 일본이었다. 일본에서는 이런 파트너십을 테이케이라고 불렀는데 그 의미는 '음식에 농부의 얼굴을 그려 넣자' 이다. 이 아이디어는 농약과 화학 비료로 범벅이 된 유해한 가공 식품에 염증을 느낀 몇몇 일본 여성들이 새로운 대안을 찾기로 결심한 1970년대부터 시작되었다. 그러나 그들은 스스로의 밥상을 안전하게 지키는 것 못지않게 위기에 처한 농가에 대해 제대로 알고 그들을 보호하는 것도 중요하다고 생각했다.

　농약과 화학 비료를 멀리하고 식품의 가공을 배제하며 중간상들을 거치지 않고 보다 직접적으로 각 지역의 농가와 손을 잡겠다는 지극히 상식적이고 아름다운 이들의 아이디어는 결국 미국에서도 뿌리를 내려 1985년에 CSA 프로그램이 탄생하게 되었다. 지역 특산물, 자연 친화적인 식품에 대한 관심이 점점 높아지면서 CSA 운동도 점점 널리 확산되었다. 오늘날에는 미국 전역에서 1,000개 이상의 CSA 프로그램이 운영되면서 도시나 도시 근교 거주자들뿐만 아니라 전원생활을 하고 있는 소비자들까지 회원으로 가입하고 있다.

　대부분의 CSA 프로그램들은 보이스트포트 밸리 팜의 프로그램과 유사하다. 소비자들은 매주 지역의 농가, 농장에서 생산된 신선한 계절 식품이 담긴 상자를 받는 대가로 일정액의 회비를 낸다. 어떻게 보면 소비자는 해당 농가나 농장의 주주와 비슷하다. 다만 최대의 이윤을 추구하는 주주가 아니라 신선함과 무공해의 영양분, 농부와의 관계, 그리고 마음의 평안을 추구하는 주주들이다. 이 주주들 중 많은 사람들이 더 신선하고, 더 맛있고, 그리고 가능하다면 유기농으로 재배된 식품을 먹고 싶어 한다. 어떤 사람들은 지역의 환경에 책임을 느끼고 돌보는 자세를 가진 농부들에게 직접 도움이 되고자 한다. 그러나 거의 예외 없이 누구나(농부나 소비자가 한결같이) 말하기를, 그들이 얻는 가장 큰 이득은 자신이 먹는 먹을거리를 기르는 사람과 직접적인 관계를 유지하는 것이라고 말한다.

캐비지 힐 팜

2004년의 어느 화창한 봄날, 나는 제롬과 낸시 콜버그를 만나러 뉴욕 주 마운트 키스코에 있는 캐비지 힐 팜으로 갔다. 캐비지 힐 팜은 완전한 유기농을 실천하고 있는 농장으로 그곳에서 기르는 동물들(전통적인 품종의 돼지와 소, 양, 그리고 가금류)을 만나 즐거운 아침 시간을 보냈다. 마치 내 어린시절의 농장으로 돌아간 기분이었다. 동물들은 모두 풀을 뜯거나 나무 아래 자리를 잡고 풀밭에서 쉬고 있었다. 우리는 라지 블랙종 돼지(녀석들은 이름을 부르면 쪼르르 달려와 감탄을 자아냈다.)와 한참 시간을 보냈다. 데본종 소, 셔틀랜드종 양, 마란종 닭도 만났고 셔틀랜드종 거위도 만났다. 셔틀랜드종 거위는 아주 드문 종으로, 다른 곳에서 구조되어 이 농장으로 와서 사육되고 있었다. 송어와 틸라피아(아프리카 동부와 남부가 원산지인 양식어종─옮긴이) 양식장에도 가 보았는데 아주 복잡하고 효율성이 높은 수질 관리 시스템이 있었다.

집에 도착했을 즈음 갑자기 비구름이 몰려오더니 장대비가 쏟아지기 시작했다. 금방이라도 큰 홍수가 날 듯한 기세였다. 큰 비에 장단을 맞추듯 천둥까지 쳤다. 점심을 먹으러 식당으로 가는 사이에 눈앞이 보이지 않을 정도로 강한 번개가 치더니 집안의 불이 모두 꺼져 버렸다. 불이 나가자 사방이 너무나 어두웠다. 그야말로 칠흑 같은 어둠이었.

캐비지 힐 팜에서의 경험은 내게 특히 감동적이었다. 나는 콜버그 부부에게 이 책에 실을 수 있도록 그 농장에 대한 설명을 써 달라고 부탁했다. 그 설명 안에는 우리가 그토록 열정적으로 믿고 있는 많은 것들이 생생하게 표현되어 있었다. 그 일부를 살펴보자.

"우리는 작은 농장과 토종 가축, 자연 친화적인 농법, 생물학적 다양성을 보존하기 위해 노력하고 있습니다. 순수한 유전자를 보존하는 것이 중요하다고 생각합니다. 토종 가축들은 손을 덜 타기 때문에 소규모 농장을 운영하는 농부들에게 매우 적합합니다. 토종 가축들은 자연의 방식대로 새끼를 낳고 목초지를 뛰어다니며 풀을 뜯고 항생제나 성장 호르몬, 화학 비료를 뿌린 풀밭 같은 것은 필요로 하지도 않습니다. 퇴비와 거름은 땅으로 돌아가 땅의 기운을 북돋아 줍니다. 우리가 기르는 물고기는 커다란 수조 속에서 유기농법으로 양식됩니다. 탱크의 물은 물 위에 떠 있으면서 물 속의 자양분을 흡수했다가 깨끗하게 되돌려 주는 부유 식물들을 통해 걸러집니다. 이런 시스템 속에서는 물이 한 방울도 낭비되지 않습니다.

우리 농장에서 생산되는 모든 것들은 이 고장의 식당에 납품됩니다. 마운트 키스코의 플라잉 피그도 그런 식당 중의 하나인데 우리는 그 식당을 '작은 농장이 작은 고장을 위해 신선한 생선과 자연의 방식을 따라 재배한 채소를 공급하고, 또한 그 고장은 작은 농장들의 생존을 도울 수 있음을 보여 주는' 모범 사례로 만들었습니다.

농부들에게 송사와 화학 비료, 제초제를 사도록 전매 계약을 맺은 화학 회사들은 세계의 모든 곳에서 농부들의 생존권을 박탈할 것입니다."

내 땅에서 난 것이 내 몸에도 좋다

지역 농산물 소비 운동을 '먹을거리 민주주의'라고 부르는 이유는 아마도 이 운동이 내 고장에 대한 식품 공급의 통제권을 내 고장의 손으로 되돌려 받을 수 있는 대표적인 길이기 때문일 것이다. 소비자의 입장에서 CSA나 농산물 직판장 등을 통한 직거래는 곧 대형 할인 마트나 식료품점에서 식품을 구입하는 것보다 합리적인 가격으로 보다 건강에 좋은 식품을 구입할 수 있는 기회나 마찬가지다. 각 지역의 농산품을 직거래하고자 하는 일반 대중들의 노력은 저소득 가정에 신선한 식품을 공급하는 데에도 도움이 된다. 뉴욕 같은 도시에서는 주민들이 식량 카드로 농산물 직판장에서 식품을 구입하거나 CSA 회비를 납부할 수 있도록 하고 있다. 또한 많은 CSA 프로그램들이 할부 또는 할인된 가격으로 회비를 받기도 한다.

    소규모 재배 농가들은 흔히 농산물 직판장이나 CSA, 농가 직판대, 체험 농장, 식품 협동조합 등을 통해 일반 소비자와 직거래하기를 원한다. 농산물이 재배된 장소로부터 가까운 곳에서 판매될수록 농부에게 돌아가는 몫이 많아지는 것은 물론이고 그들을 후원해 주는 지역에도 보탬이 된다. 영국의 신경제 재단은 우리가 사용하는 통화가 무엇(파운드, 달러, 페소, 루피 등)이든 그 돈을 내 고장에서 난 식품을 사는 데 쓴다면 대형 할인 마트에서 똑같은 식품을 살 때보다 내 지역 사회의 수입을 두 배까지 증가시킬 수 있음을 보여 주었다.

내가 사는 도시에서 농사를 짓는다

브라이언 핼웨일은 『가까운 데서 먹기: 집에서 기른 농작물의 맛을 글로벌 슈퍼마켓에서 요구하기』에서 도시에서의 현대적인 농경을 포괄적으로 개관해 주었다. 그는 지구상 육대주에서 약 8억 명의 사람들이 자신의 집에서 도시 농경을 행하고 있다고 추산한다. 도시 농경 네트워크(세계 곳곳의 도시에서 현대적으로 농사를 지을 수 있는 방법에 대한 정보를 수집한다.)를 이끌고 있는 자크 스미트는 1970년대 말부터 라틴아메리카, 아시아, 아프리카 등지에서 일어나기 시작한 도시 농경이 농촌 인구의 도시 유입이 점점 증가하는 것과 함께 점점 더 많은 관심을 끌게 될 것이라고 믿고 있다. 이미 베이징, 상하이, 자카르타 같은 아시아의 거대 도시들이 끔찍한 교통지옥을 경험하고 있으며 앞으로도 상황은 더 악화되면 악화되었지 개선되기는 힘들 것으로 보인다. 이런 교통 체증의 상당 부분은 식품을 운반하는 10톤짜리 대형 트럭 때문에 발생하고 있다. 나도 이 도시들에 대해 잘 알고 있는데 이들 도시의 주민들은 이미 악몽 같은 교통 체증을 겪고 있다. 이런 도시들도 가까운 곳에 있는 도시 농장에서 신선한 농산 식품을 공급받을 수만 있다면 끔찍한 교통 문제가 조금은 해소될 것이다. 성공적인 도시 농경 프로젝트에 대한 핼웨일의 설명을 읽었을 때 나는 매우 흥분했었다. 그는 세계적으로 도시 거주자의 약 3분의 1이 도시 농경으로 생산된 농산 식품(지하실, 공터, 옥상 정원 등에서 기른 야채와 과일)을 소비하고 있다고 추산했다. 예를 들면 러시아의 상트페테르부르크의 500만 주민 중 절반 이상이 이 도시 안에서 직접 농사를 짓는다. 그레이터런던(런던을 중심으로 한 대도시 주. 런던 시와 이너런던, 아우터런던으로 이루어져 있다.―옮긴이)의 10퍼센트가 3만 개의 분할 대여 농지와 함께 농사짓는 땅으로 활용되고 있다. 약 1,000명의 양봉업자들도 여기서 양봉을 한다. 토론토의 커뮤니티 가든(약간의 임대료를 내고 지자체나 지역 공동체로부터 빌려서 농작물을 기를 수 있는 땅―옮긴이)도 지난 10년간 쉰 개에서 120개로 증가했다.

뉴욕의 한 시민 단체인 어스 플레지는 옥상 정원을 적극적으로 홍보하고 있다. 이들은 뉴욕의 옥상을 녹화함으로써 신선한 농산물을 생산할 수 있을 뿐만 아니라 기온을 낮추고 공해를 줄이며 빗물을 활용할 수 있기를 바라고 있다. 어스 플레지는 맨해튼에 있는 본부 건물 옥상에 아주 멋진 유기농 텃밭을 가지고 있다. 멕시코에서는 수경 재배법을 이용한 옥상 정원이 많다. 모로코에서는 배양토를 채운 낡은 타이어로 옥상 정원을 꾸며 채소를 재배한다. 이런 옥상 정원에서 난 채소들은 농촌의 농장에서 생산된 것 못지않게 품질이 우수하다. 게다가 물 사용량도 90퍼센트나 줄었다. 사용한 물을 옥상 정원 바닥으로 배수한 다음 그 물을 모아서 재활용하기 때문이다. 이런 프로젝트의 상당수가 극빈 계층에게 매우 의미 있는 일감을 마련해 준다. 여러 가지 것들을 모아 스스로의 옥상 정원을 꾸미는 데 쓰기도 하고 다른 사람들에게 팔기도 한다. 예를 들면 아르헨티나의 빈민가에서는 주민들이 쓰레기 하치장에서 유기 물질을 수거해 배양토를 만들어 판다.

선진국에서든 후진국에서든 도시의 빈민가에서는 각 가정의 수입 중 절반 이상이 식비로 지출된다. 식재료를 대량으로 구매할 여력이 없기 때문이다. 또 어떤 지역은 주민들에게 필요한 최소한의 편의 시설조차 갖추어져 있지 않다. 워싱턴의 애너코스티아 지역에는 수년 동안 슈퍼마켓이 하

마이크와 셜리는 동물원에서 사랑받기에는 덩치가 너무 커지자 도살장으로 보내졌다. 나는 동물 보호 운동가들에게 편지를 써서 이들이 처한 상황을 알렸다. 지금 마이크와 셜리는 퀘벡의 동물 보호 재단에서 운영하는 보호소에서 평화롭게 살고 있다. (사진 제공: Robert Sassor)

세상을 두루 돌아다니다 보니 유기농 식단을 제공하는 식당 주방장이나 연회 요리사들을 많이 만난다. 린다 햄스턴은 콜로라도의 볼더스에서 내 친구들의 작은 모임을 위해 맛있는 요리를 만들어 주었다. (사진 제공: Jeff Orlowski)

캘리포니아 나파 밸리에 있는 로버트 신스키의 농장에서 양들이 풀을 뜯고 있다. 양들은 포도 덩굴 사이 풀밭의 맨 위층에 웃자란 풀들을 뜯어 먹으면서 한편으로는 배설물로 땅을 더 비옥하게 만들어 준다. (사진 제공: Robert Sinskey)

오늘날의 많은 어린이들은 자신이 먹는 음식에 대해 잘 알지 못한다. 어떤 아이들은 감자가 땅 위에서 자라는 나무에서 나는 열매라고 생각한다. (사진제공: Tom Mangelson/Images of Nature)

비만은 현대 사회의 주요 사망 원인으로 대두되고 있다.
(사진 제공: Roy McMahon/Corbis)

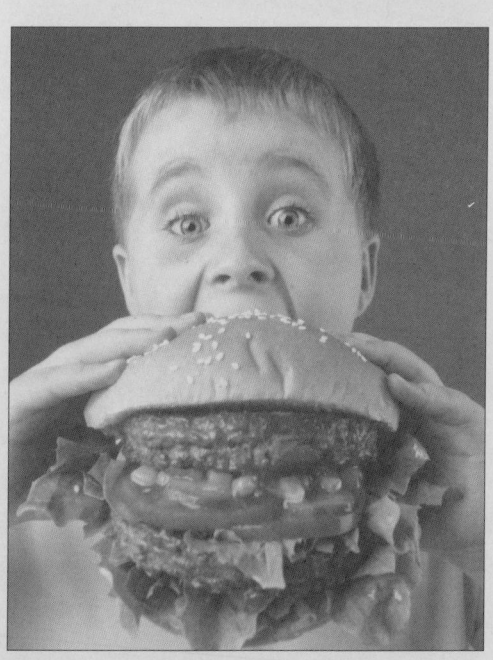

어린이들 사이에서 비만이 유행처럼 번지고 있는 현실은 그리 놀랄 만한 일이 아니다. 날로 성장하고 있는 패스트푸드 산업, 그 패스트푸드의 재료 대부분이 건강에 해로우며, 한 사람이 먹기에는 양이 너무 많다는 것, 바로 이런 요소들이 지구상에서 점점 더 많은 어린이들을 지나치게 살찌우는 원인이 되고 있다.

(사진 제공: Chris Everard/Getty Images)

네브래스카 주의 대수층을 위태롭게 만들고 있는 수백 개의 중앙 관수정 중의 하나. 길이는 약 400미터로, 중앙의 펌프 주위를 천천히 돌면서 커다란 원을 그리며 물을 뿌린다.

(사진제공: Tom Mangelson/Images of Nature)

악취 나는 배설물이 뒤섞인 진흙 속에서 어린 소들이 호기심 어린 눈으로 카메라를 쳐다보고 있다. (사진 제공: Tom Mangelson/Images of Nature)

탄자니아에서 진행되고 있는 TACARE 프로그램에서 묘목장을 돌보고 있는 여인들. 우리는 이들의 삶이 조금씩 나아지도록 돕고 있다. 지금 이들은 곰비 침팬지를 보호하기 위한 우리의 노력에 좋은 파트너가 되어 주고 있다. (사진 제공: Kristin Mosher)

나도 없어서 주민들은 패스트푸드 레스토랑에서 식사를 해결하거나 편의점에서 식재료를 구입해야 했다. 도시의 텃밭에서 재배된 농산물을 다루는 농산물 직판장이 생기자 주민들은 몇 년 만에 처음으로 신선한 식재료를 안정적으로 공급받을 수 있게 되었다. 하바나는 미국의 금수조치(禁輸措置, 모든 부문의 경제 교류를 중단하는 조치—옮긴이)에 이어 구소련까지 붕괴되자 정부가 적극적으로 개입하였고, 그 결과 지금은 이 도시에서 소비되는 신선 식품의 90퍼센트가 도시 농장이나 텃밭에서 생산되고 있다.

도시 농장은 그 도시에 식수를 공급하는 하천을 보호하고 사람들에게는 스스로 먹을거리를 재배할 기회를 줄 뿐만 아니라 다시금 흙을 만지며 살 수 있게 해 준다. 또한 쓰레기 매립지로 갈 운명이었던 음식물 쓰레기도 재활용하게 한다. 가장 중요한 것은 이런 프로젝트가 의미 있는 일감을 제공한다는 점이다. 햄웨일은 전직 택시 기사인 월리 새츠위치와 그의 아내 게일의 멋진 프로젝트에 대해서도 설명한다. 그들 부부는 새스카툰에서 스무 개의 레지덴셜 가든을 운영하고 있다. 여기서 난 농산물로 임대료를 지불하거나 다른 식료품과 물물 교환을 하기도 한다. 유기농으로 농사를 지으며 해충의 피해를 최소화하기 위해 여러 작물을 윤작한다. 스무 명의 CSA 회원을 관리하는 한편, 아주 유명한 식당 몇 곳에 식재료를 납품한다. 이렇게 해서 번 돈은 그들이 풍족한 삶을 누리기에 부족함이 없다. 한군데의 밭에서 계절마다 평균 3,900달러의 수입이 생긴다. 월리는 매우 열정적인 사람이라 자신의 프로젝트를 웹사이트에 올려놓고 정보를 공유한다. 전 세계에 흩어져 있는 이런 사람들, 소매를 걷어 올리고 일하며 땅과 사람을 다시 이어 주고 있는 이들을 생각하면 저절로 희망이 솟는다.

소규모 농가를 구하는 길

우리가 각자 내 고장에서 재배된 농산물을 사 먹는다면 조엘 샐러틴이나 마이크와 하이디 페로니 부부처럼 위기에 처한 소규모 농가들에게 도움이 될 수 있다. 미국의 경우만 보아도 매년 8,000제곱마일(약 2만 480제곱킬로미터)의 땅이 도시에서 쇼핑몰이나 편의점, 택지 개발 등에 이용된다. 그러나 땅을 가장 이상적으로 이용하는 방법은 농사를 짓는 것일 때가 많다. 농사를 짓지 않는 농지는 종종 대규모 공장식 농장이 점유해 버린다. 전 세계의 환경 보호 운동가들도 각 지역의 자연 친화적인 농가들을 보존하는 것이 아직 아무도 손대지 않은 땅을 지키고 보호하는 것 못지않게 중요하다는 것을 깨닫기 시작했다.

물론 소규모 농가를 보존함으로써 다양하고 영양이 풍부한 지역 농산물을 먹을 수 있다는 것은 누가 봐도 알 수 있는 장점이다. 그러나 내 고장의 자연 친화적인 농가는 또한 내 지역 사회의 건강을 지켜 주기도 한다. 식품과 개발 정책 연구소의 조사 결과에 따르면 소규모 농가가 보호받으며 농산물을 생산하고 있는 농촌 지역에서는 취업률도 높고 지역 경제는 물론 학교, 공원, 교회, 지역 단체 등도 모두 활기를 띠고 있다고 한다.

『가까운 데서 먹기』의 저자이며 내 고장 농산물 소비 운동의 주창자인 브라이언 핼웨일은 '식품의 사막 지대'에 대해서도 이야기하고 있다. 소외 계층의 가정은 각 지역에서 제공하는 서비스로부터도 소외되어 있을 뿐만 아니라 식료품점이나 농산물 직판장조차 가까이 두고 살지 못한다. 식품 기업들은 변두리 빈민가에서는 수익을 낼 수 없다는 것을 알고 있으며 지역의 농장들은 산업화의 힘에 밀려 설 땅을 잃었기 때문이다. 이런 가정들은 대부분 결국 고속도로의 주유소에 딸려 있는 편의점에서 구입한 인스턴트식품 같은 가공 식품으로 살아갈 수밖에 없다.

우리가 할 수 있는 일

이러한 상황을 개선하기 위해 각 개인이, 또는 여러 명의 개인이 모인 단체가 할 수 있는 일은 많다.

땅을 구하자

최근에 워싱턴을 방문하는 길에 웨스트버지니아 주, 스크래블이라는 마을의 의식 있는 주민들에 대한 기사를 읽고 마음이 흐뭇했었다. 그들의 노력이 사라져 가는 농토를 되살렸던 것이다. 그 마을은 워싱턴에서 자동차로 한 시간 반 정도밖에 떨어져 있지 않았기 때문에 그곳의 농지는 부동산 개발업자들이 군침을 흘리기에 딱 알맞은 곳이었다.

300에이커(약 1.2제곱킬로미터)의 농토가 부동산 시장에 나오면서부터 주민들의 노력이 시작되었다. 농지는 한 부동산 개발업자에게 팔린 다음, 그 지역이나 개발하려는 땅의 주변 환경에 대한 배려나 이

해도 없이 2에이커(약 8,094제곱미터) 단위로 분할되었다. 그러자 스크래블 주민들이 똘똘 뭉쳐, 혹자는 주식을 팔고 혹자는 퇴직 연금을 털고, 또 혹자는 집을 저당 잡혀 마련한 돈으로 그 농지를 다시 사들이려고 애쓰기 시작했다.

몇 주 만에 주민들은 70만 달러의 돈을 마련했다. 그러나 이들이 그만 한 돈을 마련한 것이 큰 일이기는 했어도 부동산업자가 투자한 돈에 견주기에는 역부족이었다. 비록 그 돈으로 그 농지를 다시 사들이는 데에는 실패했지만 주민들은 거기서 포기하지 않았다. 주민들은 현재 재정적인 네트워크를 정비해서 부동산 시장에 나오는 스크래블의 다른 농장들이라도 구하기 위해 일전을 준비하고 있다. 또한 이 장에서 설명하는 농부들을 위한 몇 가지 방법까지 함께 활용한다면 스크래블의 농장들은 결국 되살아나서 그 주민들에게 자기 고장에서 재배된 건강한 식품을 되돌려 줄 수 있을 것이다.

내 고장 농부에게서 산다

우리가 사는 곳 가까이 어딘가에는 땅을 위해 옳은 일을 하고자 하는 농부들이 있다. 정직한 마음, 땅을 섬기는 마음으로 자기 가족뿐만 아니라 지역 사회를 먹여 살리고자 하는 사람들이다. 고기를 적게 먹는 것 외에도 땅을 소중히 여기는 내 고장의 농부들에게서 농산물을 사 먹는 것도 지구를 건강하게 지키기 위해 우리가 할 수 있는 효과적인 일 중 하나다. 내 고장의 농부들에게 더 많은 투자를 할수록 세상을 좀 더 살고 싶은 곳으로 만들 수 있다. 더 나아가 내 아들딸과 손자들에게도 그들이 물려받고 싶어 할 만한 세상을 물려줄 수 있다.

농산물 직판장에서 산다

농산물 직판장은 내 고장에서 난 자연 친화적인 식품을 구입하기에 가장 적당한 장소다. 내 지역의 농장에서 갓 수확한 신선한 채소는 거의 모두가 장거리를 달려와 대형 할인점의 진열대에 놓인 식품들과는 비교할 수 없이 맛있다는 것을 알게 될 것이다. 할인점의 매대를 관리하는 직원들에게 어떤 식품이 가장 질 좋고 신선한 식품인지 꼭 물어보자. 농산물 직판장은 미국 전역 어느 도시에서나 찾을 수 있다. 미국 농무부의 웹사이트를 방문해 보면 쉰 개 주에서 영업 중인 농산물 직판장의 리스트를 확인할 수 있다.

농장의 주주가 되자

CSA 회원이 되면 300달러~500달러의 회비로 24주~26주 동안 회원 자격을 유지할 수 있다. 회원에게는 매주 신선한 제철 농산물과 과일이 담긴 상자가 배달된다. CSA 프로그램 중에는 회비를 일시불로만 받는 게 아니라 월정액식으로 받는 곳도 많다. 또한 한 계좌가 아니라 반 계좌만 가입할 수도 있다.(참고 자료 목록을 보면 거주 지역에서 가장 가까운 CSA 프로그램의 웹사이트 주소를 찾을 수 있다.)

식품 협동조합에 가입하자

식품 협동조합은 조합원들이 소유하고 운영하는 사업체로, 대개의 경우 조합원들에게 할인된 가격으로 농산물과 여러 식품들을 공급한다. 식품 협동조합의 진열대에 놓인 식품의 대부분은 유기농 식품이며 또한 대개 해당 지역의 농가에서 공급받는다. 가까운 곳의 식품 협동조합을 알고 싶다면 코퍼레이티브 그로서(www.coperativegrocer.coop)나 로컬 하베스트(www.localharvest.org) 같은 웹사이트를 방문해 보면 된다. 식품 협동조합에 가입하기는 어렵지 않다. 대부분 약간의 조합비만 납부하면 조합원이 될 수 있다.

농산물 직판장과 CSA는 각 지역의 농산물 재배 농가와 소비자를 직접 연결해 주고 또한 농가의 노력을 직접 후원하는 기회를 준다는 점에서 아마도 유기농 운동이 애초에 추구하던 비전을 가장 순수하게 제시하고 있다고 볼 수 있다. 이러한 움직임을 비난하는 사람들은 충실하게 내 고장에서 기른 자연 친화적인 식품을 먹는다는 것은 그림의 떡에 불과한 유토피아적 발상일 뿐이라고 말한다. 그러나『이토록 유기적인 삶』의 저자이며 미국 농무부가 유기농 인증 기준을 마련하는 데 도움을 준 인물 중 한 사람인 조앤 거소는 이렇게 말한다. "내 고장의 농산물 직판장과 CSA를 통해 먹을거리를 공급받자는 나의 비전이 현실과는 완전히 동떨어진 것이라는 말을 종종 듣는다. 그러나 석유 자원은 점점 고갈되고 있고 언젠가는 결국 우리가 먹을 식품을 필요한 곳에 전달할 수 없게 될지도 모른다는 현실을 감안한다면, 지금과 같은 식품 유통 구조야말로 현실과는 너무나 동떨어져 있다고 믿는다."

13장 내 고장에서 난 제철 식품

> 집에서 기른 토마토를 먹을 땐 기분 좋은 생각밖에 떠오르지 않는다.
> ―루이스 그리저드

내 고장에서 난 식품을 먹자는 아이디어는 '제철' 식품이라는 말을 떠올리면 더욱 매력적이다.

멀리 떨어진 생산지로부터 대형 할인점의 진열대로 운송되는 동안 맛이 더 좋아지라고 일부러 덜 익었을 때 수확하고, 고유한 맛은 없이 크기만 잔뜩 부풀려 놓고, 그럴듯하게 보이도록 인공 색소까지 주입한 딸기를 발견했을 땐 6월 말부터 7월 초에 제 맛이 드는 내 고장의 제철 딸기를 떠올리며 참자. 내 고장의 제철 딸기는 화학 비료나 농약(딸기처럼 껍질이 얇은 과일은 과육에 비료나 농약이 더 잘 농축된다.)을 치지 않고 유기농으로 재배되었다는 사실을 생각하면 더욱더 맛있을 것이다. 나는 이런 딸기를 두고 다른 딸기는 못 먹을 것 같다.

내가 어렸을 때에는 무엇이든 제철이 아니면 먹을 수 없었다. 깍지콩이나 싹양배추 등을 비롯해 1년에 한 철밖에 나지 않는 채소의 첫물 수확을 기다리곤 했다. 번머스의 토양은 모래가 많아 채소를 많이 기를 수 없었지만 강낭콩이나 완두콩, 그리고 몇 가지 채소는 길러 먹었다. 여름이면 할머니는 구스베리 풀(영국인들이 즐겨 먹는 디저트의 일종—옮긴이), 류밥(대황 또는 대황의 잎자루로 식용—옮긴이)과 사과 파이, 커스터드를 얹은 블랙베리, 건포도 젤리 등을 만드셨다. 에릭 삼촌은 그린 토마토로 처트니(카레 등에 치는 달콤하고 새콤한 인도의 조미료—옮긴이)를 만드셨다. 가을이면 할머니는 여러 가지 과일로 병조림이나 잼을 만드시기도 했다. 번머스는 소금기를 머금은 바닷바람이 불기 때문에 사과를 널어 말릴 수가 없었다. 하지만 친구들 집에 가면 말린 사과를 먹을 수 있었다. 가을이 차츰 깊어가 이윽고 춥고 밤이 긴 겨울이 찾아올 즈음이면 사과는 쪼글쪼글 주름이 잡히면서 단맛은 한층 강해졌다. 지금은 지구상 어느 곳에서나 모든 음식을 포장해서 사방으로 운반할 수 있기 때문에 소비자는 언제든 먹고 싶은 음식을 사먹을 수 있게 되었다. 따라서 내 고장의 제철 식품으로 돌아가자고 결심을 해야만 계절의 변화에 따라 달라지는 자연의 선물을 맛볼 수 있고 다시금 자연의 순환과 조화를 이루며 살아갈 수 있다. 그래야만 질기고 억세진 강낭콩과 완두콩의 끝물을 아쉬워하면서 한편으로는 곧 수확하게 될 가을철 서양자두의 첫물을 고대할 수 있게 된다.

영양학자인 조앤 거소는 내 고장 식품 먹기 운동의 존경받는 개척자로, 눈이 내린 2월 어느 날 업스테이트 뉴욕에 있는 자기 집 대문을 나서서 걷던 이야기를 해 준다. 길바닥에 쌓인 눈 사이로 밝은 주황색이 섞인 빨간 물체가 보였다. 겨울철 풍경에는 어울리지 않는

색이라 거소는 허리를 굽히고 그게 뭔지 들여다보았다. 누군가 한 입 베어 문 자국이 남아 있는 승도복숭아였다. "나는 그 복숭아가 먼 외국 땅에서 그곳까지 어떻게 오게 되었을까 생각해 보았다. 아마도 익기 전에 따서 냉동 트레일러에 싣고 뉴욕까지 오면서 인위적으로 익힌 거겠지, 뉴욕 어느 슈퍼마켓에서 누군가가 이 복숭아를 사서 한 입 깨물었겠지만 흐물흐물하니 씹는 맛도 없고 특유의 맛도 없다는 걸 깨닫고 이렇게 생각 없이 아무 데나 던져 버렸겠지……. 그 복숭아 하나에서 나는 장거리 운송에 의존하는 소모적이고 지각없는 요즈음의 식품 공급에 대한 모든 것을 파악할 수 있었다."

만약 그 승도복숭아를 한 입 베어 먹고 던져 버린 사람이 그 고장의 복숭아밭에서 복숭아가 맛나게 익을 때까지 눅진하게 기다렸더라면 익을 대로 익은 복숭아를 깨물 때의 달콤하고 상큼한 맛을 즐길 수 있었을 텐데……. 그 감칠맛을 어디다 비유할 수 있을까. 십중팔구 먹는 이의 턱밑까지 침이 흘러내렸을 것이다. 내 고장의 농산물 먹기를 실천한다면 우리는 내 고장의 농부들을 도울 뿐만 아니라 내 고장의 토착 식품이나 동물까지 보호할 수 있다. 우리에게 필요한 세상은, 다른 고장과는 구별되는 각 고장마다의 특별한 토양과 기후에서 자라는 독특하고 개성 있는 생산품이 널리 알려지고 그 가치를 인정받는 그런 세상이다. 그러나 이렇게 특별한 고장(아름다운 과수원, 밤나무, 전통 작물이 있는)들을 지키기 위해 투쟁하지 않는다면 부동산 개발업자들과 쇼핑몰에게 빼앗기거나 가공 식품, 가축 사료 등을 만들 옥수수, 콩을 대규모로 재배하는 단일 경작 농장으로 바뀌고 말 것이다.

패스트푸드와 세계의 식량 공급을 쥐락펴락하는 슈퍼마켓의 획일화에 반기를 든 이탈리아의 카를로 페트리니는 1986년부터 슬로푸드(Slow Food) 운동을 벌이고 있다. 슬로푸드 운동에 대해 생각하다 보면 우리는 각자 자기 고장의 시장을 지켜야 한다는 세계 공통의 임무를 떠올리게 될 것이다. 이는 작물의 다양성과 자연 친화적인 농법을 적극적으로 지원할 뿐만 아니라 각 고장에서 나는 토착 농산물에 대한 지식과 지역을 기반으로 하는 식품 공급의 관습에 대한 지식도 쌓아야 함을 의미한다. 이 문제에 관심을 가진 몇몇 평범한 이탈리아 사람들에 의해서 시작된 이 운동은 급속하게 세계적인 조직으로 확장되면서 쉰 개 나라에서 8만 명의 회원을 확보하게 되었다. 미국인 회원의 수만 해도 공식적으로 1만 2,500명에 이른다.

이들의 국경을 뛰어넘는 관심 중의 하나가 '노아의 방주'를 만드는 작업이다. 사라질 위기에 처한 농장 가축, 작물의 품종, 농법 등을 목록으로 만들자는 것이다. 슬로푸드판 노아의 방주 작업 결과 미국의 많은 국가적 보물들도 위기에 처해 있음이 밝혀졌다. 예를 들면 노아의 방주 리스트에 올라 있는 '캘리포니아산 블렌하임 살구'는 '시큼하고 단맛이 나며 향이 매우 강하다'고 설명되어 있다. 짙은 황금색이 나는 이 살구의 과육을 한 입 베어 물면 '그 느낌은 오래도록 잊혀지지 않는다'고 적혀 있다. 이 설명에는 우리도 동의한다. 그러나 이 살구를 기르는 과수원들이 개발업자들로부터 보호되지 못한다면 블렌하임 살구 자체가 잊혀질 운명에 처할지도 모른다.

다른 과일들도 장거리 운송에 적합하지 않다는 이유로 위험에 처해 있다. 뉴욕의 스피츤버그 사과는 과육 속에 희미한 붉은색 줄무늬가 든 독특한 사과로 나무에서 갓 따서 신선할 때 먹어야만 제 맛이 난다. 따라서 장거리 운송에는 적합하지 않아 점점 그 수가 줄어들고 있다. 사과주와 사과 파이를 만들기에 더할 나위 없이 좋은 품종인 로드아일랜드 그리닝 역시 아무런 개성이 없는 슈퍼마켓용 사과로는 적합하지 않다는 이유로 완전히 잊혀질지도 모른다. 위스콘신 주의 섀그바크 히코리 넛은 재배 면적도 줄고 있는 데다 수작업으로 껍질을 까서 과육만 골라내기가 까다로워 점점 외면당하고 있다. 섀그바크 히코리 넛은 쓴맛이 전혀 없는 섬세한 단맛이 특징이다. 옛날에는 위스콘신 주에서 겨울철 전통 음식의 재료로 쓰이기도 했다. 다행히 몇몇 나이 든 사람들이 이 열매의 가치를 아직도 소중히 여기고 메디슨의 농산물 직판장에서 팔고 있다.

 작물의 다양성과 각 지역의 전통 음식을 보호하게 되면 그 작물을 경작하는 방법과 그 음식을 만드는 법까지 함께 보존하는 셈이 된다. 만약 내 고장의 농장과 과수원들이 택지 개발이라는 미명하에 사라진다면 우리는 그 땅과 그 고장의 기후를 이해하고 그 주변 환경과 조화를 이루며 땅을 일굴 줄 아는 농부들까지 잃는 것이다. 그들이 가진 지식은 화학 약품이나 유전자 공학으로 씨앗을 만들어 파는 회사들의 주의 사항보다 훨씬 더 값진 것인데 말이다.

앞서 살았던 그들처럼

제철 식품의 가치를 제대로 평가할 때에만 우리는 수대에 걸쳐 땅에 뿌려지고 수확되면서 완벽해진 가보와도 같은 씨앗들뿐 아니라 값으로 따질 수 없는 선조들의 지혜까지도 보호할 수 있게 된다. 수백 년 전, 이로쿼이 흰 옥수수는 뉴욕 주, 펜실베이니아 주, 서던 온타리오, 퀘벡 등에 흩어져 살던 북아메리카 원주민 이로쿼이 족 사람들의 주식이었다. 전해져 오는 이야기에 따르면 이로쿼이 족이 이 옥수수를 가져다준 덕에 조지 워싱턴의 군대는 밸리 포지에서 겨울을 무사히 날 수 있었다고 한다. 원주민들의 생존에 반드시 필요한 다른 많은 음식들이 그러했듯이 이로쿼이 흰 옥수수도 이로쿼이 족의 여러 영적인 의례에서 빠질 수 없는 음식이었다.

이 옥수수의 소박한 감칠맛과 질감을 보존하기 위해 이로쿼이 족 농부들은 특별한 재배법을 고안해 냈고 이 재배법은 부모에게서 자식에게로 대를 이으며 구전되었다. 지금도 이 옥수수를 재배하는 소수의 이로쿼이 농부들은 그 순수하고 좋은 맛을 지키는 데 필요한 조상들의 비밀을 지키고 있다. 그들은 자신들의 옥수수가 이웃 옥수수밭에서 자라는 돈벌이를 위한 옥수수에 오염되지 않게 하기 위해서는 언제 옥수수를 심고 수확해야 하는지도 잘 알고 있다. 이렇게 기른 옥수수를 요즈음에도 카타로거스(뉴욕 주 서부)에 있는 이로쿼이 인디언 보호 구역 안의 한 통나무집에서는 굽기도 하고 껍질을 벗겨 가루를 내기도 한다.

전통 음식이 가장 건강하다

세계 각 지역의 다양한 음식들은 생물학적 다양성과 맛을 보존하는 것 외에도 또 한 가지 중요한 역할을 한다. 과학자들도 이제는 전통 음식이나 각 고장의 토착 음식을 기본으로 한 식단이 인간의 건강에 더 이롭다는 사실을 믿는다. 예를 들면 아프리카 동부의 마사이 족은 소를 치며 사는 유목민이다. 이들의 식단은 주로 우유와 고기로 이루어져 있어서 이들이 섭취하는 칼로리의 66퍼센트는 지방, 그것도 주로 포화 지방산으로부터 얻어진다. 그러나 북아메리카 대륙의 영양학자들은 하루 섭취 칼로리 중 지방에서 얻는 것을 30퍼센트로 제한하고 있다. 캐나다 출신의 민속 식물학자이며 맥길 대학교 교수인 티모시 존스는 마사이 족의 식습관과 생활 습관을 연구해 그들이 거주 지역에서 나는 다양한 야생의 식물을 섭취하고 있음을 발견했다. 그 식물들은 항산화제를 비롯, 콜레스테롤 수치를 낮춰 주는 성분을 다량 함유하고 있었다. 즉 마사이 족은 그 지역에서 나는 토착 식물성 식품과 균형을 맞춘 식생활을 유지함으로써 그토록 많은 포화 지방산을 섭취하면서도 건강에 아무런 문제가 없이 잘 살 수 있었던 것이다.

애리조나 주 남쪽에 거주하는 토호노 우댐 족은 급증하는 건강상의 문제를 해결하기 위해 전통적으로 먹던 야생의 식품들을 되살리려 노력하고 있다. 1960년대 이전까지만 하더라도 토호노 우댐 인디언 보호 구역 안에서 당뇨라는 병은 이름조차 알려져 있지 않았다. 그러나 그 후 부족이 전형적인 북아메리카의 식생활을 받아들여 동물성 포화 지방과 가공 식품, 다량의 설탕을 섭취하기 시작하면서 문제가 발생했다. 2004년에 이르자 토호노 우댐 족은 성인이 된 후에 발병하는 타입 II 당뇨병 발병률이 세계에서 가장 높은 인구 집단 중의 하나가 되었다. 이 부족의 성인 인구 중에서 50퍼센트 이상이 당뇨병 진단을 받았고 심지어는 어린이들까지도 식생활과 관련된 당뇨로 진단되었다.

과학자들은 결국 야생의 식품들을 이용한 이 부족의 전통 음식(테퍼리 빈(미국 남서부, 중앙아메리카산 강낭콩 속의 덩굴 식물—옮긴이), 메스콰이트 빈, 촐라(미국 남서부, 멕시코산 선인장의 일종. 나무처럼 생겼으나 가시가 많다.—옮긴이), 꽃봉오리, 치아의 씨앗 등)이 혈당을 조절하는 데 도움이 되며 당뇨병의 발병과 증상을 줄이는 데 효과가 있다는 결론을 내렸다. 토호노 우댐 지역 협회는 미국 농무부의 식품 안전 기금을 지원받아 이 부족의 전통 음식에 쓰이는 야생 식물들을 채집하기 위해 소노란 사막 여행을 지원하는 한편, 이런 야생 식물의 씨앗을 1,000봉지 이상 배포했다. 토호노 우댐 인디언 보호 구역 안에 마련된 정원들은 야생의 음식들뿐만 아니라 전통 음식까지 되살리고 있다. 궁극적으로는 1만 에이커(약 40.5제곱킬로미터) 이상의 경작지에 전통 작물들을 심어 현재는 면화나 건초 같은 환금(換金) 작물을 기르고 있는 경작지를 줄여 나가는 것이 이 부족의 희망이다.

이 부족이 토착 식품을 위주로 한 식생활에서 벗어났을 때 위기를 겪은 것은 이들의 건강만이 아니었다. 전통 음식이 있어야 하는 그들만의 문화적 의식들도 점차 사라지기 시작했던 것이다. 야생의 토착 음식이 되살아나자 젊은이들도 다시금 수확을 중심으로 한 여러 관습들을 배우고 있다. 심지어는 35년 동안이나 잊혀져 있던 비의 춤 의식도 되살렸다. 갓 수확한 전통 음식을 옆에 두고 부족 사람들이 모여 춤을 추며 내년에도 풍성한 수확을 약속하는 비가 내리게 해 달라고 기원한다. 이렇게 해서 그들은 풍년을 기대하는 희망뿐 아니라 그들 부족 전체를 위한 희망의 불씨를 되살렸다.

현대적인 농경 방식의 윤리에 대해 글을 쓴 켄터키 출신의 저명 인사인 웬델 베리는 우리가 너무나 많은 농경 지식(많은 농부들이 대를 이어 내려오며 간직한 지혜)을 잃어버리고 있다는 사실에 개탄한다. 토호노 우댐 족의 노인들이 하나둘 사망하면서 전통 음식에 대한 지식과 관습도 그들과 함께 완전히 사라져 버렸다면 토호노 우댐 족은 어떤 운명을 맞았을지 상상해 보라.

슬로푸드, 속도를 높이다

슬로푸드 운동은 2005년 초 이탈리아에서 개최한 공식 컨퍼런스, 테라 마드레(Terra Madre, 영어로 'Mother Earth' —옮긴이)에서 이 운동에 집중되고 있는 커다란 힘을 발견했다. 130여 개 나라에서 모인 5,000명의 농부들은 식량의 미래와, 정부 및 다국적 농산업 기업들이 부정직한 방법으로 주도하는 상업화의 물결 속에서 개개의 농부(그리고 그들이 생산하는 식품)들이 어떻게 살아남을 수 있을지를 논의했다.

이 컨퍼런스는 세계 무역 기구를 비롯해 식량의 생산과 교역의 방법을 결정하려고 하는 여러 기구들의 모임에 맞서기 위한 것이라는 측면도 있었다. 베냉에서 쌀농사를 짓는 농부, 아제르바이잔의 양봉업자, 뉴질랜드에서 감자 농사를 짓는 마오리 족 농부, 미국의 버몬트에서 치즈를 생산하는 사람 등, 이 컨퍼런스의 참가자들은 세계 여러 나라에서 다양한 방법으로 직접 식량을 생산하는 사람들이었다. 그들은 단호한 의지를 가진 농부라면 오늘날 시장의 세계화라는 대세 속에서도 생존할 수 있음을 여실히 보여 주었다. 이들이 함께 뭉침으로써 소규모의 슬로푸드 생산자들은 이 운동의 인지도를 높이고 자신들의 시장을 더욱 공고히 할 수 있었다. 무엇보다도 중요한 것은 여러 목소리가 뭉친 하나의 목소리를 발견했다는 점이었다. 그들은 한 사람의 목소리는 국제적인 기업들과 그들로부터 지원을 받는 정치적 세력들의 힘에 눌려 잘 들리지 않는다는 사실을 잘 알고 있었다. 그러나 숫자의 힘은 강하다. 컨퍼런스의 한 참가자는 이렇게 말했다. "우리 모두 혼자가 아니라는 사실을 알게 되어 너무나 기쁩니다."

한 번에 한 걸음씩, 세상을 바꾸자

버몬트 주의 바는 노동자 계층의 사람들이 사는 소도시로 미국 화강암 산업의 중심지이기도 하다. 바의 메인 스트리트에 가면 폭이 15피트(약 4.58미터)쯤 되는 작은 건물에 70년 넘게 영업을 하고 있는 식당이 있다. 이 식당은 미국에서도 가장 개혁적이고 혁신적인 사업체 중의 하나인 '파머스 디너'다. 초록색의 플라스틱 칸막이와 하얀 포마이커 상판의 테이블이 있는 이 작은 식당에서 우리는 희망의 밥상이 이미 실천되고 있다는 증거를 발견한다.

파머스 디너는 토드 머피의 아이디어로 탄생했다. 그는 어느 날 자신의 고장에서 생산된 자연 친화적인 식품들만 가지고 미국의 옛 음식들을 만들어 저렴한 옛날 가격으로 팔 수는 없을까 하는 생각을 하게 되었다. 그는 2002년에 그 고장의 명물이던 식당을 인수해 맥도널드나 스타벅스를 궁지에 몰아넣을 수 있을 정도의 전국적인 프랜차이즈의 원형으로 탈바꿈시켰다. 한 끼의 식사를 파는 것 외에도 파머스 디너는 내 고장 음식 먹기 운동의 선두에 서 있다. 지금까지 파머스 디너는 매입액 1달러당 70센트를 바에서 70마일(약 112킬로미터) 이내 지역에 거주하는 농부 또는 소규모 생산자들에게 썼다. 파머스 디너의 메뉴판에도 밀크셰이크, 햄버거, 오믈렛 등이 있다. 그러나 여기서 파는 햄버거와 우유는 이 고장의 농장에서 목초를 먹여 기른 젖소에게서 난 것이며 오믈렛은 우리 밖에 놓아 기른 작은 무리의 암탉에게서 난 달걀로 만든다. 계절만 맞으면 손님들은 깜짝 놀랄 만한 음식을 맛보기도 한다. 햄버거 빵 사이에 살짝 끼워진 그린 지브러 헤얼룸 토마토 한 조각, 인근 농장에서 재배한 유기농 딸기 아이스크림 같은 것들이 바로 그런 음식들이다.

토드 머피는 자연 친화적인 자신이 앨리스 워터스의 쉐 파니스에 드나들 여유가 없는 평범한 고객들과 내 고장 음식 먹기 운동을 이어 주고 있다고 생각한다. 그는 그 고장에서 내놓을 수 있는 다양하고 풍부한 계절 음식들에 대해 깊이 감사하는 마음을 갖고 있다.(사실 파머스 디너의 식재료로 쓰이는 토마토는 쉐 파니스에 유기농 토마토를 납품하는 농부들 중의 한 사람에게서 공급받는다.) 손님들이 처음 이 식당에서 식사를 하기 시작한 2002년에는 자기 고장에서 생산되는 자연 친화적인 식품에 대해 별로 신경 쓰지 않았었다. 손님들은 그저 저렴한 가격의 맛 좋은 식사 한 끼를 위해 이 식당을 찾을 뿐이었다. 손님들이 스스로 자기 고장과 어떤 연계 의식을 갖기 시작하자 그때부터는 이 식당의 음식들이 손님의 발길을 끌었다.

머피는 자기 식당의 단골 고객들에 대해 아주 정감 있게 말한다. 식당에서 두 블록 떨어진 은퇴자 주거 단지에 사는 노파들도 이 식당의 단골손님이다. "그 분들은 우리 식당의 사우어크라우트를 먹으며 눈물을 흘립니다. 사우어크라우트는 특별한 조리 과정을 거친 음식도 아닌데 말입니다. 그저 잘게 썬 양배추와 바닷소금이 들어갔을 뿐이거든요. 그러나 일흔이 넘은 그 분들이 어렸을 적에 먹던 사우어크라우트는 바로 이런 것이었습니다." 그 노파들은 바의 인근 농장에서 유기농으로 재배된 네 가지 종류의 비트를 섞은 비트 샐러드를 먹을 때에도 똑같은 반응을 보인다. "나이 든 고객들에게는 이 고장에서 난 신선한 재료로 만든 음식이 음식마저 산업화되어 버리기 이전 그분들의 어린 시절에 먹던 음식을 다시 생각나게 하고 그 맛을 느끼게 합니다."라고 머피는 말한다. "그리고 다시 한번 그것을 맛보고 싶다는 마음에 기꺼이 지갑을 열지요."

어떤 손님들은 인근 농부들의 작은 사진이 빼곡히 들어 있는 메뉴판과 접시받침을 보고서야 이 식당의 음식이 그 고장의 풍부한 음식 재료들로 만들어진다는 것을 눈치 챈다. 메뉴판의 설명란에는 이 식당에서는 오직 항생제나 성장 촉진 호르몬 등을 쓰지 않고 기른 가축의 고기만을 재료로 사용하며 또한 그 가축들은 모두 축사 밖 목초지에서 방목으로 길렀기 때문에 이 식당의 버터는 밝은 노란색을 띤다고 설명되어 있다. "축사에서 사슬에 묶인 채 자란 소가 아니라 풀밭에서 신선한 풀을 뜯으며 자란 젖소의 우유로 만든 버터는 밝은 노란색을 띱니다."라고 머피는 말한다. 또 이 식당의 햄버거가 만들어지는 과정에 대해서도 상세하게 설명되어 있다. 이 식당의 햄버거에 쓰인 패티는 2,000마일(약 3,200킬로미터)이나 달려온 산업적인 사육장의 소가 아닌 식당으로부터 70마일(약 112킬로미터) 이내의 농장에서 기른 소의 고기로 만들어진다.

토드 머피는 이상주의적인 유기농 농부이기도 하지만 또한 뛰어난 사업가이기도 하다. 그는 음식 관련 잡지나 여행 관련 잡지마다 각 지역의 특성을 살린 음식에 유리한 기사들을 앞 다투어 싣고 있는 경향을 늘 주시했다. 그는 또한 고급 커피 같은 새로운 경향의 음식들이 처음에는 경제력 상위 10퍼센트에 속하는 소비자들에게만 호소력을 갖지만 나중에는 결국 중산층에서도 대중적이게 된다는 사실에도 주목했다. 그는 내 고장 음식 먹기 운동도 결국은 주류에 편입될 수밖에 없을 것이라고 본다.

그의 꿈은 파머스 디너 프랜차이즈를 미국 전역으로 확장하는 것이다. 각 지역의 식재료 납품업자들로 구성된 센트럴 포드 하나당 5~10개의 매장이 연결되어 있는 프랜차이즈 시스템을 구상하고 있다. 지금까지 그가 구성한 포드는 매사추세츠 주 서부의 파이오니어 밸리, 뉴욕 시의 허드슨 밸리, 그리고 최근에는 샌프란시스코의 베이 에리어와 오리건 주의 포틀랜드에서도 이러한 식재료 납품업자들의 포드를 구성했다. 머피의 말에 따르면 각 포드는 여든 개에서 200개의 지역 농가가 경제적인 활력을 갖는 데 도움을 줄 것이라고 한다. 지금은 한편으로는 버몬트의 노동자 계층을 파고들면서 다른 한편으로는 투자자를 물색하는 중이다. 그는 햄버거를 먹으러 오곤 하던 건설 현장 근로자들의 이야기를 즐겨 한다. 이 사람들은 버몬트 주의 다른 지역에 살지만 주유소를 짓는 현장에서 일하기 위해 바에 오게 된 사람들이었다.

"어느 날, 오전 11시 45분쯤이었는데 건설 현장의 근로자 몇 사람이 햄버거를 사러 왔어요. 안전모에 댈러스 카우보이 스티커를 붙이고 있었는데 들어서자마자 테이블 두 개를 차지하고 앉았습니다. 그 사람들이 쭉 내민 시멘트 묻은 부츠 때문에 테이블 사이의 통로가 꽉 찼습니다."

햄버거가 나오자 그중 한 사람이 말했다. "내가 몬태나에서 살던 어린시절 이후로 가장 맛 좋은 햄버거야. 이건 아마 콜로라도나 몬태나, 아니면 와이오밍에서 온 블랙앵거스종 쇠고기일 거야."

그러자 다른 사람이 말했다. "무슨 소릴 하는 거야? 너 메뉴 못 읽었어? 이 고기는 여기서 난 거라고. 버몬트의 스타크스보로!"

처음에 말했던 사람이 발끈 성을 냈다. "이게 버몬트에서 난 고기일 리가 없어! 난 서부에서 자란 놈이야. 이 고기는 서부산 쇠고기가 분명하다고!" 두 사람은 금방 주먹이라도 휘두를 기세였다.

이 이야기는 머피를 아주 흐뭇하게 했다. "이 손님들은 우리가 이 지역의 음식을 내놓기 때문에 우리 가게에 온 것이 아니었습니다. 햄버거를 먹기 위해 왔을 뿐이고 햄버거를 먹고 나면 일터로 돌아갔습니다. 그런데 지금은 이쪽에 앉은 한 사람은 우리 집 음식이 이 지역에서 생산된 식품들로 만들어졌기 때문에 다른 음식들과는 다르고 그래서 더 맛있다고 생각하고, 또 저쪽에 앉은 다른 사람은 이 음식들이 이 지역의 음식이라는 점에 대해 심리적인 참여 의식을 느낍니다. 우리가 원하는 승리란 바로 이런 것입니다."

또 하나의 고무적인 현상은 잡지 《고메》가 '미국에서 가장 신선한 패스트푸드'라고 극찬한, 태평양 북서부 연안에서 서른아홉 개의 체인점을 운영하고 있는 버거빌이다. 이 체인점의 메뉴는 맥도널드의 메뉴와 대동소이하다. 그러나 버거빌은 오리건 주와 워싱턴 주의 농가에서 식재료를 내량으로 납품받는다. 버거빌에서 가장 인기 있는 메뉴가 바로 오리건에서 생산된 틸라묵 치즈가 든 치즈버거다. 각 지역의 자연 친화적인 식품을 재료로 만든 음식을 파는 식당이라면 별로 주목할 게 없는 부분이다. 그러나 주목할 것은 바로 맥도널드가 이들을 따라하고 있다는 것이다. 스페이스 니들(시애틀의 명물인 185미터 높이의 타워—옮긴이)의 관광객들을 주요 고객으로 하는 시애틀 맥도널드 앞을 지나가다 보면 새 메뉴 아이템(바로 오리건의 틸라묵 치즈)을 광고

하는 밝은 빛의 광고판이 눈에 들어온다.

우리가 할 수 있는 일

현재의 농경법이나 식품 유통의 인프라에 극적인 변화가 오지 않는한, 대부분의 사람들은 아니라도 많은 사람들이 각 지역을 기반으로 한 신선 식품을 공급받기는 힘들다. 특히 12장에서 말한 바 있는 소위 '식품의 사막 지대'에 사는 한 더욱 그럴 것이다. 그러나 우리들 모두 한 사람의 개인으로서 그 극적인 변화를 가져오는 데 어떤 역할이든 할 수 있다. 먼 곳으로부터 실려 오는 식품들을 사 먹을 것이 아니라 가능한 한 내가 사는 고장의 시장에서 식품을 사 먹으려는 노력을 하면 되는 일이다. 궁극적으로 우리가 추구하고자 하는 바는 내 지역에서 난 식품을 지원하고 그러한 식품들과 더 공고한 관계를 만드는 일이다. 그리고 먼 곳에서 생산된 식품들은 내 고장 식품으로는 부족한 부분만을 채우는 것이다. 예를 들어 북반구에 위치한 나라에서는 커피나 홍차, 초콜릿의 원료인 코코아, 그 외에 여러 가지 향신료 등을 생산할 수 없다. 이런 식품은 수입한 것을 사 먹어야 하겠지만 그렇더라도 윤리적으로, 그리고 자연 친화적으로(페어 트레이드(외국의 재배 농가에 정당한 가격을 치르고 수입한)의 약속을 지키며 또한 유기농인) 재배된 것만을 선택해야 할 것이다. 그래야만 우리가 산 식품들이 다른 나라의 노동자나 자연 자원을 착취하는 데 기여하는 일을 막을 수 있을 것이다.

내 고장의 식당 주인, 식료품점 주인과 이야기한다

만약 단골로 드나드는 식당이 내 고장에서 자연 친화적으로 생산된 메뉴를 제공하지 않거나 제공한다 하더라도 아주 소수에 불과하다면 그런 메뉴가 더 많이 있었으면 좋겠다고 이야기하자. 주방장과 식당 주인은 대개 고객들의 피드백을 고맙게 받아들인다. 패스트푸드 레스토랑도 고객들의 압력이 있으면 메뉴를 바꾸는 사례는 많다. 예를 들면 맥도널드에서 더 많은 종류의 샐러드를 팔게 하고 저칼로리 메뉴를 개발하게 한 것은 소비자의 힘이었다. 이것은 소비자의 힘으로 산을 옮긴 것과 마찬가지였다. 다행히 '지역에서 생산된' 농산물이 새롭게 소비자들에게 어필하는 브랜드임을 인식하는 식료품점의 수가 점점 늘고 있다. 홀 푸드 마켓 같은 일부 식료품 체인점은 소비자들의 선호도가 높은 지역 농산물을 팔기 위해 많은 노력을 기울이고 있다. 여러 식료품점이 지역 농가에서 생산된 농산물뿐만 아니라 그것들을 생산하는 지역 농부들을 다룬 기사나 사진까지 크게 진열하고 있다.

뉴욕의 대형 식품점 중 하나인 롱아일랜드 킹 컬렌은 자사 체인점 쉰 개에서 판매할 목적으로 롱아일랜드 지역의 계절 과일과 채소를 구매하고 있다. 1999년에 킹 컬렌에서 롱아일랜드 지역 농부들에게 지불한 구매 대금은 10만 달러에 불과했다. 그러나 2004년에는 400만 달러어치의 롱아일랜드 농산물을 구매했다. 오리건의 포틀랜드에서 여섯 개의 체인점을 운영하고 있는 뉴 시즌 마켓은 캘리포니아 북부, 오리건, 워싱턴, 브리티시컬럼비아 등지에서 생산된 농산물에 '퍼시픽 빌리지'라는 상표를 붙여 판매한다. 겨울에도 뉴 시즌 마켓에서 판매하는 농산물의 절반가량은 퍼시픽 빌리지 상품으로 채워진다.

각 지역에서 생산된 자연 친화적인 음식을 파는 상점이 당신과 가까운 곳에 있다면 잊지 말고 그 상점의 주인에게 당신이 지원할 수 있는 식품을 판매하는 것에 대해 감사한다고 인사하자. 또 식품점에서 더 많은 지역 농산물을 판매하도록 만들고 싶다면 식품점 주인에게 지역에서 생산된 육류와 채소류를 판매해 달라고 요구하고, 또한 그런 식품은 다른 식품들과 확실히 구별되도록 상표를 붙여 달라고 부탁하자. 상점의 주인이나 매니저와 직접 접촉하기가 꺼려진다면, '자연 친화적인 식탁'의 웹사이트(www.sustanabletable.org)에서 프린트가 가능한 '아이 케어(I Care)' 카드를 다운받는다. 이 카드에는 각 식품점들이 자기 지역의 농산물을 판매해야 할 이유가 나열되어 있다. 당신이 할 일은 이 카드에 서명을 해서 식품점의 매니저에게 건네 주는 것이다. 식품점의 마진율은 매우 낮기 때문에 주인들은 소수의 소비자가 원하더라도 어떤 특정 상품을 요구하면 귀 기울여 들을 것이다. 그러나 일단 식품점 주인을 설득해서 지역 농산물을 판매하도록 만드는 데 성공했다면 당신도 그 상품들을 구매함으로써 거래의 한 축으로서 할 일을 해야 한다.

계절 상품을 먹는다

우리는 어느덧 사시사철 지구상 어디에서 생산되는 음식이든 먹고 싶을 때 먹는 데 길들여져 버렸다. 각 지역의 농산물을 먹는다는 것은 우리의 밥상을 철마다 다른 향미를 전해 주는 신선한 채소로 꾸밈으로써 계절의 순환에 다시 순응하고 우리 조상들이 밥상을 차리던 방법에 대해 다시 생각하게끔 만들 것이다. 가장 쉬운 출발점은 매주 한 끼씩 내 고장에서 생산된 계절 식품을 먹는 것이다. 이렇게 밥상을 차릴 때 가족과 친구들을 초대해 계절 식품을 선보이는 조촐한 모임을 열고 재료에 대한 정보나 조리법을 서로 주고받는 것도 좋다.

계절 채소가 마땅치 않은 겨울과 이른 봄을 지내기 위해서는 지역에서 수확한 신선한 채소나 과일 또는 먹다 남은 유기농 스프나 채소 음식을 냉동 보관해 두면 좋다. 이렇게 보관해 둔 음식은 늦가을이나 겨울까지 두고두고 먹을 수 있다.(냉동 보관한 음식은 6개월 이내에 먹는 것이 좋다.) 시간이 허락하는 대로, 또 취향에 따라서 여러 가지 음식을 병조림으로 만들어 두면 추운 계절을 다양한 음식과 함께 보낼 수 있다. 이런 일에 열성적인 사람들은 지역 음식 동호회를 만들어 지역 특선 요리를 잘 아는 요리사, 채소밭 가꾸기, 가정에서 보존 음식 만들기 등의 전문가를 초빙해 워크샵을 열기도 한다.

사라질 위기에 처한 음식을 보호한다

슬로푸드 운동과 내 고장 음식 먹기 운동에 적극적인 사람들은 사라져 가는 음식을 보존하기 위해 애쓰는 농부나 전문가들을 지원하는 것도 중요하다는 데 입을 모은다. 따라서 다른 나라나 다른 지역의 음식이라 하더라도 사라질 위기에 처한 음식이라면, 그리고 그 음식의 재료를 생산하는 사람들이 큰 시장을 형성할 수 없는 경우라면 그런 음식들도 쇼핑 리스트에 포함시킬 만하다. 예를 들면 토호노 우댐 족은 자기 부족의 토착 음식을 우편 주문 방식으로 판매할 계획을 가지고 있다. 슬로푸드 웹사이트를 방문하면 이렇게 사라질 위기에 처한 음식들을 판매하는 업자들과 만날 수 있다.

집에서 길러 손으로 딴 신선한 농산물

물론 우리가 먹을 수 있는 가장 지역적인 음식은 우리 집의 텃밭에서 기른 재료로 만든 음식이다. 제2차 세계 대전 중에 미국과 영국의 시민들 대다수는 자급자족할 수 있는 음식 자원을 더 많이 개발해 내야 할 필요성을 느꼈다. 도시에서든 시골에서든 이들 나라의 모든 지역에서 사람들은 빅토리 가든(제2차 세계 대전 중에 각 가정에서 기르던 채소밭—옮긴이)을 만들어 가족이나 친구들, 이웃들이 먹을 채소를 길렀다. 요즈음에는 건강이나 점점 세계화되어 가고 있는 식품 공급의 위험성에 관심을 가진 사람들이 늘어나면서 집에서 재배한 먹을거리에 대한 관심도 되살아나고 있다.

만약 도시에 살기 때문에 채소를 기를 땅이 없다면 커뮤니티 가든을 찾아보는 것도 좋다. 때때로 '콩밭'이라고 불리기도 하는데 명목상의 사용료를 내거나 일정 시간 자원 봉사를 하면 채소를 기를 밭을 할당받을 수 있다. 미국에서는 1,000만 명 이상의 도시 거주자들이 이런 방식으로 작은 밭을 만들어 채소를 기른다. 미국 전역의 서른여덟 개 도시에서 커뮤니티 가든 프로젝트를 운영하고 있으며 미국에서 운영 중인 6,000개의 커뮤니티 가든 중에서 3분의 1이 과거 10년 사이에 생겨난 것들이다. 유럽과 아프리카의 몇몇 나라에서도 이와 비슷한 시스템이 운용되고 있다.(참고 자료 목록을 보면 미국 커뮤니티 가드닝 협회를 통해 각 지역의 커뮤니티 가든에 대한 정보를 얻을 수 있다.)

양상추는 텃밭 가꾸기를 시작하기에 아주 좋은 채소다. 기르기 쉽기 때문에 단시간에 만족감을 얻을 수 있다. 토마토 역시 내 정원에서 기르면 다른 어떤 토마토보다 맛있기 때문에 텃밭 가꾸기를 시작하기에 적당하다. 맛 좋은 헤얼룸 토마토를 길러 보고 싶은 유혹도 있겠지만 그보다는 좀 더 평범한 품종이 기르기에는 더 쉽다. 방울토마토도 생명력이 매우 강하고 기르기도 쉬우므로 텃밭에서 기르기에 좋은 품종이다. 작은 규모로 시작해서 처음에는 유기농에 적합한 땅을 만드는 데 주력하면서 한두 품종의 채소나 과일을 길러 보자.

식품점에 진열된 식품들이 어디서 왔는지 알아보자

내가 먹는 식품들이 어디서 생산되었는지에 대해 알아보는 것도 재미있는 일이다. 그 음식이 내 식탁에 놓이기까지 얼마나 먼 길을 이동해 왔을까? 어떻게 자라고 재배되었으며, 어떻게 잡히고 도살되었을까? 우유팩이나 식료품 포장의 라벨을 자세히 보면 가까운 지역에서 생산된 것과 먼 곳에서 생산된 것을 구별할 수 있다. 내가 먹는 채소는 내 고장의 농장에서 생산된 것일 수도 있다. 그 농장에 대해 우리는 무엇을 알고 있을까? 혹시 비료나 살충제를 많이 쓰지는 않을까? 만약 그렇다면 우리가 정말 그런 채소를 먹고 싶을까? 내 자식들, 내 손님들, 그리고 나 자신을 위해 그런 식품을 사고 싶을까? 어쩌면 우리가 선택한 과일은 먼 외국 땅에서 온 것일 수도 있다. 그 나라가 지도에서 어디쯤 있는지 우리는 알고 있을까? 그곳에 사는 사람들은 어떻게 살고 있을까? 아이들을 위해 특히 알고 있어야 할 중요한 사실이 있다. 제인 구달 연구소에서 시행 중인 초등학교를 위한 프로젝트 중에 '루츠 앤 슈츠(Roots & Shoots)'라는 프로그램이 있다. 이 프로그램은 학생들이 집에서 먹는 음식의 재료들에 대해 알아보고 학교에서 그룹 토론을 하는 것으로 이루어진다. 이 프로그램은 학생들이 지리에 대해서도 배우고 그 과정에서 여러 가지 정보도 접하게 되는 아주 좋은 학습 프로그램이다.

 우리가 먹는 음식은 우리 몸에 흡수되어 근육이 되고 신경세포가 되며 피가 되는 것이기 때문에 그 음식과 더욱 가까운 관계를 형성할 필요가 있다. 우리가 먹고 마시는 것들이 결국은 우리의 몸을 구성한다. 그러므로 그런 사실을 염두에 두고 음식을 선택해야 한다.

토착 지식이 생존을 가능케 하다

2004년에 인도양에서 일어난 지진으로 가공할 츠나미가 휩쓸고 지나간 후, 벵갈 만의 안다만 제도는 극심한 타격을 입었다. 그러나 그 지역의 토착 음식이나 그 지역 고유의 지식은 아직 세계화의 물결에 매몰되지 않은 덕에 자라와, 옹게, 센티넬레즈 부족은 그 무시무시한 홍수에서도 살아남을 수 있었다. 《내셔널 지오그래픽》에서 각 지역의 고유문화를 전문적으로 취재하는 버니스 노텐붐은 바다와 땅, 그리고 동물들의 움직임에 대한 이들 부족의 지식은 이 섬에서 살아온 6만 년 동안 축적된 것이라고 말한다. 그들의 구전 역사는 지진의 첫 징조가 느껴지면 어떤 행동을 취해야 하는지 알려 준다. 섬의 다양한 야생 식품들에 의존하는 수렵과 채집의 생활 방식은 츠나미가 몰아쳤을 때 깊고 높은 산에 대피해 있는 동안 그들이 살아남게 해 주었다. 더욱이 맹그로브 숲이 방패막이가 되어 준 덕분에 참새우 양식장(그리고 관광호텔)도 피해를 입지 않았다.

그러나 안다만 제도와 가까운 카 니코바의 니코바레즈 부족 사람들은 그들만큼 운이 좋지 않았다고 노텐붐은 말한다. 인도 본토의 식생활과 생활 방식에 완전히 동화된 니코바레즈 부족은 고대 지식과의 연결 고리를 잃어버렸고 울창했던 숲의 나무는 모두 베어 내고 코코넛과 얌을 기르는 농장으로 만들었다. 진앙지와 아주 가까웠던 데다 밀려드는 물결을 막아줄 나무마저 없었기 때문에 열두 개 마을이 흔적도 없이 사라졌고 많은 사람들이 희생되었다. 겨우 살아남은 사람들도 그 땅에서 살아가는 데 필요한 토착 지식을 가지고 있지 않아 살아가는 데 큰 어려움을 겪어야 했다.

14장 세계로 전파되는 유기농의 물결

> 사람은 지구를 공유할 뿐이다. 우리는 오직 땅을
> 보호할 수 있을 뿐, 소유할 수는 없다.
> —치프 시애틀

우리는 왜 세상에서 벌어지는 일들에 관심을 가져야 할까? 굳이 아프리카나 인도, 중국의 문제로 골머리를 썩일 필요가 있을까? 산업화로 인해 불거진 문제들만으로도 충분하지 않을까? 불행히도 기업의 세계화가 지구상의 더 넓은 지역으로 확장되면서 도시 엘리트층의 요구는 가난한 저개발 국가에 점점 더 심각하고 부정적인 영향을 주고 있다. 브라질의 열대 우림은 값싼 햄버거를 더 싼값에 팔기 위해 파괴되고 있다. 아프리카의 전통 농장은 외국 기업에 넘어가 커피나 차를 기르게 되었지만 그 커피나 차가 아무리 잘 팔려도 그 농장이 있는 지역의 주민들에게는 돌아가는 것이 거의 없다.

어떻게 보면 미국에서 옥수수를 기르는 농부에게 주는 정부 보조금(미국 시장에서 옥수수가 넘치게 만들고 가격을 낮추는 결과를 불러와 결국은 미국의 농민들이 해외로 눈을 돌리게 만들었다.)이 곡물을 싼값으로 생산하는 데 기여를 하므로 다른 나라의 기아 문제 해결에 도움을 줄 수 있을 것도 같다.(여러 경우에 있어서 수천 명의 목숨을 살리기도 한다.) 그러나 기아에 굶주린 해당 지역의 농민들에게는 자신이 기른 곡물을 내다 팔 판로가 사라진다는 부작용이 생긴다. 이 역시 매우 곤혹스러운 상황이다.

마지막으로, 국가 간에 거래되는 식품의 양은 1960년대 이후 네 배로 늘었지만 수입하는 나라에서든 수출하는 나라에서든 그 이득은 각 지역의 소규모 농가에게 돌아가지 않았다. 오히려 더 잘 사는 나라의 국민들이 못 사는 나라의 식량 자원을 더 많이, 점점 더 많이 소비하는 현상을 영구화시키는 결과를 낳았다. 지금 우리는 전 세계적으로 인구 과잉, 빈곤, 기아로 고통받는 저개발 국가들이 더 잘 사는 나라의 국민들을 먹여 살리기 위해 자기 나라의 땅과 천연 자원을 고갈시키는 기업 구조와 직면하고 있다. 이렇게 해서 오가는 외화는 종종 정부 관료들의 부정한 호주머니 속으로 흘러 들어간다. 수입 국가의 소규모 자영 농가들은 저가의 수입 농산물과 경쟁할 수 없다. 더욱이 가난한 나라의 어린이들은 굶주림에 고통받거나 심하면 굶어 죽는데 선진국의 어린이들 사이에서는 비만이 전염병처럼 번지고 있다. 우리는 이제 어떤 조치를 취하지 않으면 안 되는 상황에 처해 있다.

자연 친화적인 희망

가난한 시골 마을에서 성공적으로 자연 친화적인 농법을 펼치고 있는 희망적인 사례는 전 세계 곳곳에서 찾을 수 있다. 우리가 자연 친화적(sustainable)이라고 말할 땐, 퇴비로 땅을 비옥하게 하고 화학 살충제나 화학 비료 없이 생물학적으로 해충을 막고, 작물은 윤작하며 다양한 가축을 사육하는, 즉 지금까지 이야기했던 전유기농을 뜻한다. 케냐에서는 바로 이런 자연 친화적인 프로젝트로 빈곤에 시달리던 마쿠유 마을과 케냐 유기농 연구소가 연결되었다. 이런 파트너십이 형성되기 이전의 마쿠유 마을 농부들은 지기(地氣)가 소진된 땅에 농약을 써서 농사를 지었고 자기 가족을 배불리 먹일 만큼이라도 수확하기 위해 고생해야 했다. 자연 친화적인 유기농법(원래 그들의 조상이 농사짓던 전통적인 옛날식 농법과 다를 바 없었던)을 배운 후 그들은 채소류의 수확량이 60퍼센트나 증가했을 뿐만 아니라 사람들이 충분히 먹고도 남을 만큼의 수확을 거둘 수 있다는 것을 깨달았다.

그러나 좋은 뉴스는 거기서 끝나지 않았다. 농부들은 남은 식량을 판매해서 그 수익을 다시 지역 공동체로 환원시킬 수 있도록 지역 식품 협동조합을 결성하기로 결정했다. 마쿠유 협동조합은 젖 짜는 염소, 벌통, 토끼, 가금류 등을 사서 마을 사람들에게 나누어 주었을 뿐만 아니라 2,000그루의 망고 나무를 포함, 2만 그루의 나무를 심어 헐벗은 숲을 되살리는 데 도움을 주었다. 그뿐만이 아니었다. 마을의 분위기 자체가 절망에서 희망으로 반전되었다. 마쿠유의 유기농 재배 농부들은 그 후 다른 지역에 가서 자연 친화적으로 농사를 짓는 방법을 전파하는 전도사가 되었다.

마쿠유 마을의 사례가 유일한 성공 사례는 아니다. 에섹스 대학교의 환경과 사회 센터 소장이자 『살아 있는 땅: 농업, 식량, 그리고 유럽 농촌 지역의 공동체 부활』의 저자인 줄스 프리티는 인공적인 비료나 농약을 쓰는 대신 자연 친화적인 유기농법으로 바꾼 세계 곳곳의 농부들을 연구했다. 그는 값비싼 수입 농약에 의존하지 않고 농사를 지은 농부들이 오히려 생산비는 낮추면서 수확량은 더 증가시켰다는 사실을 발견했다. 또한 자연 친화적인 농법은 종종 노동 집약적이기도 하기 때문에 지역 사회의 고용을 증대시키는 부가적인 효과도 있었다.

프리티는 과테말라와 온두라스의 농부 4만 5,000명에게 영향을 미친 여러 프로젝트에 대해 썼다. 이 농부들은 유기농법으로 농사를 지음으로써 옥수수 수확량을 세 배나 증가시켰다. 고지대의 농장에서 다양한 작물을 재배하게 함으로써 지역의 경제를 활성화시켜 부를 창출했고, 그에 따라 도시로 떠났던 주민들이 되돌아오는 귀농 현상이 일어났다. 프리티는 방글라데시, 중국, 인도, 인도네시아, 말레이시아, 필리핀, 스리랑카, 태국, 베트남 등의 습지대 농부 수백만 명이 농법을 바꾸어 농약 없는 자연 친화적인 농경으로 돌아감으로써 수확량을 10퍼센트나 증가했다고 썼다.

그러나 여기에는 위험도 도사리고 있다. 식량 증산은 주어진 지역 안에서 인구의 최적화와 균형이 맞아야 한다. 그러나 지구상 곳곳에서 볼 수 있는 것처럼 어떤 농지에서 어떤 농법으로 아무리 열심히 농사를 짓는다 해도 식량 증산의 속도는 인구 증가 속도를 따라갈 수 없다. 주어진 땅에서 그 땅이 수용할 수 있는 인구의 한계를 넘어설 경우, 사람들은 새로운 땅을 찾아 떠난다. 이미 많은 경우에 이런 시도는 불가능한 것이 되어 버렸다. 간단히 말해 사람이 너무 많아진 것이다. 만약 그 사람들이 부유하고 어디서든 먹을 것을 구할 수 있는 상황이라면 필시 다른 지역의 천연 자원을 고갈시키고 있을 것이다. 인구의 증가에 제동을 걸지 않는다면 우리가 알고 있는 모습의 삶은 지구상에서는 더 이상 가능하지 않게 된다. 이론상으로는 지금보다 몇 배나 많은 인구를 먹여 살릴 수 있다 해도 마을과 동네, 그리고 도시가 만나 지구 표면을 거대한 도시로 덮어 가기만 한다면 이 지구상에서 살고 싶어 하는 사람이 몇이나 되겠는가?

지구와 여성을 보살피자

탄자니아의 제인 구달 연구소는 곰비 국립공원 주변의 서른세 개 마을에서 TACARE(the Lake Tanganyika Catchment Reforestation and Education) 프로젝트를 시작했다. 이 프로젝트는 연료 효율이 높은 조리용 스토브, 묘목장, 탕가니카 호수 가장자리의 매우 가파른 경사지에 적합한 농법, 토양의 부식을 막거나 대비하는 방법 등을 도입해 15만에 달하는 인구의 삶을 큰 폭으로 개선했다. 물론 우리가 도입한 방법들은 모두 유기적이고 자연 친화적으로 토지를 이용한다는 기본 철학에 준한 것이었다.

TACARE는 아홉 개의 소규모 소액 신용 은행(그래민 은행의 모델을 기초로)을 설립, 소집단을 이룬 여성들이 환경에 악영향을 미치지 않으면서 지속적으로 운영이 가능한 나름대로의 프로젝트를 시작할 수 있도록 도왔다. 똑똑한 여학생들은 상급 학교로 진학하기 위해 장학금을 신청할 수 있다. 또한 TACARE는 가족계획에 대한 정보나 에이즈 예방 교육 등 여성들에게 출산과 관련한 건강 문제의 상담을 제공한다. 여성들의 교육을 특히 강조하는 이유는 부분적으로 그들의 삶이 도저히 받아들일 수 없을 정도로 참혹하기 때문이기도 하지만 더 중요한 것은 여성들이 교육을 받을수록 가족의 크기가 줄어든다는 사실이 세계 여러 곳에서 입증되었기 때문이다.

　TACARE 프로젝트가 실행되고 있는 모든 마을이 지금은 성장 속도가 빠른 나무를 심은 가까운 식림용지에서 땔나무를 거두어들인다. 거의 헐벗은 산에서 도끼로 나무를 찍어다가 땔나무로 쓰는 관행을 없애자 죽은 듯이 보였던 나무에서 새 나무가 자라기 시작했다. 그리고 이런 나무들은 5년 만에 20~30피트(약 6~9미터)까지 자랐다. 그렇게 해서 지금은 여러 TACARE 마을 주변에 'TACARE 숲'이 형성되어 있다. 현재 아프리카의 다른 지역에서 TACARE 프로젝트를 재현하기 위한 첫 단계가 진행 중이다.

모든 것은 땅에서 시작되고 땅에서 끝난다

세계에서 생산되는 먹을거리의 90퍼센트는 땅으로부터 난다. 식용 가축의 먹이도 식물성으로 공급된다는 것을 감안하면 우리가 먹는 모든 것이 땅에서 난다고 볼 수 있다. 그러므로 매년 1,000만 헥타르의 표토가 빗물이나 바람에 의해 경작지로부터 유실된다는 국제 연합의 최근 보도는 매우 심상치 않게 들린다. 3억 헥타르, 유럽 인구 전체를 충분히 먹일 만한 식량을 경작할 수 있는 땅이 최소한 가까운 미래에는 경작지로 이용될 수 없을 정도로 황폐해질 것이다. 겔프 대학교의 워드 체스워스 박사는 "농경은 지구에서 농사짓기에 적당한 땅의 3분의 1에 영향을 미칠 만한 농업의 상처를 남겼다."고 말했다.

이러한 황폐화는 개발도상국에서 급증하는 인구를 먹여 살리기 위해 농사를 짓거나 땔나무를 얻을 목적으로 숲과 삼림을 남벌한 데서 찾을 수 있다. 예를 들어 아프리카 서부의 아이보리코스트는 숲에서 나무를 베어 버리기 전에는 매년 헥타르당 0.03톤의 표토가 씻겨 나갔다. 그러나 숲의 남벌 이후 표토의 유실은 매년 90톤에 달했다. 미국과 비슷한 면적의 국토에 인구는 세 배나 많은 중국이지만 양질의 농토는 미국의 8분의 1에 불과하다. 그런데 이토록 소중한 농토가 매우 빠른 속도로 사막화되어 가고 있다. 이러한 사막화의 과정은 이미 수백 년 전부터 계속되어 왔고 과거 반세기 동안 그 속도가 급속히 빨라졌다. 인구의 증가로 인해 점점 더 변방 지역까지 경작지로 만들어 가고 있기 때문이다. 표토층이 얇은 땅은 금방 말라서 날아가 버린다. 한 사람당 식량 생산에 사용될 수 있는 땅의 면적은 1950년부터 1990년 사이에 절반으로 줄었다. 그리고 그때부터 여러 가지 노력에도 불구하고 문제가 해결되기는커녕 오히려 더 심화되었다.

토양의 유실은 종종 거대한 먼지의 폭풍을 불러온다. 1990년대에는 이런 폭풍이 스물세 번 있었다. 2001년에는 중국에서부터 불어온 거대한 먼지 구름이 일시적으로 북아메리카 대륙의 하늘까지 어둡게 만들었다.

지금 중국에서는 도시를 중심으로 산업화와 개발의 물결이 번지면서 새로운 도시가 늘어나고 그러면서 농업에 관련된 문제도 복합적으로 심화되고 있다. 농민들은 농토를 잃고 농사짓기에 적합한 땅의 면적은 계속해서 줄어든다. 이런 관점에서 볼 때 황폐화된 농토를 최대한 빨리, 최대한 많이 되살리는 것은 절실할 정도로 중요하다. 아무리 가난한 사람일지라도 지구의 미래를 파괴하는 행위를 계속하는 것은 적절치 못하다. 물론 어쩌다가 이 지경까지 오게 되었는지는 충분히 이해하고도 남는다. 땅이 수용할 수 있는 것보다 훨씬 더 많은 사람이 모여들게 되면 나무를 베어 넘어뜨리고서라도 새 땅을 개간하게 된다. 그리고 그렇게 개발되는 땅 중에서 일부는 농사짓기에는 부적합한 땅이다. 한때는 숲이 울창했던 곰비 국립공원 바깥의 언덕들도 이런 상황에 처했었다. 1980년대 초반에 이르자 공원 밖에서 자라던 나무들 거의 모두를 베어 내고 그 땅을 밭으로 개간해 언덕 꼭대기까지, 공원 경계선까지 밭이 이어지게 되었다. 해마다 우기가 찾아오면 소중한 표토들이 빗물에 씻겨 내려가 계곡에 쌓이거나 탕가니카 호수로 직접 흘러들기까지 했다. 높은 경사면의 흙이 유실되어 버리면 삽시간에 홍수가 일어나는 경우도 종종 있었다. 호숫가의 마을 중에는 가옥의 절반이 홍수에 떠내려가 버리고 사람도 열다섯 명이나 희생된 마을도 있었다. 아프리카에 사는 거의 모든 사람들이 그렇듯이 곰비 주변 사람들도 자기 마을을 벗어나 다른 곳에서 먹을거리를 사들이기에는 너무나 가난했다. 그들 중 일부는 가족들과 친구들을 남겨 둔 채 사람이 덜 붐비는 남쪽 지방으로 행운을 찾아 떠났다. 그 나머지 사람들은 점점 더 메말라 가는 땅에서 먹을 것을 한 톨이라도 더 짜 내기 위해 필사적인 몸부림을 계속했다.

TACARE의 가장 멋진 프로젝트 중 하나는 남용된 땅을 되살리고 남벌당하고 혹사당하고 비바람의 침식으로 죽은 듯이 보였던, 버림받은 땅을 다시 농장으로 일구기 위해 노력하는 사람들을 돕는 것이다. 두 개의 시범적인 농장이 지금은 여러 종류의 많은 나무들로 우거져 일종의 모범 사례가 되면서 새로운 기술을 배우기 위해 몰려온 그 지역의 농부들로부터 큰 인기를 누리고 있다. 이렇게 놀라운 속도로 땅을 되살려 내는 힘이 열대 우림에서 자라는 나무들의 전형적인 특징이다. 또한 가장 메마른 땅에서도 약간의 비만 내려 준다면 토양을 되살릴 수 있는 방법들이 있다.

지금까지 우리가 보아 온 것처럼 기업이 주도하는 세계화된 식량 시장은 표토와 물, 숲 같은 소중한 자원들을 파괴하고 오염시키는 대규모 농장과 산업적 농경으로 흐르는 경향이 있다. TACARE 같은 공동체 프로젝트는 세계 곳곳의 넓은 농토를 망아지의 눈앞에서 왔다 갔다 하는 당근과도 같은 당장의 이익에 눈이 어두워 자신을 팔아먹거나 타협하는 행동 따위는 하지 않는 농부들에게 돌려줄 수 있다. 그런 농부들을 자극하고 격려하는 것은 그 자신과 그의 가족들, 그리고 땅과 그들로부터 자양분을 얻을 소비자들이 원하는 것을 원하는 만큼 베풀어 주는 자연 친화적인 농장을 가꾸는 보람이다.

내 고장 사람들을 위한 내 고장의 먹을거리

이런 프로젝트는 우리에게 커다란 희망을 준다. 이런 프로젝트를 통해 망가진 땅이 힘을 되찾고 세계 어디서나 자연과 인간에게 전혀 해가 없이 작물의 수확이 증가되었다. 그러나 유기농에 대한 세계적인 관심이 불러온 가장 큰 수확 중의 하나는 내 고장 먹을거리의 경제가 가지는 중요성이 크게 부각되었다는 사실이다. 냉소적인 몇몇 사람들은 내 고장 식품 먹기 운동이 맛있는 유기농 음식을 찾아다닐 수 있을 만한 경제적, 시간적 여유가 있는 사람에게나 어울리는 부르주아적인 사치라고 비아냥거릴 수도 있다. 그러나 내 고장에서 난 자연 친화적인 음식을 찾아 먹는 것은 호사스러운 선택, 그 이상의 것이다. 그것은 이 지구가 우리에게 내린 지상 명령이다. 지금도 지구 표면적의 38퍼센트는 경작지이거나 목초지지만 그 면적은 인구의 증가와 더불어 나날이 늘어만 가고 있다. 어떤 사람들은 앞으로 수십 년 이내에 인간을 위한 식량 공급이 최소한 지금의 두 배, 어쩌면 세 배는 증가해야만 늘어 가는 인구를 모두 먹여 살릴 수 있다고 예측한다. 독성 화학 물질인 화학 비료, 살충제, 제초제, 그리고 가축 사육에 쓰이는 성장 호르몬과 항생제, 방사선 조사 처리 식품, 식량 생산을 늘리기 위한 유전자 변형 식품 등이 정당화되고 있는 이유 중 일부는 이러한 방법들을 동원하지 않고서는 늘어나는 인구를 모두 먹여 살릴 수 없다는 생각 때문이다. 그러나 실은 그렇지 않다. 설사 그것이 사실이라 하더라도 잔뜩 오염된 식품을 아무리 많이 공급한들 문제가 해결이 될까?

우리가 할 수 있는 일

내 고장에서 자연 친화적인 농법으로 생산된 식품을 구입할 때, 우리는 다국적 기업이 아닌 내 고장의 지역 사회가 거래의 이익을 갖는 새로운 식품 패러다임을 지원하게 된다. 그렇다고 내 고장을 벗어난 다른 지역에서 생산된 식품이나 다른 지역의 특산물 구매를 모두 중단해야 한다는 의미는 아니다. 가능한 한 내 고장 식품을 우선적으로 소비하도록, 식품 선택의 우선순위를 바꿔야 한다는 의미이다. 이렇게 함으로써 그 지역의 수요를 충분히 만족시킬 수 없는 식품만을 타 지역으로부터 수입하게 될 것이다.

페어트레이드, 유기농 식품만을 수입한다
외국, 특히 저개발 국가로부터 식품을 수입할 때에는 그 상품이 환경이나 사회에 대해 윤리적으로 재배되고 수확된 상품인지를 확실하게 파악해야 한다. 즉 가능한 한 유기농, 페어트레이드 상품을 구입하자는 뜻이다. 내 고장에서 재배한 유기농 식품을 소비한다면 다른 나라의 국민들이나 소중한 천연 자원을 착취하는 데 기여할 가능성은 적어진다. 모든 지역과 사회가 그 구성원들을 위해 필요한 모든 식량을 자급자족하지는 못한다. 그러나 가난한 저개발 국가들이 자기 나라의 국민들은 배를 곯고 있는데 다른 나라의 국민들을 위해 환금 작물들을 재배하는 현실은 말이 되지 않는다. 또한 부유한 나라들이 자기 나라에서도 똑같은 식량을 풍부하게 생산하는데 다른 나라에서 환금 작물들을 더 수입한다는 것도 말이 되지 않는다.

윤리적인 커피를 마신다

매일 커피를 마시는 사람은 스스로를 화학 물질에 덜 노출시키는 한편 안전한 농법을 지원하고 지구상의 열대림을 보호하기 위해 매일 아침마다 할 수 있는 일이 있다. 예를 들면 셰이드그로운 커피를 구입함으로써 열대 우림이라는 우산 아래서 재배되는 커피에 투자를 할 수 있다. 이 투자는 정글을 보호할 뿐만 아니라 덤으로 세계의 철새들까지 보호한다. 셰이드그로운이 아닌 다른 커피는 숲을 완전히 밀어낸 자리에서 전적으로 농약에 의존해 공장식으로 재배된 커피일 확률이 매우 높다.

　셰이드그로운 커피에는 화학 비료가 덜 필요하거나 때로는 아예 필요치 않다. 숲을 이루고 있는 나무들이 정글의 복잡한 생태계의 한 요소로서 토양에 자연적으로 자양분을 보태 주기 때문이다. 나무 그늘이 수분의 증발을 지연시켜 주기 때문에 특별한 관개 시설도 필요치 않다. 페루에서 숲의 그늘 속에서 커피를 재배하는 농부들은 수입의 30퍼센트를 땔나무, 목재, 과일, 약초 등 다른 수입원으로부터 얻는다. 이러한 수입원들도 모두 밀림의 그늘이 주는 천연의 수입원들이다. 농약이 전혀 쓰이지 않았음을 확실하게 보장받고 싶다면 유기농 인증 표시가 붙은 식품을 고르는 것이 방법이다.

페어트레이드 커피를 마신다는 것은 힘들게 커피를 재배한 농부에게 정당한 가격을 지불하는 시스템에 투자한다는 것을 의미한다. 충격적인 일이지만 페어트레이드를 실천하지 않는 기업들이 재배 농가에 지불하는 가격은 임금으로 계산했을 때 일당 3달러가 채 되지 않는다. 상상해 보라. 그 농부들은 미국인들이 마시는 라테 커피 한 잔 값밖에 안 되는 돈으로 매일 자기 가족을 먹여 살려야 하고 자녀들을 교육시켜야 하며 집을 유지하고 농사를 지어야 한다. 모든 커피 애호가들이 윤리적인 커피만 마시겠다고 고집한다면 시골의 농부들이 (기업의 통제로부터 벗어나) 자기 농토뿐만 아니라 체면도 지키며 살도록 도움을 줄 수 있다. 물론 지구를 멍들게 하는 농약도 줄일 수 있고 철새들의 미래도 보호할 수 있다. 매년 사라지는 2,500만 에이커(약 10만 1,174제곱킬로미터)의 열대 우림도 보존할 수 있다.

매일 마시는 커피 한 잔으로 숲을 파괴하는 유행을 반전시키는 데 도움을 줄 수 있다. 숲과 삼림은 대부분의 경우 다시 되살릴 수 있다. 내일 당장 어제와 똑같은 모습으로 복구되는 것은 아니지만 자연은 원기를 회복하는 복원력이 뛰어나고 또한 영원한 창조력을 가지고 있다. 따라서 원두커피 한 봉지를 살 때도, 커피 한 잔을 마실 때도 열대 우림에서 커피를 재배하는 농부들과 그들의 소중한 농토를 지키는 데 내가 도움을 주고 있다는 생각을 한다면 잘 볶은 커피의 향기가 더욱 향긋하게 느껴질 것이다.

15장 아이들의 밥상

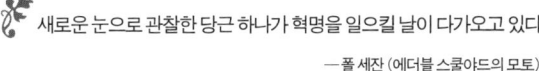 새로운 눈으로 관찰한 당근 하나가 혁명을 일으킬 날이 다가오고 있다.
—폴 세잔 (에더블 스쿨야드의 모토)

내 아들 그럽이 아직 어렸을 때에는 나도 요리하기를 좋아했다. 특히 곰비에서 모닥불을 지펴 놓고 요리하는 것이 좋았다. 낮에는 비비 때문에 음식을 가지고 밖에 나갈 수가 없었지만 어두워진 후에, 비비가 모두 나무 위의 제 집으로 올라가 잠든 후면 나는 작은 모닥불을 피워 놓고 저녁 식사를 준비했다. 그럽은 팬케이크를 좋아했는데 특히 팬케이크를 높이 던져 올려서 뒤집는 것을 매우 좋아했다. 모래가 깔린 해변에서 팬케이크를 그런 식으로 뒤집는 건 정말 어려운 일이었다. 만약 팬케이크가 프라이팬에 다시 떨어지지 않고 바깥으로 떨어진다면 그건 먹을 수 없게 되어 버리기 때문이다. 그러나 남편인 데렉은 팬케이크를 던져 올려서 뒤집는 것을 정말 잘했다.

어느 날 저녁, 팬케이크를 먹다가 그럽이 갑자기 말했다. "크레센트 좀 보세요!" 크레센트는 사향고양이였는데 아주 얌전하고 말을 잘 듣는 녀석이었다. 녀석은 가끔씩 다른 사향고양이나 몽구스까지 이끌고 나타나 우리가 매일 밤 녀석들에게 주려고 남겨 놓는 음식찌꺼기를 먹곤 했다. 어떤 날은 뒤에서 스윽 나타나서는 우리가 방금 구워 놓은 팬케이크를 물고 가 버리기도 했다. 데렉과 내가 돌아보면 녀석은 팬케이크를 입에 단단히 문 채 고개를 꼿꼿이 세우고 서 있었다. 어떻게 그렇게 했는지, 입에 문 팬케이크는 반으로 딱 접혀 있었다. 볼 때마다 놀라운 장면이었고 어린 시절에 집에서 기르던 개 러스티가 초콜릿 케이크를 통째 입에 물고 잔디밭을 쪼르르 달려 도망가던 모습을 떠올리게 했다. 러스티의 그런 모습은 재미있기도 했지만 놀랍기도 했다. 전쟁이 끝난 직후였기 때문에 할머니는 여전히 배급을 받아야 하는 소중한 케이크 재료들을 주디와 나의 생일(동생과 나는 4년 차이를 두고 같은 날 태어났다.)을 위해 꽁꽁 감춰 두곤 하셨다. 때문에 나는 도망가는 러스티를 쫓아가며 고래고래 소리를 질렀고 녀석은 결국 그 케이크를 떨어뜨리고 말았다. 이미 한입 쓱 베어 먹어 버린 (그것도 개가!) 생일 케이크를 선물로 받아 본 사람이 세상에 몇이나 될까 궁금하다.

『요리의 즐거움』이라는 고전적인 요리책의 1953년판 서문에서 어마 S. 롬바우어는 여성들에게 "머리는 산발이고 침이 질질 흐르더라도" 침착함을 잃지 말라고 충고했다. 외모도 중요하지만 평온하고 우아한 분위기를 뿜어내는 것만큼 중요하지는 않다고 그녀는 말했다. "식사에는 노력과 돈이 필요하다. 식사 시간은 고상하고 위엄 있게 보낼 가치가 있는 시간이다."라고 그녀는 설명했다.

롬바우어와 똑같은 마음으로 나는 서로 어울리고 대화를 주고받으며 즐거운 시간을 갖는 것이 여럿이 함께 나누는 식사의 중요한 목표라고 말하고 싶다. 나는 이따금씩 아련한 향수와 함께 어린 시절의 식사 시간을 돌이켜보곤 한다. 어머니와 할머니가 좁은 부엌에서 요리한 음식들을 주방의 식탁에서, 특별한 경우에는 식당의 식탁에서 모두 함께 둘러앉아 먹었다. 할머니는 자신만의 감각으로 재료와 양을 선택할 뿐, 요리책 같은 것은 거들떠 보지도 않는 뛰어난 요리사였다. 우리 집의 음식이 특별히 화려한 것은 아니었다. 우리 집 형편에 기본적인 것 외에 다른 것을 먹을 만한 여유는 없었다. 그러나 양치기 파이(양파, 감자, 고기 등을 갈아 넣어 만든 파이—옮긴이), 치즈 마카로니, 스파게티 등 어떤 음식이든 항상 맛있었다. 그리고 일요일이면 늘 구운 감자와 당근, 완두콩 등을 곁들인 로스트비프로 조촐한 파티를 열었다. 이 때 상에 오른 고기는 풀밭에서 풀을 뜯어 먹으며 자란 소의 고기였고 야채는 농약을 치지 않고 기른 (그때는 지금 같은 집약적인 공장식 농장이 없었다.) 것들이었다. 그런 파티가 차려지면 우리는 항상 시간을 잘 지켜야 했나. 음식이 식도록 두는 것은 예의에 어긋나는 행동이었다. 생각해 보면 배도 고팠었다. 그리고 한때는 종도 있었다. 복도 벽에 걸려 있었는데 주디와 나는 끝에 헝겊을 감은 막대기로 그 종을 치는 걸 좋아했다. 그 종은 할머니가 운영하던 요양원에서 입원 중인 환자들에게 식사 시간을 알릴 때 쓰던 것이었다.

　식사 시간이면 우리는 예절 바르게 행동하도록 가르침을 받았다. 허리를 똑바로 펴고 앉을 것, 입을 벌리고 음식을 씹지 말 것, 수프를

들이 마시지 말 것, 완두콩은 흐트러뜨리지 말고 먹을 것 등등. 그러나 버치스에서의 식사는 항상 재미있었다. 우선 우리는 많이 떠들었고("입에 음식이 든 채로 말하지 마라." 늘 듣는 잔소리였지만 우리는 한 귀로 흘려듣거나 들어도 곧 잊어버렸다.) 신나게 웃고 서로 놀려 댔다. 그리고 식탁 밑에 있는 러스티에게 찌꺼기를 몰래 주지도 않았다. 에릭 삼촌이 집에 오는 주말이면 엄마는 주디와 내가 얌전히 행동하게 만들려고 특별히 더 신경을 쓰셨다. 에릭 삼촌은 전형적인 빅토리아 시대 사람이라 『요리의 즐거움』을 쓴 어마 S. 롬바우어가 말하는 "평온하고 우아한 분위기"의 중요성에 공감하셨을 것이 분명하지만 우리와 함께 있을 때는 전혀 그렇지 않았다. 함께 식사를 하던 다른 사람들보다 식사를 먼저 마쳤을 땐 "먼저 일어나도 될까요?" 하고 묻는 것이 예의였다. 그러나 에릭 삼촌은 "전 실례 좀 해도 될까요?" 하고 물었다. 그러면 주디와 나는 여학생답게 배꼽을 잡고 웃었다. 삼촌이 한 말은 학교에서 화장실에 가기 위해 양해를 구할 때 쓰는 말이었기 때문이다.

사회의 여러 부분이 내가 어렸을 때와는 사뭇 달라졌다. 많은 아이들이 (선택에 의해서든 경제적인 필요에 의해서든) 가족 중 성인인 사람은 모두 직업을 가진 가정에서 자란다. 그러므로 내가 어린 시절에 좋아했던 그런 음식들을 주방에서 함께 준비할 시간도 없고 그렇게 하고 싶어 하는 마음들도 없다. 아이들은 건강에 치명적인 악영향을 미치는 정크푸드를 점점 더 많이 먹을 뿐만 아니라 가족들이 모두 한자리에 모여 식사를 하는 일도 지극히 드물게 되었다. 이런 상황은 이 시대의 커다란 비극 중의 하나인 '가족의 해체' 현상을 불러오는 원인 중의 하나다.

지구상의 거의 모든 문화에서 가족들의 저녁 식탁은 식구들이 모두 둘러앉아 맛있는 음식을 먹으면서 한편으로는 그날 있었던 일의 이야기도 나누고 서로 아이디어도 교환하는 자리다. 정부 차원의 연구 결과에 따르면 오늘날 미국과 영국에서 실제로 매일 한자리에 모여 식사를 하는 가정은 전체의 50퍼센트에도 못 미친다. 자녀가 중학생이 될 정도에 이르면 많은 가정에서 한자리에 모여 식사를 한다는 것은 아예 포기하게 된다. 이는 우리 아이들에게는 안 좋은 소식이다. 혼자서 식사를 하다 보면 설탕이 많이 든 음식이나 과자 종류로 끼니를 때우기 쉽다. 텔레비전 시청 역시 가족의 영양에 해를 끼친다. 터프트 대학교에서 실시한 연구 결과를 보면 식사를 하면서 텔레비전을 보는 버릇이 있는 가정은 식사 때 텔레비전을 보지 않는 가정에 비해 과일, 채소 등을 덜 먹는 반면 피자나 정크푸드, 탄산음료는 더 많이 먹는 것으로 나타났다. 이와는 대조적으로 하버드 대학교 의과대학의 연구에 따르면 모든 전자적 자극을 차단하고 가족들이 함께 모여 느긋하게, 서두르지 않으면서 집에서 만든 음식을 즐기는 가정은 그렇지 않은 가정에 비해 과일과 야채를 다섯 번 정도나 더 먹고 기름에 튀긴 음식이나 탄산음료 등은 훨씬 적게 먹는다고 한다.

가족이 모두 모인 단란한 식사의 장점은 더 많은 영양을 섭취할 수 있다는 것만이 아니다. 여러 연구 자료를 보면 가족들과 함께 식사를 하는 시간이 많은 어린이들은 학교에서도 더 잘 지내며 품행상의 문제가 발생하는 경우도 더 적은 것으로 나타났다. 또 가족과의 식사 시간은 이 아이들이 사춘기를 겪을 때 그 불안한 시간들을 안전하게 지낼 수 있게 해 주는 안전장치가 되기도 한다. 미네소타 대학교의 조사에 따르면 늘 가족과 함께 식사를 하는 십대 청소년들은 그렇지 않은 학생들에 비해 학업 성적도 더 우수하고 자신의 현재 삶에 대해서도 행복하다고 느끼며 미래에 대해서도 낙관적인 전망을 가지고 있다고 한다. 또한 흡연이나 마약으로 문제를 일으키는 경우도 더 적고 우울증, 자살 충동 등을 느끼는 경우도 적으며 섭식 장애를 일으키는 경우도 적다.

21세기는 여러 선진 산업 국가에게 너무나 많은 기회와 편의를 선사했으나 그 대신 식습관의 해체를 가져오기도 했다. 가족 관계는 갈등에 휩싸이고 먹을거리는 점점 영양이 떨어진다. 우리 몸은 점점 더 비대해지고 모든 사람들이 바쁘다고 허둥댄다. 일은 더 많이 하고 삶은 더 적게 즐기는 것이다. 일본에서는 많은 가정의 가족들이 한 집에 살면서도 함께 시간을 보내거나 식사를 같이 하는 일은 드물다.

농산업의 기업적인 스타일을 해체하려는 시도도 중요하지만 가족이 함께 모여 정성스레 조리된 영양이 풍부한 식사를 하는 것보다 속도와 편의를 앞세우는 현대인의 생활양식에 의문을 던져 보는 것도 중요하다. 슈퍼마켓에서 쇼핑을 하면 몇 개 품목을 전문적으로 취급하는 식품점(이런 상점들 중에서 상당수는 이미 문을 닫았다.)들을 돌아다니며 쇼핑을 하는 것보다 시간은 절약된다. 포장의 설명서를 보면 전자렌지에 데워 먹는 여러 식품들도 (전혀 건강에 좋지 않은 경우가 종종 있음에도 불구하고) 보통 식품들 못지않게 건강에 좋다고 씌어 있다. 이런 식품을 사는 이유는 요리를 해야 하는 번거로움과 시간을 절약해 주기 때문이다. 이렇게 빨리 해결되는 식사, 편리한 식사, 그리고 높은 칼로리는 자녀들을 부모에게 가까이 다가가게 해 주지도 못하며 건강과 영양분을 높여 주지도 못하는 것이 분명하다.

식탁에 둘러앉아 부모와 아이들이 서로를 이해하며 교감할 기회를 빼앗기고 집에서 먹는 음식의 질이 떨어지면서 건강도 나빠지자 부모들은 학교 급식이 아이들에게 영양 만점의 식사가 되어 주리라는 생각으로 위안을 삼는다. 그러나 불행하게도 그 위안이 현실이 되는 경우는 매우 드물다.

학교 급식

학교에서 먹던 점심 급식은 아직도 생생하게 기억한다. 간단한 메뉴지만 양은 많았고(두 번씩 가져다 먹을 수도 있었다.) 맛도 그다지 나쁘지 않았고(즙이 많은 양배추와 그래비 소스 속의 기다란 고깃덩어리) 영양가도 꽤 괜찮았다. 거의 매일같이 어떤 종류든 고기 종류(양은 많지 않지만)가 나오거나 치즈가 든 음식(치즈 맛은 그다지 풍부하지 않았지만)이 나왔고 금요일에는 생선 요리가 나왔다. 기다란 류밥의 한쪽 끝을 포크로 꾹 누르면 끝이 (그리고 류밥 때문에 분홍색으로 물이 든 기다란 애벌레까지) 툭 튀어 나갔다. 그러면 우리는 지극히 여학생답게 모두 한바탕 괴성을 지르며 소란을 피웠다. 그러나 그런 일들도 내가 주빈 식탁에 앉았다가(교장 선생님의 감시하에 모두들 돌아가며 주빈 식탁에 앉아야 했다.) 선생님의 샐러드 접시에서 작은 민달팽이가 기어 다니는 것을 봤던 날에 비하면 아무것도 아니었다. 나는 옆자리에 앉은 친구의 옆구리를 쿡쿡 찌르며 교장 선생님의 샐러드 접시를 보라고 알려 주었다. 교장선생님은 민달팽이가 앉아 있는 채소 잎을 입에 넣고 우물우물 씹으셨다. 나는 너무 놀라서 웃지도 못했다. 어쩌자고 샐러드에 벌레가 있다는 말을 교장 선생님께 드리지 않았는지 그 이유를 나 자신도 알다가도 모를 일이었다.

학교 급식에 대해서 말하자면 가장 먼저 이야기하고 싶은 화제가 바로 여러 가지 의심스러운 점이 많은 저질 고기와 녹색인지 회색인지 구분이 안 되는 통조림 완두콩이다. 정부에서 비용을 보조해 주는 급식 우유는 보빈 성장 호르몬으로 기른 젖소에게서 짠 우유다. 그리고 젤리로 만든 디저트까지. 그것도 좋았던 옛 시절 이야기다.

요즈음의 학교 급식은 대부분 맥도널드의 햄버거, 도미노의 페퍼로니 피자가 전부고 여기에 음료는 슈퍼 사이즈 코카콜라다. 체육 교과나 스포츠 프로그램은 예산 부족으로 단축되고 교육청에서는 학교 급식을 맥도널드나 도미노, 또는 타코 벨 같은 패스트푸드업체와 계약해서 떠넘겨 버린다. 게다가 많은 학교들이 탄산음료 회사와 계약을 맺어 학교 안에서 그들의 상품을 판매하거나 판촉할 수 있게 하고 있다. 이런 계약은 관할 지역에 수백만 달러의 예산을 지원해 주는 코카콜라나 펩시 같은 음료 회사에 독점권을 줌으로써 예산 부족으로 쩔쩔매는 교육청에 가뭄의 단비 같은 역할을 한다. 전국의 중고등학교 세 곳 중 두 곳은 대부분 자동판매기를 통해 교내에서 탄산음료를 판매한다. 무엇보다도 걱정스러운 일은 우리의 아이들이 점점 더 어린 나이부터 비만의 징후를 보이기 시작한다는 것이다. 부모들도 용서할 수 없지만 학교 측도 용서할 수 없는 일이다. 또한 가장 나쁜 범죄자는 물어볼 것도 없이 패스트푸드 산업이다. 그들에 대해서는 16장에서 논하기로 하자.

학교 급식에 대해서 이야기할 때 가장 염려스러운 것은 점점 더 빠른 속도로 확산되고 있는 아동 비만이다. 지난 30년 동안 미국의 미취학 아동과 청소년 인구에서 비만 환자는 두 배 이상 증가했고 여섯 살부터 열한 살 사이의 어린이에서는 세 배나 증가했다. 비만아들은 주위로부터 놀림감이 될 뿐만 아니라 신체적인 활동에 참여하기도 힘들다. 당뇨병이나 심장 질환 같은 중대한 건강상의 위험을 안고 있고 그 위험은 성인 비만으로 이어지기도 한다. 2005년에 미국 심장 협회는 아동 비만이, 심장 질환과 죽음에 대항하는 싸움에서 50년을 후퇴하는 것과 맞먹는 치명적인 보건상의 문제라는 강력한 경고문을 발표했다. 만약 이런 추세가 계속된다면 비만은 미국인의 사망 원인 중에서 흡연을 제치고 1위를 차지하게 될 것이다

의사들과 시민 활동가들이 점점 만연하고 있는 비만의 뿌리를 캐고 들어가자 대부분 포화 지방과 설탕에 절어 칼로리만 높고 영양분은 별로 없으면서 '슈퍼 사이즈'만을 강조하는 패스트푸드 섭취가 그 원인이라는 결과가 나왔다. 각 가정에서 더 이상 자녀들에게 신선한 재료로 집에서 요리한 건강한 음식을 먹이지 못하는 것도 안타까운 일인데 아무리 수지 타산을 맞추는 것이 급하다 해도 공립학교에

서조차 아이들의 건강을 팔아먹는다는 것은 그러한 의도만으로도 범죄와 마찬가지다.

역설적이게도 미국의 전국 학교 급식 프로그램은 미국의 아이들을 미래의 건장한 병사로 키운다는 목적하에 제2차 세계 대전 이후부터 시작되었다. 오늘날 학교 급식 프로그램은 어린아이들의 건강을 심각하게 갉아먹을 뿐만 아니라 평생(어쩌면 학교 급식 때문에 더 짧아졌을지도 모르는)을 갈지도 모르는 잘못된 식품을 선호하는 식습관을 부채질하고, 영양의 기준을 하향 조정하는 경향을 낳는 원인의 하나로 지목되고 있다. 여러 연구 결과를 보면 어린이의 영양 부족은 학습 부진, 공격 성향, 반사회적 행동 등의 발달 장애로 이어지는 것으로 나타났다.

맛있는 혁명

만약 부모가 아이의 건강한 식습관을 수학 점수나 역사 지식만큼 중요하게 여긴다면 우리 아이들이 얼마나 더 건강해질지 상상해 보라. 우리 아이들에게 영양 많은 유기농 과일과 채소, 허브 등을 기르는 방법을 가르치고 이 재료들을 가지고 맛있고 건강에 좋은 음식을 만드는 방법을 가르치는 장면을 상상해 보라. 아이들이 음식에 얽힌 보다 행복하고 유익한 이야기를 배우고 지구와 우리 몸, 그리고 우리 인간의 정신을 건강하게 하면서 과일과 야채를 기르는 방법에 대해 배우는 장면을 상상해 보라. 전통 음식과 의례의 가치, 손님 초대 상을 아름답게 꾸미는 기술, 식사 중의 대화가 가지는 중요성에 대해서 가르치는 학교가 있는 세상을 상상해 보라.

꿈같은 소리라고? 옛날에는 그랬겠지만 지금 그 꿈은 캘리포니아 주 버클리에서 셰 파니스를 운영하고 있는 앨리스 워터스의 손 안에 있다. 워터스는 여러 개의 상을 수상한 셰 파니스의 조리법과 자연 친화적으로 재배된 각 지역의 계절 식품을 재료로 만든 맛있고 건강에도 좋은 음식들을 공립학교의 급식으로 제공하고 싶다는 꿈을 가졌었다. 따라서 셰 파니스로부터 몇 블록 떨어진 곳에 있는 마틴 루서 킹 주니어의 이름을 딴 한 중학교에서 미국의 어린이들을 위한 워터스의 꿈이 씨를 뿌린 것은 아주 잘 어울리는 일이었다.

버클리 통합 교육청의 지원을 받은 워터스와 몇몇 친구들은 이 학교의 운동장 옆에 있는 주차장을 매입했다. 워터스는 100명이 넘는 자원 봉사자들의 힘을 빌려 주차장의 아스팔트를 모두 걷어 내고 그 밑에 감춰져 있던 땅을 기름진 밭으로 만들었다. 그리고 그 땅에 햄버거와 코카콜라, 튀김 등과 정반대를 이루는 것들을 심었다. 아루굴라(지중해산 한해살이 식물로 샐러드용으로 쓰인다. —옮긴이), 아스파라거스, 키위, 아티초크(지중해 연안이 원산지인 국화과의 여러해살이 풀—옮긴이), 레드 러시안 케일, 포도, 호박, 허브, 꽃, 그 외에도 많은 것들이 심어졌다. 이 학교의 문화적 다양성에 보조를 맞추어 각각의 작물들 앞에는 그 작물을 선택한 학생의 모국어(이 학교에서 사용되는 열아홉 개 언어 중 하나)로 작물의 이름을 쓴 푯말을 세웠다.

워터스는 또 주로 재활용 소재를 사용해서 널찍하고 다채로운,

그리고 모든 기구가 잘 갖추어진 요리 실습용 교실을 만들기 위한 기금 모금에도 도움을 주었다. 뿐만 아니라 소수 정예의 스태프들을 모아 혁신적인 연구 프로그램을 현실화하고 이런 모든 요소들을 잘 조화시켜서 에더블 스쿨야드(Edible Schoolyard, 먹을 수 있는 학교 운동장—옮긴이)를 꾸몄다. 셰 파니스가 각 지역 특유의 자연 친화적인 재료로 만든 요리법을 전국적으로 유행시켰듯이 이 꿈의 수업 과정은 우리 시대의 가장 영향력 있고 고무적인 음식 이야기가 되었다.

이 혁신적인 프로젝트의 여러 창의적인 요소들 중에서도 가장 주목할 만한 것은 '최초로' 영양가 높은 점심을 먹는 것이 학생들의 의무가 되었다는 사실이다. 학생들은 이 의무를 잘 지켰는가에 따라서 학점을 받는다. 물론 학생들은 농작물을 재배하는 밭에 나가 김매기, 퇴비주기, 잡초 뽑기 등의 활동을 해야 하고 농작물을 수확하거나 닭장에서 달걀도 거둬들여야 한다. 또 조리실에서 식재료를 세척하고, 조리 준비를 하고, 이렇게 신선하게 준비된 재료를 가지고 자신과 친구들을 위해 직접 조리를 한다. 그러면서 그 모든 과정들을 통해 생태계를 파괴하지 않고 계속 유지할 수 있는 방법에 대해 배우고 식탁에서의 대화를 통해 남과 사귀는 예절의 전통도 되살렸다.

샐러드는 플라스틱 통에서 나오고 치즈 마카로니는 상자 속에서 나오며 과일은 알록달록한 사탕 상자처럼 생겼다고 믿는 패스트푸드의 세계에서 자란 아이들에게는 직접 밭에 나가서 시간을 보내는 것 자체가 눈이 휘둥그레지는 경험이 될 수 있다. "대부분의 아이들이 음식의 감각적인 세계와는 동떨어진 채 살고 있습니다. 지금 우리가 사는 소비자 사회는 진짜 생명체를 만지고 냄새 맡는 경험으로부터 아이들을 차단시키고 있습니다."라고 워터스는 말한다.

도심의 아이들과 그 아이들이 먹는 음식의 뿌리 사이에 드리워진 장벽을 여실히 보여 주는 한 예가 있다. 노숙자들을 위한 시카고 인터페이스 하우스의 한 거주자가 채소에 대해서 배우다가 스태프를 돌아보며 물었다. "내가 여태까지 배를 곯며 지냈는데, 때로는 먹을 것이 없어서 끼니를 밥 먹듯이 거르기까지 했는데, 땅에서 자라는 음식이 있다구요?" 이 사람이 콘크리트 정글 속에서 자란 사람이라면 그럴 수도 있는 일이다. 그러나 최근에 네브래스카의 한 시골 마을에서 여덟 살에서 열 살 정도의 아이들 여섯 명을 놓고 이야기를 나누었을 때 감자는 땅을 파고 거두어들인다는 것을 아는 아이가 한 아이밖에 없다는 사실에 큰 충격을 받았다. 아티초크는 어떻게 기르는지 아는 아이는 하나도 없었고 오이, 고추, 호박에 대해서도 아는 아이가 거의 없었다. 한 아이만이 키위를 보고 그 이름을 알아맞혔고 유기농 식품이 무엇인지 아는 아이도 한 아이뿐이었다. 그런데 그 일이 있은 얼마 후, 워싱턴의 한 슈퍼마켓 계산대에서 어떤 젊은 직원이 그레이프프루트를 들고 선배 직원에게 그 과일의 이름이 무엇인지 묻는 장면을 목격했다. 학교 급식을 개선하기 위해 아이들에게 사과나 오렌지 같은 과일을 통째로 주자 아이들은 그 과일이 무엇인지 알지 못했다. 그 아이들은 껍질도 벗기지 않은 온전한 과일을 다루어 본 적이 없었던 것이다.

대지와 대지의 풍요로움에 대해 전혀 모르는 이 아이들에 대해 나는 절망에 가까운 안타까움을 느꼈다. 먹을거리를 직접 수확하고 거두어들이는 일에는 신기할 정도로 특별한 어떤 것이 있다. 내 동생은 번머스에 있는 우리 집 정원에 거의 모든 종류의 채소를 기른다. 작년에는 1년 내내 끊임없이 열매가 달리는 골든체리 토마토가 있었는데 햇빛을 받아 달게 익은 그 열매를 따 먹는 것은 말할 수 없는 즐거움이었다. 탱글탱글한 꼬투리에서 갓 딴 연한 완두콩의 맛은 거의 거부할 수 없는 맛이다. 우리 정원에는 살충제라고는 뿌린 적이 없었다. 달팽이나 민달팽이 같은 것이 눈에 띄면 잘 골라내서 작물에 해를 줄 수 없도록 멀리 치우는 것이 고작이었다.

어렸을 때 내가 좋아했던 딸기는 산과 들에서 따 먹는 그런 딸기였다. 야생 딸기 중에서도 가장 맛있는 것들이었고 딸기의 가장 맛있는 정수만이 담겨 있는 딸기 세계의 축소판이었다. 그리고 블랙베리……. '블랙베리'라는 이름을 쓰는 것만으로도 어린 시절 블랙베리를 따러 소풍 삼아 쏘다녔던 기억들이 생생하게 떠오른다. 할머니는 아주 수완 좋은 블랙베리 사냥꾼이었다. 끝이 꼬부라진 지팡이로 무장하고 아무리 빽빽한 덤불이라도 여기저기 긁히고 할퀴는 것도 아랑곳없이 곧장 가장 크고 맛있어 보이는 열매를 향해 공격했다. 그런데 그런 열매는 항상 어린 우리들의 팔이 닿을 만한 곳을 아슬아슬하게 벗어난 위치에 있었다. 내 손자들뿐만 아니라 내 동생의 손자들에게도 번머스의 집 근처에 있는 절벽을 따라가며 블랙베리를 따는 즐거움을 가르쳐주었다. 참으로 놀라운 것(그리고 우리가 자연과의 교감을 잊고 산다는 것을 보여 주는 사례)은 요즈음도 우리는 거의 모든 농작물을 직접 길러 먹는다는 사실이다. 사람들은 우리를 마치 정신 나간 사람처럼 쳐다본다. 야생의 식물에서 열매를 따 먹다니! 젊은이들이 그런 즐거움을 빼앗긴 채 산다는 것은 너무나 슬픈 일이다.

워터스는 도심의 어린 학생들도 먹을거리를 기르고 준비하는 과정을 더 많이 접할수록 더 건강하고 씩씩해진다는 것을 깨달았다. "우리는 어린이들에게 당근은 슈퍼마켓에서 만들어지는 게 아니라 땅에서 자라는 것이라고 가르칩니다. 그리고 가능하다면 당근이 땅에서 어떻게 자라는지 보여 줍니다."라고 워터스는 말한다. 그러나 유기농 과일과 야채를 기르는 데 대한 이야기도 아이들이 즐겁게 참여할 수 없다면 소귀에 경 읽기라는 것도 안다. 때문에 워터스는 에더블 스쿨야드를 통해 학생들에게 밭에서 갓 딴 채소와 과일을 갖고 그저 맛있는 음식을 만드는 방법만을 가르치는 것이 아니라 학생들이 스스로 참여하고 싶어 하도록 변화를 유도하려고 노력한다. "나는 이런 변화를 맛있는 혁명이라고 부릅니다. 나는 학생들에게 생태학이나 영양학에 관한 어렵고 철학적인 책을 읽으라고 강요하지 않습니다. 다만 밖의 정원에서 먹으라고, 거기서 아름답고 맛있는 먹을거리들을 거두어 직접 맛보라고 요구합니다."

풍요로운 유기농 정원처럼 에더블 스쿨야드의 요리 교실은 패스트푸드의 안티테제다. 이 교실이 강조하는 것은 편리함이 아니라 전통과 손맛이다. 거기에는 고급 식기나 전기 캔 오프너도 없고 심지어는 전자렌지도 없다. 학생들이 선택할 수 있는 도구는 나무 숟가락, 절구와 절굿공이, 나무로 만든 낡은 토티야 압착기, 그리고 여러 가지 식칼이 전부다.

이 교실에서 학생들은 골든 비트, 콜라드, 타초이 등 독특하고 신선한 먹을거리들을 가지고 요리를 배운다. 아이들은 이내 버터에 살짝 튀긴 양파, 달콤한 당근 수프와 향긋한 세이지의 조화와 같은 맛과 향기를 사랑하는 법을 배운다. 웬디스, 도미노, 타코 벨 같은 패스트푸드업체가 제공하는 일주일치 식단과는 달리 에더블 스쿨야드의 식단에는 예루살렘 아티초크 프리터, 호박과 케일 수프, 오이 초밥, 고구마 비스킷, 붉은 근대 잎이 들어간 흑미 샐러드 등이 오른다. 그리고 정원에서 기른 버베나와 히비스커스로 만든 아이스 허브티가 곁들여진다.

음식이 준비되면 즐거움은 식당으로 이어진다. 에더블 스쿨야드의 식당에서는 하얀 포마이커 테이블이나 형광등을 찾아볼 수 없다. 대신 캘리포니아산 나무를 재활용해 손으로 직접 만든 식탁과 벤치가 있다. 식탁 위에는 식탁보가 덮여 있고 근사한 은그릇이 제대로 놓여 있다. "아이들은 꽃무늬가 든 식탁보의 아름다움도 감상합니다. 싱싱한 꽃 몇 송이가 테이블을 얼마나 화사하게 해 주는지, 호롱불을 밝히면 또 얼마나 운치가 있는지도 직접 체험합니다."라고 워터스는 말한다.

이 아이들 중 많은 수가 가족이 모두 모여 식사를 하는 일이 없었다. 따라서 이 식당은 식사 예절과 올바른 식사법을 배우는, 이를테면 수업의 연장인 셈이다. 자신들이 한 노동의 결실을 함께 나누기 위해 자리에 앉은 아이들에게 그날 식사를 하면서 나눌 흥미로운 대화 주제가 적힌 카드가 주어진다. 어떤 때는 교실에서 배울 역사나 문화적 주제가 점심 식사의 대화 주제가 되기도 한다. 예를 들면 학생들이 멕시코의 관습인 '망자(亡者)의 날'에 제단에 올려지는 전통적인 빵을 만든 날에는 '망자의 빵'에 대한 이야기가 오가면서 멕시코 문화를 생생하게 접한다. 학생들은 정원에서 딴 꽃과 허브로 제단을 만들어 놓고 사랑했지만 죽은 사람들을 추억하는 글을 써서 게시판에 꽂아 놓기도 한다. 우연인지는 몰라도 마틴 루서 킹 주니어 중학교의 재학생들은 거의 모두가 가까운 사람의 죽음(그 죽음의 대부분이 폭력으로 인한 것이었다.)을 경험했다. 망자의 날에 쓰이는 음식과 의례에 대해 배움으로써 학생들은 안전에 대해 배우고 죽음으로 인한 상실감을 표현하거나 그 상실감을 극복하는 건전한 방법도 배운다. 또한 멕시코 계 미국인 학생들에게는 자기 민족의 문화를 더 깊이 배우고 자긍심을 갖는 계기가 된다.

맛있는 혁명이 겉만 번지르르한 먹을거리의 호사로 비칠 수도 있다. 그러나 어린이들에게 대지가 내 주는 다양한 음식들을 준비하고 즐기는 방법을 가르치는 것은 지구를 야만적인 농산업으로부터 구하고 또한 비만의 위기를 극복하는 토대가 된다. 맛있는 혁명은 궁극적으로 세계의 식습관을 변화시킬지도 모른다. 만약 어린이들이 자기 고장에서 난 신선한 유기농 먹을거리들을 좋아하게 된다면, 아이들이 그 먹을거리들의 이름과 조리법을 배운다면, 아이들이 음식과 관계된 다양한 문화적 전통에 대해 배운다면, 아이들은 어른이 되어서도 그 지식과 느낌을 잊지 않을 것이다. 시장 조사에 따르면 시골에서도 소비자들이 신선한 먹을거리를 사지 않는 이유는 값이 비싸거나 구할 수 없어서가 아니라 그 재료들을 어떻게 조리하는지를 몰라서라고 한다. 우리가 집에서도 케일이나 골든 비트로 멋진 요리를 만들 줄 알 뿐만 아니라 그런 재료로 음식을 만들 권리를 열심히 지키려는 전혀 새로운 세대를 기르고 있다고 상상해 보라.

지금 워터스는 맛있는 혁명을 패스트푸드로 오염된 세상에 대한 건강한 해독제라고 본다. "우리는 패스트푸드 음악, 패스트푸드 미술, 패스트푸드 건축에 물들어 있습니다. 패스트푸드란 말은 빠르고, 값싸고, 쉽고, 환경이나 파괴되는 문화에 대해서는 전혀 고려하지 않는다는 것을 의미합니다. 아이들은 이런 가치를 그대로 흡수합니다. 그래서 위험하다는 것입니다. 패스트푸드의 나라에서는 국민들에게 소비하고 내버리라고 가르치기 때문에 우리도 지금까지 생각 없이 살아온 것입니다."라고 워터스는 말한다.

그러나 마틴 루서 킹 주니어 중학교의 학생들은 지구, 그리고 음식과 사람 사이의 새로운 관계에 대해서 배운다. 지구의 환경을 해치지 않는 음식들을 먹고, 더 많은 자원을 재활용하며, 땅에 남을 자신의 흔적을 가능한 한 작게 한다. 야채나 과일 껍질, 또는 쓰고 남은 재료 등은 국물을 내는 데 쓰거나 비료로 만들 수 있다. 통조림 깡통은 쿠키 커터를 만들 수 있고 유리병은 밀대로 재활용할 수 있다. 기회가 있을 때마다 아이들은 음식에 대한 우리의 결정이 지구의 건강에 영향을 미친다는 사실을 배운다. 지금까지 에더블 스쿨야드 프로그램이 학생들의 학업 성적을 크게 향상시킨 것으로 보이지는 않는다.

그러나 에더블 스쿨야드 프로그램의 상임이사인 마샤 게레로에 따르면 영양 상태가 개선되면서 교실에서의 아이들의 행동이 훨씬 바람직해졌다고 교사들이 말했다고 한다. 정원에서 나란히 함께 일하는 시간들이 더욱 친근하고 사교적인 분위기를 만들기도 한다. 교실에서는 학업 성적이 빨리 향상되지 못하는 아이들도 정원이나 요리 교실, 식당에서는 자신의 재능을 제대로 드러낼 기회를 만나기도 한다.

그리고 큰 꿈이 있다

아직도 워터스는 언젠가는 모든 학교에서 에더블 스쿨야드 프로그램을 운영하고 건강한 점심 식사가 학생들의 학점과 연계되는 날이 오리라는 꿈을 가지고 있다. "최소한 자연 친화적으로, 그리고 자비심을 가지고 살면서, 또한 간단하고 값싼 음식을 직접 기르고 요리할 수 있는 아이들로 기르고 싶습니다."라고 워터스는 말한다. 지금 그녀는 그 꿈을 위해 한발씩 전진하고 있다. 모든 학교에서 정원에서 기른 과일과 야채로 점심 식사를 직접 만들어 먹는 프로그램을 실시하도록 만든다는 것은 현실적인 꿈이 아닐지도 모른다. 그러나 학교에서 건강에 해로운 패스트푸드로 급식을 하는 것을 막고 각 지역에서 생산된 자연 친화적인 식품으로 대체하도록 하는 것은 지극히 현실적이다. 지금까지 캘리포니아 주 버클리에서는 그녀의 꿈이 현실이 되었다. 교육청에서는 1만 명의 학생들이 매일 농장에서 갓 배달된 신선한 재료로 만들어진 맛있는 점심을 먹을 수 있도록 해당 지역에서 자연 친화적인 농법으로 농산물을 재배하는 많은 농부들과 파트너십을 맺을 것을 고려하고 있다. 그 다음 단계는 캘리포니아 주 전체다. 캘리포니아 주에서 비만 문제를 해결하기 위해 집행되는 예산이 매년 2,170만 달러라는 점을 생각한다면 주지사 아널드 슈워제네거와 그의 부인 마리아 슈라이버 등 예산을 의식하는 많은 지도자들로부터 후원을 얻고 있는 것은 당연한 일이다.

워터스를 만나보면 그녀가 혼자 힘으로라도 세계 전체의 공립학교 급식을 영양가 높고 환경과 지구의 건강에 해를 미치지 않는 음식으로 채워지도록 만들 수 있는 사람이라는 느낌이 든다. 그러나 다행히도 워터스 혼자서 그 일을 할 필요는 없다. 미국 전역의 교사와 학교 당국자들도 대부분의 학생들이 음식과 땅으로부터 전혀 동떨어진 채 살고 있다는 것을 깨닫고 있다. 버클리는 진보적인 이종(異種) 문화권의 전형적인 사례로 꼽히기 때문에 학교 급식과 교과 과정을 위해 그 지역에서 생산된 자연 친화적인 식품을 제공하기에 제격인 것처럼 보인다. 이와 유사한 프로그램들이 미국 전역은 물론 많은 유럽 국가에서도 널리 확산되고 있다.

벌거벗은 요리사, 학교에 가다

영국에는 앨리스 워터스 같은 아름답고 똑똑한 유명 요리사는 없지

세계 곳곳의 학교 급식

일본의 전형적인 학교 급식(우유 한 병, 쌀밥 한 그릇, 생선 요리, 피클 샐러드, 야채와 두부가 들어간 국, 그리고 과일 한 조각)은 아주 소박하지만 영양가가 매우 높다. 교사도 학생들과 어울려 식사를 하면서 편식하는 습관이나 음식의 낭비를 줄이도록 격려한다.

핀란드의 헬싱키에서는 학교의 급식 메뉴를 4주일 분량씩 미리미리 교육 위원회 웹사이트에 공개한다. 그 메뉴의 앙트레에는 햄, 감자 캐서롤 또는 보리죽이 포함된다. 아이들은 항상 코코넛 우유나 비트루트 캐서롤 같은 야채 요리를 선택해서 먹을 수 있다.

스페인의 어린이들은 학교에서 먹게 될 급식 식단을 매주 초에 집으로 가져온다. 이 식단에는 각 끼니마다 칼로리는 물론이고 지방, 단백질, 탄수화물, 비타민, 미네랄 성분까지 그 함량이 계산되어 있다. 교육청에서는 아이들이 균형 잡힌 식사를 할 수 있도록 이 점심 메뉴를 보충할 저녁 식단까지 제시한다.

이탈리아의 학교 급식은 모든 메뉴에 유기농 식품을 쓰도록 국가적으로 규정되어 있어서 가장 훌륭한 음식이 제공된다고 볼 수 있다. 각 학교에서는 16년 전부터 지중해식 음식을 강조하기 시작했다. 따라서 고기는 점점 적게 쓰고 생선과 제철 과일, 야채, 식품 첨가제나 방부제가 들어 있지 않은 자연 식품을 점점 더 많이 쓰고 있다. 점심시간은 45분이 주어지며 때때로 식탁에는 싱싱한 꽃이 장식되기도 한다.

프랑스의 초등학교와 중학교 급식비로 각 지방 교육청에서는 학생 한 사람당 3~7달러를 쓴다. 급식비로 이만한 비용을 들일 만한 가치가 있느

> 냐에 대해서는 아무도 의문을 갖지 않는다. 학교 급식에는 언제나 에피타이저(그레이프프루트 같은 과일로)와 육류나 생선에 야채, 유제품(각 지역에서 생산된 치즈 같은)을 곁들인 메인 코스, 그리고 디저트가 포함된다. 어떤 학교에서는 각 식품군마다 다른 색깔로 표시한다. 유제품, 과일, 야채 등을 각각 다른 색깔로 표시하는 것이다. 학생들은 각 색깔마다 한 가지씩을 선택해서 먹어야 한다. 프랑스에서는 점심시간을 최소한 한 시간 이상 주지 않으면 야만적인 처사라고 생각한다.

만 대신 요란하고 활동적이며 카리스마가 워터스에 뒤지지 않는 제이미 올리버가 있다. 그는 텔레비전 시리즈 「벌거벗은 요리사」를 이끄는 현란한 요리사다. 올리버는 우연한 기회에 영국의 학교 급식(영국의 학교에서는 점심을 '런치'라고 하지 않고 '디너'라고 부르기도 한다.)이 자랑할 만한 상황이 아니라는 것을 알게 되었다. 그는 자신의 유명세를 이용해서 뭔가를 해야겠다는 결심을 굳혔다. 영국 정부는 공립학교 학생들에게 따뜻한 점심을 먹이기 위한 프로그램의 자금을 내놓았다. 학생들의 급식으로 어떤 음식이 나오는지를 직접 보기 전까지는 그 프로그램이 아주 그럴듯하게 들린다. 가장 전형적인 학교 급식의 메뉴를 보면 칠면조 트위즐러(무슨 고기에 어떤 방부제를 섞어서 만든 것인지 알 수 없는 나사못 모양으로 생긴 살코기)와 기름기가 줄줄 흐르는 프렌치프라이 한 줌이 전부다. 이 정도면 차라리 웬디스 햄버거가 고급 요리로 보일 것 같다. 그러나 급식업체로서도 한 사람당 한 끼에 37펜스(달러화로 환산하면 70센트 정도. 대부분의 유럽 연합 국가에서는 이보다도 더 적은 비용을 쓴다.)로는 이보다 더 나은 식단을 제공하기 힘들다.

올리버가 이끄는 캠페인('나를 좀 더 잘 먹여 주세요')의 대부분은 학교 급식을 개선하기 위해 급식실 직원들과 공동으로 노력하는 한편 정부의 자금을 더 끌어 오는 것이다. 올리버의 새 텔레비전 시리즈 「제이미의 스쿨 디너」는 내용물의 실체를 분간할 수 없는 질척질척한 음식물을 보여 준다. 이런 음식들이 영국인의 비만율을 높이는 데 중요한 원인으로 작용하고 있을 뿐만 아니라 만성 변비, 결장 폐색 같은 충격적인 질병이 학령기 아동에게 생기는 이유이기도 하다. 그는 또한 학생들이 점심시간 직후, 즉 설탕, 소금, 지방, 그리고 각종 첨가제로 범벅이 된 가공 식품을 소화시키는 동안 행동상의 문제가 갑작스럽게 급증한다는 교사들의 이야기에 주목한다. 워터스처럼 올리버도 어린이들이 교양 있는 식사와 함께 배워야 할 식사 예절을 잃어버리는 것을 안타까워한다. 올리버의 말에 따르면 많은 영국 학생들이 나이프와 포크를 제대로 쓰는 법도 모른다고 한다.

그러나 그의 메시지는 희망으로 가득 차 있다. 그는 텔레비전 시청자들에게 적은 예산으로도 학교 급식에 재료로 쓸 수 있는 여러 가지의 신선하고 건강에 좋은 식품들을 보여 준다. 올리버는 정부와 학교가 지금보다 더 건강한 음식을 제공하기를 바랄 뿐만 아니라 학생들에게 그들이 먹는 음식의 뿌리도 제대로 가르쳐주기를 바란다. 새 시리즈의 첫 번째 편에서 올리버는 초등학교 학생들 앞에서 셀러리한 단을 들고 그 이름을 물어보았다. 그 이름이 셀러리라는 것을 아는 어린이는 한 명도 없었다. 그러나 햄버거나 피자 체인점의 로고는 모두 정확히 알고 있었다.

올리버의 캠페인은 전국적으로 커다란 파급 효과를 일으켰다. 토니 블레어 수상은 학교 급식을 개선하기 위해 2억 8,000만 파운드의 예산을 추가로 집행하겠다는 정부의 약속에 힘을 실어 주었다. 영국 전역의 학부모들도 아이들에게 더 신선한 식품을 제공하라고 압력을 가하고 있으며 심지어는 유기농 메뉴와 채식주의자들을 위한 메뉴도 제공하라는 요구까지 하고 있다. 이에 대한 대응으로 점점 더 많은 학교들이 갓 조리한 신선한 야채 요리와 샐러드를 매일 제공하고 칩(영국판 프렌치프라이)은 일주일에 한 번씩만 내놓기로 하고 있다. 다른 학교들은 칠면조 트위즐러를 메뉴에 포함시키거나 MRM(mechanically recovered meats, 육류를 도살하고 중요한 부위는 모두 제거하고 난 후, 뼈에 붙어 있는 고기 찌꺼기에 고압을 가해 뼈에서 떼어 낸 후 뭉쳐서 만든 고기다. 전문가들에 의하면 MRM에는 크로이츠펠트야코브 병을 일으키는 광우병에 감염된 소의 척수가 섞여 있을 가능성이 있다.―옮긴이)를 식재료로 사용하는 것을 금하고 있다. 또 어떤 학교에서는 모든 햄버거가 유기농 재료로 만든 것이어야 한다고 규정하고 있다. 영국에서 가장 규모가 큰 교원 노조의 위원장인 스티브 시노트는 제이미 올리버에게 기사 작위를 수여해야 한다고 생각한다. 우리도 전적으로 동의하는 바이다.

먹을거리와 새로운 교과 과정

영양가 높은 식단이 건강상의 문제는 물론 행동상의 문제도 감소시킨다는 것을 깨달은 많은 학교들이 신선한 자연 식품으로 만든 메뉴를 제공하려고 열심히 노력하고 있다. 로스앤젤레스 통합 교육청 관할의 쉰다섯 개 학교에서 농산물 직판장을 통해 구매한 과일과 샐러드 바를 제공하고 있다. 교육청에서는 학생들의 칼로리 섭취량이 200칼로리나 줄어들고 지방 섭취도 2퍼센트 줄어들었다는 사실을 발견했다. 교육청에서 바란 것이 바로 이런 변화였다. 특히 이 교육청 관할의 멕시코 계 미국인 가정과 아프리카 계 미국인 가정의 학생들은 비만에 걸릴 위험이 높고 당뇨병 같은 식습관과 관련된 질병에 노출될 위험도 높기 때문이었다.

가장 큰 문제는 역시 비용이다. 살충제, 성장 호르몬, 기타 첨가제를 사용하지 않고 생산된 유기농 식품은 일반적으로 값이 더 비싸다. 학생들을 위한 책을 구입하고 교사들의 월급을 주기에도 빠듯한 학교로서는 쉽지 않은 문제다. 따라서 여러 학교들이 신선한 식품을 확보하기 위한 나름의 방법을 개척하고 있다는 이야기는 매우 반가운 소식이다. 예를 들면 워싱턴 주 올림피아의 링컨 초등학교에서는 디저트 메뉴를 없애는 것으로 모든 메뉴를 유기농으로 제공하면서도 급식비를 2퍼센트 정도 절약할 수 있었다. 급식에 사용되는 모든 재료는 가까운 지역의 농가로부터 공급을 받았다. 링컨 초등학교의 교장인 셰릴 페트라는 "소중한 우리 아이들은 일단 학교에 들어오면 아무리 싫어도 학교의 정책을 따라야만 합니다. 그러므로 그 아이들에게 우리가 줄 수 있는 가장 영양가 높은 최상의 식사를 제공하는 것이 도덕적으로 옳은 일입니다."라고 말한다. 페트라 교장은 학생들뿐만 아니라 부모들도 열성적으로 이 프로그램에 동참하고 있다고 전한다. "학생들의 설탕 섭취량은 이미 충분합니다. 점심 급식에 설탕은 더 이상 필요하지 않은 것으로 보입니다." 이 초등학교에서는 또한 육류의 섭취를 줄이는 것이 건강에 더 이롭다는 사실을 깨닫고 매 식사마다 비육류 단백질을 제공하고 있다.

다른 학교들은 CSA와 비슷한 방식으로 지역 농가로부터 신선한 식품을 구입함으로써 비용을 절약하고 있다. 자연 친화적으로 농사를 짓는 농가와 직접 계약을 맺고 신선한 식재료를 학교 급식실로 납품받는 것이다. 물론 농장에서 갓 배달된 신선한 식품이 건강에 더 좋은 것은 말할 것도 없다. 전국적으로 번지고 있는 새로운 '팜 투 스쿨(Farm to School)' 프로그램은 자연 친화적인 농가에 안정적인 시장을 만들어 줌으로써 지역 자영 농가들의 생존에도 보탬이 되고 있다. 농장이나 농가와 직접 파트너십을 맺고 있는 많은 학교에서 약간 변형된 형태의 에더블 스쿨야드를 운영, 계약 농가를 방문해 농장 체험을 하기도 하고 학생들에게 식품의 영양에 대해 학습하게 하거나 요리 교실을 열기도 한다. 또는 학교에 정원을 만들면서 농가로부터 조언을 듣기도 한다.

건강한 식사를 주장하는 사람들은 비단 학부모나 영양학자들만이 아니다. 대학생들도 질 낮은 단체 급식과 '프레시맨 15(대학 신입생들이 입학 첫해에 경험하는 체중 증가 현상을 말함)'에 질려 가고 있다. 오하이오 주 오벌린 대학의 최근 졸업생인 에이드리언 델로르코는 신입생 시절에 캠퍼스에서 내 고장 식품을 제공하라는 캠페인을 시도했었다. 대학 시절의 거의 전부를 대학 관계자, 급식업체 관계자, 지역 농가 사이의 계약 체결을 돕는 데 바친 그녀는 결국 결실을 거두었다. 이 학교의 급식 예산 중 5퍼센트가 지역 농가와 유통업자에게 돌아가게 되었고 그중 3분의 1은 유기농 농산물 구입에 쓰이게 된 것이다.

앨리스 워터스의 딸 패니가 예일 대학교에 입학하자마자 기숙사에서 신선한 음식과 정원 가꾸기 프로그램을 현실화시키기 위해 즉각 행동에 돌입한 것은 전혀 놀라운 일이 아니다. 학생들의 압력을 인식한 미국의 여러 대학들이 행동을 취하고 있다. 코넬 대학교에서 시범적으로 실시한 '팜 투 스쿨' 프로그램은 뉴욕 주의 몇몇 교육청을 자극, 싱싱한 사과와 양배추, 양파, 토마토, 감자, 오이, 풋고추, 당근, 콜리플라워, 브로콜리, 배, 우유 등 지역 농산물을 급식으로 제공하게 만들었다.

아직도 장애물이 완전히 제거된 것은 아니다. 예를 들면 많은 학교들이 패스트푸드 체인점에서 미리 조리, 포장된 음식을 급식으로 제공해 왔기 때문에 학교에서 직접 음식을 조리할 급식 시설도, 직원도 갖추지 못하고 있다. 그러나 내 고장 식품 먹기 운동의 선두에 선 여러 학교들은 열심히 그 운동의 원칙을 지키고 있다. 앨리스 워터스는 1960년대에 미국이 어린이들을 신체적으로 더욱 건강해지도록 만들기 위해 체육 시설을 확충하는 한편 체육 교과를 위한 자금 지원에 나섰던 사실을 지적하며 "이 나라의 건강, 환경, 그리고 문화적인 문제는 너무나 심각하기 때문에 여기에도 그러한 지원이 절실합니다."라고 말한다.

우리가 할 수 있는 일

내 자녀가 속한 교육청의 예산으로는 에더블 스쿨야드를 운영하기 힘들다면 '팜 투 스쿨' 프로그램이 가장 이상적인 대안이다. 2000년에 미국 농무부는 상당히 큰 예산을 집행하면서 팜 투 스쿨 프로그램을 지원하기 시작했다. 2002년의 농장법은 학교의 급식 담당자가 가능한 한 지역 농가에서 식재료를 구입할 것을 요구하고 있다. 팜 투 스쿨 프로그램을 시작하거나 에더블 스쿨야드를 만들어 볼 생각이 있다면 참고 자료 목록에 제시된 웹사이트와 여러 조직의 도움을 받을 수 있다.

    미국과 유럽의 여러 '루츠 앤 슈츠' 그룹들은 재정적으로 여유가 있는 학교에서 유기농밭을 가꾸면서 퇴비를 만드는 방법도 배우고, 이 밭에서 기른 신선한 농산물들을 독거 노인이나 노숙자들에게 직접 가져다주기도 한다.

    당장 학교와 농가를 연결시킬 수 없는 경우라도 학부모가 나서면 학교 위원회로 하여금 패스트푸드 체인점이나 탄산음료 회사들과의 적절치 못한 연대를 중단하도록 영향력을 행사할 수 있다. 여러 학부모들이 이미 탄산음료 자판기를 주스나 생수, 유제품을 파는 자판기로 바꾸어 놓는 데 성공을 거두었다. 사탕, 감자 칩 등 전형적인 저영양 간식을 파는 스낵 자판기도 보다 건강한 먹을거리를 파는 자판기로 대체할 수 있다. 스토니필드 팜(성장 호르몬과 항생제를 쓰지 않은 유제품을 전문적으로 생산하는 회사)은 학교에 어울리는 저지방 요구르트와 스트링 치즈, 유기농 우유, 당근 튀김, 과일 튀김, 건포도, 피타 칩 등 건강에 좋은 스낵을 파는 새로운 자판기를 만들었다. 이 자판기의 모든 상품은 각 학교가 요구하는 영양 기준에 적합해야 하며 학생들로부터 그 맛도 평가를 받아야만 판매가 이루어진다.

여기서 가장 중요한 핵심은 학부모가 자녀들의 건강을 지키기 위해 자신의 영향력을 행사할 수 있어야 하며 또한 행사해야만 한다는 것이다. 어떤 학부모든 학교에서 아이들이 건강에 더 좋은 음식을 먹을 수 있도록 노력한다면, 다른 학부모들은 물론 교사와 학생들까지도 적극적으로 지원해 줄 것이다.

16장 비만, 패스트푸드, 그리고 쓰레기

> 기업들이 왜 변화를 시도해야 합니까? 이들이 충성을 바칠 대상은 우리가 아니라 주주들입니다. 그들은 건강에 해로운 식품을 팔아서 수백만 달러의 돈을 벌어들입니다. 어떠한 기업도 그러한 행위를 멈추고 싶어 하지 않습니다. 날로 확산되어 가는 이러한 패러다임을 변화시키는 일은 바로 우리 손에 달려 있습니다.
> ─모건 스퍼록, 「슈퍼 사이즈 미」

비만은 어제 오늘의 문제가 아니다. 뚱뚱한 사람을 상상할 때 우리는 흔히 약간 술이 취한 중세의 수도사를 떠올리기도 하는데, 경우에 따라서는 전적으로 옳은 상상이다. 13세기에는 비대한 수도사들을 유럽 전역에서 볼 수 있었다. 포르투갈의 한 수도회에서는 비만 여부를 판단하는 평가 기준까지 있었다. 식당으로 통하는 문을 통과할 수 없는 수도사는 그 문을 통과힐 수 있을 때까지 굶어야 했다. 고고학자 필리파 패트릭이 476년부터 1450년 사이에 살았던 수도사들의 유골을 조사해 본 결과, 유골의 주인들 대부분이 상당한 비만이었으며 실제로 타입 II 당뇨병, 관절염과 같은 여러 질병이나 통증에 시달렸던 것으로 드러났다. 물론 중세에는 비만이 드물었다. 대단히 부유한 사람들을 제외하면 대부분의 사람들이 영양 부족에 시달렸기 때문이다. 그러나 많은 수도원들이 식량을 조달하고 비축할 수단을 고안해

냈다.(때로는 자신들의 식도락 습관을 만족시키기 위해 가난한 사람들에게 돌아가야 할 자선 금품까지 빼돌렸다는 비난을 받았다.) 수도원에서 제공되던 전형적인 식단을 보면 많은 양의 과일과 견과류, 약간의 야채가 들어 있었다. 그러나 수도사들은 그 외에도 많은 양의 고기와 우유, 버터, 달걀, 치즈 등 동물성 식품도 섭취했다. 이들의 식단에는 포화 지방이 많이 함유된 데다 거의 몸을 움직이지 않는 정적인 생활을 했기 때문에 수도사들이 겪은 질병은 오늘날 서구 사회에서 발생하는 여러 가지 건강상의 문제와 거의 흡사하다.

비만과는 거리가 매우 먼 아프리카의 여러 나라에서는 사회적으로 존경받고 부유한 사람들 사이에서 넉넉한 몸집이 부러움을 산다. 넉넉한 풍채는 부의 상징으로 간주되기 때문에 부유한 남자들은 아내에게 살을 찌워 남편의 부를 자랑하도록 부추긴다. 1800년대 후반의 탐험가들은 부간다의 왕이 왕비들을 일부러 살찌우는 것도 목격했다. 왕은 가장 아름다운 처녀들을 왕비로 맞아들이고는 어마어마한 양의 우유와 꿀을 먹게 해서 걷기도 힘들 정도로 살이 찌게 했다. 왕비들은 왕에게 쾌락을 주기 위해 그에게 갈 때에도 거의 굴러가다시피 했다. 탐험가들도 말했듯이 제대로 된 상식을 가진 사람이라면 놀라서 자빠질 일이다. 동물의 왕국을 잠시만 살펴보면 뚱뚱한 동물들은 대개 극도로 차가운 물(고래나 바다사자 등은 자기 몸을 지방층으로 둘러싸서 스스로를 보호한다. 그러나 고래나 바다사자의 지방층은 그들의 행동을 방해하거나 불편하게 만들지 않는다.)에서 산다. 곰처럼 동면을 하는 동물들은 동면에 대비하기 위해 살을 찌운다. 그러나 이런 동물들도 비만과는 거리가 멀다. 길들여져서 가축화된 동물이나 사로잡힌 야생 동물만이 비만 증상을 보인다.

우리는 주변에서 분에 넘치는 사랑을 받으며 먹이를 너무 많이 먹어서 몸무게가 지나치게 많이 나가는 개나 고양이를 흔하게 본다. 이런 애완동물이야말로 사랑 때문에 죽는다. 그들에게 베풀어지는 사랑은 사랑이 아니다. 더 근본적으로 핵심을 파고든다면 그들을 죽이는 것은 사랑이 아니다. 먹을 것이 눈앞에 있을 때 그것을 먹고 싶다는 욕망(좀 더 정확히 말하자면 본능)을 억제할 능력이 없다는 것이 문제다. 진화론적인 관점에서 보면 앞뒤가 꼭 맞는 현상이기도 하다. 야생에서 육식 동물은 사냥을 해야만 한다. 그러나 사냥을 나설 때마다 사냥에 성공하는 것은 아니다. 나는 이따금씩 사자나 하이에나, 자칼 등이 사냥에 성공하면 거의 걸음도 뗄 수 없을 때까지 먹어 대는 것을 보았다. 시내에서 멀리 떨어진 곳에 사는 사람이 장을 보러 가면 한꺼번에 일주일치 식량을 구입하는 것과 같은 이치다. 야생 동물의 경우에는 위장이 곧 냉장고 역할을 한다. 따라서 우리가 기르는 개나 고양이도 자기 선조들이 생존을 위해 했던 행동을 그대로 이어받아 눈앞에 맛있는 먹잇감이 보일 때마다 게걸스럽게 먹어 대는 것이다. 우리는 이런 것을 식탐이라고 한다.

최근까지도 사람들은 침팬지(그 외의 다른 야생 동물에 대해서도 마찬가지다.)의 식습관에 대해 아는 바가 별로 없었다. 갇혀 지내는 침팬지들 중에서 이따금씩 몹시 살이 찐 개체를 보게 된다. 침팬지들은 자기가 좋아하는 먹을거리를 만나면 먹고 싶은 충동을 억제하지 못한다. 그

것은 야생에서도 마찬가지다. 싱싱한 과일이나 곡식이 알맞게 익으면 녀석들은 한자리에 앉아 게걸스럽게 먹어 댄다. 침팬지들에게는 그래야만 하는 충분한 이유가 있다. 맛있는 제철 먹이를 두고 경쟁이 벌어지기 때문이다. 같은 침팬지끼리의 경쟁만 있는 것이 아니라 비비나 원숭이, 또 과일을 먹고 사는 새, 그리고 작은 포유류에 이르기까지 모두가 경쟁 상대다. 육식 동물의 경우에는 언제 닥칠지 모르는 비상사태, 즉 사냥감이 귀해 먹을 것이 부족한 때를 대비해 먹을 것을 충분히 먹어 두는 것이 중요하다. 중요한 차이는 야생의 동물들은 일상적으로 움직임이 많아 많은 양의 지방을 연소한다는 것이다. 야생의 침팬지는 살이 찌고 싶어도 살이 찔 여유가 없다.

수렵과 채집을 통해 살아가는 현대의 부족들과 마찬가지로 선사 시대 인간의 조상들도 비만으로 고생했을 가능성이 거의 없다. 대부분의 경우 비만이 문제가 되는 사회는 사람들이 모든 것을 너무 많이 가진 풍요로운 사회거나 사람들이 패스트푸드를 먹도록 부추기는 도시 사회다. 최근의 연구 결과를 보면 오랜 세월 동안 비만은 저소득층과 관련이 있었지만 오늘날에는 부유 계층에서도 문제가 되고 있다. 비만은 이제 사회 경제적인 경계까지 뛰어넘었다.

실제로 비만은 미국, 영국, 그리고 유럽과 아시아의 여러 나라에서 3억 명의 사람들에게 영향을 미치고 있는 일종의 전염병으로 인식되고 있다. 영국에서는 성인의 66퍼센트 이상이 비만으로 간주되고 있으며 미국에서는 성인의 30퍼센트(숫자로 따지면 6,000만 명, 여성의 경우 3명 중 1명, 남성은 4명 중 1명 이상)가 비만이다. 미국에서는 비만과 관련된 의료비가 연간 1,000억 달러나 지출되고 비만 때문에 사망하는 사람도 매년 30만에 이른다는 미국 비만 협회의 통계가 있다. 승객들의 과체중 때문에 항공사들은 1980년에 비해 2000년에는 3억 5,000만 갤런의 연료를 더 써야 했다.

아동 비만 관련 통계는 더욱 더 충격적이다. 영국에서는 여섯 살 난 아동의 8.5퍼센트가 비만이고 열다섯 살 청소년의 경우는 15퍼센트가 비만이다. 미국의 경우 아동 비만은 매년 20퍼센트씩 증가하고 어린이와 십대 청소년의 16퍼센트가 과체중이다.

비만이 이렇게 심각하게 확산되고 있는 이유는 정크푸드와 패스트푸드의 소비가 증가하는 것과 관련이 있음이 거의 확실하다. 매일 미국 대중의 20~25퍼센트가 패스트푸드 레스토랑에서 식사를 한다. 어린이들을 대상으로 정크푸드와 패스트푸드의 비윤리성을 알리는 광고도 별 도움이 되지 않는다. 1년 중 어느 날을 꼽아도 네 살에서 열아홉 살까지의 미국 인구 중 30퍼센트는 패스트푸드를 먹는다.

패스트푸드와 담배의 공통점

처음에는 값싸고 조리하기 간편하다는 (포장만 벗기면 곧바로 먹을 수 있는 것도 있다.) 이유로 패스트푸드나 가공된 정크푸드를 사 먹기 시작하지만 곧 이런 음식에 의존하게 된다. 그리고 건강에는 치명적인 결과가 찾아온다. 또한 불행하게도 소비자들에게는 해롭지만 자신들의 주주들에게는 이익을 안겨 줄 패스트푸드와 정크푸드를 개발하고 포장하고 광고하는 데 수천만 달러를 쓰는 거대 기업들이 있다.

미국인의 사망 원인은 대부분 과도한 (또는 불균형적인) 음식과 음료의 섭취로 인한 만성 질병 때문이라고 매리언 네슬레는 말한다. 그녀는 뉴욕 대학의 스타인하트 교육 대학에 소속된 영양과 식품 연구 및 공중 보건 학과의 교수이며 『식품 정치학: 식품 산업은 영양과 건강에 어떻게 영향을 미치는가』라는 멋진 책의 저자이기도 하다. 네슬레는 패스트푸드 산업을 담배 산업에 비유한다. 둘 다 아주 높은 수익을 내고 있으며 정부에 강력한 지지자를 두고 있다. 또한 자사의 제품이 소비자들에게 끼치는 해악에 대해서는 뻔뻔스러울 정도로 무시한다.

해피밀의 유혹

가장 우려되는 것은 지방과 설탕만 많을 뿐 허접하기 짝이 없고 건강에도 해로운 패스트푸드로부터 오는 아동기 비만이다. 2002년 당시 열아홉 살이던 제즐린 브래들리와 열네 살이던 애쉴리 펠먼이라는 뉴욕의 십대 청소년들이 맥도널드의 제품이 자신들을 비만 환자로 만들어 심장 질환, 당뇨, 고혈압 등으로 고통받게 했다며 맥도널드를 상대로 소송을 제기했다. 그러나 많은 사람들이 이러한 소송 제기가 정당한 것인지 의문을 표했다. 이 아이들은 패스트푸드를 그렇게 많이 먹지 않겠다고, 스스로 패스트푸드를 물리칠 수는 없었던 걸까? 이 소송을 좀 더 자세히 들여다보면 담배 회사들을 상대로 한 소송과 놀라우리만치 닮아 있다는 것을 알 수 있다. 이 십대 청소년들은 자신들의 건강에 심각한 문제가 생긴 원인은 그들이 먹은 음식의 양이 아니라 그 음식의 '내용물'이었다고 주장한다. 이들의 소송은 2003년 2월에 기각되었으나 2005년 1월에 재심을 청구, 아직 판결이 나지 않은 상태다.

매우 특이한 다큐멘터리 「슈퍼 사이즈 미」의 메시지 덕분에 이들의 소송은 어쩌면 큰 성공을 거둘 수 있을지도 모른다. 이 영화는 다큐멘터리 영화 감독인 모건 스퍼록이 오직 맥도널드 메뉴만을 먹고 산 한 달 동안 건강에 어떤 변화가 찾아왔는지를 기록하고 있다. 그는 세 가지의 간단한 규칙을 지켰다.

1) 맥도널드에서 파는 것 중 하나를 선택해서 먹는다.
2) 슈퍼 사이즈가 있는 메뉴일 경우에는 꼭 슈퍼 사이즈를 먹는다.
3) 맥도널드의 모든 메뉴를 최소한 한 번씩은 먹는다.

세 명의 서로 다른 의사로부터 건강 검진을 받고 건강에 아무런 문제가 없다는 진단을 받은 후 이 영화의 촬영을 시작했지만 영화 제작이 끝날 무렵에는 체중이 25파운드(약 11킬로그램)나 불었고 잦은 두통과 메스꺼움으로 고통을 겪었다. 심리 상태는 노곤한 울증과 과도한 조증 사이를 반복적으로 오갔고 간과 심장에 손상의 징후가 있어

비만, 패스트푸드, 그리고 쓰레기

의사로부터 실험을 중단하라는 요청을 받기도 했다.

최근에 '루츠 앤 슈츠'의 코디네이터로 솔트레이크 시티에서 젊은 사람들과 함께 일하는 모니카 페레리아와 이야기를 나누다가 우리가 종종 간과하는 부분에 대한 그녀의 의견을 듣게 되었다. 그것은 미국 빈민층의 부적합한 영양 상태에 대한 것으로 빈민층에게도 먹을 것은 있지만 그 음식의 질이 떨어지기 때문에 그들을 병들게 한다는 것이었다. 페레리아는 모든 물건을 단 돈 1달러에 파는 한 상점에 대해 들려주었다. 이 상점이 별다른 수입원이 없이 아이를 기르고 있는 젊은 엄마들로부터 인기를 얻는 것은 당연했다. 이 상점에서 파는 음식은 값은 싸지만 영양상의 가치는 정말로 낮았다. 모니카는 "누구나 트윈키와 감자 칩을 좋아합니다. 이 제품을 만드는 회사들의 어린이들을 향한 마케팅은 비윤리적입니다. 가난한 사람들이 죽어 가는 것은 먹을 것이 없기 때문이 아니라 '나쁜' 음식을 너무나 '많이' 먹기 때문이라는 현실은 매우 흥미로운 딜레마입니다."라고 말했다.

전적으로 옳은 말이다. 패스트푸드와 정크푸드(전 세계의 시장을 휩쓸고 있는) 뒤에 도사린 거대 기업들이 소비자들에게 영양을 공급하는 것보다 수익을 올리는 것에 더 큰 매력을 느끼고 있다는 사실은 점점 더 분명해지고 있다. 그러므로 이들의 비윤리적인 사업에 종지부를 찍게 하는 일은 우리(즉 소비자들)의 손에 달려 있다.

많은 사람들이 식습관과 관련된 질병을 앓게 되면서, 어떤 건강상의 문제를 일으키는가에는 상관없이 저가, 저질, 고칼로리 식품으로 수익을 내겠다는 세계화 전략을 가진 패스트푸드업체들에게 책임 의식을 갖게 해야 한다는 생각을 하게 되었다. 바로 앞 장에서 보았듯이 우리 아이들이 특히 학교 급식의 품질 때문에 위험에 처해 있다. 학교 급식을 제공하는 맥도널드 같은 회사들은 학교와 모종의 협정을 맺으면서 그 반대급부로 교내에 자판기를 설치해 자사의 제품을 팔 수 있게 해 줄 것을 요구해 왔다. 실제로 학생들에게 학교의 이익을 위해 탄산음료의 병뚜껑을 모아 오라고 시키는 학교도 있다. 이런 행사에서 좋은 점수를 얻은 학교는 상당한 금액의 상금을 타 간다. 게다가 패스트푸드업체들은 해피밀과 공짜 장난감, 게임기, 수집용 카드 등에 현혹되기 쉽고 결국은 과도하게 단맛을 선호하게 되는 어린이들을 광고의 대상으로 삼고 있다.

콘 시럽을 경계하라

옥수수는 미국에서 가장 많이 기르는 작물이다. 작년에만 해도 7,800만 에이커(약 31만 5,661제곱킬로미터)의 농지에 옥수수를 심었다. 납세자들의 세금으로 충당되는 미국 농무부의 지원금을 옥수수 재배 농가만큼 많이 받는 곳도 없다. 1995년부터 2003년 사이에 농부 개인, 조합, 법인, 토지, 기타 농업 관련 주체 등을 포함하여 150만이 조금 못 되는 수혜자들이 최소한 한 가지 이상의 옥수수 재배 보조금을 받았다. 『욕망의 식물』의 저자인 마이클 폴런은 미국의 옥수수 재배 보조금이야말로 농업 분야에서 가장 해로운 관행이라고 믿는다. 이 보조금을 받는 기업형 옥수수 재배 농가들은 농약에 심하게 의존해서 농사를 짓기 때문에 환경에 말할 수 없이 큰 손실을 입혔을 뿐 아니라 미국 전역에서 증가일로에 있는 비만과도 직접적인 연관이 있다는 것이다.

실제로 따져 보면 비만이 미국의 국가적인 문제로 부각되기 시작한 것은 1970년대로 거슬러 올라간다. 이 때가 바로 정부에서 옥수수 재배 농가에 보조금을 지급하기 시작한 시기이다. 기업형 농장에서 재배한 값싼 옥수수는 곧 값은 싸지만 칼로리는 높은 식품을 의미했다. 이렇게 재배된 옥수수의 일부는 가축의 사료가 되어 공장식 사육장의 동물들을 살찌우는 데 쓰였다. 덕분에 쇠고기를 생산하는 데 드는 비용은 줄어들었고 결국 오늘날 우리는 쇠고기를 지나치게 많이 소비하게 되었다. 방목으로 기른 유기농 축산물을 사 먹지 않는 한 우리가 사는 달걀, 유제품, 육류의 거의 전부가 정부로부터 보조금을 받아 재배한 옥수수를 먹고 자란 것들이다. 옥수수를 먹고 자란 동물들이 포화 지방을 훨씬 더 많이 함유하고 있다는 사실도 눈여겨 볼 필요가 있다. 포화 지방산 섭취의 증가는 비만의 증가와 직접적인 연관이 있다.

'살찌우는', 그리고 '지방'이라는 말은 값싸고 공급이 넘쳐 나는 옥수수에 대해서 말할 때 가장 중요한 핵심이다. 옥수수를 원료로 한 식품 중에서 가장 일상적인 형태가 바로 콘 시럽이다. 콘 시럽은 요즈음 어린이들의 하루 칼로리 섭취량 중 20퍼센트를 차지한다. 정부 보조금을 받아 만들어진 콘 시럽은 탄산음료 회사와 패스트푸드업체들이 막대한 이익을 거두는 데 중요한 역할을 담당했다. 1970년대만 하더라도 탄산음료는 대개 8온스(약 0.2킬로그램)짜리 병에 담겨서 팔렸다. 그러나 지금은 20온스(약 0.6킬로그램)짜리 '통'에 담겨 팔린다. 케첩 병에서부터 어린이들이 좋아하는 아침 식사용 시리얼에 이르기까지 식품점에서 팔리는 가공 식품의 최소한 4분의 1에 고과당 콘 시럽이 함유되어 있다.

정부는 비만의 증가에 대해 매우 심각하게 경고하면서도 한편으로는 가장 영양가 없고 가장 살찌기 좋은 고칼로리 식품을 가장 값싸고 가장 먹기 좋은 형태로 만드는 데 지원을 아끼지 않는 이중적인 농업 정책을 구사하고 있다.

패스트푸드, 설탕, 그리고 폭력

내 조카 손자 알렉스(네 살 때 이미 채식주의자가 되기를 선언했던 아이)는 설탕만 먹으면 끔찍한 반응을 보인다. (음료나 음식으로) 약간의 설탕만 섭취해도 귀엽고 영리하던 아이가 몇 분 만에 도저히 통제할 수 없는 포악한 아이로 돌변한다. 소리를 지르는 것은 예사고 심지어는 사람을 때리기까지 한다. 이 아이의 이런 반응은 다른 여러 아이들에게서도 볼 수 있는데 알렉스의 학교 친구들 중에서 몇몇 아이도 무설탕 식이요법을 쓰고 있다.

내 아들 그럽에게는 양극성 성격 장애라는 진단을 받은 친구가 있었다. 이 친구는 체격도 크기 때문에 폭력적인 성향을 보일 때에는 그 행동이 아주 공포스럽다. 조증을 보이던 시기에 실제로 칼을 든 채 주방 식탁을 사이에 두고 아버지를 쫓아다닌 일도 있었다고 한다. 그 일이 있은 직후에 그럽이 어떤 글을 읽었는데 그 글 속에 설탕이 어떤 사람의 경우에는 대사 작용에 영향을 미치기도 한다는 내용이 들어 있었다. 그럽은 이 친구에게 설탕의 섭취를 중단해야 한다고 설득했다. 그 결과는 놀라웠다. 친구는 설탕 섭취를 중단하자마자 훨씬 더 온순하고 점잖은 사람이 되었던 것이다. 그 일을 계기로 나는 설탕과 교도소에서 일어나는 폭력 사이의 연관 관계를 설명한 연구 결과를 찾아 읽어 보게 되었다.

스티븐 J. 쉰탈러 박사는 캘리포니아 주립대학교 스타니슬라우스 분교의 사회학과 교수인데 세 개의 놀라운 통계 곡선이 밀접한 연관 관계를 가지고 있음을 예감했다. 그 세 개의 통계 곡선은 이유 없는 폭력 사건의 증가, 패스트푸드 소비의 증가, 그리고 정제 설탕의 섭취량 증가였다. 박사는 버지니아의 큰 교도소 당국자들을 설득, 수감자들을 대상으로 자신의 연구를 진행할 수 있도록 허락받았다. 처음에는 수감자들에게 전형적인 미국식 식단, 즉 흰 빵, 햄버거, 소시지, 프렌치프라이, 쿠키, 단맛이 나는 스낵류, 탄산음료 등을 제공했다. 며칠이 지난 후에는 신선한 과일, 야채, 통밀 빵, 생선, 지방이 적은 고기 등 자연식 위주의 식단을 제공했다.

이 변화는 놀라운 결과를 가져왔다. 건강한 음식으로 식단을 바꾸자 물리적, 언어적 폭력과 같은 위험한 행동들이 눈에 띄게 줄어들었다. 다시 탄산음료와 지방이 많은 음식으로 식단을 바꾸자 위험한 행동도 다시 돌아왔다. 이 연구에서 발견된 사실들은 전국의 교도소에 큰 반향을 불러왔고 쉰탈러 박사에게는 영양에 관련된 자문이 밀려들었다. 그는 또 아홉 개 청소년 교정 시설에 수감되어 있는 8,000명의 청소년들을 상대로 흥미로운 연구를 진행하기도 했다. 각 시설에서 제공하던 설탕과 기타 정제 탄수화물의 함량이 많은 식단을 다량의 과일과 야채, 정백하지 않은 곡류, 그리고 비타민과 미네랄 보조 식품이 포함된 식단으로 바꾸었다. 박사의 연구가 진행되던 그해에 각 교정 시설에서는 물리적 폭력과 언어 폭력, 그리고 탈옥과 자살 시도 건수가 거의 절반으로 줄었다고 보고했다.

20년 동안이나 청소년과 성인의 교정 시설, 그리고 공립학교 등에서 영양과 행동을 연구한 끝에 쉰탈러는 운전자가 음주 운전에 대해 책임을 지듯이 사람은 누구나 자신이 먹는 음식에 대해 책임을 져야 할 만큼 음식이 사람에게 미치는 영향이 크다는 확신을 얻었다. 이는 우리가 정크푸드들이 얼마나 많은 문제를 일으키는지 알게 된 이상, 사람들을 더 열심히 교육시켜서 여러 상점의 진열대나 가정의 수납장에서 이런 음식들을 추방시키게 만들어야 함을 의미한다.

낭비하지 말자, 욕심내지 말자

우리의 건강과 우리 지구의 건강에 대한 중대한 위협 중의 하나가 과

소비다. 세계에서 가장 가난한 계층에 속하는 10억의 인구가 먹을 것이 충분치 않아 고통을 받고 있거나 심지어는 죽어 가고 있다. 반면에 세계에서 가장 부유한 계층에 속하는 10억의 인구는 나쁜 음식을 너무 많이 먹어서 몸이 쇠약해지거나 죽음에까지 이르기도 한다.

세계 자원 연구소는 선진 산업 국가에 사는 사람들은 저개발 국가에 사는 사람들에 비해 곡물은 두 배, 육류는 세 배, 종이는 아홉 배, 그리고 연료는 열한 배를 더 쓰고 있다고 보고 있다. 이렇게 막대한 소비는 또한 막대한 쓰레기를 낳는다. 애리조나 대학교의 인류학자인 티모시 W. 존스는 농장과 과수원, 공장과 소매 점포, 식당과 매립지 등을 쫓아다니며 10년 동안이나 음식 쓰레기를 연구했다. 그의 연구 결과는 네 명 가족을 기준으로 한 가족이 1년 동안 버리는 과일, 고기, 야채, 곡물 등의 쓰레기를 돈으로 환산하면 평균 590달러에 이른다는 것을 보여 준다. 전국적으로 계산하면 가정에서 버리는 음식 쓰레기의 가치는 430억 달러나 된다.

빈곤이 무엇인지를 몸으로 체험하며 탄자니아에서 머물다가 소위 선진국이라는 영국에 다시 돌아왔을 때 뭐라 할 말이 없을 정도로 나를 놀라게 했던 것이 바로 쓰레기였다. 과도한 포장, 이것도 버리고, 저것도 버리고, 다른 것도 버리고. 게다가 음식 쓰레기까지. 모든 쓰레기가 내게는 충격이었다. 한 끼 식사로 나오는 음식의 양, 특히 미국에서는 음식의 양이 너무 많았다. 식당에서, 학교 급식이 끝난 후, 내가 방문한 가정에서 남겨지는 음식들. 내가 그런 낭비 앞에서 할 말을 잃은 이유는 거의 아무것도 가진 것이 없는 사람들과 몇 년을 지내 왔기 때문이 아니었다. 나 자신이 궁핍하게 보냈던 어린 시절을 잊을 수 없어서였다. 우리는 모든 죄 중에서도 낭비가 가장 큰 죄라고 배웠었다.

우리가 할 수 있는 일

먹고 싶기도 하고 편하고 싶기도 하지만 패스트푸드는 가능한 한 피해야만 한다. 그러기 위해서 어떤 방법을 취해야 하는지는 이미 말한 바 있다. 또한 우리는 각자 일상생활에서 가능한 한 쓰레기를 줄이기 위해 함께 노력할 수도 있다. 우선 식사를 할 때마다 접시에 담는 음식을 조금만 줄이는 것으로 시작하자. 식당이나 사교 모임 같은 데서도 내 몫은 조금 적게 달라고 요청해 보자. 다 먹은 후에도 부족하다면 언제든지 더 주문을 하든지 더 가져올 수도 있다. 조금씩 덜어 먹는 것으로 시작하고 모자라면 더 가져다 먹자.

'루츠 앤 슈츠' 캠페인에 참가한 여러 그룹의 학생들에게 음식 쓰레기를 포함하여 여러 가지 쓰레기를 재활용하기 위한 양동이를 그룹마다 하나씩 나누어 주었다. 첫 식사가 끝난 후 우리는 남은 음식 찌꺼기를 조심스럽게 양동이에 모았다. 아이들은 자기 접시에 너무 많은 음식을 담았다가 결국 내버린 쓰레기가 얼마나 많은지를 보고 크게 놀랐다. 모아진 음식 쓰레기의 양이 가난하게 사는 사람들에게는 얼마나 오랫동안 먹을 수 있는 분량인지도 계산해 보았다.

만약 정원이나 밭을 가진 사람이라면 번머스의 우리 집 식구들이 하는 것처럼 음식 쓰레기로 퇴비를 만들어 볼 수 있다. 하지만 정원이 없어도 음식 쓰레기 퇴비는 만들 수 있다. 로스앤젤레스 시내 중심가의 사우스 센트럴에 사는 젊은이들을 만났는데 그 친구들은 근처 주택가에서 음식 찌꺼기를 모아 벌레를 이용해서 그 찌꺼기들을 발효시키고 있었다. 이런 것을 지렁이 양식(vermiculture)이라고 한다. (냄새가 전혀 없기 때문에 거실에서도 해 볼 수 있다. 이렇게 만들어진 퇴비는 토양의 질을 좋게 만들어 준다.) 그들은 그렇게 만든 퇴비를 그 지역의 공원이나 농작물을 재배하는 온실 등에 팔았다. 이 젊은이들의 사업은 번창일로에 있었다! 참고 자료 목록을 보면 지렁이를 분양하는 웹사이트와 퇴비 만들기에 필요한 여러 도구를 구할 수 있는 웹사이트가 소개되어 있다.

17장 물 위기가 다가온다

> 샘이 마르기 전까지는 물의 소중함을 알지 못한다.
> —영국 속담

어쩌면 물 위기는 금세기 최악의 악몽이 될지도 모른다. 그것도 가공할 정도의 규모가 될 것으로 보인다. 인구는 점점 늘고 반면에 물은 점점 바닥을 드러내고 있다. 특히 안전하게 마실 수 있는 깨끗한 물은 더욱더 부족하다. 강 유역 숲의 남벌로 나무가 사라진 숲에서 빗물에 씻겨 내려온 침니(沈泥, 모래보다 곱고 진흙보다 거친 침적토—옮긴이)가 강바닥에 쌓인다. 강은 그렇게 줄어드는데 관개수로, 가정용수로 쓰기 위해 냇물과 강물을 요구하는 목소리는 점점 더 커진다. 점점 더 깊은 지하에서 물을 퍼 올리는 기술이 개발되어 지하 대수층의 용량은 점점 더 감소된다. 주로 가축 사료용으로 쓰이는 옥수수와 콩을 재배하기 위해(가축들에게도 따로 물이 필요하다.) 지금처럼 많은 양의 물을 쓴다면 지구상의 곳곳에서 물 자원이 회복될 시간적 여유도 없이 오로지 착취만을 일삼는 셈이 된다. 여러 강줄기의 하류에서는 댐과 저수지에 가둔 물 때문에 흐르는 물의 양이 현저히 줄었다. 또 어떤 지역에서는 수원지의 물길이 아예 다른 쪽으로 방향을 바꾸는 바람에 물을 구경도 할 수 없게 되어 버렸다.

심하게 물이 부족한 상태에서 산다는 게 어떤 건지 나는 잘 안다. 아프리카에 처음 도착했을 때 루이스와 메리 리키 부부와 함께 세렝게티 고원을 가로지르는 깊은 골짜기인 올두바이에서 꿈같은 석 달을 보낸 적이 있었다. 탐사대의 예산은 아주 빠듯했다. 마실 물을 구할 수 있는 가장 가까운 장소도 인적 없는 지역을 몇 마일이나 지나가야 있었는데 당시에는 올두바이까지 도로는커녕 오솔길조차 없었다. 일주일에 한 번씩 물차를 보내 물을 길어 왔기 때문에 물은 아주 엄격하게 배급받아 썼다. 마실 물은 충분(오늘날 대부분의 미국 사람들이 쓰는 것만큼 풍족하지는 않았지만)했다. 차도 마실 수 있었고 커피도 마실 수 있었다. 하루 두세 컵 정도는 마실 물도 있었다. 그러나 그 이상은 아니었다. 몸을 씻을 물은 큰 머그잔으로 4분의 1씩 나누어 주는 게 전부였다! 다음 주에 쓸 물을 실은 물차가 나타나야만 일주일 동안 아껴 쓰고 남은 물로 몸을 씻을 수 있었다. 네 귀퉁이를 틀에 묶은 캔버스 천으로 만든 작은 욕조가 있었는데 우리는 각자에게 배급된 물을 이 욕조에 조심스럽게 부었다. 그러나 대부분의 경우에 머리를 감을 만큼 충분하지도 못했다. 하지만 우리는 새들이 흙 목욕을 하는 것처럼 우리도 올두바이의 흙을 이용할 수 있다는 사실을 발견했다. 어쨌든 침팬지가 머리를 감는 것은 본 일이 없으니까!

다르에스살람에서도 벌써 몇 년째 물 부족으로 고생하고 있다.

우리 집 물탱크를 채울 수 없을 정도로 수압이 낮아 며칠씩 물을 못 쓰기도 했다. 그래도 우리는 운이 좋은 편이었다. 밖에 수도가 있어서 양동이로 물을 길어 올 수도 있었다. 화장실의 변기용 물은 바닷물을 퍼다 썼다. 이렇게 물이 부족해진 이유는 이 도시에 물을 공급하는 강변에서 숲을 마구 훼손한 데다 전에는 사는 사람이 많지 않던 지역에 인구가 급증했기 때문이다. 현재 이곳은 기존의 자연적인 물 자원으로는 그 수요를 충당할 수 없을 만큼 많은 사람들이 살고 있다. 뒤에서 다시 언급하겠지만 상수도 시설도 매우 낡고 누수가 많다.

요즘 다르에스살람에서는 물을 산다. 커다란 물탱크를 실은 차가 와서 지붕에 설치한 물탱크에 펌프로 물을 채워 준다. 그러나 이 물은 걸러서 끓이기 전에는 그냥 마실 수 없다. 안전하게 마시려면 최소한 20분은 끓일 것을 권장한다. 그러나 전기도 충분하지 않기 때문에 그렇게 오래 물을 끓일 수가 없다. 다시 말하면 안전하게 마실 수 있는 물은 매우 비싸고 귀한 소비재라는 뜻이다.

안전한 식수를 얻을 수 없는, 어떠한 종류의 물로부터도 멀리 떨어져서 사는 사람들(이런 사람들이 세계적으로 12억 명 정도 있는 것으로 추산된다.)에 대해서 이따금씩 생각해 본다. 오염된 물을 끓일 장작조차도 귀한 곳에서 자라는 아이들이 늘 몸이 아픈 것은 당연하다. 그 아이들의 엄마들도 늘 몸이 아프고 피곤하다. 매일 해야 하는 자잘한 일들이 쌓여 있지만 배터리가 다 닳아 버린 자동인형처럼 몸이 쇠약해진 엄마들은 그 일들을 할 기운이 없다.

물의 낭비

이런 이유로 나는 세계의 여러 부유한 나라에서 너무도 심하게 물을 낭비하는 것을 볼 때마다 슬픔과 분노를 느낀다. 미국에서 식당에 갈 기회가 있거든 한번 살펴보라. 얼마나 많은 물 컵들이 손님이 나간 뒤에도 마시지 않은 물로 채워져 있는지를. 어떤 컵은 물이 가득 채워진 채 남아 있다. 웨이터는 쉴 새 없이 테이블 사이를 돌아다니며 물 컵에 물을 채워 주느라 바쁘다. 심지어 한두 모금밖에 마시지 않은 손님의 물 컵에도 물을 또 따라 준다. 유럽에서는 웨이터가 손님에게 물을 더 따라 주길 원하느냐고 먼저 묻기라도 한다. 미국의 웨이터들은 묻지도 않고 물을 따라 놓는다. 저개발 국가 어디를 가도 마찬가지다.

강연을 하러 가면 어디서나 연단에 물병을 갖다 놓아 준다. 보통의 경우 한 컵 정도는 물을 따라 놓는다. 그러면 나는 그 물 컵을 들고 청중들에게 묻는다. "내가 이 물을 마시지 않으면 이 물은 어떻게 될까요?" 십중팔구 그 물은 버려질 것이다. 아무런 생각 없이 병 속에 남아 있던 물도 뚜껑을 땄다는 이유로 쓰레기통에 버려질 것이다. 아주 가끔 그 물을 나무에라도 주는 사람이 있기는 하겠지만 그런 사람이 대체 이 지구상에 얼마나 될까. 나는 강연이 끝나면 항상 그 물병을 들고 나온다.

생수에 대한 진실

생수에 대해서 말하자면 내가 아는 사실은 대부분 시애틀에 사는 조슈아 오르테가가《시애틀 타임스》에 기고한 기사를 읽고 알게 된 것들이다. 대부분의 사람들이 깨끗하고 순수한 물을 마실 수 있는 가장 확실한 방법은 병에 밀봉된 생수를 사 마시는 것이라고 믿는다. 그럴 만한 여유가 있는 사람들에 한 해서 그렇다고 볼 수도 있다. 그러나 사실은 생수도 순수한 것은 소수의 브랜드뿐이다.

    1999년부터 4년에 걸쳐 국립 자원 방위 위원회는 시중에 유통되는 생수들에서 채취한 샘플로 연구를 진행하였다. 그 결과, 샘플을 채취한 생수의 5분의 1이 신경독과 스티렌, 톨루엔, 자일렌 같은 발암 물질에 오염되어 있다는 사실을 발견했다. 두 번째 연구에서는 103개의 생수 브랜드 중에 3분의 1에 비소와 대장균의 흔적이 남아 있음이 밝혀졌다.

    내가 알기로 생수는 선진국에서도 가장 규제가 느슨한 산업 중 하나다. 수돗물은 공공 자원이기 때문에 지방 정부에서도 소비자들에게 수질에 대한 갖가지 자료를 준비해야만 한다. 그러나 생수의 수질에 대한 정보에는 아무나 접근할 수 없다. 생수가 안전하게 보일 수도 있지만 1990년대 페리에가 전 세계에서 자사의 생수를 리콜 했던 것을 되새겨 보자. 리콜의 이유는 그 생수가 실험실에서 동물에게 암을 일으키는 독성 물질인 벤젠에 오염되었기 때문이었다.

플라스틱 생수병도 문제

나도 미처 깨닫지 못했지만 오르테가가 지적해 준 또 하나의 문제가 있다. 생수를 생산하기 위해서 지구 환경이 멍들고 있다는 것이다. 생수를 담는 플라스틱 병이 대부분 PET(polyethylene terephthalate, 폴리에틸렌수지)인데 이 물질은 환경에 전혀 친화적이지 않다. 이 물질을 생산하는 과정에서 여러 가지의 해로운 부산물이 만들어지기 때문이다. 무엇보다도 PET 1킬로그램을 생산하기 위해서는 1.75킬로그램의 물이 필요하다. PET 병을 만들기 위해 그 병 안에 들어갈 물보다 더 많은 물을 써야 하는 것이다. 용기 재활용 연구소는 2002년 미국에서 팔린 생수는 140억 병이지만 그 병 중에서 재활용된 것은 10퍼센트에 불과하다고 보고했다. 그러니까 140억 개 중에서 90퍼센트, 즉 수돗물보다 더 좋지도 않은 물(때로는 오히려 더 나쁜)을 담기 위해 만들어진 126억 개의 플라스틱 병이 쓰레기로 버려져서 매립지에 묻혔다는 뜻이다.

영국의 식량 위원회는 생수 중의 일부가 자그마치 1만 마일(약 1만 6,000킬로미터)이나 되는 거리를 운반되어 왔다는 사실을 발견했다. 웨이트로스, 프레시 앤 와일드 같은 슈퍼마켓 체인점은 피지에서 생산된 생수를 판매한다. 이 생수병의 라벨에는 "가장 가까운 대륙에서도 2,500킬로미터나 떨어진 태평양 한가운데서" 퍼 올린 물이라고 자랑스럽게 씌어 있다. 영국처럼 물자원이 풍부한 나라에서 지구 반 바퀴를 돌아가야 하는 곳의 물을 퍼 온다는 것은 부조리할 뿐만 아니라 너무나 황당한 일에 화석 연료를 낭비하는 일이다.

기업이 물을 소유한다?

대부분의 사람들은 의식조차 하지 못하고 있는 사실이 하나 있다. 바로 다국적 기업들이 세계의 물 공급을 장악하려는 흑심을 품고 있다는 것이다.《포춘》지는 "물에 대한 투자는 금세기 최고의 투자다"라고 했으며, 유럽 재건 개발 은행은 "물은 민간 부문을 위한 마지막 남은 미개척 인프라다", 그리고《토론토 글로브 앤 메일》은 "물은 빠른 속도로 세계화되고 있는 기업"이라고 밝히고 있다.

처음에는 젖소, 돼지, 가금류, 그 다음에는 작물과 씨앗, 그리고 이제는 물이다. 역사적으로 시 또는 군 단위의 각 지역 공공 부문 사업 시행자가 물 공급을 책임져 왔다. 그러나 지금은 거대 기업들이 이 부문에 관여하는 일이 점점 늘어나고 있다. 그리고 최근에 미국에서는 법률까지도 기업들의 그러한 시도가 더 수월해지도록 만들어졌다. 두 개의 프랑스 다국적 기업, 수에즈 리요네즈 데 오와 보일라 엔바이런먼트는 제너럴 일렉트릭과 베첼 같은 다른 다국적 기업들과 함께 미국으로 흘러 들어가 물 공급을 장악하려 하고 있다. 어떤 형태가 되었든 기업이 물의 공급을 통제하게 되면 그들이 추구하는 것은 주주의 이익이지 수질을 보존한다거나 가난한 사람도 물을 마시고 쓸 수 있게 하는 것이 아니다. 어디서든 물 공급이 민영화되면 소비자들은 고통받게 되어 있다. 프랑스에서도 물 공급이 민영화되자 물의 소비자 가격은 불과 몇 년 사이에 150퍼센트나 인상되었다. 더욱이 앞에서도 말했다시피 일반 대중들은 더 이상 수질에 대해서 따지고 들 권리조차 행사하지 못하게 된다. 수에즈 리요네즈 데 오의 전직 이사는 "우리는 수익을 올리려고 여기에 왔다. 어디든 투자를 한 회사는 조만간 투자한 돈을 회수한다. 즉 소비자가 그 대가를 지불해야 한다는 뜻이다."라고 말했다. 이런 사람들에게 우리가 마실 물을 좌지우지하게 맡겨 두고 싶은 사람은 없을 것이다.

1998년에 오스트레일리아의 시드니에서 민영화되었던 급수 시스템(수에즈 운하에 의해 통제되는)이 와포자충(기생충의 일종—옮긴이)과 편모충(고양이, 개 등의 동물에게 감염되는 기생충—옮긴이)에 오염되었지만 물에서 이 기생충들이 처음 발견되었을 때 일반 대중들에게는 그러한 정보가 알려지지 않았다. 캐나다 온타리오에서 수질 보호 인프라가 민영화되자 그 결과는 여러 지역에 재앙을 불러왔다. 2000년에 워커튼이라는 작은 마을에서는 대장균에 감염된 수돗물을 마시고 일곱 명이 사망했고 200명 이상이 앓아누웠다. 영국의 수도 회사들은 소름 끼치는 기록을 가지고 있다. 1989년부터 1997년까지 8년 동안 웨섹스(과거에 엔론 사의 자회사였다.)를 비롯한 네 개의 대형 수도 회사들이 자그마치 128번이나 위반 행위로 기소되었다.

많은 사람들이 물은 인간의 기본적인 권리로 공개 시장에서 더 높은 값을 제의하는 사람에게 팔릴 성질의 것도 아니며 공개 시장에서 그 값이 정해지는 것도 아니라고 말해 왔다. 그럼에도 불구하고

2000년에 집행된 국제 통화 기금의 차관 중 최소한 열두 건이 물 공급의 민영화를 조건으로 한 것이었다.

세계의 물 중 5퍼센트는 이미 민영화되어 있다. 그러나 수도 회사들은 저개발 국가에서 물 공급권을 따 내는 계약을 체결하는 데 경계의 눈초리를 보내고 있다. 정치적인 불안도 그 이유의 하나지만 가난한 나라들도 이제는 더 나은 거래를 위한 협상의 기술을 터득했기 때문이다. 지구상의 인구 중 40퍼센트는 물 부족 국가에서 산다. 국제 연합이 2025년에는 약 27억의 인구가 물이 매우 부족한 상황을 겪게 될 것이라고 추정했듯이 이토록 소중한 물을 보존하고 제대로 배급하기 위한 모델을 마련하는 일이 매우 시급하다는 것은 부정할 수 없다. 많은 나라에서 정부도, 민간 기업도, 사람들, 특히 빈곤 계층의 사람들에게 물을 제대로 공급하는 일에 실패한 바가 있다.

> ### 🍇 물을 사유화하는 거래에 대한 분노
>
> 다르에스살람은 세계에서도 가장 빠른 속도로 성장하고 있는 도시지만 1950년대에 정착된 민영 급수 시스템은 오늘날 300만에 달하는 시민들에게 물을 제대로 공급하는 데에는 완전히 실패했다. 급수 시스템의 본관(本管)에 연결되어 있는 인구는 고작 6만에 불과하고 급수 시스템 전체의 3분의 2는 파이프라인 부실로 누수되고 있거나 도둑질당하고 있다.

이 급수 시스템에 연결되지 못한 가난한 사람들은 리터당 12TZ 실링(탄자니아 실링. 미화로 따지면 약 1.2센트에 해당한다.)을 주고 물을 사 먹는다. 물을 대량으로 배달시켜서 먹는 사람들에 비해 두 배나 비싼 값이다.

액션에이드 탄자니아의 이사인 로즈 무시에 따르면 결국 가난한 사람들은 경제적으로도 손해를 보고 병까지 얻으며 더더욱 가난으로부터 벗어나지 못하고 있었다. 무시는 급수 시스템 관련 고위 공직자가 기자 회견을 열어 정부가 시티 워터(독일의 엔지니어들과 일하는 영국 회사 바이워터의 탄자니아 현지 회사 이름)와의 계약을 취소하기로 했다고 밝혔을 때 같은 기자 회견장에서 이 사실을 알렸다. 정부는 이 회사가 새로운 파이프라인의 건설, 수질 개선의 약속을 지키지 못했으며 급수 시스템으로부터의 수입이 줄어들고 있다는 점을 이유로 내세웠다. 회사에서는 건설 계획의 시행이 예정보다 늦어지고 있어서 파이프라인을 건설하지 못하고 있다는 사실은 인정했으나 수질과 급수량은 개선되었다고 주장했다. 또한 정부가 물 공급에 대한 잘못된 데이터를 주었다고도 주장했다.

이렇게 해서 선진국 사이에서 하나의 모델이 되고자 했던 영국 정부의 대표적인 프로젝트가 막을 내리게 되었다. 사실 급수 체계를 민영화해서 다국적 기업에 맡기는 일은 세계 곳곳에서 점점 더 어려운 난관에 부딪치고 있다. 대개의 경우, 격렬한 노조의 반대에 맞서야 하지만 정부는 종종 다국적 기업의 편에 서기도 한다. 국제 통화 기금과 세계은행이, 각기 소유하고 있는 기업들이 계약을 성사할 수 있도록 로비를 하는 과정에서 저지르는 일들은 여러 의문을 낳고 있다. 액션에이드, 세계 개발 운동 등 여러 개발 그룹들에 따르면 탄자니아를 포함한 여러 나라들이 세계은행에 대출을 요청할 때에나 국제 통화 기금으로부터 경제 개혁의 요구를 받을 때 억지로 급수 시스템을 민영화하도록 압력을 받고 있다고 한다.
세계 개발 운동의 데이브 팀스는 런던에서 열린 한 회의에서 탄자니아가 국가 간 부채를 면제받는 조건으로 급수 시스템을 민영화하도록 압력을 받아 왔다고 말했다. "국제 통화 기금은 서구의 급수 관리 회사에 이익을 안겨 주기 위해 세계에서 가장 가난한 나라로 하여금 급수 시스템을 민영화하도록 종용하고 있습니다."라고 그는 말했다. 또 이 조직의 정책 담당자인 피터 하드캐슬은 "영국 같은 기부국은 민간 부문에 엄청난 자금을 투자하고 있습니다. 공공 부문은 아예 선택의 대상에 들어 있지도 않습니다."라고 덧붙인다.

그때는 물 위기의 징후가 서서히 보이기 시작하던 1980년대였다. 세계 은행, 국제 통화 기금, 그리고 영국과 프랑스 같은 기부국들이 민간 부문에 눈을 돌리기 시작한 것이 바로 이 때였고 그들은 물 위기를 해결하기 위해서는 돈이 필요하다고 보았다. 그러자 몇몇 국제적인 기업들이 가난한 나라의 급수 시스템을 민영화하는 일에 몰려들기 시작했다. 그들은 최장 30년까지 급수 시스템을 독점하고 수익의 30~40퍼센트를 가져가는 조건으로 계약을 체결하려고 협상에 나섰다. 그들 중 일부는 정부에 뇌물을 주었다는 혐의를 받았고 결국은 법정에 서기까지 했다. 가난한 사람들에게까지 물이 공급되도록 하겠다는 약속은 실현되지 않은 채 물값만 오르고 여기저기서 실직 사태가 벌어졌다. 불만의 목소리는 높아져 갔고 급수를 독점하고 있는 회사들에 대한 분노 또한 점점 커져 갔다.

지난 10년 동안 급수 시스템의 민영화 계획은 트리니다드, 아르헨티나, 남아프리카 공화국, 필리핀 등의 나라에서 엄청난 반대의 파도에 직면해 왔다. 가나에서는 고위 관리들의 부패를 고발하는 시위가 있은 후 세계

> 은행도 결국 발을 뺐다. 볼리비아에서는 민영화 이후 지금까지도 많은 저항이 이어지고 있다. 2000년 코차밤바에서는 물값 인상에 항의하는 시위 도중 민간인이 사망하자 급수를 독점하던 프랑스 회사가 어쩔 수 없이 철수하는 일이 벌어지기도 했다. 2005년 초 또 하나의 회사(영국의 하청 회사인 유나이티드 유틸리티와 미국 베첼의 연합 벤처)도 볼리비아 정부가 수백만 파운드 규모의 투자 프로그램을 강요한다는 이유로 물값을 올리려는 시도를 하다가 쫓겨났다.

물 전쟁이 일어날까?

"금세기의 전쟁은 물 전쟁이 될 것이다." 세계은행 부총재였던 이스마일 세라겔딘이 1999년에 한 말이다. 대부분의 사람들은 오늘날 전쟁을 일으키는 경제적인 힘이 석유라는 데 동의할 것이다. 물을 두고 벌어지는 전쟁은 석유를 두고 벌어지는 전쟁보다 100배는 더 참혹할 것이다. 석유는 사치품이지만 물은 필수품이기 때문이다. 모든 사회적 경계, 국가적 경계, 인종적 경계, 경제적 경계를 뛰어넘는 명분이 있다면 그것은 바로 물이다. 역사를 돌이켜보면 제한적인 자원을 장악하려는 양자 간, 또는 다자 간의 싸움이 비일비재했다. 어쩌면 물은 우리가 일생을 두고 직면하게 될 가장 중요한 이슈인지도 모른다.

우리가 할 수 있는 일

우선 물을 다른 각도에서 생각해 볼 수 있다. 물을 매우 소중하며 점점 더 위기에 몰리고 있는 자원으로 인식하자는 것이다. 물은 그저 어디서나 당연히 얻을 수 있는 것이라는 생각도, 낭비해도 좋은 자원이라는 생각도 이제 그만둬야 한다. 조금만 번거로움을 감수한다면 이를 닦을 때 수돗물을 잠그는 것 같은 작은 행동이 큰 차이를 만든다. 물을 함부로 하수구에 버리지 말자. 청소하고 세수할 때 쓰는 물의 양에 대해 다시 한번 생각해 보자. 많은 화장실에서 변기를 세척하기 위해 필요한 양의 두 배나 되는 물이 소비된다. 변기의 물탱크에 작은 물건 하나만 넣어 주면 이 문제를 해결할 수 있다.

얼음도 물을 낭비하는 주범이다. 음료를 시원하게 하기 위해 넣는 얼음, 주유소에서 사는 얼음, 호텔의 제빙기에서 공짜로 퍼 오는 얼음, 샴페인이나 화이트와인을 시원하게 하기 위해 와인 버킷 안에 채우는 얼음, 그리고 물병을 통째로 얼린 얼음까지. 아이스박스에 넣은 덩어리 얼음은 음료를 차갑게 보관해 준다. 하지만 이 얼음이 할 일을 다 하고 나면 어떻게 될까? 그 얼음이 녹은 물을 그냥 쏟아 버리기 전에 마실 물조차 부족한 사람들을 잠시라도 생각할까? 또 그 물을 얼음으로 얼리기 위해 소비한 에너지도 생각해 보자.

정원을 가꾸기 시작할 생각이라면 정원을 위한 특별한 조치를 취하지 않고도 얻을 수 있는 물의 양이 얼마나 되는지 먼저 생각해 보자. 그리고 나서 정원에 어떤 나무를 심을지 결정하자. 정원에 물을 주는 시간은 하루의 열기가 모두 가라앉고 난 다음인 저녁 시간이 좋다. 아침에 물을 주면 소중한 물이 모두 수증기로 증발되어 날아가 버린다.

보통 사람들이 할 수 있는 진짜 중요한 일 중의 하나가 수도에 여과기를 설치해서 생수를 사 먹어야 할 이유를 없애는 것이다. 생수가 생산되는 이유는 수요가 있기 때문이다. 수돗물 여과기는 가정용 설비를 파는 상점이나 인터넷에서 쉽게 구입할 수 있다. 수도가 민간 기업이 아닌 공익사업체에 의해 관리되는 경우에는 규정에 따라 잘 통제되고 종종 수질 검사를 받기 때문에 사실 생수를 사 먹는 것보다 훨씬 더 안전하다. 여과기로 걸러 낸 신선한 수돗물이라면 그 맛도 생수보다 낫다고는 못해도 뒤지지는 않는다.

이보다 더 적극적으로 행동에 나서고 싶다면 각 지방의 선출직 정치인(국회의원 같은)에게 편지를 써 보자. 아예 그들을 방문해서 물 공급을 민간 기업, 특히 외국의 다국적 기업에 맡기는 것에 반대한다고 의견을 밝히자. 수자원을 고갈시키거나 오염시키지 않으면서 물 공급 문제를 해결할 방안을 찾기 위해 노력하고 있는 공공 부문의 여러 프로그램들을 찾아볼 수도 있다. 블루 플래닛 프로젝트에 대해서도 알아보자. 이 그룹은 점점 지구를 위협하고 있는 물의 위기를 풀어내기 위한 방법을 찾는 데 다각적인 노력을 기울이고 있다. 어쩌면 그들에게 도움이 되는 일을 찾을 수 있을지도 모른다.

무엇보다도 각자가 물을 사용하는 습관에 대해 되돌아보고 물을 당연한 소비재로 여기는 사고부터 고치자.

18장 다시 일어서는 땅

> 땅은 죽지 않는 어머니다.
> —마오리족 격언

4년을 연이어서 나는 네브래스카의 플래트 강을 찾았었다. 캐나다두루미, 흰기러기 등, 절로 감탄사가 튀어나오게 하는 여러 철새들의 이동을 구경하기 위해서였다. 가장 많을 때에는 1,200만 마리의 새들이 이 강 주변에 몰려든다. 두루미는 3월에 왔다가 2~3주를 머물면서 플래트 계곡에서 수확이 끝난 뒤 남은 옥수수를 먹으며 지낸다. 북쪽으로 긴 여정을 떠나기에 앞서 체지방을 불려야 하기 때문이다. 그들 중 일부는 아주 멀리 시베리아까지 간다. 플래트 강 양안의 수 마일이나 펼쳐진 초원에 떨어진 낟알들과 강을 경계 짓는 복합 습지의 개구리, 벌레 등 단백질 먹이가 수만 년 동안 철새들의 이동에 필요한 영양분을 공급해 주었다. 이곳에 머무는 기간에는 매일 밤 두루미와 기러기들이 플래트 강을 따라 굽이굽이 이어진 아름다운 모래톱에서 보금자리를 틀고 밤을 지낸다. 플래트 강 밑에 있는 오갈랄라 대수층은 세계에서 길이가 가장 긴 대수층이다.

나는 이 강 양안의 초원과 마술과도 같은 철새들의 이동을 사랑하게 되었고 이 지역의 역사, 그리고 한때 그레이트 아메리칸 사막이라고 불리던 대자연과 한 남자의 교감에 얽힌 비극과 영웅적인 행위(그리고 다시 찾은 희망)에도 깊은 매력을 느꼈다. 그 이야기는 근면한 노작과 끈질긴 인내력, 기술적 혁신과 영웅적인 노력으로 불모에 가까운 땅에서 식량을 생산해 낸 한 편의 드라마였다. 또한 자영 농가를 함정에 빠뜨리려는 거대 기업들의 힘이 어떤 것인지를 보여 주었다. 그들의 힘은 이 세상의 곳곳에서 과거부터 지금까지 영향력을 행사해 왔고 지금도 여전히 행사하고 있다. 내가 이 이야기를 이 책의 끝마무리에 쓰려는 이유는 우리가 앞서서 논의해 왔던 많은 주제들을 하나로 집약시켜 보여 주기 때문이다. 또한 결코 꺾이지 않는 인간 정신과 자연의 탄성력을 보여 주기 때문이다.

백인들이 나타나기 전인 13세기와 14세기에 포니 족은 강 근처의 땅을 일구며 살았다. 그들은 열 가지의 옥수수, 일곱 가지의 호박, 여덟 가지의 콩을 심었다. 물을 끌어다 쓰지는 않았지만 기후 때문에 곤경에 처하는 일도 없었다. 그러나 1860년대에 어떤 땅이든 경작을 하겠다는 약속만 하면 백인 개척자 가족에게 면적에 상관없이 토지를 무상으로 내 주는 홈스테드 법이 통과되자 커다란 변화가 일어났다. 그러한 조건으로 토지를 소유한다는 것은 매우 큰 도전이었음에도 불구하고 많은 사람들이 그 기회를 누리고자 네브래스카로 몰려들었다.

그 결과 초원의 자연 식물계와 야생 동물들에게는 재앙과도 같은 일들이 일어났다. 포니 족은 백인들이 함께 데려온 각종 질병과 다코타 족의 계속되는 공격 때문에 점점 인구가 줄었다. 1875년에 이르자 새 정착민들의 포니 족에 대한 불만은 높아졌고 포니 족이 수백 년 동안 의지한 버펄로까지 사라졌다. 포니 족은 결국 오클라호마 주의 '인디언 보호 구역'으로 강제 이주를 당했다.

한편 초기 정착민들은 엄청난 고난을 겪으면서도 차츰 초원을 길들여 나갔다. 먼저 도랑을 파 지표수를 밭으로 끌어들였다. 이 물은 대개 정원과 나무, 잔디밭, 그리고 건초로 쓸 풀이 자라는 초원에 쓰였지만 곡물 경작에도 쓰였다. 그러다가 1890년대 초반에 들어서서 극심하게 가뭄이 들었고 곡물의 수확은 큰 타격을 입었다. 물이 강과 냇물을 따라 자연스럽게 흐르지 못하자 농부들은 가장 필요한 순간에 물을 끌어다 댈 수 없었다. 이 때부터 농부들은 오갈랄라 대수층의 신선하고 깨끗한 물을 끌어다 쓸 방법을 찾기 시작했고 최초로 수맥까지 파 내려간 우물이 만들어졌다.

지하수가 실제로 고갈되기 시작한 것은 1940년대와 1950년대 터빈 엔진이 출현한 뒤부터였다. 그때부터는 강력한 신형 펌프로 더 깊은 곳에서 물을 퍼 올릴 수 있었다. 수백만 에이커의 농토에 차츰 물을 댈 수 있게 되었고 특히 1953년부터 1957년 사이에 가뭄이 찾아왔을 때에는 더 많은 우물이 만들어졌다.(1953년에 있었던 우물의 수는 1,000개에 못 미쳤으나 1956에는 4,500개로 늘었다. 그리고 2000년에는 8만 1,112개에 이르렀다.)

그러나 초원에 가장 큰 영향을 미친 것은 회전식 관수정이라는 신기술이었다. 이 기술 덕분에 비행기에서 가끔 볼 수 있는 엄청나게 큰 원형의 밭이 생겨났다. 회전식 관수정으로 물을 댄 농지는 우주에서도 보인다고 한다. 회전식 관수정의 출현은 쟁기를 갈던 가축을 트랙터가 대신한 이후로 농경법에 가장 큰 혁신을 가져온 기술이라고들 말한다. 중앙 관수정 주위를 스프링쿨러들이 돌아가는 방식으로 되어 있는데 언덕이나 계곡도 문제없이 지나갈 수 있어 막대한 크기의 토지를 휩쓸 수 있다. 자연의 방법으로는 그대로 보존할 수밖에 없었을 땅까지 물을 끌어다 댈 수 있다. 중앙 관수정을 땅 속 깊은 곳까지 파 내려가 엔진을 돌려서 지하 대수층으로부터 물을 퍼 올리기 때문에 시간이 오래 흐르다 보면 누구도 감시할 수 없는 곳에서 지하 수면의 물이 매우 빠른 속도로 고갈되고 만다. 중앙 관수정이 하나 둘씩 늘면 늘수록, 전에는 경작을 할 수 없었던 땅이 수백만 에이커의 농토로 바뀌었다. 1960년대에는 200만 에이커(약 8,093제곱미터)가 경작되었고 2000년에 이르자 이렇게 농토로 바뀐 땅은 840만 에이커(약 3만 2,376제곱킬로미터)에 달했다.

그들의 옥수수

오늘날 네브래스카 중앙 지대의 농경 시스템은 세계에서 가장 생산적인 시스템으로 꼽힌다. 그러나 여기서 생산되는 곡물은 대부분이 옥수수다. 네브래스카는 일리노이와 아이다호에 이어 세 번째로 큰 옥수수 생산지이며 여기서 생산되는 옥수수의 대부분은 가축의 사료로 쓰인다. 옥수수 다음으로 많이 경작되는 곡물은 콩이다. 플래트 계곡의 비옥한 토지에는 사탕무, 꼬투리콩, 사탕수수, 밀, 알팔파 등을 재배할 수도 있다. 그러나 물과 비료를 주었을 때 가장 효과적인 작물이 옥수수이기 때문에 어떤 밭에서는 벌써 30년 동안 오로지 옥수수만을 재배해 왔다.

너무 긴 기간 동안 이렇게 한 가지 작물만 재배하는 데 따르는 문제도 만만치 않다. 우선 윤작을 하지 않으면 풍화 작용의 결과로 토양의 침식이 생긴다. 또 옥수수 뿌리벌레, 조명충 나방, 빨간거미 진드기 등의 해충 발생이 늘어날 뿐 아니라 이런 해충들이 제초제에 내성을 갖게 된다. 결국 이 해충들을 없애기 위해 더 많은 제초제를 써야 한다. 농약은 지표수로 흘러들고 지하수로 스며든다. 그리고 대수층은 점점 더 오염된다. 수확할 다른 작물이 없기 때문에 옥수수 가격이 폭락하면 농부는 엄청난 손실을 입게 된다. 게다가 옥수수값은 시장을 장악한 대기업들에 의해 조작될 수도 있다. 그들은 옥수수를 매점매석해서 소규모의 옥수수 재배 농가들이 생존을 위한 투쟁을 포기하고 떠나도록 만든 후 더 많은 토지를 장악하려 호시탐탐 노리고 있다.

그들의 공장식 사육장

4만 마리의 돼지를 사육하는 시설(특히 네브래스카의 공장식 사육장)의 사육장에서는 매일 뉴욕 시의 주민들이 발생시키는 하수 오물의 5분의 1을 발생시킨다. 그러나 이 돼지들의 배설물이 일으키는 문제는 악취만이 아니다. 박테리아, 각종 독성 물질이 대기와 지하수를 오염시키고 강과 시냇물(물길은 서로 연결되어 있으므로)까지 더럽힌다. 때문에 지역의 생태계에 재앙을 불러온다. 그러나 이러한 시설에서 방출하는 오수의 영향이 감지될 즈음이면 해당 지역의 농장이나 동물, 때로는 사람에게도 때는 너무 늦어 버린다.

올봄에 1937년부터 지금까지 네브래스카의 한 마을에서 살았다는 사람을 만났다. 그는 지역 경제에서 중요한 역할을 담당했던 양돈 농가들을 잘 기억하고 있었다. 옛날에는 돼지의 오물 처리에 대한 법이 적절하지 못하다고 여겼다. 어떤 양돈 농가에서도 자기 농장에서 감당할 수 없을 만큼 많은 돼지 오물이 나오지 않았기 때문이다. 아무도 병을 얻는 사람이 없었으므로 돼지 오물로 인해 지하수가 오염되었는지 시험해 볼 생각도 하지 않았다. 호흡기 질환으로 고생하는 어른도, 청색증을 가지고 태어나는 아기도 없었다. 그리고 수백만 마리의 물고기가 떼죽음을 당해 수면으로 떠오르는 사고도 없었다.

그러나 1980년대부터 상황은 변하기 시작했다. 대기업들이 양돈 사업에 진출, 처음으로 공장식 돼지 사육장 또는 '가두어 기르는 동물 사육 농장'이 생겼던 것이다. 이런 공장식 사육장에서는 성장 촉진제와 항생제를 써서 엄청난 수의 돼지를 아주 빠른 속도로 성장시켰기 때문에 돼지값은 36달러에서 8달러로 곤두박질쳤다. 이 지역의 양돈 농가들은 도저히 수지 타산을 맞출 수 없었고 결국 많은 농가가 양돈업을 포기할 수밖에 없었다.

이런 공장식 사육장의 끔찍하고 잔인한 대우는 차치하더라도 돼지 오물 처리에 대한 문제는 남는다. 6장에서 밝혔듯이 돼지 오물은 배설물 연못에 방치된다. 때로는 물을 타서 주변의 농작물(이 농작물들도 유전자 변형 작물인 경우가 많다.)에 뿌린다. 항생제와 항생제 내성을 가진 박테리아까지 든 비료가 뿌려지는 것이다. 이 배설물의 악취는 불쾌감을 일으킨다. 내 친구 톰 멩겔슨은 와이오밍 주의 잭슨 홀에 집이 있는데 어린 시절을 보냈던 네브래스카에도 작은 오두막을 하나 가지고 있다. 톰의 오두막에 갔을 때 그 주변의 밭에서는 희석한 돼지 배설물을 비료로 뿌린 직후였다. 그 냄새에 우리 두 사람은 모두 구토감을 느꼈다. 악취가 느껴질 정도로 돼지 사육장에서 가까운 곳의 땅값이 떨어지는 것은 당연했다. 내가 어린 시절을 보냈던 농장의 돼지 배설물은 이렇게 심한 악취를 풍기지 않았다. 최소한 악취는 아니었다. 미국의 양돈업계가 가난한 시골 동네를 좋아하는 이유는 당연하다. 적은 돈으로 정치가들로부터 인심을 얻고 주민들의 불만을 쉽게 잠재울 수 있기 때문이다.

가두어 기르는 동물 사육 농장과 관계된 연방 정부와 주 정부의 규제 장치에 대한 전문가인 로라 크렙스바흐는 "뉴욕 시 같은 곳이라면 이런 오물을 아무 데나 쌓아 두지 못할 겁니다. 하지만 1제곱마일(약 2.6제곱킬로미터)당 평균 인구가 한 명에 불과한 네브래스카의 체리카 운티에서는 이런 문제로 큰소리가 나오기 힘듭니다."라고 말한다.

그들의 글로벌 슈퍼마켓

농부들이 겪는 문제는 이뿐만이 아니다. 『가까운 데서 먹기』의 저자 브라이언 핼웨일은 1850년대까지도 네브래스카의 여러 도시에서 소비된 농산품들은 모두 각 지역에서 생산된 것이었다고 설명한다. 그 이후로 냉동 트럭과 값싼 연료, 농산물의 보존 기간을 늘여 주는 첨단 식품 처리 기술, 그리고 연방 정부의 보조금이 지원되는 주간 고속도로 등에 의해 농산물의 장거리 운송이 가능해졌다. 이렇게 해서 점점 더 많은 도시와 마을에서 대형 슈퍼마켓이 생겨나 미국 전역은 물론 바다 건너 전 세계의 식품들이 팔리기 시작했다. 그와 더불어 지역 농가에서는 수익성이 악화되어 네브래스카 주(그리고 그 주변의 여러 주)에서만도 수천 곳의 자영 농가가 사라졌고 농촌은 차츰 토지가 잘게 나뉘어 구획 지어지고 콘크리트로 덮여 갔다. 남은 농부들도 대부분 생존을 위해 수확성이 좋은 옥수수와 콩 농사에 매달리게 되었다.

🦬 야심 찬 네브래스카 인

오하이오에 있는 부모님 소유의 농장에서 인생 농사를 시작한 조지 W. 노리스는 언제나 농부들과 평범한 사람들의 친구였다. 스물네 살에 네브래스카로 이주해 법학을 공부했고 땅을 사랑하게 되었으며 결국 의회에 진출했다. 그는 탁월한 상원의원이었으며 네브래스카 역사상 가장 뛰어난 정치가였다.

노리스는 홍수 관리, 관개, 지하수 재함양, 하천 유입수 관리, 토지 재간척, 삼림 재녹화, 전기 발전 등을 하나의 거대한 프로그램으로 묶는 환상적인 계획을 가지고 있었다. 이러한 계획을 실현하려는 그의 노력은 이 프로그램이 민간 기업에 의해 추진되어야 하느냐, 아니면 연방 정부가 책임져야 하느냐의 논쟁에 휘말려 12년 동안이나 지지부진했다. 의회에서 가졌던 처음 생각은 민간 기업이 이 일을 추진하는 것 외에는 대안이 없다는 식이었다. 그러나 노리스는 수원지 관리는 연방 정부의 몫이라는 주장을 끈질기게 내세웠다. 그는 물은 신께서 인간이 쓰도록 허락하신 천연의 자원이지 수익을 내기 위해 착취해도 좋은 일용품이 아니라고 생각했다. 자서전에서 그는 이렇게 썼다. "처음부터 끝까지, 미국이 가진 자연 자원은 민간 자본과 민간 기업에 의해서만이 가장 잘 개발될 수 있다고 믿는 사람들과, 자연 자원과 관련된 몇몇 행위는 연방 정부의 위대한 힘으로 최대다수의 최대행복을 위해 사심 없이 이루어져야 한다고 믿는 사람들 사이의 갈등이었다." 그러나 그 '연방 정부의 위대한 힘'이 민간 자본과 기업에 의한 소규모 지영 농가(노리스 자신이 그토록 열성을 다해 보호하려 했던)의 손실을 부채질하는 데 사용되고 있다는 사실을 알면 그가 얼마나 놀랄까. 오늘날 다국적 기업들이 전 세계의 물 공급을 장악하려 도박을 하고 있음을 안다면 그는 또 얼마나 놀랄까. 동물원의 키퍼 닐스 멜키어센은 이렇게 말한다. "맥과 침팬지에게 유기농 바나나와 비유기농 바나나를 주면 유기농 바나나만 먹습니다." 그뿐만이 아니다.

그들의 물 위기

앞 장에서 우리는 전 세계의 물 위기가 다가오고 있다는 이야기를 했다. 네브래스카와 그 주변의 몇몇 주보다 더 생생하게 그 증거를 보여 주는 지역도 없을 것이다. 현재(2005년 봄) 콜로라도 주, 네브래스카 주, 그리고 와이오밍 주는 5년째 가뭄을 겪고 있으며 지표수와 지하 대수층의 수위가 점점 낮아지고 있음을 우려하는 목소리는 점점 더 커지고 있다. 물은 농사에만 쓰이는 것이 아니다. 빠른 속도로 성장하고 있는 여러 도시의 가정에서도 필요하다. 이미 네브래스카 주의 일부 지역에서는 새 우물을 파는 것이 중단되었으며 다른 지역에서도 같은 규제를 실시할 기미가 보이자 규제가 시작되기 전에 서둘러 우물을 파 놓으려는(결국 규제를 하지 않을 때보다 더 많은 우물을 파고 있다.) 사람들 때문에 지난 3년간 새로 생긴 우물의 수가 10년 동안 새로 생긴 우물의 44퍼센트를 차지한다. 2004년까지 3년 연속으로 네브래스카 주에서 한 해에 새로 생긴 우물의 수가 1,000개를 넘었다. 지금까지 펌프로 퍼 올릴 수 있는 물의 양에는 제한이 없었다. 그러나 다른 주에서 이미 규제가 시작되었듯이 네브래스카 주에서도 이러한 상황은 곧 바뀔 것이다. 중요한 문제는 콩과 옥수수 모두 많은 양의 물을 필요로 하는 작물이라는 점이다. 2003년 한 해에 농부들이 850만 에이커(약 3만 4,399제곱킬로미터)의 농지에 댄 물을 가둔다면 그 땅 전체에 1피트(약 30.5센티미터) 깊이의 연못을 만들 수 있다. 이 물 중의 일부는 지표수를 끌어 온 것이지만 대부분은 땅 밑에서 퍼 올린 지하수다.

내가 플래트 강이 위험하다는 이야기를 처음 들은 때가 2003년이었다. 너무나 충격적인 이야기라 톰에게 그 지역의 농부들, 환경 보호 단체 등과 만날 수 있는 자리를 주선해 달라고 요청했다. 그 이듬해 톰의 친구 폴 존스가드의 노력으로 우리는 내가 원하던 모임에 참석해 농부들과 환경 보호 단체들이 마주하고 있는 문제점에 대해서 들을 수 있었다. 농부들은 처음에는 말하기를 꺼렸으나 긴장이 풀리자 그들이 어려운 상황에 처해 있음을 이야기했다. 농부들은 옥수수의 가격을 좌우하는 거대 기업들로부터 위협을 느끼고 있었다. 농부들은 하나같이 수지 타산을 맞추기 위해 다른 시절 같았으면 4~5개의 농장으로 분할되었을 만한 면적의 농토를 일구고 있었다. 한 뼘의 땅이라도 더 일구기 위해 도로의 바로 옆까지 밭을 갈기 때문에 야생 생명체들의 마지막 자연 서식지까지도 위협을 받는 지경이었다. 농부들은 또한 1년에 한 번, 두루미 같은 철새들이 이동하는 모습을 보기 위해 찾아와서 허락을 미리 구하지도 않고 감사의 인사 한 마디도 없이 그들이 애써 일궈 놓은 밭에 함부로 드나드는 사람들에 대해서도 분노를 쏟아 놓았다. 환경 보호 단체를 향해서도 할 말이 많았다. 환경 보호 단체에서 땅을 사재는 바람에 주변의 땅값이 올라 농부들은 아무런 이득도 없이 울며 겨자 먹기로 더 많은 세금을 내야만 했다.

나는 그들에게 곰비 주변의 농민들이 처했던 문제와 우리가 그들을 돕기 위해서 했던 여러 가지 일(농부들은 그 대가로 우리 침팬지들을 보살펴 주었다.)들에 대해 이야기해 주었다. 나는 플래트 계곡의 농부들에게도 내가 도움이 될 수 있는 길이 없겠냐고 물었다. 우리는 대안으로 떠오른 여러 가지 해결책에 대해 이야기를 나누었다.

먼저 환경 보존을 위해 개발을 완화하는 방법이 있었다. 자신의 땅에서 일정 부분은 영구히 경작도 하지 않고 개발도 하지 않겠다는 데 동의하고 이 프로그램에 서명하면 세제상의 특전을 받을 수 있게 하는 것이다. 또 리퍼블리컨 강과 플래트 강변을 따라 와이오밍 주와의 주 경계선 근처에 있는 모든 농지의 농부들 중에서 관개를 하지 않겠다고 약속하는 농부에게 보조금을 지급하는 계획도 있었다. 이는 수자원을 보존하고 약 10만 에이커(약 405제곱킬로미터)의 농지를 초원으로 돌려놓기 위한 것이었다. 2002년에 시작된 이 프로그램으로 1만 9,818에이커(약 80제곱킬로미터)의 땅이 회복되었다. 모든 농부들이 이 프로그램을 통해 이익을 보겠지만 보조금이 현실적으로 도움이 될지에 대해서는 회의적이었다. 이 외에도 환경 보호 단체에서 작물을 수확하지 않는 농부들에게 보조금을 지급하는 자그마한 규모의 프로그램도 있었다. 새들이 먹을 수 있는 먹이를 보다 많이 남겨 두기 위해서였다.

한 나이 많은 농부가 옛날이야기를 하기 시작했다. 그는 어린 시절, 한밤중에 홍수가 난 플래트 강의 천둥 같은 물소리에 놀라 잠에서 깼던 일을 기억했다. 봄기운에 녹아내린 콜로라도의 눈이 산 위에서부터 흐르면서 모래와 진흙을 휩쓸어 새로운 물길을 만들었다. "지금은 댐이니 저수지니, 그런 것들이 너무 많아요." 늙은 농부가 말했다. 그가 어린 시절에는 집 마당의 우물에서 물을 길어 마셨다. 한 컵 가득, 맑고 차가운 물이었다. "지금이야 내 손자한테 이런 물을 단 한 숟가락이라도 마시게 하겠소? 이게 모두 옥수수를 기르느라고 밭에 뿌린 농약 때문이야."

그는 잠시 침묵에 빠져들었다. 아마도 오래전에 사라져 버린 세상을 추억하는 거겠지, 나는 생각했다. 농부에게는 힘든 시절이었겠지만 아이들에게 그의 땅과 땅에 대한 그의 사랑을 대물림해 주리라고 기대할 수 있었던 시절이었다. 그러나 지금은 그 농부도 말하듯이 아이들이 아버지의 고향에 눌러 사는 경우가 드물다. 아이들은 수지 타산을 맞추기 위해 등이 휘어지게 힘든 일을 해야 하는 농사와 점점 말라 가는 강, 그리고 농약에 오염되어 가는 대수층을 등지고 도시로 나가 자신의 운을 시험했다.

우리는 두루미와 다른 철새에 대해서도 이야기했다. 그 농부들이 아니었더라면 그 철새들은 지금까지 살아 있지도 못했을 것이다. 망가진 초원, 그리고 늪지의 동물성 단백질 때문에 철새들은 농부들에게 의존하게 되었던 것이다. 철새들이나 철새들을 보기 위해 모여드는 관광객들이 생존을 위해 몸부림치는 농부들을 도울 일이 있을 법했다. 그 농부들 중에서 농지가 강 가까이에 위치한 사람들은 조망대를 설치해서 관광객들이 초저녁에 몰려드는 두루미 떼를 구경할 수 있게 해 주었다.

그래도 희망은 자란다

슬로푸드 운동이 던지는 희망의 불꽃에 대해서는 아직 이야기하지 않았다. 어떤 사람들은 이 운동을 음식의 혁명이라고까지 부른다. 이 책을 쓰는 작업을 시작하기 전까지는 나도 거기에 대해서 생각해 본 적이 없었다. 그러나 슬로푸드 운동은 네브래스카에서도 자리를 잡았다.

한 대학에서 강연을 하기 위해 링컨을 방문했던 2004년에는 존 엘리스가 그 지역의 다른 농부들과 힘을 합해 개장한 센터빌 파머스 마켓에 대해서는 이야기를 듣지 못했다. 이 마켓은 링컨에서 50마일(약 80킬로미터) 이내에 거주하는 쉰 명의 농부들이 직접 생산한 대표적인 농산물로 채워져 있다. 엘리스가 이 상점을 열기 위해 자기 소유의 농장과 농기구들까지 팔았을 때 이 상점은 완전히 새로운, 혁신적인 아이디어였다. 나는 브라이언 핼웨일의『가까운 데서 먹기』에서 존 엘리스에 대해 읽었다. 이 모험적인 사업은 인간 영혼의 탄성력(이 경우에는 자연의 탄성력과도 연계된다.)을 간결하게 보여 주었다.

존은 마을 반대편에 식품 진열대만 스물여덟 개를 갖춘 월마트 슈퍼 센터가 개점한다는 사실을 알고도 이 점포의 개업을 강행했다. 그는 센터빌 주민들은 내 고장에서 기른 식품을 원하기 때문에 자신의 점포에서 식품을 살 것이라고 믿었다. 월마트에서 판매하는 거의 모든 식품들은 수천 마일 떨어진 곳으로부터 운송되어 왔다는 것도 알고 있었다. 링컨의 외곽에 사는 양상추 재배 농부도 자기가 기른

양상추를 월마트에 납품하려면 225마일(약 360킬로미터)이나 떨어진 노스 플라트까지 가서 식품 검수(모든 양상추는 품질 관리와 외형 유지를 위한 엄격한 규제 사항들을 지켜야 한다.)를 받아야 한다. 거기서 검수가 끝난 양상추는 다시 225마일을 달려와서야 링컨에서 팔릴 수 있다.

🐃 초원으로 돌아온 버펄로

농산업 기업들이 더 많은 수익을 낼 수 있는 토지를 점점 더 많이 장악하고 있는 와중에도 보다 자연 친화적인 비즈니스 모델을 염두에 두고 땅을 매입하고 있는 사람들도 있다.

그 중 한 사람이 바로 언론 재벌이자 자연주의자인 테드 터너. 최근에 뉴욕에서 그를 만나 그의 비전에 대해서 이야기를 나누었다. 네브래스카에만 그는 다섯 개의 목장을 가지고 있다. 그 목장의 총면적은 38만 8,000에이커(약 1,570제곱킬로미터)에 달한다. 테드는 '그 땅을 경제적으로도 지속 가능하며 환경을 세심하게 배려하는 방법으로 관리하면서 또한 자연 생태계의 종(種) 보존을 장려하는 것'을 목표로 하고 있다. 자신의 모든 목장에서 이러한 목표를 성취함으로써 그는 환경을 해치지 않는 범위 내에서 소수의 목재만을 생산하고 휴양의 기회 역시 제한적으로 누리면서 목장을 경영한다 해도 경제적으로 자생력을 가질 수 있음을 보여주었다.

테드 터너는 자신의 목장 안에서 자연 생태계를 되살리는 데 막대한 자원을 투자했다. 초원을 되살렸으며 건초를 생산하느라 물이 모두 말라 버린 습지도 되살렸다. 또한 다른 자연의 야생 동물들도 보호했다. 미국 영토 안에서 테드 터너가 소유한 땅은 200만 에이커(약 8,094제곱킬로미터)에 이르고, 그가 보존하기 위해 노력을 기울인 야생 동물은 열두 종류에 이른다. 그들 대부분이 위협을 받고 있거나 위기에 처해 있고 아예 절멸의 기로에 서 있는 종류도 있다. 이렇게 해서 그는 목장을 운영함으로써 수익도 낼 수 있고 동시에 초원의 아름다움도 되살릴 수 있다는 것을 농업계에 보여 주었다. 그는 자신의 부를 이용해 세상을 더 살기 좋은 곳으로 만들어 가고 있는 매우 성공적인 사업가의 모범 사례이다.

노스 플라트에는 월마트의 지역 유통 센터가 있다. 너부죽이 엎드리듯 넓은 면적을 차지하고 있는 이 건물에는 어마어마하게 큰 냉장실과 숙성실, 그리고 '신선' 식품(야채, 과일, 식육, 우유 등)을 포장하는 포장실이 있다. 여기서 포장된 신선 식품들은 수많은 이 슈퍼마켓 체인점을 통해 아메리칸 그레이트 플레인스 지역 전체로 팔려 나간다. 존 엘리스는 어떻게 이런 슈퍼마켓과 경쟁할 희망을 가질 수 있을까? 보통 사람들, 즉 소비자들의 의식을 높이지 않으면 안 되는 일이다. 그와 그의 동료들은 바로 그 일을 위해 열심히 뛰었다. 그의 점포 뒤편에는 '커머셜 키친'이 있다. 여기서 농부들이 쇼핑객들과 어울리기도 하고 요리사가 그 고장에서 난 농산물을 가지고 맛있는 음식을 요리하는 방법도 보여 준다. 이 점포의 벽에는 그 지역의 학교에서 원하는 그림들을 전시해서 학생들이 식품에 대해서 배울 수 있는 갤러리의 역할을 한다.

이런 비전을 가진 사람은 존 엘리스 한 사람만이 아니다. 이와 유사한 다른 많은 점포들이 생겨나고 있다. 링컨과 그 주변 지역에서는 농산물 직판장이 점점 늘고 있다. 농부들은 서로 단결하여 더 많은 사람들이 더 다양한 농산물을 접할 수 있도록 노력하고 있다. 보전 지역권(어떤 자연 자원을 보호하거나 공지를 보존하기 위해 개인 소유의 땅에 대해 그 용도를 조정하는 것—옮긴이)은 물론, 농부와 농부의 땅을 보호해 줄 세액 공제 같은 방법으로 농부들을 돕는 정치가와 유권자들도 늘고 있다. 이러한 방법들은 또한 지역적 아름다움과 생물학적 다양성을 보존하는 데에도 도움이 된다. 많은 농산물 직판장들이 사교적인 모임과 음악회를 열며 새로운 소식도 주고받을 수 있는 장소가 되면서 그 인기가 더해지고 있다. 사람들은 자신이 먹는 음식을 재배한 농부들에 대해 직접 알게 되고 그 농부들이 자신이 생산하는 것에 책임감을 느끼고 있다는 사실도 알게 된다.

링컨 시 안에는 36헥타르 면적의 유기농 인증을 받은 농장인 새도브룩이 있다. 이곳은 일흔 가족의 먹을거리를 책임지고 있다. 다른 많은 지역들과 마찬가지로 링컨에서도 커뮤니티 가든이 점점 늘어나 시민들은 흙을 만질 때 느낄 수 있는 내면의 평화를 찾게 되었다. 그들은 자기 손으로 심은 생명이 자라는 모습에 감탄하고 지저귀는 새소리와 꿀벌의 붕붕거리는 날갯짓 소리에 귀를 기울인다. 이런 커뮤니티 가든에서 나오는 수확과 농부들이 자기 고장을 위해 열심히 길러 내는 수확이야말로 진정한 희망의 수확이다. 이러한 노력에 힘을 보태 주는 사람들, 힘들여 번 돈으로 농산물 직판장에서 농산물을 사는 사람들, 자신의 정치적인 힘을 이러한 농산물을 보호하는 데 쓰는 사람들이 늘어날 때 작물은 더 다양해져서 이미 망가져 버린 땅의 기운을 되살릴 수 있다. 네브래스카는 이제 포도를 길러서 네브래스카 고유의 와인까지 생산하고 있다.

톰의 오두막에 머문 마지막 날, 나는 그 어떤 날보다도 아름다운 저녁노을을 보았다. 아주 연한 분홍색이 이 세상의 것이 아닌 듯한 주홍색으로 변하더니 그 다음에는 자주색이 되었다가 타는 듯한 붉은색이 되었다. 톰, 내 여동생, 그리고 나는 강이 내려다보이는 언덕 위에 서서 한 무리씩, 한 무리씩 떼를 지어 강 위를 날아가는 두루미 떼를 보고 그들이 내는 소리에 귀를 기울였다. 두루미가 내는 자연의 소리는 마치 천둥처럼 고속도로를 질주하는 트럭의 소음마저 덮어 버렸다. 옛날부터 반복되어 온 저들의 이동을 지켜 줄 먹이와 물은 아직 충분했다. 그럭저럭 우리는 우리의 손자들이 자연이 연출하는 가장 아름다운 장면을 보고 감탄할 수 있는 기회를 남겨 둘 수 있게 되었다. 우리가 오두막을 향해 돌아오는 동안 저녁노을의 마지막 빛줄기가 거의 어두워진 저녁 하늘의 한 자락을 태우며 밤의 마술 같은 침묵으로 가라앉고 있었다. 희미하게 보이는 옥수수 그루터기가 강가에서 저 멀리까지 뻗어 있었다. 중앙 관수정의 거무스레한 형체가 하늘을 향해 서 있고 도로를 질주하는 트럭의 굉음도 들렸다. 두루미

소리는 아직도 하늘에서 울려 퍼지고 있었다.

한 남자의 추억

네브래스카의 초원에서 자란 사진작가 톰 멩겔슨의 이야기

"열한 살짜리 꼬마의 눈에 네드 마틴은 분명 거인이었어요. 6피트(약 183 센티미터)가 넘는 키에 반짝이는 파란 눈동자, 그는 항상 멜빵바지를 입고 땀으로 얼룩지고 구겨진 밀짚 카우보이 모자로 대머리를 덮고 있었죠. 그 얼굴의 미소는 영원할 것 같았어요."

"한쪽 입귀에는 항상 이쑤시개가 물려 있어서 언제든 스테이크를 먹을 준비가 되어 있는 사람 같았죠. 우리가 먹는 모든 것이 네드의 목장에서 길러진 것이었습니다. 돼지, 닭, 젖소……. 네드는 자부심에 가득 차 있었고 자기가 기르는 모든 가축을 정성껏 보살피는 선한 영혼을 가진 사람이었어요. 자기가 좋아하는 동물에게는 이름까지 붙여 주었습니다. 그 동물들은 네드에게 돈 몇 푼, 고기 몇 근 이상의 의미를 가지고 있었습니다. 닭들은 자유롭게 돌아다녔고 닭장에는 추운 밤에도 석유램프를 밝혀서 따뜻하게 해 주었습니다. 헛간에는 말과 젖소가 가득했어요. 네드가 기르는 동물들은 대부분 넉넉하게 공간을 누리고 살았습니다. 시장에서 잘 팔리기 위해 살이나 찌우며 살지는 않았습니다. 네드는 자기 목장에 야생 동물들이 들어오는 것도 좋아했어요. 꿩, 토끼, 사슴 등을 위해 잔가지가 많은 산울타리를 쳤습니다. 빨간꼬리매가 사시나무에 내려와 앉기도 했지요. 네드는 자기 목장이 이웃의 어떤 목장보다 깔끔해야 한다고 생각하지 않았고 이웃들도 대부분 그렇게 느꼈습니다. 야생 동물이나 가축들 모두가 넉넉한 공간을 누릴 수 있었습니다."

"지금 내 눈앞에 펼쳐진 풍경들은 내가 어린 시절 보았던 풍경과는 거리가 멀어요. 배설물과 온갖 오물이 뒤범벅이 된 칙칙한 녹색의 진창에 무릎까지 빠진 가축들은 겨우 한발씩을 앞으로 내밀 수 있을 뿐입니다. 녀석들은 낯선 사람이 내민 카메라 렌즈 앞으로 목을 길게 빼고 콧구멍을 벌름거리며 신기한 듯 야구공만 한 까만 눈동자를 뚜릿뚜릿 굴립니다. 난생 처음으로 내가 그동안 아무 생각 없이 먹었던 햄버거나 티본스테이크와 직접 얼굴을 마주하자 갑자기 속이 메스꺼웠습니다. 사육장은 사방이 1마일(약 1.6킬로미터)에 가까울 정도로 넓디넓습니다. 가장 가까이 있는 젖소의 종류는 블랙앵거스, 그리고 그 뒤로 얼굴이 하얀 히어포드종이 수천 마리가 있습니다. 어떤 녀석들은 퇴비로 만들기 위해 불도저로 언덕처럼 쌓아 놓은 마른 오물 위에 서 있습니다. 비가 오고 눈이 녹는 3월 초순의 광경은 상상만 해도 끔찍하지요. 다행히 지난주는 날씨가 따뜻하고 바람이 불었습니다. 그러나 바람을 등지고 있어도 그 역한 냄새는 거의 참을 수 없을 지경입니다. 축축하고 곰팡이가 핀 축사 바로 옆의 낟알들은 옥수숫대와 함께 갈아 당밀 냄새가 나는 흐물흐물한 퇴비로 만들어 창고에 저장해 둡니다. 나무를 심은 땅도 없고 산울타리도 눈에 띄지 않습니다. 이따금씩 사시나무가 눈에 띌 뿐입니다. 이 사육장은 네브래스카 주의 그랜드 아일랜드에서 서쪽으로 몇 마일 떨어진 이 지역에서 가장 큰 사육장 중의 하나입니다. 제2차 세계 대전 때 폭탄과 탄약 등을 저장하던 옛 탄약고 주변이죠. 이 지역이 탄약고로 지정된 이유는 여기가 미국의 한 가운데, 어떤 해안으로부터도 멀리 떨어져 있기 때문입니다."

"자, 그럼, 지금 내 눈앞에 펼쳐진, 젖소들이 무릎까지 빠지는 제 배설물 속에 서 있는 광경은 도대체 어떤 이유로 그리된 걸까요? 곡물 저장량은 넘쳐 나고 정부로부터 지원금을 받아 경작한 옥수수가 땅 위에 산처럼 쌓이게 된 것은 또 왜일까요?"

"50년 전 널리 펼쳐진 이 초원은 처녀지였습니다. 지질학적으로 농사를 짓기가 불가능했기 때문입니다. 중앙 관수정들이 농경이 불가능한 삼림 지대와 먼 초원 지대까지 뻗어 나간 덕에 오늘날에는 가장 가파른 언덕과 골짜기만이 경작지로 쓰이지 않고 본래 모습을 간직하고 있습니다. 소수의 야생 생명체들이 현대적인 농경법과 풍부한 곡류의 덕을 보고 있는 것도 사실입니다. 철따라 이동하는 물새들과 두루미는 수확 후에 남은 낟알로 먼 북쪽 나라까지 가는 데 필요한 에너지를 얻습니다. 또한 코요테나 쿠가 같은 가장 위험한 적들이 사라지자 야생 칠면조와 야생 흰꼬리사슴 등의 개체가 점점 더 많아졌습니다. 그러나 많은 종이 사라졌습니다. 전에는 풍부했던 코튼테일 야생토끼, 뇌조, 뾰족꼬리 뇌조 등은 이제 거의 사라졌습니다. 어린 시절 어느 여름날 저녁, 알팔파 밭에서 123마리의 산토끼를 본 적이 있습니다. 그 후로 30여 년 동안 토끼를 거의 본 적이 없군요."

"내가 가장 좋아하는 어린 시절의 추억은 네브래스카 주 맥스웰에 있던 네드 마틴의 목장과 지금도 내 오두막이 있는 플래트 강 근처의 슈나이더 농장에서 보낸 여름입니다. 네드 마틴의 가족들은 작물도 경작하고 있었지만 자신의 땅을 농장이라기보다는 목장이라고 부르길 좋아했습니다. 마틴은 젖소들이 네브래스카 샌드힐이라는, 길이가 짧은 그 지역 토종 풀을 뜯어 먹으며 자랄 수 있도록 초원에 방목했습니다. 그 시절의 이른 봄날 아침이면 선명하고 날카로운 들종다리와 멧종다리의 울음소리가 잠을 깨웠습니다. 초원의 산뜻한 풀 향기가 배어 있는 공기는 언제나 서늘했고 누구나 크게 심호흡을 하게 만들었지요. 서로 구애를 하거나 춤을 추던 장소를 떠나는 뇌조와 뾰족꼬리 뇌조 무리는 아침 식사거리를 찾아 계곡을 낮게 날아다녔습니다."

"넓디넓은 초원에 흩어져서 풀을 뜯던 그 시절의 젖소들은 건강하고 힘차 보였어요. 이따금씩 목동들이 더 좋은 풀이 있는 쪽으로 젖소들을 몰아가고 겨울이면 초원의 풀이나 알팔파 같은 것을 말린 건초가 있는 곳으로 몰아갔습니다. 그 소들에게서 난 고기는 담백하고 맛있었어요. 네드 마틴은 자기가 기른 소를 잡아 그 고기로 맛있게 스테이크를 요리하는 법도 보여 주었습니다. 커다란 주물 프라이팬 아래 프로판 버너 불꽃을 높이 올리고 24온스(약 0.7킬로그램)나 나가는 허리살코기를 냉장고에서 꺼내 양쪽에 소금을 듬뿍 칩니다. 그 고기를 프라이팬에 살짝 올린 후 다섯까지 세고 뒤집어 다시 5초 정도가 지나면 먹기 좋게 익습니다. 그 맛은 정말 잊을 수가 없어요."

"옥수수를 먹여 기르는 네브래스카 소 떼를 직접 본 지 거의 3주 정도 지났을 때였습니다. 표지판에 '출입금지-생물학적 보안 구역'이라고 쓰여 있더군요. 그 표지판이 저를 보호하기 위한 것인지, 아니면 소들을 보호하기 위한 것인지 알 수 없었습니다. 나는 그 울타리를 한 뼘도 넘어 가지 않으려고 조심했습니다. 이곳 하트랜드에서 여러 종의 생물들이 사라져 가는 이유는 비단 서식지를 빼앗겼기 때문만은 아닙니다. 옥수수의 생산량을 증가시키기 위해 뿌린 제초제, 살충제 같은 유독성 농약들과 화학 비료 때문입니다. 그렇게 자란 옥수수가 사육장에서 소에게 먹이는 바로 그 옥수수입니다. 산업형 농장들은 수많은 자영 농가들을 마치 산토끼를 쫓아내듯 농장에서 몰아냈습니다. 네드도 이젠 떠났습니다. 그러나 나는 자신의 땅과 자신이 기르는 동물들을 배려하던 그의 마음씨를 잊을 수 없을 겁니다."

19장 희망을 위한 수확

> 희망을 잃는다면 삶을 계속 나아가게 하는 생명력을 잃는 것과 같습니다. 존재할 용기, 모든 난관에도 불구하고 전진하는 데 도움이 되는 자질을 잃는 것입니다. 그러므로 오늘 저에게는 아직 희망이 있습니다.
> —마틴 루서 킹 주니어

우리는 고난의 시대를 살고 있다. 거대 기업이 세계 식량 공급의 대부분을 좌우하고 있을 뿐만 아니라 작물의 씨앗에 대한 권리까지 쥐락펴락하고 있다. 수십억 마리의 가축들이 모든 것을 박탈당한 끔찍하고 비참한 상황에서 살고 있다. 밭과 작물, 농산물에 뿌려지고 물과 흙, 공기 속에 스며든 화학 약품들에 의해 인간과 동물이 모두 점점 더 심하게 중독되고 있다. 질병을 일으키는 박테리아는 공장식 사육장의 가축들에게 주기적으로 투여되는 항생제에 대해 점점 더 강한 내성을 키우고 있다. 유전자 변형 생명체, 유전자 변형 작물은 사람의 손에서 탈출해 환경 속으로 스며들었다. 이것이 무엇을 의미하는지 과연 누가 알고 있는가? 지구상의 한쪽 끝에서 다른 쪽 끝으로 식품을 운반하기(때로는 다시 원점으로 돌아가기) 위해 쓰이는 수십억 톤의 화석 연료는 지구의 기후에까지 심각한 영향을 미친다. 토양은 독성 물질로 멍들고 있을 뿐만 아니라 경작지로 만들기 위해 나무를 모두 베어 버린 지역에서 부는 바람에 의해 쓸려 나가고 있다. 정부로부터 보조금을 지급받는 단일 경작 작물은 햄버거와 티본스테이크를 만들기 위한 연료로 쓰인다. 서구에서는 수만 명의 어린이들이 비만과 그 합병증으로 죽어 가는 데 저개발 국가에서는 수백만 명의 어린이들이 기아로 죽어 간다. 농토를 떠나는 자영 농가는 점점 늘어나고 곡식을 경작해야 할 땅에 점점 더 많은 아스팔트와 콘크리트가 덮인다. 물은 오염되기만 하는 것이 아니라 점점 더 부족해져 간다.

이 모든 상황들이 더 이상 이 책을 읽기 두렵게 만드는데, 나는 이 책을 쓰기 위해 여러 가지 준비를 하는 동안 초대형 다국적 기업들의 비윤리적인 행위에 대해 점점 더 많이 알게 되면서 악몽까지 꾸게 되었다. 자신들의 뜻에 반기를 드는 사람이 있으면 그들만이 비용을 감당할 수 있는 소송을 걸어 상대방을 굴복시킬 만큼 그들이 가진 힘은 너무나 강력하다. 많은 기업들이 정치가들의 선거전에 막대한 자금을 지원한다. 그리고 자신들이 추진하는 계획에 대해 지지를 얻어 냄으로써 그 보상을 거둔다. 돈과 권력은 세계무대에서 점점 더 소수의 사람들에게만 돌아간다.

2005년, 국제 연합은 매우 무서운 「밀레니엄 리포트」를 내놓았다. 5년의 연구 끝에 여러 나라의 과학자들이 모인 팀이 정신이 번쩍 나게 하는 결론에 도달했다. 산업적 농경과 심각한 수산 자원의 남획, 지구 온난화 등으로 야기된 오염과 지반의 침하를 지금이라도 막지 못한다면 2050년쯤에 지구상의 모든 인구를 먹여 살릴 자원이 말 그대로 고갈되리라는 것이었다. 과학자들은 은행 잔고의 한도를 넘을 정도로 돈을 쓰는 사람에 비유했다. 단도직입적으로 말하자면 정부와 기업들이 당장의 이익에 눈이 어두워 지구의 자원을 파괴하는 농경 방식을 허용하고 심지어는 보조금까지 지원하는 행위를 계속한다면 모든 것을 먹어 치워 결국은 인류가 파괴되는 순간에 이를 것이다. 그렇게 될 경우 파괴되는 것은 인간만이 아니다. 다른 많은 생물체들도 함께 파멸될 것이다.

다행히도 이 보고서는 아직 완전히 희망이 없는 상황은 아니라고 지적했다. 즉 만약 우리가 즉시 조치를 취해 화석 연료로부터 방출되는 대기 오염 물질을 줄이고, 지구 환경에 해를 끼치는 공장식 동물 사육장과 양식장을 포함한 산업적 농경에 대한 정부와 소비자들의 지원을 중단하고, 보다 상식적이고 자연 친화적인 방법으로 인간의 먹을거리를 마련하는 방안에 보조금을 주고 지원한다면 희망은 아직 있다는 뜻이다. "즉시 조치를 취한다", 이 말은 우리 모두에게 해당하는 말이다. 내가 이 책을 쓰는 데 사용한 시간 이외의 수많은 시간들을 쓰고 다닌 것도 바로 이 때문이다.

정확한 정보를 가지고 올바른 먹을거리를 사기 위해 우리가 먹으려는 것들이 어떻게 자라고 어떻게 사육되었으며 어떻게 수확되었는지에 대해 주의 깊게 생각하는 것이 이처럼 결정적으로 중요했던 때는 없었다. 우리의 선택이 우리 자신의 건강뿐만이 아니라 환경과 동물들의 안락한 삶에도 영향을 미치기 때문이다. 또한 그 선택이 소규모의 자영 농장에도 영향을 미친다. 자신이 생산하는 농산물이 유기농 인증을 받도록 하기 위해, 그리고 다시 한번 지혜로운 땅의 파수꾼이 되기 위해 열심히 (정말 너무나 열심히) 일하며 전통적인 농법으로 돌아가고자 하는 몇몇 농부들의 이야기를 했다. 할 수 있는 한 그들이 생산하는 농산물을 사 줌으로써 그들을 지원하는 것은 절실할 정도로 중요하다. 또한 주변의 친구들에게 그렇게 하도록 설득하는 것도 중요하다.

세상에서 이루어지고 있는 긍정적인 발전에 대해 자주, 그리고 열성적으로 이야기하는 것도 중요하다. 우선 우리의 먹을거리를 두고 무슨 일이 벌어지고 있는지에 대해 인식하고 우리가 거의 믿을 수 없을 정도의 난장판을 저질러 놓았다는 사실을 이해하기 시작한 사람들이 점점 늘고 있다. 그 결과 많은 사람들이 저항하기 시작했다. 발전이라는 미명하에 인간과 동물, 환경을 향해 이미 저질러진 만행들, 그리고 우리 아이들의 미래와 지구의 미래를 담보로 영원히 충족될 수 없는 요구에 저항하기 시작한 것이다. 내가 앞서 이야기한 바 있는 이런 저항가들 중 몇 사람은 존경스러운 임무를 떠맡았다. 뉴욕의 두 십대 제즐린 브래들리와 애쉴리 펠먼, 그들은 맥도널드에 맞섰다. 퍼시 슈마이저는 몬산토와 싸웠다. 물론 불의와 싸워 승리하지 못한 사람들도 수없이 많다. 로버트 F. 케네디 주니어는 양돈업계의 제왕을 법정에 세웠고 재판에서 승리했지만 그 후 양돈업자들이 계속해서 환경을 오염시킬 수 있도록 법을 바꾸어 가며 허락해 준 입법부 때문에 그의 승리는 오히려 그의 발밑에 깔렸던 작은 양탄자만 홱 잡아당긴 결과를 낳았다. 그러나 맞서 싸우는 사람이 한 사람씩 늘

때마다 벌어지고 있는 일들에 대해 귀를 여는 사람들도 늘어난다. 나름의 방법으로 차이를 만들어 낼 수 있는 사람들이 점점 늘어난다.

개발업자들로부터 농지를 다시 사들이기 위해 힘을 모으는 사람들, 밭에 심어진 유전자 변형 작물들을 뿌리째 뽑아 버리는 사람들, 그들에게서 나는 희망을 발견한다. 또 농산물 직판장과 식품 협동조합을 조직하는 사람들도 있다. 어떤 사람들은 슬로푸드 운동에 동참하고 셰 파니스의 앨리스 워터스, 파머스 디너의 톰 머피 같은 사람들은 손님에게 음식 한 접시를 내놓을 때마다 세상을 조금씩 바꾸어 간다. 한 기업이 유기농 식품 브랜드를 새로 출시하고 어떤 레스토랑 체인점이 지역의 유기농 재배 농가로부터 식재료를 납품받고 어떤 가정이 CSA에 회원으로 가입할 것을 결정했다고 해서 그때마다 신문에 대서특필되지는 않는다. 그러나 이런 행동들이 내게는 희망을 준다. 그들은 이미 이 세상을 변화시키고 있기 때문이다.

또한 자연의 탄성력, 우리가 자연에 입힌 상처에 대한 치유력에서도 희망을 찾을 수 있다. 제인 구달 연구소가 곰비 국립공원 주변 마을에 사는 주민들의 삶을 개선시키기 위해 시작한 TACARE 프로그램은 과도한 경작으로 기운을 잃고 표토가 씻겨 나간 채 버려졌던 땅들의 생명력과 생산력을 혁신적인 기술로 되살린 전형적인 모범 사례다. 수년에 걸쳐 독성 물질에 오염되어 온 땅을 구하기 위해서는 아주 오랜 시간에 걸친 매우 힘든 작업이 필요하다. 그러나 이 책에서 이미 이야기했듯이 그것은 가능한 일이다.

또한 이런 일에 관심을 가지고 뭔가를 해야겠다고 나서는 사람들이 늘어나고 있다는 데서도 희망을 발견한다. 모녀간의 환상적인 팀인 프랜시스 무어 라페와 안나 라페는 그들이 쓴 책 『희망의 변두리』에서 브라질에서 네 번째로 큰 도시인 벨로리존테로부터 발전하기 시작한 '새로운 사회적 지성'에 대해 설명한다. 어린이 인구의 5분의 1이 영양 부족에 시달리고 빈곤이 만연했던 때가 있었다. 그러다가 1993년에 벨로리존테는 '자본주의 세계에서는 최초로 먹을거리의 안전에 대한 시민의 권리'를 결정한 도시가 되었다.

벨로리존테는 식량 시장의 유통 형태를 개선시켰다. 이 도시의 학교에 다니는 모든 학생들에게 하루 네 끼의 영양 많은 식사를 제공했고 학교 급식의 식재료는 대부분 그 지역의 농가에서 생산된 것들로 채워졌다. 시에서는 마흔 명의 지역 농부들을 위한 농산물 판매대를 마련했다. 시가 소유한 레스토란테 포퓰라에서는 매일 6,000명분의 식사를 시장 가격의 절반 이하 가격에 제공했다. 이런 가격이 가능했던 것은 고정 가격(때로는 근처 식품점에 비해 절반 가격으로 팔았다.)으로 지역 농산물을 판매하는 스물여섯 개의 창고형 농산물 판매장 덕분이었다. 이 창고형 농산물 판매장은 한 기업가가 최저 가격으로 임차한 정부 소유의 노른자위 부동산에 있었다. 저가에 임대해 주는 대신 정부는 농산물의 가격을 정하는 권한을 가지며 판매자는 매 주말에 가난한 사람들에게 농산물을 배달해 주어야 한다.

병원과 식당, 그리고 대용량 식품 구매자들을 지역의 유기농 재배 농가와 연결시켜 주는 그린 바스켓 프로그램도 있다. 유기농 재배 농가가 교회, 근로자 단체 등과 파트너십을 맺도록 도와주고 정부에는 식품 시스템을 개선하도록 조언하는 지역 식품 위원회도 있다. 이런 모든 프로그램에 사용되는 예산은 시의 전체 예산 중 1퍼센트밖에 차지하지 않는다. 그러나 그 결과는 비용 효율 면에서는 매우 뛰어나다. 아이들의 학교생활이 향상되었고, 이는 그 아이들이 학교를 졸업하면 더 생산적인 시민이 될 기회가 마련된다는 뜻이다. 또한 시민 전체가 전보다 훨씬 더 건강해졌다.

사실 인간의 뇌라는 기관(우리의 두개골 속에 든 끈적끈적한 세포로 이루어진 해면 조직)은 가장 놀라운 기술을 만들어 내는 능력이 있다. 그러나 불행히도 정신과 마음이 유리되어 버리면 그 기술은 악마적인 목적에 악용될 수가 있다.(과거에도 그랬고 지금도 그런 일이 일어나고 있다.) 사람의 지성은 사랑과 연민에 밀접하게 연결되어 있지 않으면 사람이 똑똑할 수는 있으나 지혜로울 수는 없다.

다행히도 나는 계속된 여행을 통해 지혜로운 사람들을 만날 기회를 많이 가졌다. 2005년 봄에 빈에서 만난 후버체크 박사와 크로머 박사는 자신들이 개발한 놀라운 신기술에 대해 설명해 주었다. 그들이 개발한 'SIPIN' 기술은 건조한 기후에서 농사를 지을 수 있는 획기적인 방법으로, 기아를 크게 줄일 수 있다. 복잡한 기계 장치가 필요 없기 때문에 지방의 작은 마을에서도 쉽게 이 기술을 활용할 수 있다.

SIPIN은 물과 비료를 흡수하는 천연 규산염 분말로, 해당 지역의 조건에 맞춰서 그 지역의 흙과 배합해서 사용한다. 식물의 뿌리 가까이에 뿌리고 그 지역의 흙이나 모래로 덮어 준다. 시간이 흐르면서

SIPIN은 무정형의 점토 광물과 안정적인 천연의 점토질 혼합물로 바뀐다. 이 혼합물은 물과 비료의 흡수율이 매우 높다. 한 그루의 나무 뿌리에 SIPIN을 뿌리면 나중에 같은 자리에 다른 식물을 심을 경우 적어도 3년 안에는 다시 SIPIN을 뿌리지 않아도 된다. 이 기술을 활용하면 작물을 재배하는 데 필요한 물의 75퍼센트까지 절약할 수 있으므로 물이 귀한 지역에서는 그야말로 생명을 구할 수도 있다. SIPIN을 활용함으로써 사용 가능한 수자원으로 네 배 이상의 사람들에게 영양을 공급할 수 있게 된다. "우리는 SIPIN이 단 하나의 거대 기업에 의해서 시장에 나오게 되길 원치 않습니다." 후버체크 박사가 말했다. "이 기술은 그저 사람들을 돕기 위한 것입니다." 두 과학자와의 만남은 매우 흥미로운 것이었고 우리는 이 탁월한 기술을 그것이 절대적으로 필요한 장소에서 활용하기 위해 함께 일할 계획을 세웠다.

하나의 물건, 한 끼의 식사에서 세상을 바꾸자

마케팅 종사자들은 소비자와 시장의 관계에서 어떤 힘이 더 강한지를 조사해 보았다. 건강한 생활양식과 자연 친화성을 중요하게 생각하는 소비자라면 자신의 믿음을 지키기 위해서 기꺼이 돈을 지불한다. 마케팅 종사자들이 말하기를 이런 그룹들은 건강과 자연 친화성을 존중하는 생활양식, 즉 LOHAS(Lifestyle of Health and Sustainability)를 택했다. 6,800만 명의 미국인(성인 인구의 약 3분의 1)이 LOHAS로 판정받았다. 미처 깨닫지 못하는 사이에 그들은 최근에 일어난 음식 혁명에서 가장 영향력이 큰 세력이 되었다. 게다가 이들에게는 수많은 동맹군이 있다. 더 건강하고 자연 친화적인 농토를 만들고자 하는 농부, 식품 속의 독성 물질과 항생제를 염려하는 보건 전문가, 공장식 사육장에서 발생하는 오염을 우려하는 환경 운동가, 식품 포장지에 해당 식품의 근본에 대해 더 정확한 사실들이 기재되기를 바라는 소비자, 독성 제초제와 화학 비료에 심하게 노출될 위험을 안고 일해야 하는 동료들을 위해 더 안전한 작업 환경을 원하는 노조 활동가 등이 모두 그들의 동맹군이다.

총체적으로 말해 변화를 이끌어 갈 원동력은 바로 우리, 평범한 대중들이다. 먹을거리를 사러 시장에 갈 때마다, 식당에서 식사 메뉴를 정할 때마다 우리가 하는 선택(그리고 우리가 사는 것)이 차이(우리 자신의 건강과 우리 마음의 평화만이 아니라 지구의 미래를 위한)를 만들 것이다. 이 사실을 깨닫기 시작한 사람들이 점점 더 많아지고 있다는 것은 아주 다행스러운 일이다. 각 개인들이 자신의 생활 방식에서 그러한 변화를 일으킬 때마다 윤리적이고 건강에 유익한 식품을 먹는 사람도 한 사람씩 늘어난다.

이러한 철학(개개인 한 사람 한 사람이 중요하고 각 개인이 매일 차이를 만든다.)은 제인 구달 연구소가 진행하는 청소년을 위한 루츠 앤 슈츠 프로그램에서도 핵심을 이룬다. 루츠 앤 슈츠라는 이름은 하나의 상징이다. 뿌리는 단단한 기초가 되고 새싹은 보기에는 작지만 벽돌로 이루어진 벽을 뚫고 태양에 가 닿는다. 우리 인간들이 지구에 가한 모든 상처와 고통을 벽돌로 이루어진 벽이라고 상상해 보자. 수천 명의 젊은 이들(현재 아흔한 개 나라에서 7,000개 이상의 그룹이 만들어졌다.)이 모든 종류의 벽돌로 이루어진 벽을 뚫고 세상을 더 살기 좋은 곳으로 만들기 위해 애쓰고 있다. 그 메시지는 희망적이다.

아프리카의 몇몇 나라에는 묘목장을 운영하면서 햇볕에 바싹 타버린 딱딱한 흙으로 둘러싸인 학교에 묘목을 나누어 주는 그룹들이 있다. 학생들의 보살핌을 받으며 나무들이 자라면 그 나무의 그늘 속에서 푸른 풀밭이 자랄 수 있다. 초록으로 변한 학교 운동장에 고무된 루츠 앤 슈츠 그룹들은 식생활을 개선하기 위해 유실수와 채소를 심고 있다. 난민 단체들도 채소를 가꾸고 또 어떤 사람들은 달걀을 얻기 위해 닭을 기르기도 한다.

먹을거리와 농사에 관심을 기울이는 많은 프로젝트들이 있다. 학생들은 퇴비를 만들고 유기농 채소를 기른다. 두 개의 단체(하나는 영국, 다른 하나는 벨기에)는 전지식 양계장에서 닭들을 구해 주면서 그 닭들의 털이 다시 돋아나고 자유에 적응해 가는 과정을 연구한다. 그들은 식품에 화학적 합성 물질을 첨가하는 것, 가축에게 호르몬과 예방적 조치로 항생제를 투여하는 것, 농토에서 제초제와 살충제, 화학 비료를 사용하는 것, 학교의 급식 용기로 생분해가 되지 않는 물질을 사용하는 것 등을 반대하는 시위(물론 비폭력적인 시위다.)도 한다. 의원들에게 편지도 쓰고 모든 명분을 위해 기금을 모금하는 활동도 한다. 그리고 자신들의 부모에게도 영향을 준다.

루츠 앤 슈츠 그룹들은 세상을 변화시키려는 뜻을 가진 우리 모두와 같은 편이다. 사실 많은 사람들이 앞으로 몇 년 안에 이러한 활동들이 소비자의 선택이나 경제의 문화 등을 통해 미치는 영향이 로비나 소송을 통해 미치는 영향보다 훨씬 더 커질 것이라고 예측하고 있다.

희망을 위한 우리의 권리

먹을거리를 구매하는 모든 행위가 곧 유권자의 한 표라는 사실을 기억하자. 나 하나의 작은 행동이 뭐 그리 중요할까, 밥 한 끼가 무슨 차이를 가져올 수 있을까 하고 생각해 버리고 싶은 충동을 느낄 수도 있다. 그러나 매 끼니의 식사, 음식 한 입에도 많은 역사가 담겨 있다. 그 음식이 어떻게 재배되고 어떻게 사육되었으며 어떻게 수확되었는지, 그 역사가 고스란히 담겨 있는 것이다. 우리가 사는 먹을거리, 우리가 던지는 한 표가 앞으로의 진로를 결정한다. 지구의 건강을 되살리는 농경 방식을 보호하기 위해서는 유권자 수천, 수만 명의 표가 필요하다.

지금 우리가 살고 있는 세상은 더 이상 서구 세계가 자행하고 있는 무분별한 소비(그 마수를 전 세계를 향해 뻗고 있다.)를 감당할 여유가 없다. 그 무분별한 소비의 대가(그 대부분은 우리의 아이들이 치러야 한다.)는 너무나 크다. 함께 행동하고, 보이지 않는 곳에서 독성 물질에 물들고 고통이 서려 있는 먹을거리를 거부함으로써만이 우리는 이 지구를 장악하려는 거대 기업들과 맞설 수 있다. 그러므로 이제 우리 함께 손을 맞잡아야 한다. 목소리를 낼 수 없는 가난한 사람들을 대신해 말하자. 자유 민주주의 사회의 시민으로서 우리의 권리를 확실히 주장하고 우리가 먹을거리를 생산하는 일을 우리의 손으로 되찾아 오자. 우리 모두 더 나은 수확, 희망의 수확을 위해 함께 씨를 뿌리자.

참고 자료

희망의 밥상을 만드는 데 활용할 수 있는 자료들이 오늘날에는 매우 많아서 그 모든 것들을 포괄할 수 있는 목록을 짜는 것은 어렵다. 그러나 이 목록이 자신의 영양과 지구의 환경을 위해 우리 자신은 물론 다른 사람들까지 교육시키는 데 하나의 발판이 될 수 있기를 바란다.

● 우리의 생각을 행동으로 옮길 때 도움이 될 단체들

Blue Planet Project
www.blueplanetproject.net
수자원을 위협하고 물을 상업적인 거래의 수단으로 사유화하려는 경향에 맞서 지구의 신선한 물을 보호하려는 캐나다 위원회(Council of Canadians)에 의해 시작되었다.

Chefs Collaborative
www.chefscollaborative.org
각 지역에서 자연 친화적으로 재배(또는 사육)된 농민들의 식품을 널리 알리고자 하는 전국적인 조직이다. 환경과 식품 선택의 연계에 관심을 가진 사람이라면 누구나 회원이 될 수 있다.

Earth Day Network's Footprint Quiz
www.earthday.net/footprint
최고의 과학적 데이터를 사용하고 구체적이고 이해 가능한 용어를 동원해 자연과 환경의 지속 가능성을 계산한다. 이들은 천연자원의 소비에 대한 경제, 환경, 분배, 안보 측면의 효과를 각 개인들과 정책 분석가들, 그리고 정부가 측정하고 널리 알리는 데 도움을 준다. 자신이 이 지구 위에 얼마나 큰 발자국을 남기고 있는지 알고 싶다면 발자국 퀴즈(Footprint Quiz)를 한번 풀어 보자. 아마 놀라운 결과를 알게 될 것이다.

EarthSave
www.earthsave.org
저명한 작가 존 로빈스가 자신이 쓴 『뉴 아메리카를 위한 식단: 식품의 선택이 우리의 건강과 행복, 지구 생명체들의 미래에 미치는 영향』에 대한 독자들의 대단한 반향에 힘입어 설립한 조직이다.

True Food Network
http://www.truefoodnow.org
트루 푸드 쇼핑 리스트라는 유용한 정보를 제공하고 있다. 완벽한 매뉴얼은 아니지만 보다 지혜롭고 안전한 식품을 원하는 소비자들에게는 좋은 출발점이 되어 줄 것이다. 여러 종류의 유명한 식품 브랜드와 그 브랜드가 유전자 변형 식품을 함유하고 있는지 아닌지를 나열하고 있다.

Jane Goodall Institute
www.janegoodall.org
세계적인 비영리 단체로 이 세상을 지구상의 모든 생명체들이 살기 좋은 곳으로 만들고자 하는 사람들에게 힘이 되어 주고 있다. 건강한 생태계를 만들고 저소득 계층의 생계가 지속적으로 보장될 수 있는 방안을 촉진하며 책임감을 가지고 활동하는 전 세계 시민들이 새로운 세대를 이어갈 수 있도록 돕는 데 주력하고 있다.

The Monterey Bay Aquarium
www.mbayaq.org
해양 보존에 대한 경각심을 일깨우는 것을 기본적인 목적으로 삼고 있다. 웹사이트에는 해양 보존이라는 목적을 달성하는 데 매우 유용하고 사실적인 정보들이 풍부하게 저장되어 있다. 여기서 무료로 배포하는 (웹사이트에서 다운받을 수 있다.) 시푸드 워치 카드는 누구나 한 부씩 가지고 있을 만한 것으로, 어떤 해산물을 먹고 어떤 해산물을 피해야 하는지를 알려 준다. 따라서 소비자들이 환경 친화적인 해산물을 옹호하는 데 도움을 준다.

New England Heritage Breeds
www.nehbc.org
역사적으로 가치가 있거나 멸종 위기에 처한 가축과 가금류의 종(種)을 보존하고 농업 발전을 위해 이러한 가축과 가금류의 생산을 장려한다.

Organic Consumers Association
www.organicconsumers.org
60만 명의 회원이 등록되어 있는 민간인들이 모여 만든 비영리 공익 단체로 식품 안전, 신업적 농경, 유전 공학, 기업의 책임, 환경의 지속성 보호 등과 같은 매우 중요한 문제들을 다룬다. 미국 전역에서 1,000만 명이 넘는 것으로 추산되는 유기농 식품 소비자들의 권익을 보호하고 그들의 주장을 대변하는 유일한 단체다.

Slow Food
www.slowfood.com
1986년 이탈리아의 카를로 페트리니에 의해 음식과 와인 문화를 널리 알리고자 시작되었으며 누구나 회원으로 가입할 수 있는 국제적인 협회다. 전 세계의 음식과 농업에 있어서의 생물학적 다양성을 보호하고자 노력한다. 전 세계에 8만 3,000명의 회원이 있으며 이탈리아, 독일, 스위스, 미국, 프랑스, 일본, 그리고 영국에 사무소가 있다.

Soil Association
www.soilassociation.org

영국의 유기농과 유기농 식품을 인증해 주고 홍보해 주는 대표적인 단체다. 1946년 농경 방식이 지구와 동물, 그리고 인간 및 환경의 건강에 직접적으로 연관이 있음을 인식한 일단의 농부들과 과학자들, 그리고 영양학자들에 의해 설립되었다.

Sustainable Table
www.sustainabletable.org

환경을 위한 지구 자원 대응 센터(Global Resource Action Center for the Environment, GRACE)에 의해 개발된 소비자 캠페인이다. 환경 친화적인 식품 운동의 빈틈을 채워 주고 이 문제를 다루는 여러 조직들과 소비자들을 직접 연결해 준다.

USDA Agricultural Marketing Service
www.ams.usda.gov/farmersmerkets

미국 농무부 농업 마케팅 서비스(USDA Agricultural Marketing Service)는 각 주별 지역 농산물 직판장을 일목요연하게 보여 준다.

WorldWatch Institute
www.worldwatch.org

1974년에 설립되어 환경과 사회, 경제 부문의 중요한 흐름과 그 속에 존재하는 상호 작용에 대해 중요한 정보를 제공해 주는 여러 분야의 제휴 연구, 전 세계적 관심사, 이용 가능한 저작물 등을 제공한다.

● CSA와 커뮤니티 가든

American Community Gardening Association
www.communitycarden.org
도시와 농촌의 커뮤티니 가든 조성을 위해 전문가, 자원 봉사자, 후원자들이 모여 회원제로 운영되고 있는 단체

Compost Guide
www.compostguide.com
지렁이 퇴비를 포함해서 퇴비를 만들 수 있는 모든 것에 대해 명쾌하고 자세하게 밝힌 가이드로, 방대한 양의 자료들이 정리되어 있다.

Food Routes
www.foodroutes.org
전국적인 비영리 단체로, 음식과 그 음식의 근본이 되는 씨앗, 그리고 그 음식을 생산하는 농부들, 그리고 먹을거리들이 밭에서 식탁까지 거치는 경로에 대해 미국인들에게 알리기 위해 헌신하고 있다. 『우리의 먹을거리는 어디서 왔을까?』라는 제목의 책을 출간하여 각 지역에서 내 고장 식품 캠페인을 효과적으로 발전시킬 수 있는 방법과 대중들에게 어떤 메시지를 전달해야 하는가 등에 대해 이야기하고 있다.

Local Harvest
www.localharvest.com
현재 운용 중이면서 명확하고 신뢰할 수 있는 전국적인 CSA, 농산물 직판장, 소규모 자영 농장, 기타 지역 특산물 생산자들의 리스트를 제공하고 있다.

● 아이들의 건강한 식생활을 위해 노력하는 단체

The Community Food Security Coalition(CFSC)
www.foodsecurity.org
팜 투 스쿨 프로그램 가이드를 제공하는 훌륭한 웹사이트로, 간단한 조언과 수단, 테크닉, 기금 모금 방안 등을 비롯, 『건강한 농장』, 『건강한 아이들』 같은 유용한 출판물들도 소개하고 있다.

The Edible Schoolyard
www.edibleschholyard.org
학생들을 위해 유기농 채소밭을 가꾸고 조리 실습 시간을 마련하고자 하는 학교나 단체들을 위한 모델로서 그들의 프로그램을 공개하고 있다.

National Farm to School Program Web site
www.farmtoschool.org
학교 카페테리아에 건강한 식단을 제공하여 학생들의 영양을 개선시키며 학생들이 평생 기억할 건강과 영양에 대한 교육의 기회를 제공한다. 또한 각 지역의 소규모 자영 농가들을 후원하는 것을 목적으로 학교와 각 지역의 농장들을 직접 연결해 준다.

USDA report
www.ams.usda.gov/tmd/mta/publications.htm
「지역 농가와 학교 급식 구매 담당자가 협력 관계를 구축하는 방법」이라는 제목의 이 보고서는 전국에 걸쳐서 소규모 자영 농가와 학교 급식 구매 담당자의 워크숍에서 있었던 교육 내용의 핵심을 정리한 것으로, 각 지역마다 자영 농가와 급식 구매 담당자가 사업상의 관계를 구축할 수 있는 방법을 담고 있다.

● 동물의 권리 보호를 위한 단체와 보호소

Compassion in World Farming Trusts
www.ciwf.org
CIWF의 목적은 적극적인 캠페인, 대중 교육, 단호한 정치 로비 등의 방법을 통해 공장식 사육 시스템은 물론, 농장의 동물들에게 고통을 안겨 주는 모든 관행과 기술, 거래 시스템 등을 종식시키는 것이다.

Farm Sanctury
www.farmsanctuary.org
전국적인 동물 구조 및 보호 시설, 입양 네트워크 등을 갖춘 단체이다. 1986년에 두 명의 동물 보호 운동가가 산 채로 죽은 동물들의 시체 더미 위에 버려진 양 '힐다'를 구조한 사건을 계기로 설립되었다. 오늘날 동물 보호 농장은 미국에서 가장 큰 동물 구조 및 보호 시설로 성장했다.

People for the Ethical Treatment of Animals
www.peta.org
1980년에 설립된 PETA는 85만 명의 회원을 가진 세계 최대의 동물 보호 단체다. 동물의 권리를 확립하고 보호하기 위해 헌신하고 있다.

● 유기농 및 자연 친화적인 식품을 찾을 수 있는 곳

Cowgirl Creamery
www.cowgirlcreamery.com
트루 올드 월드의 치즈 생산의 달인인 페기 스미스와 수 콘리는 미국에서 가장 인정받는, 그리고 여러 상을 휩쓴 유기농 치즈를 만든다. 캘리포니아의 포인트 레이스 스테이션에 있는 한 헛간을 개조해 공장으로 쓰고 있다.

Generation Green
www.generationgreen.org

공공 정책의 결정에 일반 가정의 목소리를 전달하는 역할을 하는 단체이다. 소비자로서 우리는 우리와 우리 아이들을 위험에 처하게 하는 기업 정책을 거부할 권리가 있다. 『신선한 선택: 100퍼센트 유기농 식품을 살 수 없을 때 활용할 수 있는 100가지 이상의 간편한 순수 식품 조리법』이라는 책도 펴내 사람들이 맛이나 편의성을 포기하지 않으면서도 건강한 음식을 조리해 먹을 수 있도록 돕고 있다.

Heritage Foods USA
www.heritagefoodsusa.com

종(種)의 다양성, 소규모 자영 농가, 그리고 완벽하게 그 유통 경로를 추적할 수 있는 식품 공급을 촉진하기 위해 존재한다.

Native Seeds/SEARCH
www.nativeseeds.org

우리가 재배하는 작물의 전통적인 이용 방법을 보존하기 위해 노력하는 단체이다. 연구와 종자 보급, 지역 단체의 활동 등을 통해 생물학적 다양성을 보호하고 문화적 다양성을 장려한다. 토호노 우댐 족의 전통 식품을 재배하기 위한 종자도 이곳에서 주문할 수 있다.

Niman Ranch
www.nimanranch.com

니먼 랜치가 샌프란시스코에서 금문교를 건너 마린카운티에서 처음 사업을 시작한 것은 거의 30년 전의 일이다. 이들은 미국 전역에서 엄격한 계약 조건에 따라 가축을 사육하는 300여 개의 독립적인 자영 농가와 제휴하고 있다.

Seeds of Change
www.seedsofchange.com

1989년에 발족되어 자연 수분되고 유기농으로 재배된 다양한 전통 채소와 화훼, 허브를 경작하거나 널리 확산시킴으로써 생물학적 다양성을 보존하고 자연 친화적인 유기농 농법을 장려하는 것을 목표로 삼고 있는 단체이다.

Skagit River Ranch
www.skagitriverranch.com
스캐깃 리버 랜치는 워싱턴 주의 소규모 유기농 인증 자영 농장이다. 조지 보즈코비치와 에이코 보즈코비치는 가장 건강한 유기농 쇠고기와 닭고기, 농장에서 갓 수확한 달걀 등을 고객들에게 제공하기 위해 애쓰고 있다.

● 책, 정기 간행물, 다큐멘터리

Animal Liberation, by Peter Singer (Ecco, 2001)
생물 윤리학자 피터 싱어에 의해 1975년에 첫 출판된 이 책은 오늘날의 '공장식 사육장'과 제품 테스트 절차에 대한 소름끼치는 진실을 전하고 있다. 현재 문제가 되고 있는 환경과 사회적 이슈는 물론 도덕적 이슈에 대해서도 건전하고 인도적인 대안을 제안하는 책이다.

Disease-Proof Your Child: Feeding Kids Right, by Joel Fuhrman, M. D. (St. Martins Press, 2005)
퍼먼 박사는 위험한 전염성 질병에 대한 우리 아이들의 저항력을 기르고 학교에서는 지능과 학업 선취도를 향상시키는 데 중대한 영향을 미치는 특정 식품을 설명해 준다.

Eat Here: Homegrown Pleasures in a Global Supermarket, by Brian Halweil (W.W. Norton, 2004)
월드워치 연구소의 선임 연구원인 브라이언 핼웨일은 우리가 식품을 재배하는 방법에 따라 우리 사회와 환경이 어떤 영향을 받는지에 대한 책을 쓰고 있다.

Fast Food Nation: The Dark Side of the All-American Meal, by Eric Schlosser (Perennial Book, 2002)
식생활에 대한 미국인들의 사고가 변해 온 과정의 문화사적 측면을 파헤친 뛰어난 책이다.

Food Politics: How the Food Industry Influences Nutrition and Health, by Marion Neslte (University of California Press, 2003)
메리언 네슬레 박사는 식품에 대한 물에 물 탄 듯, 술에 술 탄 듯한 정부의 조언, 탄산음료를 강요하는 학교, 마치 영양제를 먹는 것이 헌법상의 권리인 양 떠들어 대는 영양 보조제 광고 등 현재의 식품 정책의 백태를 생생하게 설명한다. 식품의 대량 생산과 대량 소비에 대해 말한다면, 식품에 대한 정책은 과학이나 상식도 아니오, 건강은 더욱 아닌, 오로지 경제적 관점에서만 선택이 강요된다.

The Food Revolustion: How Your Diet Can Help Save Your Life and Our World, by John Robbins (Conari Press, 2001)
'음식의 혁명'을 일으킨 존 로빈스는 개개인의 식생활의 총화가 우리 자신과 우리가 사는 세상을 구할 수 있다는 대담한 주장을 제시한다.

The Future of Food, by Deborah Koons Garcia
www.thefutureoffood.com
장편 다큐멘터리로 지난 10년간 소리 없이 미국의 슈퍼마켓 진열대를 점령해 온 유전자 변형 식품들(유전자 변형으로 특허를 받았지만 유전자 변형 식품이라는 사실은 라벨에 표시되지 않은)에 대한 추악한 진실을 깊이 파헤치고 있다.

Hope's Edge: The Next Diet for a Small Planet, by Francis Moore Lappe and Anna Lappe (Jeremy P. Tarcher, 2003)
30년 전, 프랜시스 무어 라페는 음식과 기아에 대한 미국인들의 사고를 바꾸어 놓은 혁명을 시작했다. 이 책에서 프랜시스와 그녀의 딸 안나는 '한 작은 행성을 위한 차선의 식단'의 출발점을 보여 준다.

New Vegetarian Baby, by Sharon Yntema (McBooks Press, 1995)
이 책은 최신 정보들을 바탕으로 유아의 채식주의 식단에 대한 부모의 직관을 향상시키고, 갖가지 질문에 답하면서 떨쳐 버리기 어려운 의심을 안전하게 잠재워 준다.

The Vegetarian Sourcebook: Basic Consumer Health Information about

Vegetarian Diets, Lifestyle and Philosophy (Omnigraphics, 2002)
놀라운 통계 수치를 비롯한 다양하고도 훌륭한 자료를 통해 여러 유형의 채식주의 식단을 제공하며 이러한 식단을 일상생활에서 실천할 수 있는 실용적인 조언을 준다.

VegNews
www.vgnews.com
채식주의와 관련된 뉴스를 중점적으로 다루는 이 잡지는 10만 명의 독자들에게 온정적이고 건강한 라이프스타일을 즐기는 데 필요한 최신 정보들을 제공하고 있다.

● 캠페인

Campaign to Label Genetically Engineered Foods
www.thecampaign.org
아무런 표시도 없이 부적절한 시험을 거친 유전자 변형 작물이 점점 더 많은 농토를 점령하고 있는 현실을 우려하고 있는 이 캠페인은 1999년에 시작되었다.

Percy Schmeiser, Farmer/Activist
www.percyschmeiser.com
퍼시 슈마이저가 치르고 있는 법정 투쟁을 도울 뜻이 있는 독자라면 그의 웹사이트를 방문해 보거나 유전자 변형 식품에 대한 투쟁 기금(Fight Genetically Altered Food Fund In, Box 3743, Humboldt, SK. S0K 2A0, Canada)으로 기부금을 보내는 방법이 있다.

옮긴이의 말

제인 구달 박사의 신간 저서를 번역해 달라는 의뢰를 받았을 때 사실 좀 망설여졌었다. 그 동안 많은 책을 번역했지만 생물학이나 유인원을 다룬 책은 한번도 번역해 본 적이 없었기 때문이었다. 제인 구달 박사의 저서라면 당연히 침팬지에 대한 책일 거라는 생각이 들었다. 이번 책은 침팬지가 아니라 환경이 주제라는 편집자의 설명을 듣고도 아마 아프리카 숲의 생태계를 중심으로 한 내용일 거라고 지레 짐작했었다.

그러나 막상 받아 본 책은 저 멀리 아프리카의 환경 이야기가 아니라 바로 내가 사는 우리 동네의 환경 이야기였다. 아프리카 사람들의 부족한 먹을거리 이야기가 아니라 내가 동네 수퍼마켓에서, 대형 할인점에서 아무 생각 없이 불쑥불쑥 집어다 먹는 식품들에 대한 경고였다.

오래전에 한 텔레비전 프로그램에서 미식가들이 찾는 '꽃등심'을 만들기 위해 소들이 길지도 않은 생을 얼마나 비참하게 살다가 죽어 가는지 본 적이 있었다. 발목에 쇠사슬이 감긴 채 몸을 돌릴 수도, 껑충 뛰어 볼 수도 없는 비좁은 공간(그나마 그 공간도 다닥다닥 붙어 있다.)에서 꼼짝도 못하고 서 있는 소는 그 큰 눈에 그렁그렁 눈물이 맺혀 있었다. (어쩌면 나 혼자 그 소의 눈에 눈물이 맺혀 있을 거라고 상상했기 때문에 그렇게 보였는지도 모른다. 하지만 내가 왜 그런 상상을 했는지는 초등학교에 다니는 내 딸도 짐작할 수 있을 것이다.)

그런데, 이 책에는 그보다 더 처참한 가축들의 삶이 적나라하게 묘사되어 있었다. 소뿐만 아니라 돼지, 닭, 거위에 이르기까지 지구상의 수많은 동물들이 오직 인간의 '입'을 ('호구(糊口)' 시키기 위해서가 아니라) '호사(豪奢)' 시키기 위해 눈뜨고는 볼 수 없는 꼴로 살다가 한여름에도 소름이 돋을 만큼 끔찍한 방법으로 죽어 가고 있다는 것을 깨달았다.

땅 위에서 자라는 가축만이 아니다. 바다에서 자라는 어류도 마찬가지였다. 작년부터였던가, 갑자기 대하가 전에 비해 너무나 싸졌다는 생각이 들었었는데, 이 책을 읽고서야 그 이유를 알 수 있었다. 동남아시아의 여러 나라에서 새우를 집중적으로 양식하고 있기 때문이었다. 어쩐지, 할인점에서 세일하는 새우를 살 때마다 '베트남산', 또는 '태국산'이라고 원산지 표시가 되어 있었다. 우리의 입을 호사시키기 위해 지구와 모든 생명체들이 얼마나 심하게 멍들어 가고 있는지 전혀 알지 못했던 나는, 그 새우가 베트남이나 태국에서

'양식'한 새우라는 생각은 못하고 그저 '우리 원양 어선 선원들의 노고 덕분에' 내가 새우를 싼값에 먹게 되었구나 하는 철없는 생각을 하며 기회가 있을 때마다 그 새우들을 사다가 구워 먹고 쪄 먹고 튀겨 먹고, 참 맛있게도 먹었었다. 그 새우의 몸속에 얼마나 많은 항생제가 들어 있는지는 전혀 모른 채 말이다. 생각해 보면 내가 얼마나 무지했었는지 창피하고 부끄러워 얼굴이 화끈거린다.

제인 구달 박사는 이런 비상식적인 먹을거리들이 표면적으로는 인류를 기아로부터 해방시키기 위한 최선의 대안인 것처럼 포장되어 있지만 실은 몇몇 거대 기업들의 배만 불려 주는 장삿속이며 결국은 지구를 망가뜨리고 지구상의 모든 생명체까지 위협한다고 경고하고 있다. 중요한 것은, 제인 구달 박사가 말하는 '생명체'에는 엄연히 인간도 포함된다는 사실이다.

이 책을 번역하고 보니, 지구상에서 지구의 자원과 환경을 소비하는 것도 '제로섬 게임'이라는 생각이 들었다. 누군가가 사치와 호사를 누리며 흥청망청하면 누군가는 희생과 고통을 강요당하며 망가지는 것이다. 사치와 호사의 총합의 절댓값과 희생과 고통의 총합의 절댓값은 같다. 그런데 문제는 그 절댓값의 크기가 점점 커지고 있다는 것이다. 따라서 양극단의 거리는 점점 멀어지고, 그 두 극단 사이에서 제 기운을 탕진하고 있는 지구는 점점 병들어 간다.

특히 물이 부족해서 고생하는 사람들의 이야기를 번역할 때는 내가 그들에게 정말 큰 죄를 짓고 있구나 하는 생각이 들었다. 물은 '낭비하지 않는' 정도로는 부족하다. 물은 모든 사람들이 '누구보다도,

무엇보다도 아껴서 써야 하는' 자연 자원이다.

　물을 아껴 쓰라고 하면 많은 사람들이 '그까짓 수도 요금 얼마나 절약된다고…….' 하고 생각한다. 그러나 물을 아껴 쓰는 것은 수도 요금 몇 푼의 차원이 아니다. 물이 없어 물동이를 이고 수십 리를 걸어가 물을 길어 오는 아프리카의 나이 어린 소녀들을 떠올려 보라. 그들에게 물이 부족한 것은 단지 그들이 아프리카에 살기 때문이 아니다. 그들의 땅을 점점 더 물이 고일 수 없는 땅으로 만들고 있기 때문이다. 그들의 얼굴에 내 딸의 얼굴을 겹쳐 본다면, 절대로 물 절약이 수도 요금 타령이 아니라는 것을 깨닫게 될 것이다.

　수도꼭지를 제대로 잠그지 않아 흘려 버린 물 한 바가지는 그냥 수도를 틀어서 나온 물이 아니다. 아프리카의 어린 소녀들로부터 '뺏어 온' 물이다. 자연 자원의 소비는 제로섬 게임이기 때문이다.

　제인 구달 박사는 이 책에 'A Guide to Mindful Eating'이라는 부제를 붙였다. mindful이라는 단어가 우리말로 옮기기에는 쉽지 않은 단어다. 하지만 그 의미만 요약하자면 '의식을 가지고 먹기 위한 가이드' 정도가 될 것이다. mindful eating은 여러 가지 이유로 인해 병들어 가는 지구를 치유하기 위해 저자가 내놓은 해법이다. 동물에게 고통을 주면서 얻은 고기를 먹지 않는 것도, 물 한 모금도 아껴 가며 마시는 것도 mindful eating의 한 방법이다. 얼마 전까지도 비쌌던 먹을거리가 갑자기 싸졌다면, 그 이유를 한번쯤 의심해 보거나 파헤쳐 보는 것도 mindful eating의 한 방법이다. 이 책을 읽는 모든 독자들이 나름대로 mindful eating의 방법을 찾아서 실천한다면, 제인 구달 박사가 이 책을 쓴 목적은 충분히 달성된 것이 아닐까?

마지막으로, 이 책에는 sustainable이라는 말이 상당히 자주 나온다. 이 말도 우리말로 깔끔하게 옮기기가 쉽지 않은 단어다. 사전을 찾아보면 '계속 유지할 수 있는'이라는 의미로 설명되어 있다. 환경 분야에서는 '(자원 이용이) 환경이 파괴되지 않고 계속될 수 있는; (자원이) 고갈됨이 없이 이용할 수 있는; (개발 등이) 야생 동물을 절멸시키지 않는'의 의미를 가진 것으로 이해되고 있으며, 거의 '지속 가능한'이라고 번역되어 쓰인다고 한다.

그러나 'sustainable food', 'sustainable diet'를 '지속 가능한 식품', '지속 가능한 식생활'이라고 옮기면 너무나 어색했다. '자연 친화적인'이라는 표현으로는 'nature-friendly'라는 말이 있지만, 자연을 해치지 않는 것이 곧 자연을 지속시키는 방법이라는 생각에서 '자연 친화적인'이라는 말로 옮겼다. 독자들의 이해를 바란다.

2006년 1월

김은영

옮긴이 **김은영**

이화여자대학교를 졸업하고 현재 전문 번역가로 활동하고 있다.
번역서로 『헬스의 거짓말』, 『대지의 아이들 Ⅰ, Ⅱ』, 『1%의 희망』, 『과학 탐구대회 우승 작전』, 『소인족 페루인의 모험』 등이 있다.

희망의 밥상

1판 1쇄 펴냄 2006년 2월 6일
1판 31쇄 펴냄 2023년 6월 15일

지은이 제인 구달 외
옮긴이 김은영
펴낸이 박상준
펴낸곳 (주)사이언스북스

출판등록 1997. 3. 24.(제16-1444호)
(우)06027 서울특별시 강남구 도산대로1길 62
대표전화 515-2000, 팩시밀리 515-2007
편집부 517-4263, 팩시밀리 514-2329
www.sciencebooks.co.kr

한국어판 ⓒ (주)사이언스북스, 2006. Printed in Seoul, Korea.

ISBN 978-89-8371-175-5 03840